图灵程序设计丛书 TURING

挑战程序设计竞赛 2

算法和数据结构

网罗算法和数据结构的**关键知识点**

[日] 渡部有隆 / 著

[日] Ozy 秋叶拓哉 / 审

短码高手 Ozy（冈田佑一）

TopCoder Open 2013 Algorithm 第4名iwi（秋叶拓哉）

支鹏浩 / 译

人民邮电出版社

北京

图书在版编目（CIP）数据

挑战程序设计竞赛. 2，算法和数据结构 /（日）渡部有隆著；支鹏浩译. -- 北京：人民邮电出版社，2016.9（2023.11重印）
（图灵程序设计丛书）
ISBN 978-7-115-43161-5

Ⅰ. ①挑… Ⅱ. ①渡… ②支… Ⅲ. ①程序设计 Ⅳ. ①TP311.1

中国版本图书馆CIP数据核字（2016）第180248号

内 容 提 要

本书分为准备篇、基础篇和应用篇三大部分，借助在线评测系统 Aizu Online Judge 以及大量例题，详细讲解了算法与复杂度、初等和高等排序、搜索、递归和分治法、动态规划法、二叉搜索树、堆、图、计算几何学、数论等与程序设计竞赛相关的算法和数据结构，既可以作为挑战程序设计竞赛的参考书，也可以用来引导初学者系统学习算法和数据结构的基础知识。

本书适合所有程序设计人员、程序设计竞赛爱好者以及高校计算机专业师生阅读。

◆ 著　　[日]渡部有隆
审　　[日]Ozy　秋叶拓哉
译　　支鹏浩
责任编辑　乐　馨
执行编辑　高宇涵
责任印制　彭志环

◆ 人民邮电出版社出版发行　北京市丰台区成寿寺路11号
邮编 100164　电子邮件 315@ptpress.com.cn
网址 https://www.ptpress.com.cn
固安县铭成印刷有限公司印刷

◆ 开本：800×1000 1/16
印张：26　　2016年9月第1版
字数：580千字　　2023年11月河北第25次印刷
著作权合同登记号　图字：01-2016-1576号

定价：79.00元

读者服务热线：(010)84084456-6009　印装质量热线：(010)81055316
反盗版热线：(010)81055315
广告经营许可证：京东市监广登字20170147号

前言

让我们一同踏上收集算法的旅程吧

本书概要

本书是为攻克程序设计竞赛而撰写的参考书，书中讲解了大量竞赛相关的算法与数据结构。同时，本书又是一本入门图书，能带领初学者系统学习算法与数据结构的基础知识。

在程序设计竞赛中，优秀的数理能力是争取好名次的有力武器，但对于很多初学者而言，应用基础算法才是攻克眼前问题的最佳战略。也就是说，只要学会用“基础”解决问题，就能够提升自己的名次，在竞赛中获得更多乐趣。

另外，学习基础的过程并没有我们想象中那样痛苦乏味。将所学融会贯通、用技巧破解难题、收集算法网罗数据结构，这些乐趣都能在学习过程中体会得到。

为了让各位能在学习和解题过程中感受到上述乐趣，本书将借助在线评测（一种与程序设计竞赛系统相类似的自动评分系统）来讲解算法和数据结构。

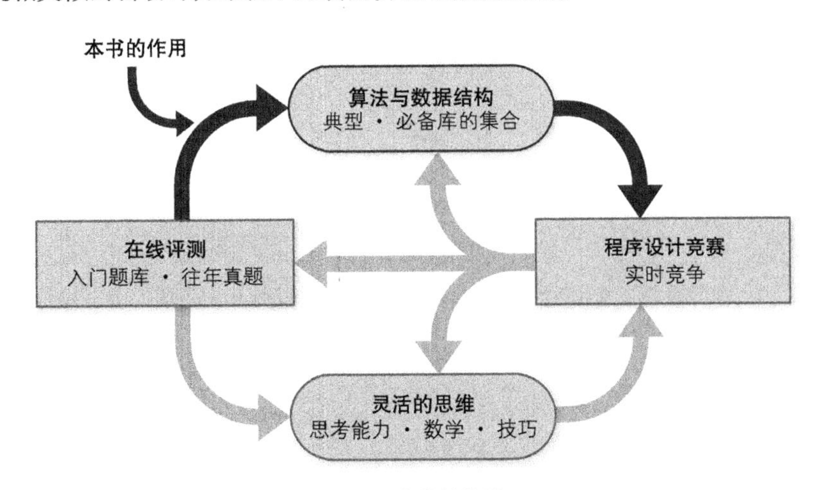

图 1　本书的作用

通过在线评测掌握的算法与数据结构可以成为我们的知识储备，也可以作为库[①]的一部分直接应用到程序设计竞赛之中。不过，要想在竞赛中名列前茅，还需要更加高超的算法以及灵活的思维和数理能力。本书虽然不能直接帮助各位在程序设计竞赛中跻身前列，但会在讲解在

① 可直接调用的通用程序的集合称为库。

线评测使用技巧的同时，为各位简单介绍适用于竞赛的学习方法。

致教职员工

本书从算法的概要与计算效率的概念入手，涵盖了信息处理技术人员、程序员必备的通用算法、数据结构的相关问题，以及对这些问题的讲解和参考答案。因此，本书不但是一本专为程序设计竞赛服务的参考书，同时也是一本程序设计、算法与数据结构等相关科目的教材。

有效运用在线评测

算法和数据结构与单纯的知识不同，只靠阅读并不能将其转化为自己的东西。因此，我们需要将例题的答案（代码）落实到环境中，通过实际运行来检验其正误与性能。不过，我们根据算法编写的程序往往会含有 Bug，或者算法效率达不到规格要求。这种情况下，在线评测会根据严格的测试数据（虽然我们也能亲自编写类似的测试数据，但这会浪费大量时间与精力）检查程序是否有缺陷，帮助我们在“正确实现程序”的过程中学习算法与数据结构。此外，反复学习还能给我们带来以下好处。

- ▶ 作为一名信息处理技术人员或程序员，必备的基础算法与数据结构的相关知识涉及面极广，而反复学习能帮助我们掌握这些知识
- ▶ 反复学习能帮助我们掌握程序员必备的技巧，具体说来就是准确理解文章要义，编写程序时能忠实于需求且极力避免 Bug。此外，在设计和编写程序时还能够兼顾计算机资源、计算效率和内存使用量等

另外，每当我们独立解决一个问题，看到在线评测给出“正确”的评判时，都会自然而然地感到些许喜悦。保持人们的积极性，寓教于乐，这也是在线评测的魅力所在。通过累积经验来解决新的问题，再将解决新问题的经验化为武器进一步挑战更高难度，这与游戏并没有什么两样。在这一过程中，我们可以把学到的技巧转变为自己的收藏品，久而久之，程序设计便会成为一种爱好。

本书涉及的问题

本书的例题以在线评测系统中的各问题为原型，如图 2 所示，以卡片形式提出。

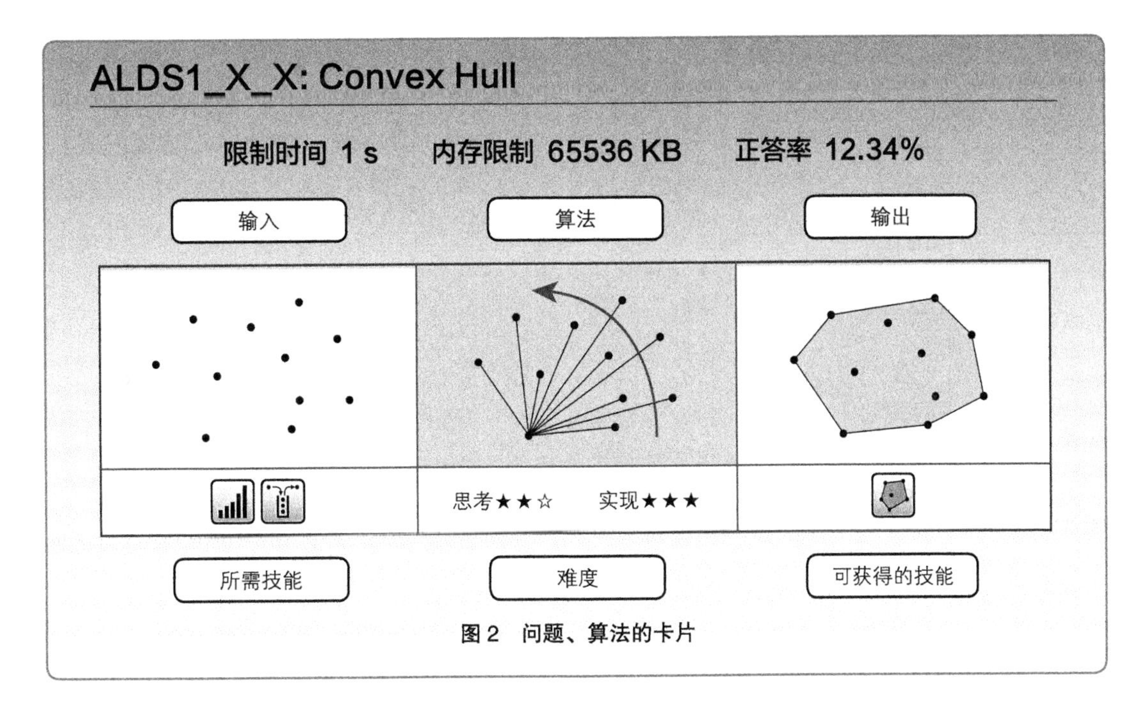

图 2 问题、算法的卡片

这种卡片中包含了问题的概要，具体由以下信息组成。

- ▶ **基本信息**。显示在线评测的问题 ID、题目、CPU 和内存限制、正答率等基本信息。其中限制时间是指所提交程序的执行时间
- ▶ **输入与输出**。用插图简要说明程序所需的输入以及输出结果
- ▶ **算法**。用插图简要说明解题所需的算法。标为“?”时需要各位自行拟定算法，各位可以将这个过程视为一种思考的乐趣
- ▶ **难度**。思考、实现的难度最高为 5 颗★。★记 1 分，☆记 0.5 分。“思考”分数越高算法越难，“实现”分数越高代码量越大。不过，代码量是指算法和数据结构中没有使用标准库时的量
- ▶ **所需技能（图标）**。表示解决该问题所必需的前提技能。本书虽然不要求各位严格按照顺序解题，但还是推荐各位在掌握各问题所需技能之后再进行挑战
- ▶ **可获得的技能（图标）**。解决该问题后可以学到的技能。在后面的问题中，这些技能都会出现在“所需技能”之中。通过本书可以获得的技能一览表见附录 1

除“变量”和“四则运算”这两个编程基础之外，阅读本书首先要具备如图 3 所示的七种技能。

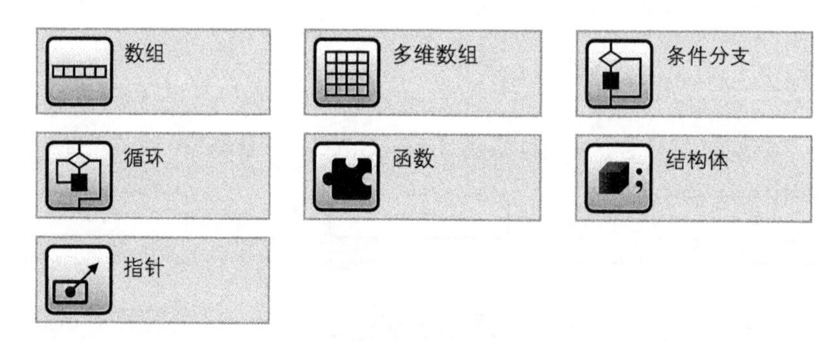

图 3　阅读本书所需的前提技能

只要学习过任何一门编程语言（C/C++ 或 Java 等）的基础知识，这些技能就应该不在话下了。如果对这方面没有自信，建议各位先找一些入门书籍来预习一番。

本书涉及的都是信息处理中基础且通用的问题，其中一些问题在很多语言中已经被纳入程序库。不过，学习标准库的内部结构有助于我们对其性能和动作（能做什么不能做什么）有进一步了解，这对于使用库的程序员来说意义重大。

另一方面，本书将在各章节中适时穿插 C++ 标准模板库（STL）通用算法和数据结构的介绍，并将其与基本算法和数据结构相结合，以挑战一些略有难度的问题。

如何有效运用本书

本书各章的组成项目如图 4 所示（根据每章情况不同，第 1 项和第 4 项可能被省略）。

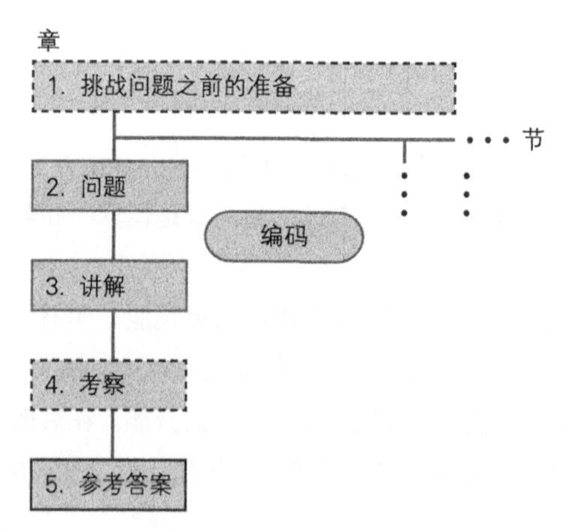

图 4　如何有效运用本书

在各章的开头部分，我们会先简要说明与该章主题相关的用语及概念，同时介绍一些基础算法与数据结构的概要。之后的各小节则分别包含下述项目。

“问题”就是实际挑战的例题，“讲解”是对解题时所用算法的细节以及实现方法的详细说明。各位请将这两部分视为“一对儿”，然后根据自己的情况决定何时开始编写代码。比如，我们根据难度和经验构思了以下两种学习顺序。

- **问题→讲解→编码→考察和参考答案**

  本书涉及大量基础问题（帮助读者了解基础算法知识的问题），因此初学者往往很难在阅读问题之后立刻开始编写代码。这时不必勉强自己写出答案，可以在阅读过“问题”与“讲解”之后再进行挑战。如果无论如何都通不过在线评测，不妨看一下参考答案。另外，即便已经做出正确答案，也要记得与“考察”和“参考答案”进行对比，看看自己的实现方法有没有需要改善的地方。

- **问题→编码→讲解→考察和参考答案**

  阅读“问题”之后，如果觉得自己能够在没有任何提示的情况下解开问题，便可以直接尝试编码。如果能顺利通过在线评测，证明你已经掌握了这部分知识。不过，通过评测后也不要忘记查看“讲解”和“考察”，因为本书所给的解法或许能给各位带来新的发现。

“考察”部分中，我们会一同考察示例解法的复杂度，以及算法中值得一提的特征和需要注意的地方。

“参考答案”中将提供一份能实际通过在线测评的 C 或 C++ 语言代码，供各位读者参考。不过各位要清楚，每个程序设计问题的解法都不是唯一的，参考答案并不一定是最优秀的实现方法。

本书的支持网站

该网站上公布了本书的补充内容和勘误，请根据需要参考。

http://www.ituring.com.cn/book/1739

- 本书内容可灵活运用会津大学的 Aizu Online Judge（会津大学在线评测，简称 AOJ）
  Aizu Online Judge（AOJ）http://judge.u-aizu.ac.jp
- AOJ 可免费使用，但是需要注册。详情请参考本书第 1 章中的内容

目录

第 1 部分

[准备篇]

攻克程序设计竞赛的学习方法

在准备篇中，本书将为入门者以及准备挑战程序设计竞赛的读者介绍一些学习方法，以帮助各位提升名次。

- ▶ 本书作为一本算法与数据结构的教科书，与在线评测系统有着紧密的联系，这在市面上的同类书籍中是很少见的。亲手实现程序→接受在线评测系统的自动检测→通过评测后继续挑战下一问题，这一流程能有效帮助读者扎实地打好基础（秋叶）
- ▶ 我刚接触程序设计那阵子，基本上所有东西都要靠摸索，浪费了很多时间。随着在线评测系统的问世，人们学习新知识和技术并掌握其实现方法的过程得到了大幅缩短。相信本书运用的学习方法会成为今后的主流（Ozy）

第 1 章

有效运用在线评测系统

在线评测是一种 Web 系统，我们向其提交程序后，它能够自动检测该程序的正确性以及运行效率。使用它，我们就可以按照自己的步调，随时连接到网络上进行解题练习。本章将以本书使用的 Aizu Online Judge 为中心，为各位介绍在线评测系统，讲解其使用方法。

1.1 攻克程序设计竞赛的学习方法

程序设计竞赛简介

程序设计竞赛种类繁多，其中最具代表性的有“根据某个主题开发应用，比拼创意与技术实力的竞赛”“周期较长的、制作游戏 AI（人工智能）的竞赛”以及“短时间内求解指定问题的竞赛”等。本书所涉及的程序设计竞赛以解题类竞赛为主。

程序设计竞赛大致以如下形式进行。

- ▶ 在限制时间内解答多个指定问题
- ▶ 根据解答正确的问题数或总分决定名次
- ▶ 正确数或得分相同时，答错较少或用时较短的团队名次更靠前

这种竞赛的题目难度覆盖面较广，入门者也可以参与挑战。另外，明确的评比规则使得该类竞赛排名更加精确直观。从教育方面来说，这类活动能有效地培养参与者的编程技术、思考能力、算法知识以及团队协作，教育效果十分显著。

首先介绍几个具有代表性的程序设计竞赛。

下述三个是以学生为对象的赛事。

▶ 国际信息学奥林匹克竞赛（IOI）

国际科学奥林匹克竞赛之一，是面向中学生（个人）的国际大赛。各国（地区）经由国（地区）内竞赛选拔代表选手。信息学奥林匹克竞赛需要选手设计出十分优秀的算法，因此对数理能力要求极高，属于巅峰级的赛事。

- 电脑甲子园编程部门

  日本面向高中生以及职高学生（三年级以下）的全国大赛，每年在会津大学召开。比赛为两人一组的团队战，由于每组只配备一台电脑，因此团队配合十分重要。该大赛题量甚至超过了国际信息学奥林匹克竞赛，问题大多考验选手对典型算法的应用以及实现能力。

- ACM-ICPC（国际大学生程序设计竞赛）

  由计算机科学领域最具影响力的学会之一 ACM 主办，各国（地区）大学在此较量程序设计实力。比赛为三人一组的团队战，由于每组只配备一台电脑，因此团队配合十分重要。选手在各地举办的亚洲区预选赛中取得优异成绩便可参加世界大赛。该赛事不仅要求高超的算法设计技术，还十分考验实现能力和团队配合。

以下两个网站会定期举办竞赛，且没有参赛资格的限制。

- TopCoder

  提供程序设计竞赛和软件众包[①]服务的网站。竞赛分为几个类型，其中 SRM（Single Round Match）会定期举行，要求用户在一小时内解开算法相关问题。网站会纪录成绩，同时依照成绩给用户评级并分配相应颜色。如今已有 TopCoder 相关的攻略书出版，甚至还配备了相应的学习环境。

- AtCoder

  定期举办程序设计竞赛的日本网站，其中包含专门面向初学者的竞赛，刚刚接触程序设计的人也可轻松参加。另外，该网站上也不乏企业和学生志愿者举办的高端赛事。

这些竞赛中的问题涉及各个领域，并且全都可以通过编程来解决。选手将已完成的程序提交给裁判（评测系统）来判定对错。评测系统会通过测试代码严格检验算法的效率与正确性。

这类竞赛要求参赛者更快更准确地完成下述几项工作。

- 理解问题（需求）
- 设计效率足够高的算法
- 编写程序
- 修正 Bug（尽量编写出没有 Bug 的程序）

① 指企业将软件开发任务以竞赛形式发布，公开募集参与者的行为。

所需对策

看完上述介绍，想必很多读者会想知道如何在程序设计竞赛中提升名次。这里给各位介绍 3 种主要对策。

1. **编程语言**
   - 要想在竞赛中解题，至少要掌握一门编程语言的基本语法。大多数程序设计竞赛允许使用 C/C++ 和 Java，各位不妨选择其中一个，认真掌握变量、标准输入输出、分支处理、循环处理、数组等的基本语法。本书推荐各位使用 C++，因此参考答案以 C++ 为主
2. **灵活运用基础算法知识和程序库**
   - 大多数情况下，只要能够灵活运用基本算法、数据结构以及相关的库，就完全能够应付初、中级竞赛题目。如果知晓（掌握）正确且高效的算法与数据结构，更能降低 Bug 出现率，同时加快解题速度
   - 不论算法与数据结构是基础的还是高等的，只要其有可能出现在竞赛中，就将其打包成库随身携带，从而有效提高再利用率
3. **灵活的想象力以及高超的算法**
   - 如果想在竞赛中跻身前列，除了优秀的思考能力和想象力之外，还需要博大的知识储备以及高超的实现能力。本书并不涉及这一领域，有兴趣的读者可以参考《挑战程序设计竞赛（第 2 版）》（人民邮电出版社，2013）一书，在其中学习各个领域的高超算法及编程技巧

如何应对竞赛

阅读本书或做往年的真题都是应对程序设计竞赛的有效手段，不过，实践与反复练习是提升编程能力的不二法门。因此本书推荐各位采用以下两个方法。

- ▶ 定期参加竞赛
  - 想提升编程实力，最有效的方法就是坚持参加定期举办的竞赛，并在每次竞赛结束后积极复习。一边看着讲解与参考答案一边集中复习竞赛时没能解开的题目（超出自己能力的题目），相信绝大多数人都不会感到无聊。AtCoder、Codeforces、TopCoder、UVa 在线评测等都会定期举办竞赛，各位不妨试着积极参加
- ▶ 利用在线评测
  - 如果各位想先打好基础再参加竞赛，或者没有定期参赛的条件，亦或是想按照自己的步调大量练习适合自己的问题，那么可以利用在线评测系统。本书将在下一节为各位介绍在线评测的使用方法及意义

充分利用在线评测系统

使用在线评测系统有以下三个意义。

- ▶ 与竞赛相同的自动审查系统——适应严格的评测制度
  - ○ 对参赛者，特别是入门者而言，一定要先适应计算机自动执行的评测系统。它要求我们写出的程序在面对各种符合题目要求的输入数据时，都能输出正确的结果。只要程序中包含算法错误或是一点点语法错误，得到的评测都将是“不正确”。所以我们要在编程中时常考虑到极端情况，保证程序在任何输入下都能正常运行
  - ○ 在竞赛中，如果我们使用的算法效率过低，超出了 CPU 或内存的使用限制，那么评测系统将判定为“不正确”。所以要养成根据输入条件估计算法复杂度的习惯，让自己能够根据经验，大致估算出使用该算法所占用的资源
- ▶ 包含各类型的练习题及大量往年真题——通过题海战术获取知识
  - ○ 掌握一门编程语言之后，便可以开始学习基本算法的知识了。利用在线评测系统可以有效检验自己对算法的理解以及编码的正确度。此外，还可以将在线评测系统中已成体系的各类型问题用作练习，从而在短时间内网罗大量基本算法与数据结构知识，学习各种典型问题的解法
  - ○ 挑战往年真题，可以积累解决各类问题的技巧。解往年真题时有几点需要注意。首先，挑战类似问题时，要反复练习并注意精简代码。总结出令自己满意的代码之后，便可以将其作为解决同类问题的模板加以活用。另外，在选择题目时要选与自己当前水平相当的优质题目。网络上有不少志愿者提供的非官方难度分级列表（ICPC/JAG 等），各位可以加以参考
- ▶ 用户量大，分布面广——与对手在竞争中互相学习、共同成长
  - ○ 在线评测系统上有众多的用户（对手），他们来自世界各地。各用户的答题数（解答情况）、等级、各领域能力值等都在网络上实时公开并更新。各位不妨选定一位对手（朋友），以其为标准来使用在线评测系统。比如我们可以专门选择对手正在挑战的问题，通过努力解决这些问题，来保持一个很好的答题动力。网络上还可以找到许多类似于 AOJ-ICPC（http://ichyo.jp/aoj-icpc）的便捷工具，各位可以一试
  - ○ 另外，我们可以参考其他用户公开的源代码，进而修改自己的答案。即便是已经回答正确的问题，也可以参考一些高人的代码，打磨自己的编程实力

1.2 什么是在线评测

在线评测系统中收录了大量问题，用户要根据题目中给出的需求和限制（CPU 时间或内存使用量）编写出满足要求的程序。用户将该问题对应的源代码提交给在线评测系统后，系统会自动根据“输入符合要求的数据后是否能输出正确结果”“是否在指定限制条件内完成处理”两项标准进行评判，并当场反馈结果（图 1.1）。

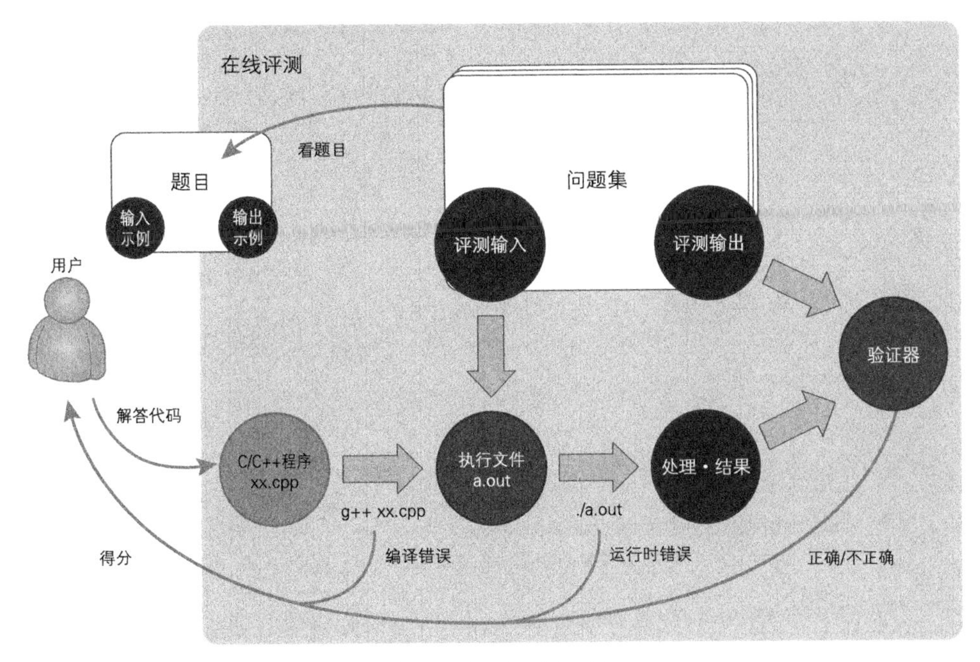

图 1.1　在线评测的概要

如图所示，在线评测系统会自动对用户提交的代码进行编译和执行，并使用评测数据进行测试。系统为每个问题都准备了多个输入数据（评测输入）和相应的正确的输出数据（评测输出），进行评测时，会将评测输入赋给用户提交的程序，并检查所得结果是否与评测输出吻合。

本书主要借助 Aizu Online Judge（以下简称 AOJ）上的课程题进行讲解。本章会简要说明 AOJ 的使用方法。接下来，请各位打开浏览器，在搜索引擎上输入 AOJ 的全称，以访问其主页。

AOJ 的主页如图 1.2 所示。

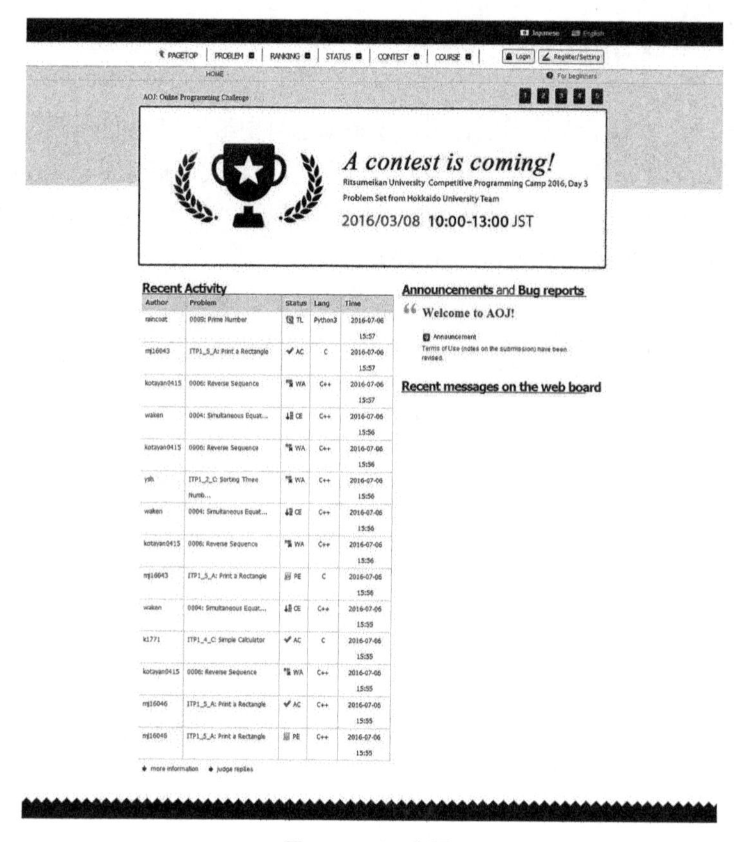

图 1.2　AOJ 主页

点击页面右上角的国旗可以更改页面的语言，有英文和日文两种选择。AOJ 的主页上显示了最近的提交情况、公告以及留言板上的留言。

AOJ 按照功能分为几个页面。点击页面上部的菜单可以跳转至相应页面（图 1.3）。

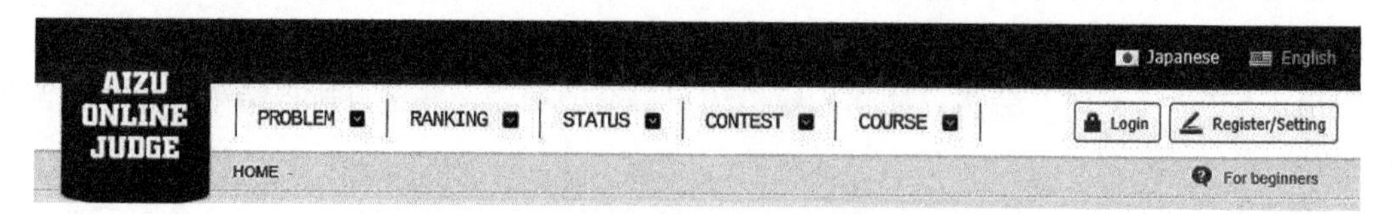

图 1.3　AOJ 的基本菜单

各菜单分别链接到以下页面。鼠标悬停在菜单上即可打开子菜单。

- ▶ PROBLEM。问题集页面。这里的问题已被分类汇总，本书所使用的问题集将在 1.4 节中详细介绍
- ▶ RANKING。显示网站内用户排名的页面。网站将根据用户答题情况排出名次。本书所讲解的内容不涉及该页面
- ▶ STATUS。所提交程序的判定结果一览表。我们将在 1.5 节中详细介绍

- ▶ CONTEST。往年以及即将举办的程序设计竞赛的相关信息的页面。本书所讲解的内容不涉及该页面
- ▶ COURSE。为算法和编程打基础的一系列基本问题，用户需要按顺序解答。本书所使用的问题集将在 1.4 节详细介绍。

1.3 用户注册

向在线评测提交程序之前，我们需要先注册用户。注册位于页面右上角。点击 Register/Setting 按钮后会出现子菜单，再点击子菜单中的 Register/Setting 便可进入如图 1.4 所示的注册页面。

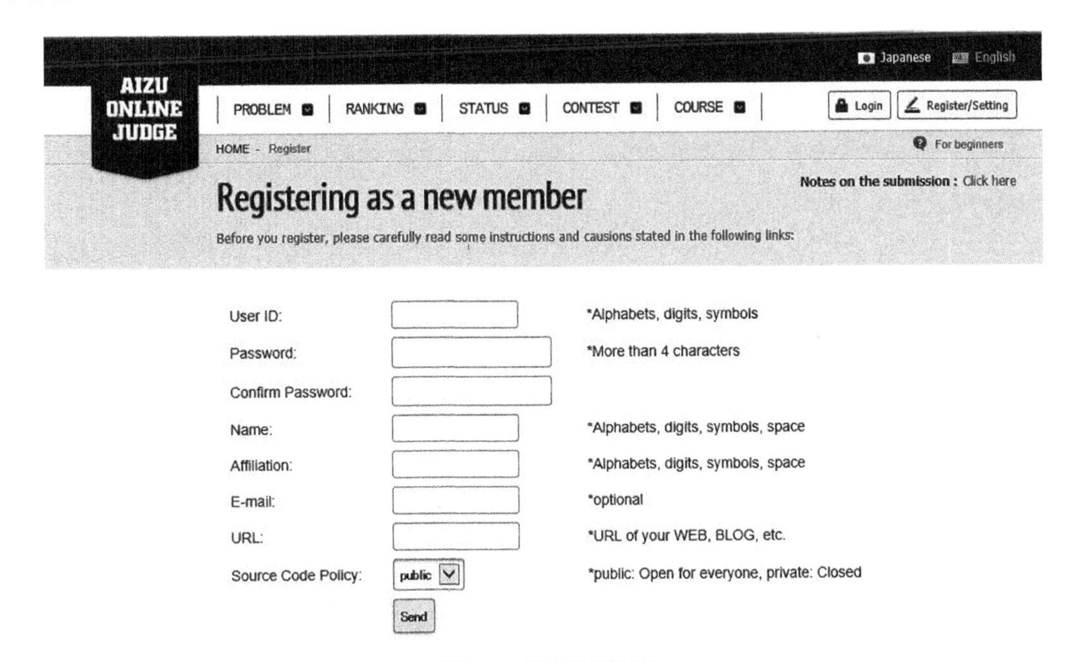

图 1.4 用户注册页面

在注册用户之前，各位请点击右上角的 Click here，查看程序提交时的相关注意事项。注册时，User ID（用户 ID）、Password（密码）、Name（姓名）、Affiliation（所属机构，学校名或单位名等）为必填项目。按照输入框右侧的注意事项填好以上几项之后，便可以点击 Send 按钮发送了。如果输入无误，页面会显示 Thank you for your registration，至此用户注册完毕。

点击上部菜单中的 Login 按钮便会出现子菜单，在这里输入刚刚注册好的用户 ID 和密码后，点击 Sign In 便完成登录了。

注意

AOJ 在非登录状态下同样可以阅览问题以及提交程序，不过登录后有以下便利之处。

- 可以掌握自己的学习进度和已解决的问题
- 可以查看自己提交的源代码
- 可以向留言板投稿，添加标签、书签等

其他详细功能请参考用户教程[①]。

1.4 浏览问题

1.4.1 问题的种类

AOJ 上收录了大量基本问题以及各种竞赛往年的真题。各位可以通过查找器或课程两种方式访问本书中采用的例题。

如图 1.5 所示，我们将鼠标指向菜单的 PROBLEM 项时，会看到一个查找器列表，这里的问题按照出处或等级分类。

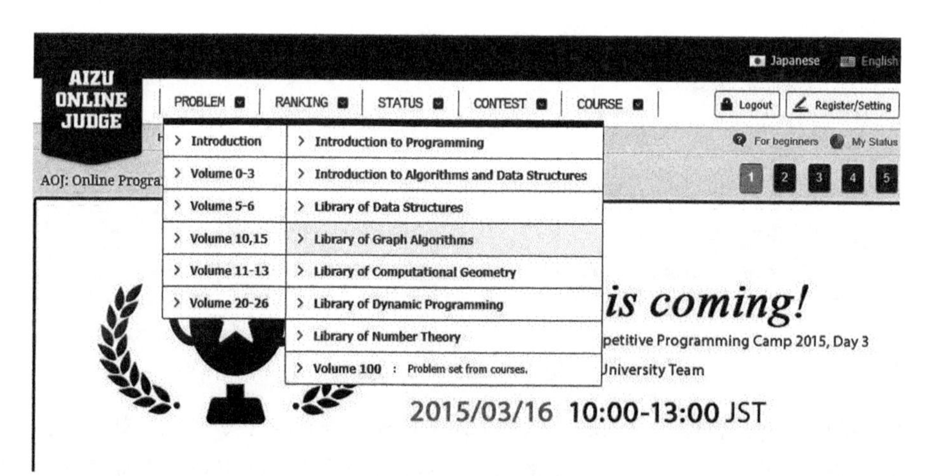

图 1.5 问题集列表

AOJ 的绝大多数问题都收录在 Volume 0～Volume 26 中。本书并不涉及这部分问题，因此将其称为“挑战题”。本书将以列表顶部 Introduction 中包含的“课程题”作为例题进行讲解。Introduction 项下是各课程的列表，其中包含以下问题集。

① http://judge.u-aizu.ac.jp/onlinejudge/AOJ_tutorial.pdf

- ▶ Introduction to Programming 中收录了编程的入门课题
- ▶ Introduction to Algorithms and Data Structures 中收录了算法和数据结构的相关课题，对应本书前半部分的例题
- ▶ Library of ○○○中收录了值得加入库中的问题，对应本书后半部分的例题

1.4.2 通过查找器查找

如果各位想要从问题列表中寻找问题，同时查看其他用户的正答率等信息，建议使用查找器进行查找。点击问题集列表会进入如图 1.6 所示的查找器。

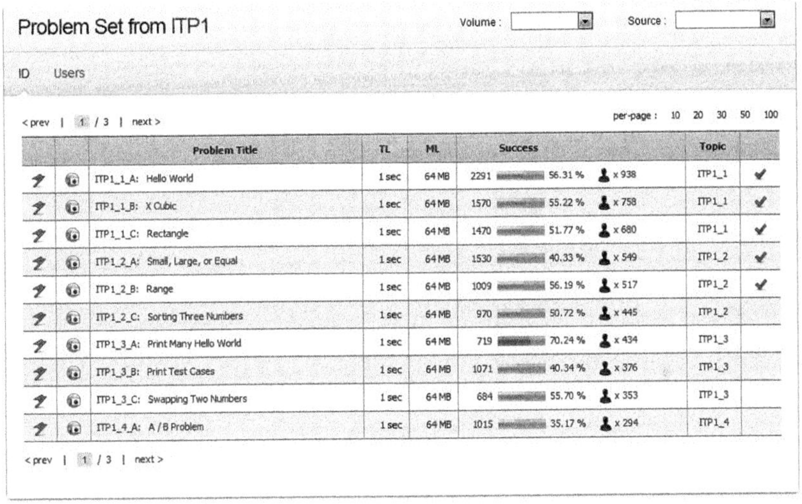

Problem Set from ITP1　　Volume :　　Source :

ID　Users

< prev | 1 / 3 | next >　　per-page : 10 20 30 50 100

		Problem Title	TL	ML	Success			Topic	
		ITP1_1_A: Hello World	1 sec	64 MB	2291	56.31 %	x 938	ITP1_1	✔
		ITP1_1_B: X Cubic	1 sec	64 MB	1570	55.22 %	x 758	ITP1_1	✔
		ITP1_1_C: Rectangle	1 sec	64 MB	1470	51.77 %	x 680	ITP1_1	✔
		ITP1_2_A: Small, Large, or Equal	1 sec	64 MB	1530	40.33 %	x 549	ITP1_2	✔
		ITP1_2_B: Range	1 sec	64 MB	1009	56.19 %	x 517	ITP1_2	✔
		ITP1_2_C: Sorting Three Numbers	1 sec	64 MB	970	50.72 %	x 445	ITP1_2	
		ITP1_3_A: Print Many Hello World	1 sec	64 MB	719	70.24 %	x 434	ITP1_3	
		ITP1_3_B: Print Test Cases	1 sec	64 MB	1071	40.34 %	x 376	ITP1_3	
		ITP1_3_C: Swapping Two Numbers	1 sec	64 MB	684	55.70 %	x 353	ITP1_3	
		ITP1_4_A: A / B Problem	1 sec	64 MB	1015	35.17 %	x 294	ITP1_4	

< prev | 1 / 3 | next >

图 1.6　查找器——问题列表

使用查找器右上方的下拉菜单 Volume、Source 可以改变筛选规则。Volume 是按照问题 ID 分类整理的往年竞赛真题列表，Source 则是按照问题出处，即竞赛或课程的关键字分类整理的问题列表。

问题列表中，用户可以确认各题的时间和内存限制、正答率、自己是否已经正确解答等。

1.4.3 通过课程查找

如果各位想要按照题目类别查找问题，同时确认自己的学习进展与得分情况，那么可以通过课程进行查找。点击上部菜单中的 COURSE 按钮即可进入课程列表。选择课程后会显示如图 1.7 所示的题目类别列表。

Algorithms and Data Structures I - -

Topics Problems Submit Status

#	Topics	Progress	Score
1	Getting Started	70 %	280 / 400
2	Sort I	75 %	300 / 400
3	Elementary data structures	75 %	300 / 400
4	Search	0 %	0 / 400
5	Recursion / Divide and Conquer	25 %	100 / 400
6	Sort II	0 %	0 / 400
7	Tree	0 %	0 / 400
8	Binary search trees	0 %	0 / 300
9	Heaps	0 %	0 / 300
10	Dynamic Programming	0 %	0 / 300
11	Graph I	0 %	0 / 300
12	Graph II	0 %	0 / 300
	Total Score	22 %	980 / 4300

图 1.7 课程——题目类别列表

各个课程均由多个题目类别构成，用户可以在这里确认自己各项的完成度（%）以及得分情况。如图 1.8 所示，各题目类别也分别由几道问题组成，题目类别名就是到问题列表的链接。在问题列表中，用户可以确认各问题当前的得分情况。

Algorithms and Data Structures I - Getting Started -

Topics Problems Submit Status

ID	Title	Time Limit	Memory Limit	Solved Users	Score
A	Insertion Sort	1 sec	64 MB	639	100 / 100
B	Greatest Common Divisor	1 sec	64 MB	628	80 / 100
C	Prime Numbers	1 sec	64 MB	491	100 / 100
D	Maximum Profit	1 sec	64 MB	149	0 / 100

图 1.8 课程——问题列表

1.5 解答问题

1.5.1 读题

在查找器或题目类型中通过点击问题名（链接）打开问题页面。图 1.9 为问题示例。

图 1.9　问题示例

问题页由页眉和正文构成。页眉中包含了以下与问题相关的基本信息。

- **限制**。指定解题时允许使用的 CPU 时间与内存容量。如果用户所提交程序的执行时间或内存使用量超过该限制，则判定为“不正确”
- **语言切换**。支持英文的问题会直接显示英文，其他问题则显示为日文。英文问题可点击 Japanese version is here 切换为日文
- **菜单链接**。如表 1.1 所示，页眉右上角的图标为该问题详细页面的链接或动作按钮

表 1.1　问题菜单

图标		链接或动作
[提交图标]	提交	打开提交程序的文本框。详细内容请参照网站的注意事项
[统计图标]	统计	跳转至该问题的统计信息页面。在统计信息页面可以查看该问题的正答率、正答者名单以及排名情况
[留言板图标]	留言板	跳转至与该问题相关的讨论或公告页面
[参考答案图标]	参考答案	跳转至参考答案页面。用户可以在这里查看已公开的正确源代码
[标签图标]	标签	跳转至与问题相关联的注释页面。用户可以查看或添加分类标签、书签

正文部分描述了以下内容。

- **问题**。描述了问题的内容。用户编写出的程序必须严格满足问题中指定的需求
- **输入说明**。描述了与问题输入数据相关的说明。用户编写的程序必须严格按照这里指定的输入形式读取输入数据。未指定时按照“标准输入”读取
- **输出说明**。描述了与问题输出数据相关的说明。用户编写的程序必须严格按照这里指定的输出形式输出结果。未指定时则视为“标准输出”
- **限制**。每个问题都描述了输入值的范围或其他一些限制条件。用户在这里能够了解到判定时使用的数据大小上限等信息，在设计算法时加以参考
- **输入输出示例**。输入示例是用作审查数据的输入数据示例，符合输入说明部分所指定的形式。输出示例是程序处理输入示例后应该得到的正确结果

注意

之所以设置输入输出示例，是为了方便用户确认问题的输入输出形式，因此这些例子都很简单。与输出示例结果一致的程序不一定就是正确答案。系统评测程序时所用的数据要比输入输出示例更加严格，体积也更大。

注意

一般情况下，在线评测都会严格检测解答程序的输出值。因此我们提交的程序绝对不能有“提示输入的信息”或“DEBUG 输出”等多余输出。另外，输出多余的空格或换行，或者缺少必要的空格或换行也常会被判定为“不正确”，请务必留心。

1.5.2　提交程序

点击问题页面中的提交图标后，页面上会出现用于提交程序的文本框，我们要在这里输入一些必要项目[①]。这里我们以“输入 1 个整数 x，输出 x 的 3 次方”的题目为例，编写出 1 个程序并提交（※ 图 1.10 文本框中的程序会输出 x 的 2 次方，这是我们刻意写错的）。

提交程序的文本框中包含以下项目。

- **用户信息**。输入用户 ID 和密码。如果当前处于已登录状态，该输入将自动完成
- **问题编号、标题**。显示当前提交的程序所对应的问题编号和标题
- **所使用的编程语言**。选择当前提交的程序所使用的语言。AOJ 支持用 C、C++、Java、C++11、C#、D、Ruby、Python、PHP、JavaScript 语言编写的程序

① 不同类别的问题的页面样式有所不同，但功能是相同的。

▶ **源代码**。粘贴程序的源代码。需要用户从编辑器等工具中将已完成的源代码复制并粘贴到这里

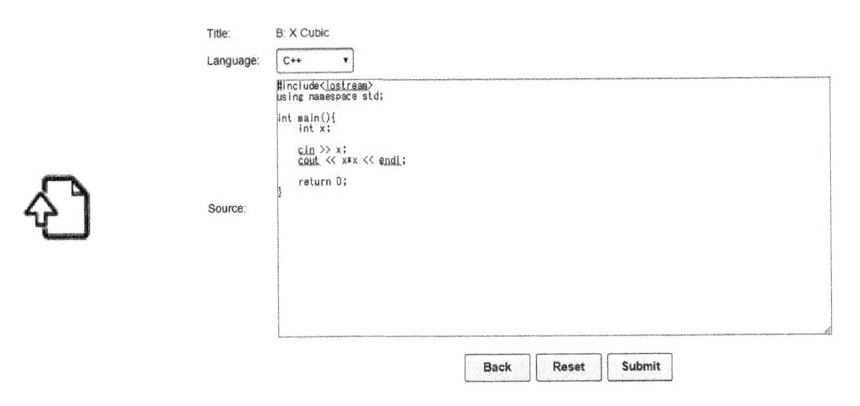

图 1.10　提交程序的文本框

> **注意**
>
> AOJ 尚不支持 Web 上的编辑器。因此建议各位先在自己熟悉的编辑器等工具中进行编写，确认执行无误之后再粘贴到文本框中，不要直接在文本框里编写代码。这里推荐使用拥有多种扩展功能的编辑器（Emacs 等）。

填好上述输入项目之后，便可以点击文本框下方的 Submit 按钮提交程序了。Reset 按钮可以清空源代码，Cancel 按钮可以关闭文本框。如果必填项目输入正确，点击 Submit 按钮后会自动跳转至评测结果页面。

1.5.3　确认评测结果

如图 1.11 所示，程序的评测结果显示在状态列表中。用户可以在该页面查看最近的评测结果①。

评测列表中会按时间顺序显示用户的提交和得分情况。由于我们刚刚提交的示例程序中存在错误，所以 Status 一栏中显示 Wrong Answer。

列表中主要包含以下信息。

- ▶ Run#。为各个已提交的程序分配的固定 ID。审查结果和源代码都根据该 ID 进行管理。点击 Run# 可以跳转至审查结果的详细页面
- ▶ **提交者**。提交者的 ID。点击后会跳转至用户信息页面
- ▶ **问题**。程序对应的问题编号。点击后会跳转至问题页面

① 不同类别的问题的页面样式有所不同，但功能是相同的。

▶ **结果**。所提交的程序的评测结果。表 1.2 为评测的各种状态，评测系统会从上至下依次进行检测，最终确定结果

	Run#	Author	Problem	Status	Score	Language	CPU Time	Memory	Size	
<	1071495	db2	ITP1_1_B	: Wrong Answer	25	C++	0.00 sec	1164 KB	123 B	>
<	1071493	db2	ITP1_1_A	: Wrong Answer	0	C++	0.00 sec	1160 KB	120 B	>
<	1058755	db2	ITP1_1_A	: Accepted	100	C++	0.00 sec	1112 KB	80 B	>
<	1058746	db2	ITP1_1_A	: Wrong Answer	0	C++	0.00 sec	1112 KB	81 B	>
<	1040455	db2	ITP1_1_A	: Wrong Answer	0	C++	0.00 sec	1040 KB	51 B	>
<	1001471	db2	ITP1_1_C	: Runtime Error	0	JAVA	0.00 sec	0 KB	7 B	>
<	998836	db2	ITP1_1_A	: Time Limit Exceeded	0	C++	20.00 sec	844 KB	24 B	>
<	980821	db2	ITP1_1_D	: Accepted	100	C++	0.00 sec	1164 KB	193 B	>
<	980820	db2	ITP1_1_D	: Wrong Answer	0	C++	0.00 sec	1164 KB	193 B	>
<	949879	db2	ITP1_1_A	: Runtime Error	0	Python	0.02 sec	4308 KB	46 B	>
<	949457	db2	ITP1_1_B	: Accepted	100	Python	0.02 sec	4176 KB	18 B	>
<	746843	db2	ITP1_1_A	: Accepted	100	C++	0.00 sec	1076 KB	75 B	>
<	701415	db2	ITP1_1_B	: Wrong Answer	25	C++	0.00 sec	1160 KB	87 B	>

图 1.11　评测结果页面

表 1.2　评测结果

状态	意义
	提交的程序已进入队列，等待被送入评测服务器
	程序执行中，等待评测结果。用户需刷新页面或点击该链接
	暂时无法进行评测。由于数据仍在准备中或系统限制等原因无法评测
	提交的程序编译失败。用户可点击 Compile Error 的链接确认详细内容
	提交的程序在运行时发生错误。原因可能是非法内存访问、栈溢出、除数为零等。另外，main 函数的返回值一定要设置为 0
	超过限制时间。答案不正确。程序未能在问题指定的时间之内执行完毕
	内存使用量超出限制。答案不正确。程序所使用的内存量超过了问题的限制
	提交的程序的输出超过了问题的限制。答案不正确
	答案不正确。提交的程序的输出结果与评测数据不吻合，或者验证器（Special Judge）判断为不正确
	输出形式错误。提交的程序虽然输出了正确的运算结果，但输出数据中包含多余的空格或换行，又或者缺少必要的空格或换行
	在上述不正确的状态下若有部分得分，则会显示本状态。表中会显示部分得分
	答案正确。提交的程序通过了上述所有审查，已被受理

- **语言。**提交程序所用的语言。点击链接可以查看版本等信息
- **CPU 使用时间。**提交的程序从执行该问题的审查数据到输出结果所用的时间（秒）。AOJ 最多允许程序执行 20 秒（※ 某些语言会有所通融）。如果审查数据（测试用例）不唯一，将显示其中最大的结果
- **内存使用量。**提交的程序在执行该问题的审查数据时所使用的内存量（KB）。如果审查数据不唯一，将显示其中最大的结果
- **代码长度。**提交的程序的体积（单位为字节）
- **提交时间。**提交程序的日期和时间

点击评测结果里的 Run# 或 Status 链接，可以跳转至详细评测结果页面，如图 1.12 所示。

#1071495 Solution for ITP1_1_B: X Cubic by db2

Source Code　Status　Test Cases　　Policy: private　Reviewed: 0

Compile Error Logs:

Status

Judge: 1/4　C++　CPU: 00.00 sec　Memory: 1164 KB　Length: 123 B　2014-09-15 14:37　2014-09-15 14:37

Results for testcases

Case #	Verdict	CPU Time	Memory	In	Out	Case Name
Case #1:	✔ : Accepted	00.00 sec	1164 KB	2 B	2 B	test_case_1
Case #2:	: Wrong Answer	00.00 sec	1160 KB	2 B	3 B	test_case_2
Case #3:	-	-	-	3 B	7 B	test_case_3
Case #4:	-	-	-	4 B	8 B	test_case_4

图 1.12　评测结果详细页面

用户可以在详细页面查看评测系统反馈的信息（主要针对编译错误）。在线评测系统会使用多个审查数据（测试用例）检测程序的正误和性能。在评测结果的详细页面，用户可以看到各个测试用例分别对应的评测结果和性能。

点击评测结果详细页面的输入输出文件链接或详细标签，就会跳转至如图 1.13 所示的测试用例查看页面。在这里，用户可以查看用作审查数据的测试用例（部分数据未公开）。

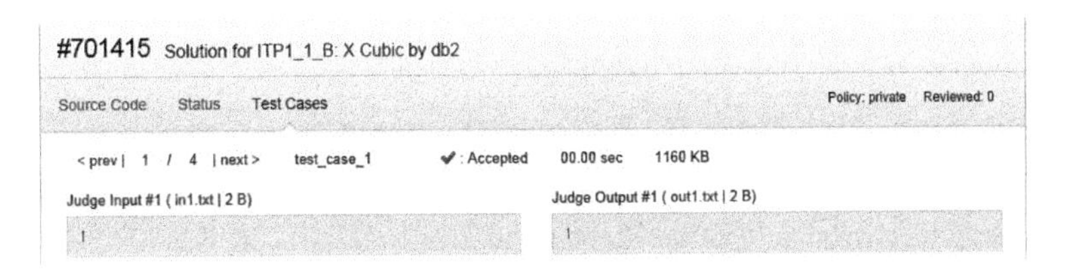

图 1.13　查看测试用例（用例 1）

页面左侧是评测中各测试用例的输入数据，右侧对应该用例的输出数据（正确答案）。图 1.13 显示第一个测试用例的执行结果为 Accepted（正确）。

点击箭头按钮（链接）可以变更测试用例。

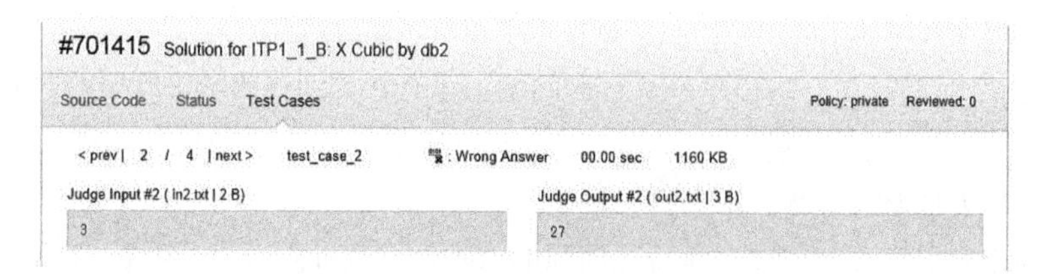

图 1.14 查看测试用例（用例 2）

从图 1.14 可以看到，第二个测试用例的执行结果为 Wrong Answer。输入数据为 3 时应该输出 27，但我们提交的程序却输出了错误的答案。各位可以试着修正程序并提交，然后查看 Status 是否变为了 Accepted。

注意

无论审查结果如何，在线评测都可以无数次重复提交程序。各位请试着多挑战几次，直到答案正确，或者性能、排名能让自己满意为止。

1.6 个人页面

个人页面（用户页面）可供用户查询自己或其他用户的状态。如图 1.15 所示，在挑战题的状态页面，我们可以查阅正答问题数、等级以及各领域进度的雷达图等信息。

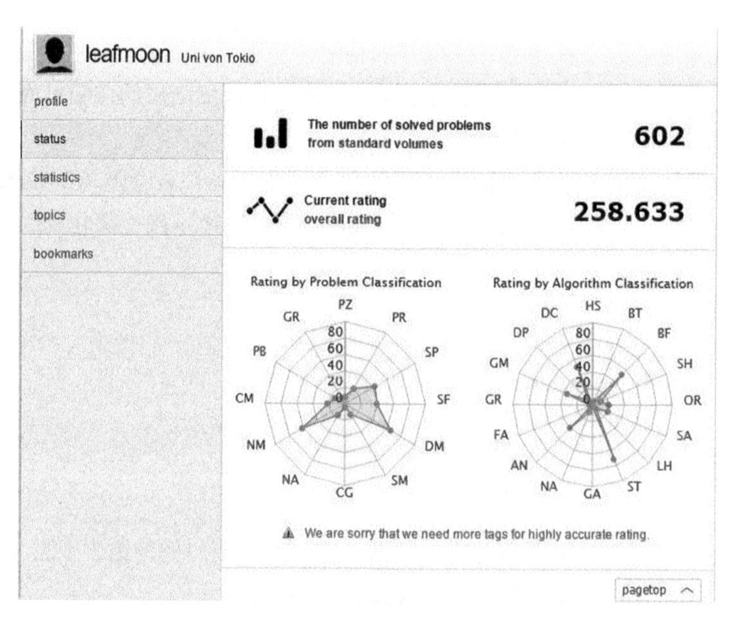

图 1.15 挑战题的状态

注意

本书所讲解的课程题的结果并不反映在这些与挑战题相关的状态和排名之中。不过，在各位掌握算法与数据结构的基础知识之后，也请去尝试挑战题。

另外，如图 1.16 所示，我们可以在 topics 的链接中查看到各类问题的进度一览表。

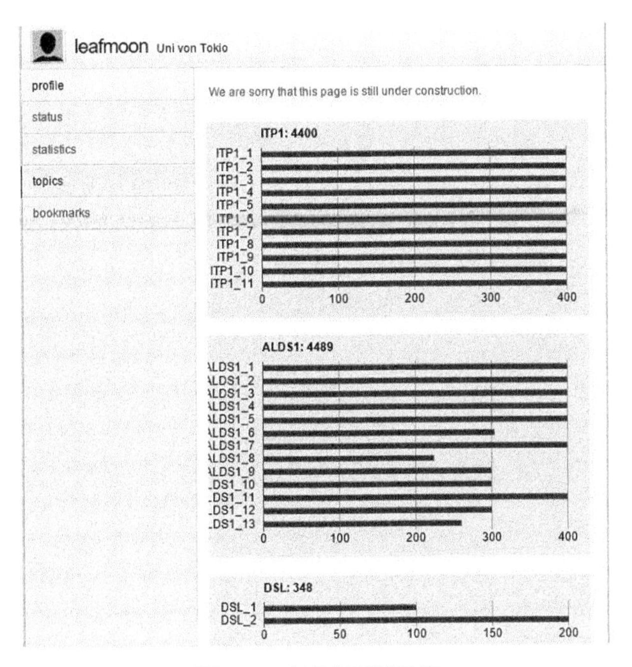

图 1.16　各类问题的进度

1.7　如何运用本书

本书讲解的例题包括 Algorithms and Data Structures I 中的全部 47 道题，以及 Library of ○○○中的一些精选题目。各位不妨按照问题 ID 去查阅 AOJ 的问题页面，找到这些问题并亲自上手挑战一番。

各位完成程序之后请提交并查看得分结果。最好能够根据当前分数与进程来设置目标，按照自己的步调享受解题的乐趣。

第 2 部分

[基础篇]

为程序设计竞赛做准备的算法与数据结构

在基础篇中，我们将学习基本的算法与数据结构，并求解一些与其相关的问题。本部分涉及的算法与数据结构通用性很强，标准库中大多能找到它们的影子，但学习它们仍然具有以下意义。

- 可以锻炼我们融会贯通的能力，以应对一些标准库不支持的类似处理
- 了解各算法的长处、短处和复杂度，有助于我们选择恰当的算法和应对程序缺陷
- 如果各位在掌握语言和库的用法之后还想更上一层楼，这些课题将成为亲自动手实现算法的良好练习

第 2 章 算法与复杂度

掌握基本编程语言的语法和写法后，便可以像搭积木一样对其进行拼接组合，从而解决各种不同类型的问题。在解决问题时，我们不仅需要特定语言的语法知识，更需要搞清“问题该按怎样的步骤解决”，即具备设计算法的能力。

本章将通过一些简单的问题，为各位导入算法及其复杂度的概念。

2.1 算法是什么

算法由英文 Algorithm 直译而来，即“运算法则”。广义上讲，就是指“达成某种目的的步骤”。日常生活中，“早上起床→换衣服→吃早饭→骑自行车上学”就是一种算法。在计算机界，我们将通过数据处理、数值运算、组合计算、模拟等操作解决问题的步骤称为算法。

严格来说，算法是一种具有明确定义的规则，能针对问题进行正确输出并停止。在这世上，每一个问题都对应着无数种算法，不同的算法所需的运算时间也天差地别。开发新系统，或者利用、借鉴前人们研究开发的各种古典算法，都可以高效地解决问题。另外，当我们需要自己设计算法时，也可以借鉴现有算法的思路。

2.2 问题与算法示例

本节将通过几道简单问题，给各位举一些算法的例子。

问题：Top 3

读取 10 名选手的得分数据，按照由高到低的顺序输出前 3 名的得分。注意，满分为 100 分。

输入示例

```
25 36 4 55 71 18 0 71 89 65
```

输出示例

```
89 71 71
```

现在要考虑如何用程序来实现这一问题。各位会发现，即使是这么简单的一个题目，我们也能列举出如下多种算法。

算法 1——3 次搜索

1. 将各选手的得分输入数组 $A[10]$。
2. 找出 A 所包含的 10 个数中的最大值并输出。
3. 剔除 2 中选定的元素，再找出其余 9 个数中的最大值并输出。
4. 剔除 2、3 中选定的元素，再找出其余 8 个数中的最大值并输出。

算法 2——排序后输出前 3 位的得分

1. 将各选手的得分输入数组 $A[10]$。
2. 将 A 按降序排列。
3. 按顺序输出 A 中的前 3 个元素。

算法 3——统计各个得分的人数

1. 将得分为 p 的人数记入数组 $C[p]$。
2. 按 $C[100]$，$C[99]$…的顺序，当 $C[p]$ 大于等于 1 时，将 p 输出 $C[p]$ 次（累计 3 次后停止）。

算法 1 是最直接的，也是最容易想到的方法之一。另一方面，如果有现成的数据排序算法可以利用，那么算法 2 将帮助我们编出一个又正确又简洁的程序。另外，数据排序本身也有多种算法可用，不同的算法会对运算效率有不同影响。

算法 3 乍看上去运算效率很高，但在应付某些情况时会占去很大的存储空间。当待处理数据的范围较小（考试分数或人的年龄等）时，程序所需的存储空间较小，运算效率会非常高。然而，一旦待处理数据范围很大，程序就会占去很大一块存储空间，显得非常不实用。

可见，程序设计问题的解题方法并不唯一，经常有多个算法同时适用于一道题目。这就要求我们从问题性质，输入数据的体积、限制乃至自身能力和计算机资源等方面综合考虑问题。

对“问题: Top 3”进行归纳后可以得到下面的问题。

问题：Top N

有 m 个整数 a_i（$i=1, 2, \cdots, m$）。请按从大到小的顺序输出其中最大的 n 个数。

限制 $m \leqslant 1\,000\,000$

$n \leqslant 1000$

$0 \leqslant a_i \leqslant 10^6$

现在我们再来看看哪个算法更适用于这道题。在设计算法时，一定要注意问题中给出的输入限制。计算机的运算速度虽然很快，但这里 m、n、a_i 的值都相当大，因此并不是所有方法都能高效处理这个问题。

程序简洁程度、编码难易程度、运算效率、内存使用量都是选择算法的标准，但后两个要远比前两个重要。在 2.4 节中，我们将学习如何根据问题的输入上限来预估算法的运行效率。

2.3 伪代码

描述算法的方式多种多样，伪代码便是其中之一。所谓伪代码，就是将自然语言（中文或英文等）和编程语言语法相结合的一种算法描述语言。

本书将根据需要适当地采用伪代码来讲解算法。伪代码既是算法的说明书，又是实际编程时的程序大纲。本书所用的伪代码虽然不包含明确的语法规则，但必定遵守以下要点。

- 变量用英文表示。省略声明与类型
- 结构语句使用多数编程语言通用的 if、while、for 语句
- 程序块用缩进表示，不使用“{}”
- 使用 C/C++ 语言的运算符。比如代入运算为“=”，等价运算为“==”，不等号为“!=”。逻辑运算符用“||”代表逻辑或，“&&”代表逻辑与，“!”代表非
- 数组 A 的长度（体积）用 A.length 表示
- 数组 A 的第 i 项元素用 $A[i]$ 表示。
- 数组下标视情况分别使用 0 起点①和 1 起点

① 0 起点表示数组的下标从 0 开始。长度为 N 的数组包含第 0 到第 $N-1$ 总共 N 个元素。

2.4 算法的效率

在我们看来，计算机只需一眨眼的功夫便能完成运算处理。但实际上，它也需要根据输入数据的大小和算法效率消耗一定量的处理器资源。要想编写出一段能高速运行的优秀程序，我们必须充分考量问题的性质，力求让所选算法能高效处理一切有可能输入的数据。

考虑解题的算法时，我们需要一个“标尺”来衡量其效率。在设计算法并编写程序之前，我们应该先推测其效率，看一看它是不是足以让我们解决眼前问题。如果忽视这一过程，那么我们辛辛苦苦编写出来的程序很可能不符合要求，导致白费功夫。

当今计算机处理能力的发展速度可谓一日千里，但与此同时，需要处理的数据量和复杂程度也与日俱增。在这个要求活用大数据[①]、拓展计算机用途、提高算法效率以求节能减耗等的大背景下，开发高效算法的研究项目正遍地开花。

2.4.1 复杂度的评估

算法的效率主要由以下两个复杂度来评估。

- **时间复杂度**（Time Complexity）。评估执行程序所需的时间。可以估算出程序对计算机处理器的使用程度
- **空间复杂度**（Space Complexity）。评估执行程序所需的存储空间。可以估算出程序对计算机内存的使用程度

我们在设计算法时，一般要先考虑系统环境，然后权衡时间复杂度与空间复杂度，选取一个平衡点。不过，时间复杂度往往比空间复杂度更容易出问题，因此本书在不特别说明的情况下，“复杂度”都是指“时间复杂度”。

2.4.2 大 O 表示法

大 O 表示法是一种评估算法效率的“标尺”，亦称为 Big-Oh-Notation。在该表示法中，我们以诸如 $O(n)$、$O(n^2)$ 的形式来表示算法的效率，其中 n 为问题的输入数据大小。$O(g(n))$ 代表该算法复杂度与 $g(n)$ 成正比，也称“该算法是 $g(n)$ 级的”[②]。由于我们要解的问题都规定了输入上限，因此可以根据该信息来评估算法。

举个例子，现在我们要用算法 A 来处理“将 n 个数据按升序排列。n 最大为 1000。”这个

---

① 大数据是一种巨量数据集合。目前，人们正积极展开这方面的研究，力求攻克解析、搜索、可视化等大量技术课题，以有效活用这种数据。

② 从大 O 表示法的严格定义上讲，“成正比”的说法并不正确，但作为初学者可以暂且先这样理解。

问题。假设 A 的数量级为 $O(n^2)$，即 A 的复杂度与 n^2 成正比。对复杂度为 $O(n^2)$ 的算法而言，数据量增加 10 倍时，复杂度会增加 100 倍。这个问题中 n 的最大值为 1000，因此在最坏的情况下算法复杂度约为 1 000 000。

现在我们回过头来，分析一下前面例题“Top N”中三种算法的复杂度。算法 1 的复杂度为 $O(n \times m)$，详细内容我们将在第 4 章学习。算法 2 的复杂度为 $O(m\log m + n)$，这部分知识在第 7 章中。另外，算法 3 的详细内容也将出现在第 7 章，它的复杂度为 $O(n + m + \max(a_i))$，即所需内存量与各整数的最大值 a_i 成正比。

算法的复杂度可以从最理想情况、平均情况和最坏情况三种角度进行估算。由于平均情况的复杂度大多和最坏情况的持平，而且估算最坏情况的复杂度可以避免后顾之忧，因此一般情况下，我们在设计算法时都直接估算最坏情况的复杂度。

2.4.3 复杂度的比较

我们将算法评估中几种典型的数量级列成了一张表，各位可以看一看 n（实际的输入数据大小）不同的情况下各种算法的复杂度差异。

n	$\log n$	$\sqrt{n}$	$n\log n$	n^2	2^n	$n!$
5	2	2	10	25	32	120
10	3	3	30	100	1024	3 628 800
20	4	4	80	400	1 048 576	约 2.4×10^{18}
50	5	7	250	2500	约 10^{15}	约 3.0×10^{64}
100	6	10	600	10 000	约 10^{30}	约 9.3×10^{157}
1000	9	31	9000	1 000 000	约 10^{300}	约 4.0×10^{2567}
10 000	13	100	130 000	100 000 000	约 10^{3000}	约 $10^{35\,660}$
100 000	16	316	1 600 000	10^{10}	约 $10^{30\,000}$	约 $10^{456\,574}$
1 000 000	19	1000	19 000 000	10^{12}	约 $10^{300\,000}$	约 $10^{5\,565\,709}$

让我们一起根据上表分析各个函数的效率高低。当数量级为 $O(\sqrt{n})$、$O(\log n)$、$O(n)$、$O(n\log n)$ 时，n 的增加并不会使复杂度提升太多，因此这些算法属于效率高的算法。

相对地，数量级为 $O(2^n)$ 和 $O(n!)$ 时，输入 n 刚刚增加到几十，复杂度就已经突破十位数了。就算拿地球上运算速度最快的计算机来计算，也需要处理几百年。这种效率极差的数量级常出现在一些缺乏技巧、单纯强行计算的算法中。所以我们在实际动手编程之前，一定要先根据输入上限评估算法在最坏情况下的复杂度。

估算复杂度可以帮助我们判断当前程序是否具有实用价值，不过，具体判断标准会受计算内容和执行环境的左右。以现代计算机的处理能力来看，只要比较运算和基本运算等的运算次数控制在百万或千万级以下，大多程序都可以在几秒内处理完毕。随着我们通过编程实际解决一个又一个问题，各位将逐渐感受到算法与复杂度的意义所在。

2.5 入门问题

下面让我们将算法的设计和复杂度纳入重点关注对象，一起来解答一道简单的问题。解答这道题不需要任何特别的算法知识，但想得出正确答案仍有几个点需要注意。请各位在挑战该问题时注意以下几点。

- 仔细读题，设计正确的算法
- 注意限制中给出的输入数据大小，思考高效率的算法（避免低效率的算法）
- 以输入输出示例为出发点，检查已完成的程序是否能正确执行每一种满足限制的输入

ALDS 1_1_D: Maximum Profit

限制时间 1 s　　内存限制 65536 KB　　正答率 18.54%

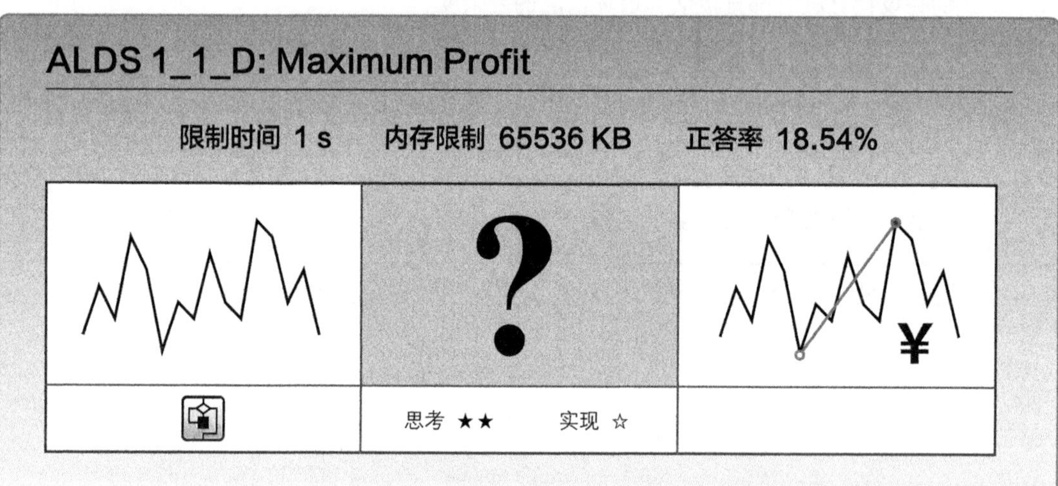

外汇交易可以通过兑换不同国家的货币以赚取汇率差。比如 1 美元兑换 100 日元时购入 1000 美元，然后等汇率变动到 1 美元兑换 108 日元时再卖出，这样就可以赚取（108 − 100）× 1000 = 8000 日元。

现在请将某货币在 t 时刻的价格 R_t（$t = 0, 1, 2, \cdots, n-1$）作为输入数据，计算出价格差 $R_j - R_i$（其中 $j > i$）的最大值。

输入 第 1 行输入整数 n。接下来 n 行依次给整数 R_t（$t = 0, 1, 2, \cdots, n-1$）赋值。

输出 在单独 1 行中输出最大值。

限制 $2 \leqslant n \leqslant 200\,000$

$1 \leqslant R_t \leqslant 10^9$

输入示例 1

```
6
5
3
1
3
4
3
```

输出示例 1

```
3
```

输入示例 2

```
3
4
3
2
```

输出示例 2

```
-1
```

输入输出示例 1 中，价格为 1 时买入、为 4 时卖出可获得 $4-1=3$ 的最大利益。虽然取最开始的 5 有 $5-1=4>3$，但 5 的时间在 1 之前，不符合实际情况。

输入输出示例 2 是一个价格逐渐降低的情况。由于我们的问题要求程序在 $j>i$ 的条件下完成 1 次买卖操作，因此得出最大利益为 -1。

答案不正确时的注意点

- 是否考虑到 R_t 单调减少的情况
- 最大值的初始值是否足够小。注意确认 R_t 的上限
- 是否使用了复杂度为 $O(n^2)$ 的算法。请考虑一下 $200\,000^2$ 的复杂度

讲解

本题中我们设最大利益为 max$v$，利用下面的算法即可获得满足条件的正确输出。

Program 2.1 **求最大利益的简单算法**

```
1 for j 从 1 到 n-1
2   for i 从 0 到 j-1
3     maxv = (maxv 与 R[j]-R[i] 中较大的一个)
```

这个算法中，我们将所有满足 $i<j$ 的 i 与 j 的组合全部列了出来，并从中搜索 R_j-R_i 的最大

值 maxv。

这里一定要注意，maxv 必须选择一个合适的初始值。由于 $R_t \leqslant 10^9$，再考虑到最大利益为负的情况，所以 maxv 的初始值要低于 $10^9 \times (-1)$。或者可以直接将 $R_1 - R_0$ 作为初始值。

这个算法虽然可以获得正确输出，但其复杂度高达 $O(n^2)$，考虑到输入上限（$n \leqslant 200\,000$）的问题，会发现当输入较大时，该程序无法在限制之间内完成处理。因此我们需要研究一个更加高效的算法。

从图 2.1 中可以看出，我们要找的数就是 j 左侧（前方）的最小值，如果用上面那种简单的算法，那么需要 $O(n)$ 才能完成。由于对每个 j 都要执行一遍，所以复杂度会达到 $O(n^2)$。不过，如果我们在 j 自增的过程中，将现阶段 R_j 的最小值（记为 minv）保存下来，那么只需要 $O(1)$ 便可以求出 j 时刻的最大利益。这里的 $O(1)$ 表示不受输入大小影响的固定复杂度。

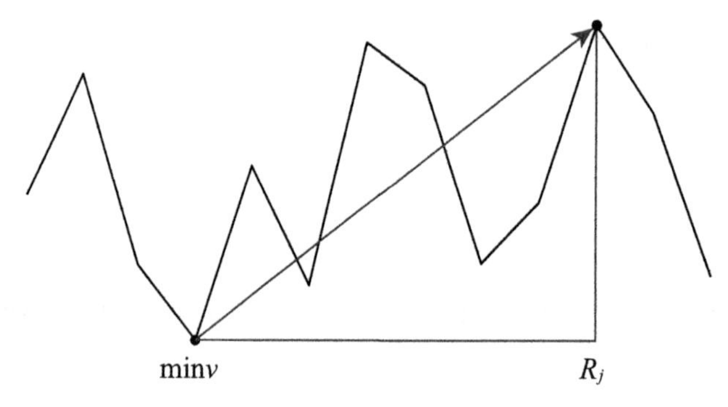

图 2.1 最大利益的更新

这样一来，程序获取最大利益只需进行 n 次判定，整体算法如下。

Program 2.2 求最大利益的算法

```
1  minv = R[0]
2  for j 从 1 到 n-1
3    maxv = (maxv 与 R[j]-minv 之间较大的一个 )
4    minv = (minv 与 R[j] 之间较小的一个 )
```

考察

原先的简单算法是关于 n 的二重循环，复杂度为 $O(n^2)$。经我们改良之后，算法中仅包含一个循环，复杂度降低至 $O(n)$。另外，改良后的算法不需要将输入数据保存在数组之中，因此同时也改善了内存使用量。

参考答案

C++

```
#include<iostream>
#include<algorithm>
using namespace std;
static const int MAX = 200000;

int main() {
  int R[MAX], n;

  cin >> n;
  for ( int i = 0; i < n; i++ ) cin >> R[i];

  int maxv = -2000000000; // 设置一个足够小的初始值
  int minv = R[0];

  for ( int i = 1; i < n; i++ ) {  // 如果每次都在这一阶段直接读取R[i]，那么数组可以省去
    maxv = max(maxv, R[i] - minv); // 更新最大值
    minv = min(minv, R[i]);        // 暂存现阶段的最小值
  }

  cout << maxv << endl;

  return 0;
}
```

第 3 章

初等排序

排序就是将数据按一定顺序重新排列。它是许多算法的基础，可以让数据变得更容易处理。本章将会带各位一起解几道简单的排序算法问题。这些算法虽然效率较差，但实现起来相对容易。在第 7 章会为各位介绍一些高效实用的排序算法的相关问题。

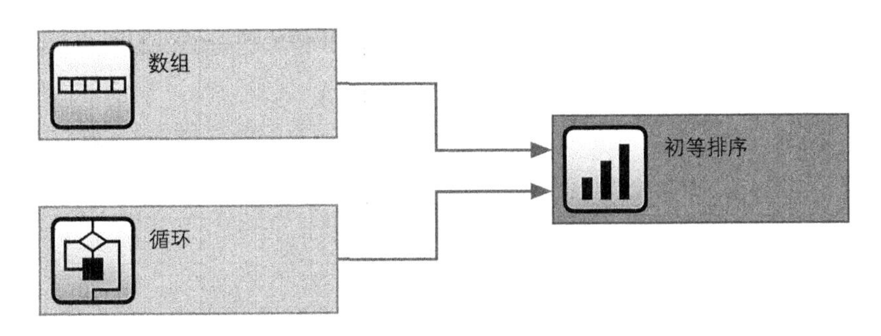

接触本章的问题之前，各位需要先掌握数组和循环等基本编程技能，算法与数据结构方面则不需要掌握什么特定的知识。

3.1 挑战问题之前——排序

所谓排序，是指将数据按照键重新排列为升序（从小到大）或降序（从大到小）的处理。举个例子，将整数数列 $A = \{4, 1, 3, 8, 6, 5\}$ 按升序排列是 $A = \{1, 3, 4, 5, 6, 8\}$，按降序排列则是 $A = \{8, 6, 5, 4, 3, 1\}$。

我们用数组来管理这些数列形式的输入数据，然后通过循环处理完成元素的交换和移动，最终实现数据排序。

一般说来，我们的数据都是一张具有多个属性的表，所以在排序时需要以某种特定属性为基准，这个特定属性就称为“排序键”（Sort Key）。比方说，我们现在要处理一份由“ID”“问题 A 的得分”“问题 B 的得分”组成的排名数据。假设数据如表 3.1 所示按 ID 顺序输入，那么按“A 的得分”降序排列后的结果就如表 3.2 所示。

表 3.1 按 ID 顺序输入的数据

ID	A	B
player1	70	80
player2	90	95
player3	95	60
player4	80	95

表 3.2 按 A 的得分排序

ID	A	B
player3	95	60
player2	90	95
player4	80	95
player1	70	80

管理作为排序对象的数据时，需要用到结构体或类的数组。

我们在设计或选择算法时，复杂度是重要的衡量标准之一。不过，对于排序算法而言，还必须将“稳定排序”（Stable Sort）纳入考量。所谓稳定排序，是指当数据中存在 2 个或 2 个以上键值相等的元素时，这些元素在排序处理前后顺序不变。

比如，我们将上面按 ID 顺序输入的数据以“B 的得分”为基准进行降序排列（表 3.3），可能会得到如表 3.4 所示的输出。

表 3.3 按 B 的得分排序（稳定）

ID	A	B
player2	90	95
player4	80	95
player1	70	80
player3	95	60

表 3.4 按 B 的得分排序（不稳定）

ID	A	B
player4	80	95
player2	90	95
player1	70	80
player3	95	60

这份输入数据中，player2 和 player4 的问题 B 的得分相同，并且输入时 player2 在前 player4 在后。稳定的排序算法能保证按照 player2 → player4 的顺序输出，但不稳定的排序算法就有可能出现按 player4 → player2 顺序输出的情况。

时至今日，人们已研究、开发出了许多种排序算法，它们的机制各不相同。因此我们要留意以下特征，力求选出最合适的算法。

- ▶ 复杂度与稳定性
- ▶ 除保存数据的数组以外是否还需要额外内存
- ▶ 输入数据的特征是否会对复杂度造成影响

3.2 插入排序法

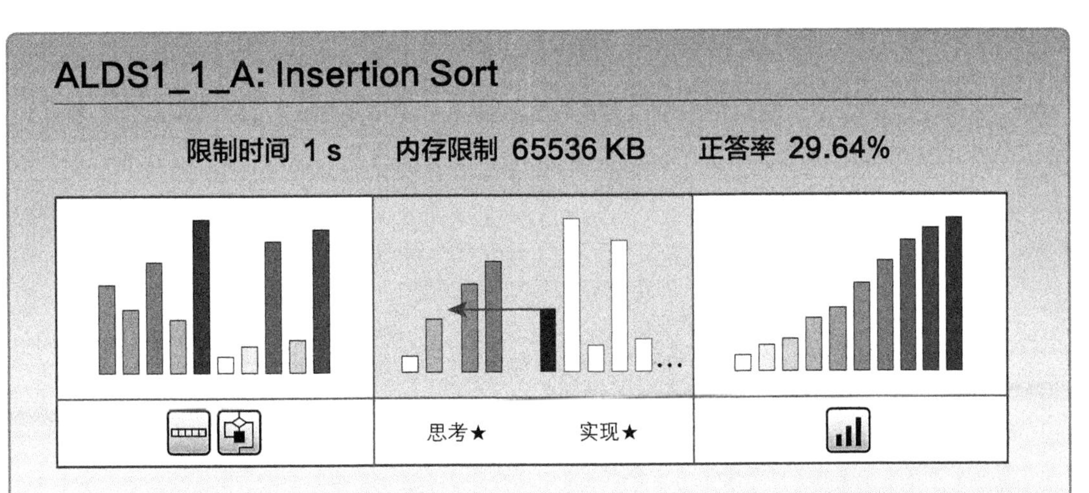

ALDS1_1_A: Insertion Sort
限制时间 1 s
内存限制 65536 KB
正答率 29.64%
思考★
实现★

插入排序法是一种很容易想到的算法，它的思路与打扑克时排列手牌的方法很相似。比如我们现在单手拿牌，然后要将牌从左至右、由小到大进行排序。此时我们需要将牌一张张抽出来，分别插入到前面已排好序的手牌中的适当位置。重复这一操作直到插入最后一张牌，整个排序就完成了。

插入排序法的算法如下。

```
1    insertionSort(A, N) // 包含 N 个元素的 0 起点数组 A
2      for i 从 1 到 N-1
3        v = A[i]
4        j = i - 1
5        while j >= 0 且 A[j] > v
6          A[j+1] = A[j]
7          j--
8        A[j+1] = v
```

请编写一个程序，用插入排序法将包含 N 个元素的数列 A 按升序排列。程序中需包含上述伪代码所表示的算法。为检验算法的执行过程，请输出各计算步骤的数组（完成输入后的数组，以及每次 i 自增后的数组）。

输入 在第 1 行输入定义数组长度的整数 N。在第 2 行输入 N 个整数，以空格隔开。

输出 输出总共有 N 行。插入排序法每个计算步骤的中间结果各占用 1 行。数列的各元素之间空 1 个空格。请注意，行尾元素后的空格等多余的空格和换行会被认定为 Presentation Error。

限制 $1 \leqslant N \leqslant 100$

$0 \leqslant A$ 的元素$\leqslant 1000$

输入示例

```
6
5 2 4 6 1 3
```

输出示例

```
5 2 4 6 1 3
2 5 4 6 1 3
2 4 5 6 1 3
2 4 5 6 1 3
1 2 4 5 6 3
1 2 3 4 5 6
```

答案不正确时的注意点

- 数组长度是否足够长
- 是否搞错了 0 起点和 1 起点的数组下标
- 是否误用了循环变量（比如 i、j）
- 是否输出了多余的空格或换行

讲解

如图 3.1 所示，插入排序法在排序过程中，会将整个数组分成“已排序部分”和“未排序部分”。

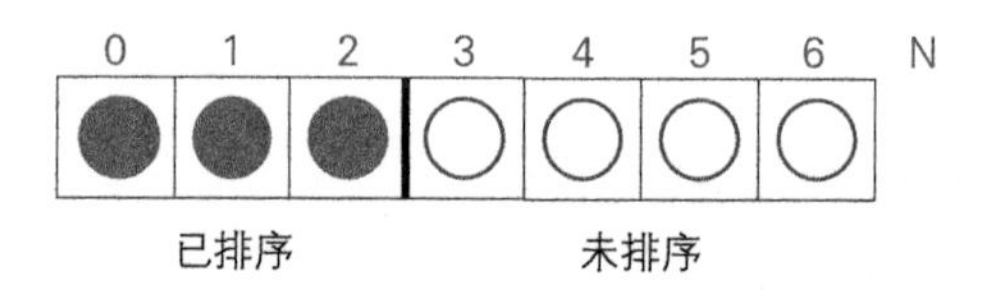

图 3.1　插入排序法的数组状态

插入排序法

- ▶ 将开头元素视作已排序
- ▶ 执行下述处理，直至未排序部分消失
  1. 取出未排序部分的开头元素赋给变量 v。
  2. 在已排序部分，将所有比 v 大的元素向后移动一个单位。
  3. 将已取出的元素 v 插入空位。

举个例子，我们对数组 $A = \{8, 3, 1, 5, 2, 1\}$ 进行插入排序时，整体流程如图 3.2 所示。

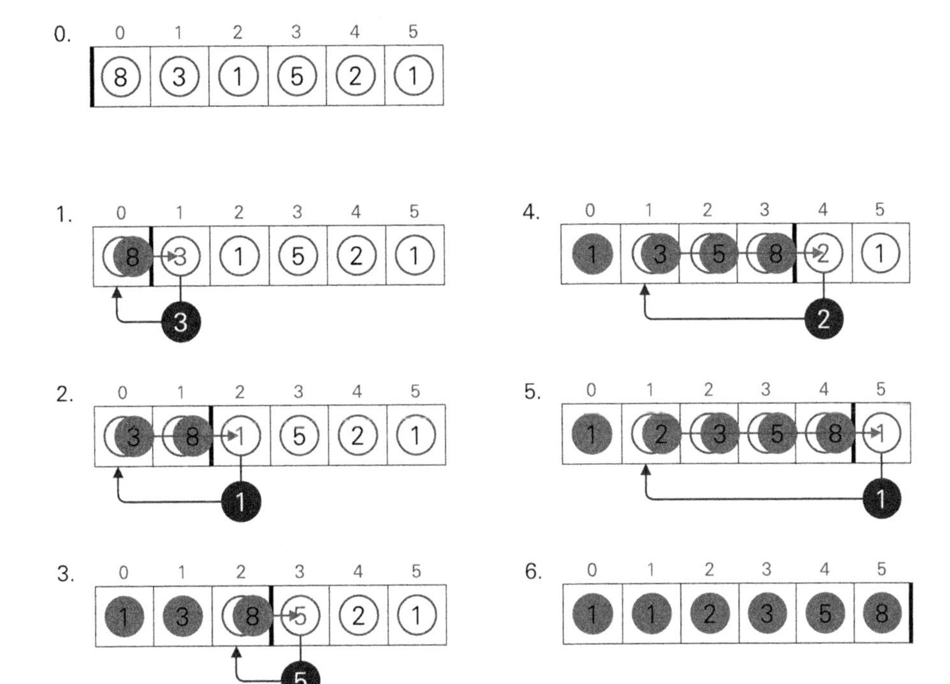

图 3.2 插入排序法

在步骤 1 中，将开头元素 $A[0](=8)$ 视为已排序，所以我们取出 $A[1]$ 的 3，将其插入已排序部分的恰当位置。首先把原先位于 $A[0]$ 的 8 移动至 $A[1]$，再把 3 插入 $A[0]$。这样一来，开头 2 个元素就完成了排序。

在步骤 2 中，我们要把 $A[2]$ 的 1 插入恰当位置。这里首先将比 1 大的 $A[1](=8)$ 和 $A[0](=3)$ 顺次向后移一个位置，然后把 1 插入 $A[0]$。

在步骤 3 中，我们要把 $A[3]$ 的 5 插入恰当位置。这次将比 5 大的 $A[2](=8)$ 向后移一个位置，然后把 5 插入 $A[2]$。

之后同理，将已排序部分的其中一段向后移动，再把未排序部分的开头元素插入已排序部分的恰当位置。插入排序法的特点在于，只要 0 到第 i 号元素全部排入已排序部分，那么无论后面如何插入，这个 0 到第 i 号的元素都将永远保持排序完毕的状态。

实现插入排序法时需要的主要变量如图 3.3 所示。

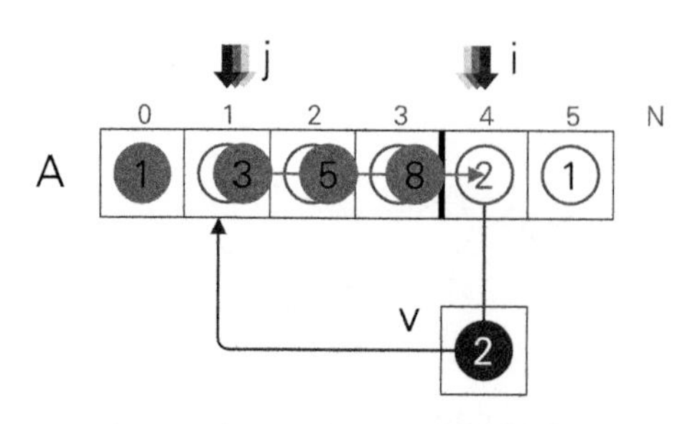

图 3.3 插入排序法所需的主要变量

$A[N]$	长度为 N 的整型数组
i	循环变量，表示未排序部分的开头元素
v	临时保存 $A[i]$ 值的变量
j	循环变量，用于在已排序部分寻找 v 的插入位置

外层循环的 i 从 1 开始自增。在每次循环开始时，将 $A[i]$ 的值临时保存在变量 v 中。

接下来是内部循环。我们要从已排序部分找出比 v 大的元素并让它们顺次后移一个位置。这里，我们让 j 从 $i-1$ 开始向前自减，同时将比 v 大的元素从 $A[j]$ 移动到 $A[j+1]$。一旦 j 等于 -1 或当前 $A[j]$ 小于等于 v 则结束循环，并将 v 插入当前 $j+1$ 的位置。

■考察

在插入排序法中，我们只将比 v（取出的值）大的元素向后平移，不相邻的元素不会直接交换位置，因此整个排序算法十分稳定。

然后我们考虑一下插入排序法的复杂度。这里需要估算每个 i 循环中 $A[j]$ 元素向后移动的次数。最坏的情况下，每个 i 循环都需要执行 i 次移动，总共需要 $1+2+\cdots+N-1=(N^2-N)/2$ 次移动，即算法复杂度为 $O(N^2)$。大多数时候，我们在计算复杂度的过程中，可以大致估计一下运算次数，然后只留下对代数式影响最大的项，忽略常数项。比如 $\frac{N^2}{2}-\frac{N}{2}$，这里的 N 相对于 N^2 而言就小得足以忽略，然后再忽略掉常数倍 $\frac{1}{2}$，得出复杂度与 N^2 成正比。当然，前提是假设这里的 N 足够大。

插入排序法是一种很有趣的算法，输入数据的顺序能大幅影响它的复杂度。我们前面说它的复杂度为 $O(N^2)$，也仅是指输入数据为降序排列的情况。如果输入数据为升序排列，那么 $A[j]$ 从头至尾都不需要移动，程序只需要经历 N 次比较便可执行完毕。可见，插入排序法的优势就在于能快速处理相对有序的数据。

参考答案

C

```
#include<stdio.h>

/* 按顺序输出数组元素 */
void trace(int A[], int N) {
  int i;
  for ( i = 0; i < N; i++ ) {
    if ( i > 0 ) printf(" "); /* 在相邻元素之间输出 1 个空格 */
    printf("%d", A[i]);
  }
  printf("\n");
}

/* 插入排序（0 起点数组）*/
void insertionSort(int A[], int N) {
  int j, i, v;
  for ( i = 1; i < N; i++ ) {
    v = A[i];
    j = i - 1;
    while ( j >= 0 && A[j] > v ) {
      A[j + 1] = A[j];
      j--;
    }
    A[j + 1] = v;
    trace(A, N);
  }
}

int main() {
  int N, i, j;
  int A[100];

  scanf("%d", &N);
  for ( i = 0; i < N; i++ ) scanf("%d", &A[i]);

  trace(A, N);
  insertionSort(A, N);

  return 0;
}
```

3.3 冒泡排序法

ALDS1_2_A: Bubble Sort

限制时间 1 s
内存限制 65536 KB
正答率 43.80%

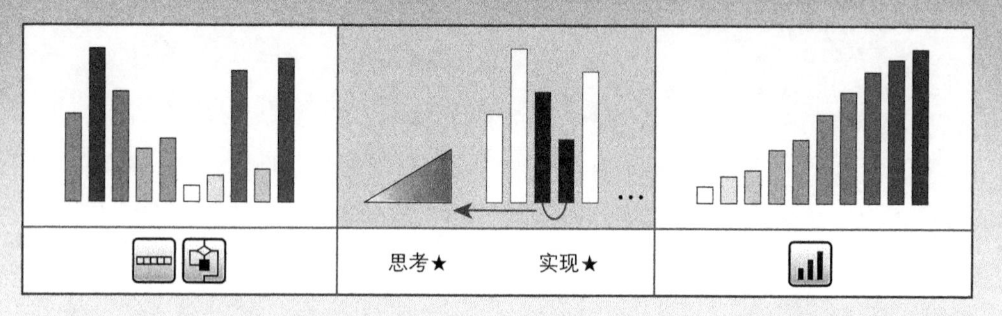

顾名思义，冒泡排序法就是让数组元素像水中的气泡一样逐渐上浮，进而达到排序的目的。下述算法便是利用冒泡排序法将数列排为升序的例子。

```
1   bubbleSort(A, N) // 包含 N 个元素的 0 起点数组 A
2     flag = 1       // 存在顺序相反的相邻元素
3     while flag
4       flag = 0
5       for j 从 N-1 到 1
6         if A[j] < A[j-1]
7           A[j] 与 A[j-1] 交换
8           flag = 1
```

请编写一个程序，读取数列 A，利用冒泡排序法将其按升序排列并输出。另外，请报告冒泡排序法执行元素交换的次数。

输入 在第 1 行输入定义数组长度的整数 N。在第 2 行输入 N 个整数，以空格隔开。

输出 输出总计 2 行。请在第 1 行输出排序后的数列。数列相邻要素用 1 个空格隔开。第 2 行输出元素交换的次数。

限制 $1 \leqslant N \leqslant 100$

$0 \leqslant A$ 的元素 $\leqslant 100$

输入示例

```
5
5 3 2 4 1
```

输出示例

```
1 2 3 4 5
8
```

讲解

与插入排序法一样，冒泡排序法的各个计算步骤中，数组也分成“已排序部分”和“未排序部分”。

冒泡排序法

▶ 重复执行下述处理，直到数组中不包含顺序相反的相邻元素

1. 从数组末尾开始依次比较相邻两个元素，如果大小关系相反则交换位置。

以数组 $A = \{5, 3, 2, 4, 1\}$ 为例，我们对其使用冒泡排序法时，排序过程如图 3.4 所示。

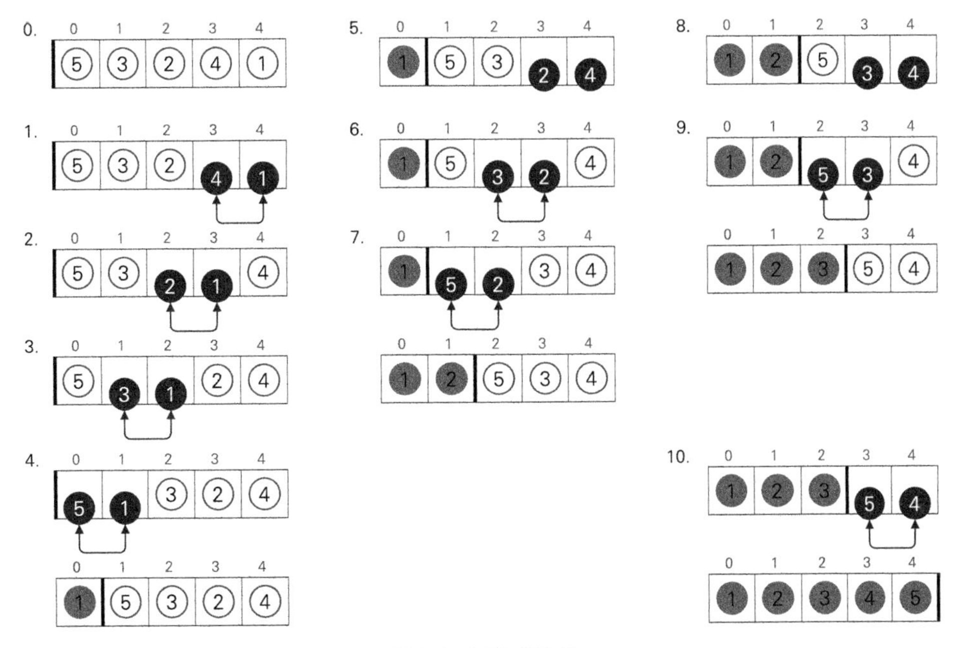

图 3.4 冒泡排序法

在上述冒泡排序的算法中，数据从数组开头逐一完成排序。也就是说，步骤 1 到步骤 4 的处理结束后，数据中最小的元素将移动至数组开头的 $A[0]$ 位置。同理，步骤 5 到步骤 7 结束后，数据中第二小的元素会移动至 $A[1]$，然后步骤 8 到步骤 9 确定 $A[2]$，步骤 10 确定 $A[3]$，以此类推，逐一确定已排序部分末尾要追加的元素。

从例子中很容易能看出，程序每完成一次外层循环，已排序部分就增加一个元素。这样一来，程序外层循环最多需执行 N 次，同时内层循环的处理范围也会逐渐减小。因此，我们可以发挥外层循环变量 i 的作用，对冒泡排序的算法作如 Program 3.1 所示的修改。

Program 3.1 冒泡排序法的实现

```
1  bubbleSort()
2    flag = 1
3    i = 0 // 未排序部分的起始下标
4    while flag
5      flag = 0
6      for j 从 N-1 到 i+1
7        if A[j] < A[j-1]
8          A[j] 与 A[j-1] 交换
9          flag = 1
10     i++
```

实现该冒泡排序法时需要的主要变量如图 3.5 所示。

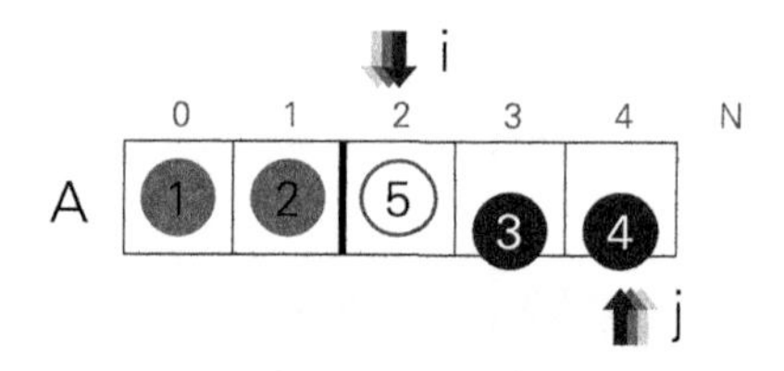

图 3.5 冒泡排序法所需的主要变量

$A[N]$	长度为 N 的整型数组
i	循环变量，表示未排序部分的开头元素，从数组开头向末尾移动
j	循环变量，用于对未排序部分中的相邻元素两两比较，从 A 的末尾 $N-1$ 开始，减少到 $i+1$ 结束

考察

冒泡排序法仅对数组中的相邻元素进行比较和交换，因此键相同的元素不会改变顺序。所以冒泡排序法也属于一种稳定排序的算法。但要注意的是，一旦将比较运算 $A[j] < A[j-1]$ 改为 $A[j] \leqslant A[j-1]$，算法就会失去稳定性。

然后我们考虑一下冒泡排序法的复杂度。假设数据总量为 N，冒泡排序法需对未排序部分的相邻元素进行 $(N-1)+(N-2)+\cdots+1=(N^2-N)/2$ 次比较。也就是说，冒泡排序法在最坏的情况下需要进行 $(N^2-N)/2$ 次比较运算，算法复杂度数量级为 $O(N^2)$。

顺便提一下，冒泡排序法中的交换次数又称为反序数或逆序数，可用于体现数列的错乱程度。

参考答案

C++

```
1  #include<iostream>
2  using namespace std;
3
4  // 使用 flag 的冒泡排序法
5  int bubbleSort(int A[], int N) {
6    int sw = 0;
7    bool flag = 1;
8    for ( int i = 0; flag; i++ ) {
9      flag = 0;
10     for ( int j = N - 1; j >= i + 1; j-- ) {
11       if ( A[j] < A[j - 1] ) {
12         // 交换相邻元素
13         swap(A[j], A[j - 1]);
14         flag = 1;
15         sw++;
16       }
17     }
18   }
19   return sw;
20 }
21
22 int main() {
23   int A[100], N, sw;
24   cin >> N;
25   for ( int i = 0; i < N; i++ ) cin >> A[i];
26
27   sw = bubbleSort(A, N);
28
29   for ( int i = 0; i < N; i++ ) {
30     if (i) cout << " ";
31     cout << A[i];
32   }
33   cout << endl;
34   cout << sw << endl;
35
36   return 0;
37 }
```

3.4　选择排序法

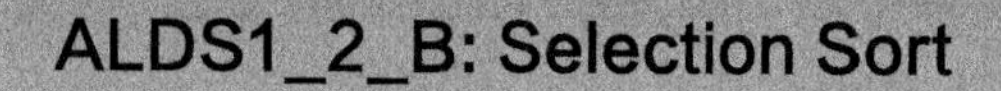

ALDS1_2_B: Selection Sort

限制时间 1 s　　内存限制 65536 KB　　正答率 58.04%

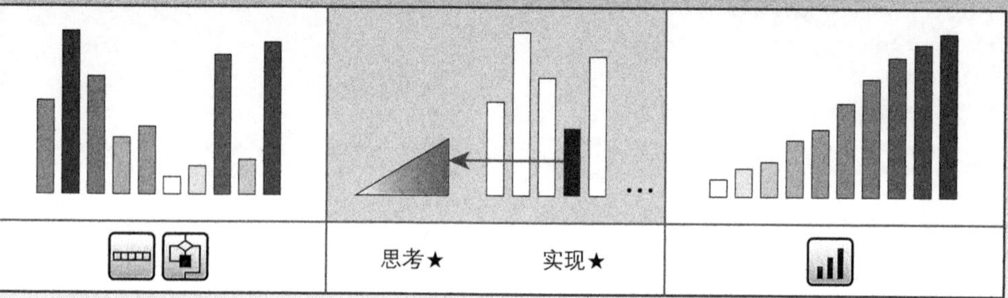

选择排序法是一种非常直观的算法，它会在每个计算步骤中选出一个最小值，进而完成排序。

```
1   selectionSort(A, N)  // 包含 N 个元素的 0 起点数组 A
2     for i 从 0 到 N-1
3       minj = i
4       for j 从 i 到 N-1
5         if A[j] < A[minj]
6           minj = j
7       A[i] 与 A[minj] 交换
```

请编写一个程序，读取数列 A，利用选择排序法将其按升序排列并输出。程序中需包含上述伪代码所表示的算法。

另外，请输出程序实际运行过程中执行交换操作（即伪代码第 7 行中 i 与 min$j$ 不相等的情况）的次数。

输入　在第 1 行输入定义数组长度的整数 N。在第 2 行输入 N 个整数，以空格区分。

输出　输出总计 2 行。请在第 1 行输出排序后的数列。数列相邻元素用 1 个空格隔开。第 2 行输出交换次数。

限制　$1 \leqslant N \leqslant 100$

$0 \leqslant A$ 的元素 $\leqslant 100$

输入示例

```
6
5 6 4 2 1 3
```

输出示例

```
1 2 3 4 5 6
4
```

讲解

与插入排序法和冒泡排序法一样，选择排序法的各个计算步骤中，数组也分成“已排序部分”和“未排序部分”。

选择排序法

▶ 重复执行 $N-1$ 次下述处理

1. 找出未排序部分最小值的位置 min$j$。
2. 将 min$j$ 位置的元素与未排序部分的起始元素交换。

以数组 $A = \{5, 4, 8, 7, 9, 3, 1\}$ 为例，我们对其使用选择排序法时，排序过程如图 3.6 所示。

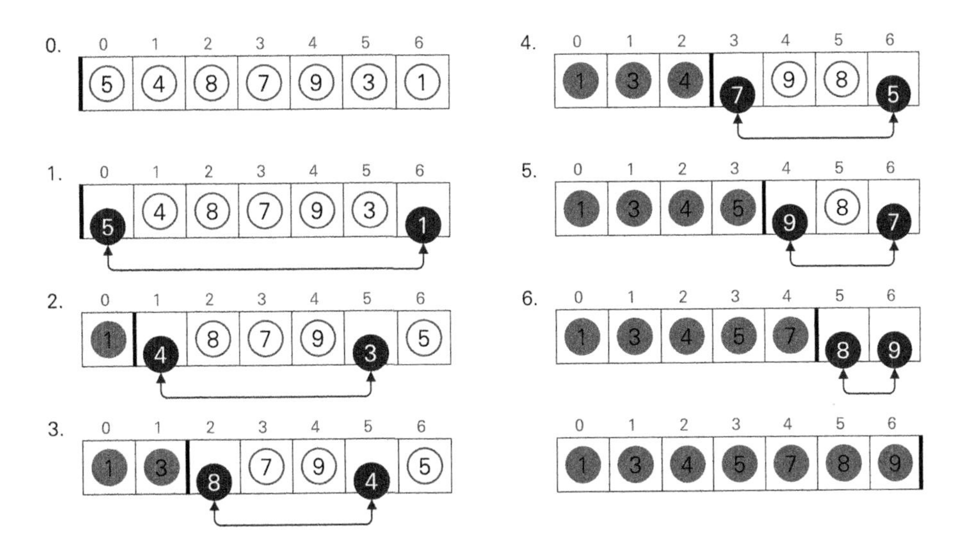

图 3.6 选择排序法

步骤 0 为初始状态，此时所有元素均属于未排序部分。

在步骤 1 中，我们找出未排序部分最小值的位置（min$j$ = 6），然后将该位置的元素 $A[6](=1)$ 与未排序部分的起始元素 $A[0](=5)$ 进行交换。这样一来，已排序部分就增加了一个元素。

在步骤 2 中，找出未排序部分最小值的位置（min$j$ = 5），然后将该位置的元素 $A[5](=3)$ 与未排序部分的起始元素 $A[1](=4)$ 进行交换。后面的步骤同理，从数组开头按由小到大的顺序逐个确定每个位置的值。

实现选择排序法时需要的主要变量如图 3.7 所示。

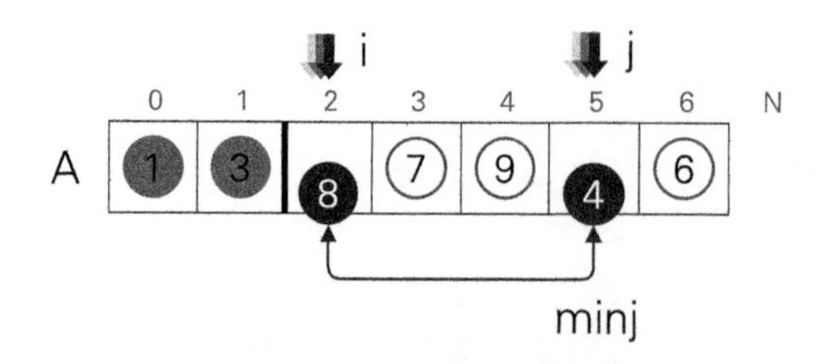

图 3.7 选择排序法所需的主要变量

$A[N]$	长度为 N 的整型数组
i	循环变量，表示未排序部分的开头元素，从数组开头向末尾移动
min$j$	各轮循环处理中，第 i 号到第 $N-1$ 号元素中最小值的位置
j	循环变量，用来查找未排序部分中最小值的位置（min$j$）

在每一轮 i 的循环中，通过 j 自增来遍历 $A[i]$ 到 $A[N-1]$，从而确定 min$j$。确定 min$j$ 后，让起始元素 $A[i]$ 与最小值元素 $A[\text{min}j]$ 进行交换。

■ 考察

假设现在有一组由数字和字母组成的数据，我们试着用选择排序法对其进行升序排列。在如图 3.8 所示的例子里，我们“以数字为基准”进行排序，该排序数组中 2 个元素带有数字“3”，初始状态下其顺序为 3H → 3D。

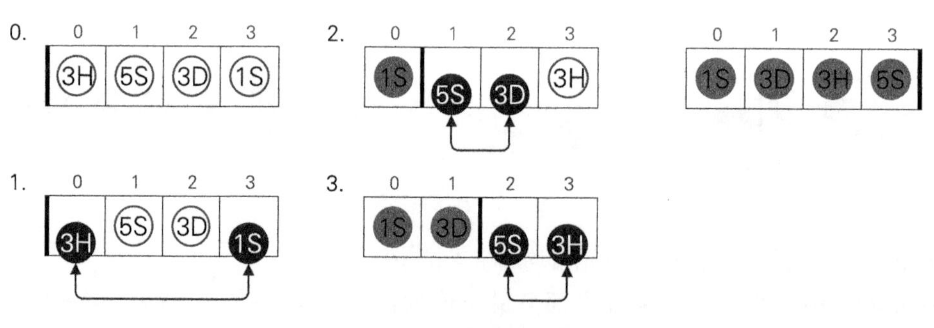

图 3.8 选择排序法的不稳定性

我们会发现，排序结束后这两个元素的顺序反了过来，变成了 3D → 3H。也就是说，由于选择排序法会直接交换两个不相邻的元素，所以属于不稳定的排序算法。

然后再来看看选择排序法的复杂度。假设数据总数为 N，那么无论在何种情况下，选择排序法都需要进行 $(N-1)+(N-2)+\cdots+1=(N^2-N)/2$ 次比较运算，用于搜索未排序部分的最小值。因此该算法的复杂度与 N^2 基本成正比，即复杂度数量级为 $O(N^2)$。

现在，让我们回过头来看看这三种排序算法（冒泡、选择、插入），比较一下它们的特征。

冒泡排序法与选择排序法相比，一个从局部入手减少逆序元素，一个放眼大局逐个选择最小值，二者思路大不相同。但是，它们又都有着“通过 i 次外层循环，从数据中顺次求出 i 个最小值”的相同特征。相对地，插入排序法是通过 i 次外层循环，直接将原数组的 i 个元素重新排序。另外，不含 flag 的简单冒泡排序法和选择排序法不依赖数据，即比较运算的次数（算法复杂度）不受输入数据影响，而插入算法在执行时却依赖数据，处理某些数据时具有很高的效率。

参考答案

C

```
1  #include<stdio.h>
2
3  /* 选择排序法（0起点）*/
4  int selectionSort(int A[], int N) {
5    int i, j, t, sw = 0, minj;
6    for ( i = 0; i < N - 1; i++ ) {
7      minj = i;
8      for ( j = i; j < N; j++ ) {
9        if ( A[j] < A[minj] ) minj = j;
10     }
11     t = A[i]; A[i] = A[minj]; A[minj] = t;
12     if ( i != minj ) sw++;
13   }
14   return sw;
15 }
16
17 int main() {
18   int A[100], N, i, sw;
19
20   scanf("%d", &N);
21   for ( i = 0; i < N; i++ ) scanf("%d", &A[i]);
22
23   sw = selectionSort(A, N);
24
25   for ( i = 0; i < N; i++ ) {
26     if ( i > 0 ) printf(" ");
27     printf("%d", A[i]);
28   }
29   printf("\n");
30   printf("%d\n", sw);
31
32   return 0;
33 }
```

3.5 稳定排序

ALDS1_2_C: Stable Sort

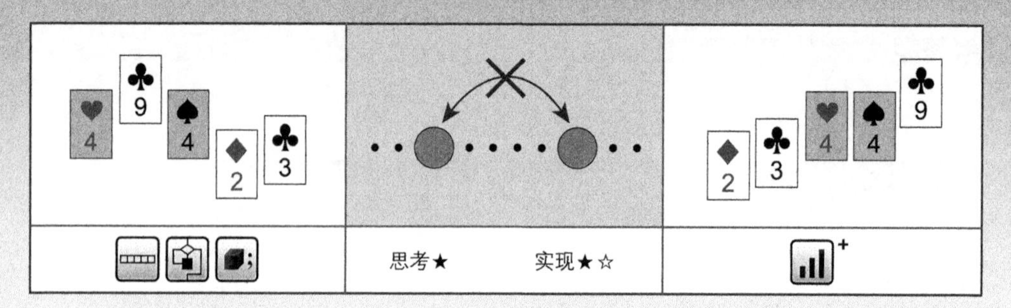

现在我们来给扑克牌排序。我们使用的扑克牌包含 S、H、C、D 的 4 种花色（Suit）以及 1, 2, ⋯, 9 的 9 个数字（Value），总计 36 张。例如红桃 8 记为“H8”，方块 1 记为“D1”。

请编写一个程序，分别用冒泡排序法和选择排序法对输入的 N 张扑克牌进行以数字为基准的升序排列。两种算法需各自遵循下述伪代码的描述。下述数组元素皆为 0 起点。

```
1   BubbleSort(C, N)
2     for i = 0 to N-1
3       for j = N-1 downto i + 1
4         if C[j].value < C[j-1].value
5           C[j] 与 C[j-1] 交换
6
7   SelectionSort(C, N)
8     for i = 0 to N-1
9       minj = i
10      for j = i to N-1
11        if C[j].value < C[minj].value
12          minj = j
13      C[i] 与 C[minj] 交换
```

另外，请报告各算法对于所给输入是否有稳定输出。这里所说的“稳定输出”，是指当出现多张数字相同的牌时，这些牌在输入与输出中的顺序不变（※ 能时常保证稳定输出的排序算法称为稳定排序算法）。

输入　在第 1 行输入扑克牌的张数 N。

第 2 行输入 N 张扑克牌的数据。每张牌由代表花色和数字的 2 个字符组成，相邻扑克牌之间用 1 个空格隔开。

输出 在第 1 行按顺序输出经冒泡排序法排序后的扑克牌，相邻扑克牌之间用 1 个空格隔开。

在第 2 行输出该输出是否稳定（Stable 或 Not stable）。

在第 3 行按顺序输出经选择排序法排序后的扑克牌，相邻扑克牌之间用 1 个空格隔开。

在第 4 行输出该输出是否稳定（Stable 或 Not stable）。

限制 $1 \leqslant N \leqslant 36$

输入示例

```
5
H4 C9 S4 D2 C3
```

输出示例

```
D2 C3 H4 S4 C9
Stable
D2 C3 S4 H4 C9
Not stable
```

讲解

由于本题中的 N 值较小，因此我们在检查排序结果是否稳定时，可以用 Program 3.2 中的这种比较笨的 $O(N^4)$ 算法。

Program 3.2 用笨方法判断稳定性

```
1 isStable(in, out)
2   for i = 0 to N-1
3     for j = i+1 to N-1
4       for a = 0 to N-1
5         for b = a+1 to N-1
6           if in[i] 与 in[j] 的数字相等 && in[i] == out[b] && in[j] == out[a]
7             return false
8   return true
```

考察

本题中使用 $O(N^4)$ 的算法足以满足要求，但在处理 N 更大的问题时，就需要多花些心思了。冒泡排序法属于稳定排序算法，因此输出永远都是“Stable”。然而，选择排序法是一种不稳定的排序算法，因此必须检查输出结果。其实，我们可以将选择排序的结果与冒泡排序的结果相比较，如此一来只用 $O(N)$ 便能解决问题。

参考答案

C++

```
1  #include<iostream>
2  using namespace std;
3
4  struct Card { char suit, value; };
5
6  void bubble(struct Card A[], int N) {
7    for ( int i = 0; i < N; i++ ) {
8      for ( int j = N - 1; j >= i + 1; j-- ) {
9        if ( A[j].value < A[j - 1].value ) {
10         Card t = A[j]; A[j] = A[j - 1]; A[j - 1] = t;
11       }
12     }
13   }
14 }
15
16 void selection(struct Card A[], int N) {
17   for ( int i = 0; i < N; i++ ) {
18     int minj = i;
19     for ( int j = i; j < N; j++ ) {
20       if ( A[j].value < A[minj].value ) minj = j;
21     }
22     Card t = A[i]; A[i] = A[minj]; A[minj] = t;
23   }
24 }
25
26 void print(struct Card A[], int N) {
27   for ( int i = 0; i < N; i++ ) {
28     if ( i > 0 ) cout << " ";
29     cout << A[i].suit << A[i].value;
30   }
31   cout << endl;
32 }
33
34 // 比较冒泡排序和选择排序的结果
35 bool isStable(struct Card C1[], struct Card C2[], int N) {
36   for ( int i = 0; i < N; i++ ) {
37     if ( C1[i].suit != C2[i].suit ) return false;
38   }
39   return true;
40 }
41
42 int main() {
```

```
43     Card C1[100], C2[100];
44     int N;
45     char ch;
46 
47     cin >> N;
48     for ( int i = 0; i < N; i++ ) {
49       cin >> C1[i].suit >> C1[i].value;
50     }
51 
52     for ( int i = 0; i < N; i++ ) C2[i] = C1[i];
53 
54     bubble(C1, N);
55     selection(C2, N);
56 
57     print(C1, N);
58     cout << "Stable" << endl;
59     print(C2, N);
60     if ( isStable(C1, C2, N) ) {
61       cout << "Stable" << endl;
62     } else {
63       cout << "Not stable" << endl;
64     }
65 
66     return 0;
67 }
```

3.6 希尔排序法

※ 这是一个稍微有些难度的挑战题。如果各位觉得太难可以暂时跳过，等具备一定实力后再回过头来挑战。

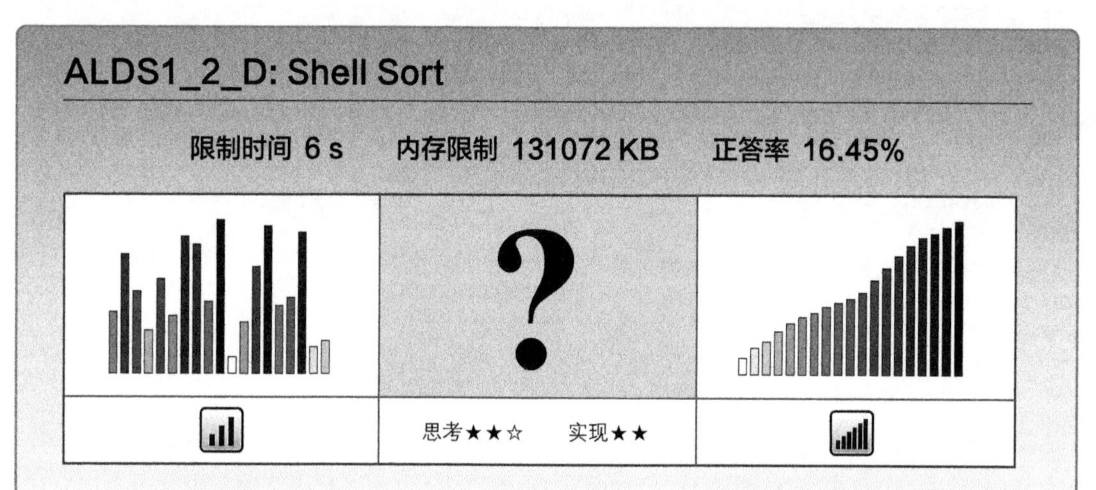

我们在插入排序法的基础上进一步发挥，将包含 n 个整数的数列 A 通过下述程序进行升序排列。

```
1   insertionSort(A, n, g)
2       for i = g to n-1
3           v = A[i]
4           j = i - g
5           while j >= 0 && A[j] > v
6               A[j+g] = A[j]
7               j = j - g
8               cnt++
9           A[j+g] = v
10
11  shellSort(A, n)
12      cnt = 0
13      m = ?
14      G[] = {?, ?,..., ?}
15      for i = 0 to m-1
16          insertionSort(A, n, G[i])
```

`insertionSort(A, n, g)` 是仅以间隔为 g 的元素为对象进行的插入排序。`shellSort(A, n)` 则是 `insertionSort(A, n, g)` 的循环，并在每轮循环后逐渐缩小 g 的范围。这种排序方法称为希尔排序法。

请自行填补上述伪代码中“?”的部分并完成程序。创建一个程序，将 n 与数列

A 作为输入数据，让程序输出伪代码中的 m、m 个整数 G_i（$i = 0, 1, \cdots, m-1$）以及按升序排列后的数列 A。另外，输出必须满足以下条件。

- $1 \leqslant m \leqslant 100$
- $0 \leqslant G_i \leqslant n$
- cnt 的值不超过 $\lceil n^{1.5} \rceil$

输入 第 1 行输入整数 n。接下来 n 行输入 n 个整数 A_i（$i = 0, 1, \cdots, n-1$）。

输出 第 1 行输出整数 m，第 2 行输出 m 个整数 G_i（$i = 0, 1, \cdots, m-1$），用空格隔开。第 3 行在使用 G 的程序执行完毕后输出 cnt 的值。

接下来 n 行输出排序完毕的 A_i（$i = 0, 1, \cdots, n-1$）。

本题对于 1 个输入数据会有多个解答，因此所有满足条件的输出皆视为正确。

限制 $1 \leqslant n \leqslant 1\,000\,000$

$0 \leqslant A_i \leqslant 10^9$

输入示例

```
5
5
1
4
3
2
```

输出示例

```
2
4 1
3
1
2
3
4
5
```

答案不正确时的注意点

■ 是否在最后执行了 $g = 1$ 的普通插入排序，以保证数列顺序正确

讲解

我们之前提到过，插入排序法可以高速处理顺序较整齐的数据，而希尔排序法就是充分发挥插入排序法这一特长的高速算法。希尔排序法中，程序会重复进行以间隔为 g 的元素为对象的插入排序。举个例子，设 g 的集合为 G，对 $A = \{4, 8, 9, 1, 10, 6, 2, 5, 3, 7\}$ 进行 $G = \{4, 3, 1\}$ 的希尔排序，其整体过程如图 3.9 所示。

图 3.9 中，我们按照处理顺序自上而下地列出了数组元素的变化。每一步计算中，程序都将 $A[i]$（最后一个深灰色元素）插入前方间隔为 g 的元素列（此时已经排序完毕）的恰当位

置。图右侧的补充说明，是为了标出各组间隔为 g 的插入排序。这里请注意，程序的处理顺序与组的顺序无关。

要想完成数据排序必须在最后执行 $g = 1$，即普通的插入排序法。不过，此时对象数据的顺序应该已经很整齐了。

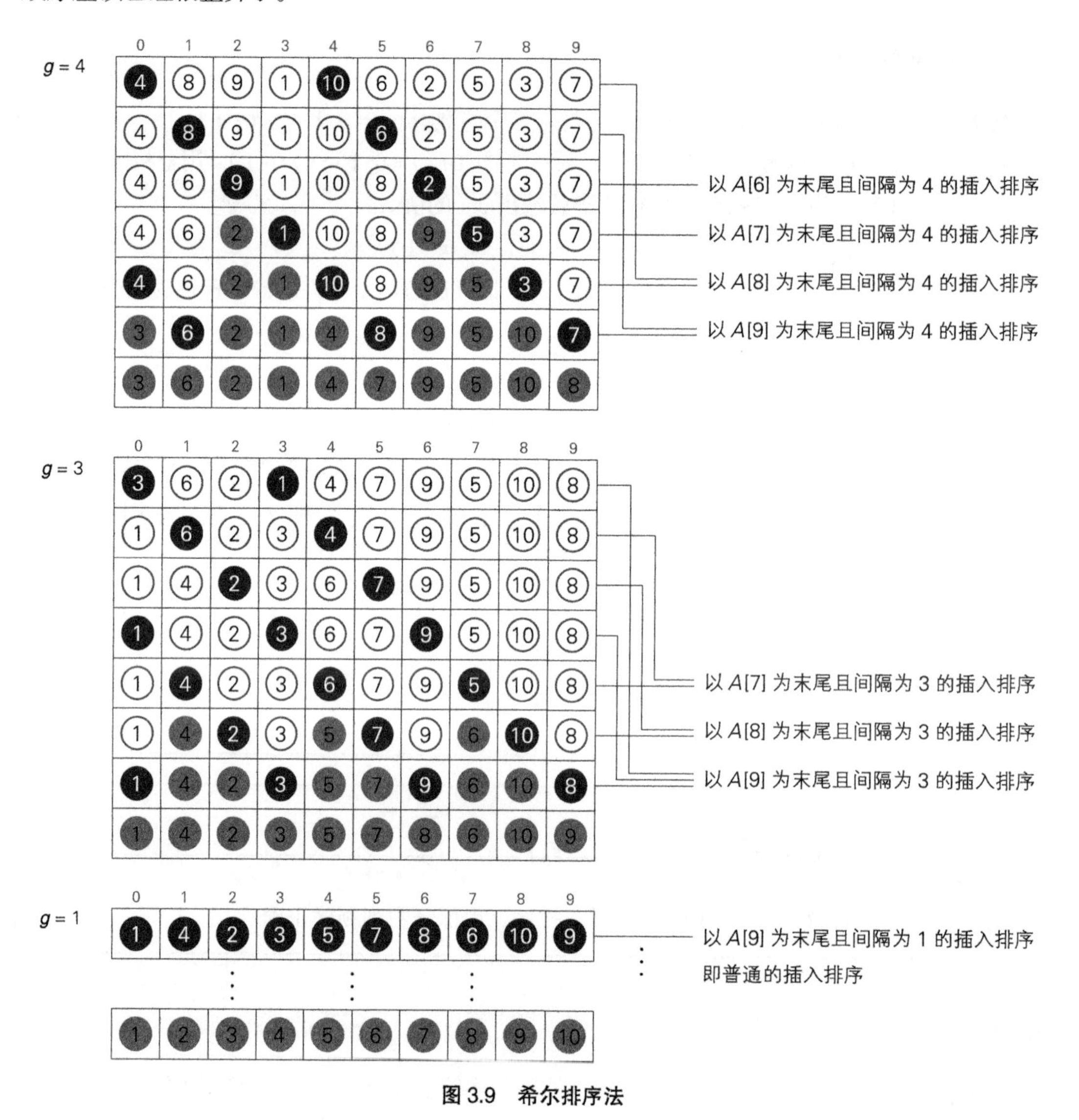

图 3.9　希尔排序法

考察

$g = G_i$ 的选择方法数不胜数，至今为止人们已对其进行了许多研究，不过其相关解析超出了本书的范围，所以这里仅给各位举个例子：当 $g = 1, 4, 13, 40, 121\cdots$，即 $g_{n+1} = 3g_n + 1$ 时，算法的复杂度基本维持在 $O(N^{1.25})$。除上述数列外，只要使用最终值为 1 的递减数列，基本都能高效地完成数据排序。不过，如果遇到 2 的幂指数（$2^p = 1, 2, 4, 8\cdots$）等 $g = 1$ 之前几乎不需要排序的数列，希尔排序法的效率会大打折扣。

参考答案

C++

```
1  #include<iostream>
2  #include<cstdio>
3  #include<algorithm>
4  #include<cmath>
5  #include<vector>
6  using namespace std;
7
8  long long cnt;
9  int l;
10 int A[1000000];
11 int n;
12 vector<int> G;
13
14 // 指定了间隔 g 的插入排序
15 void insertionSort(int A[], int n, int g) {
16   for ( int i = g; i < n; i++ ) {
17     int v = A[i];
18     int j = i - g;
19     while( j >= 0 && A[j] > v ) {
20       A[j + g] = A[j];
21       j -= g;
22       cnt++;
23     }
24     A[j + g] = v;
25   }
26 }
27
28 void shellSort(int A[], int n) {
29   // 生成数列 G={1, 4, 13, 40, 121, 364, 1093, …}
30   for ( int h = 1; ; ) {
31     if ( h > n ) break;
32     G.push_back(h);
33     h = 3*h + 1;
34   }
35
36   for ( int i = G.size()-1; i >= 0; i-- ) { // 按逆序指定 G[i] = g
37     insertionSort(A, n, G[i]);
```

```
38   }
39 }
40 
41 int main() {
42   cin >> n;
43   // 使用速度更快的scanf函数进行输入
44   for ( int i = 0; i < n; i++ ) scanf("%d", &A[i]);
45   cnt = 0;
46 
47   shellSort(A, n);
48 
49   cout << G.size() << endl;
50   for ( int i = G.size() - 1; i >= 0; i-- ) {
51     printf("%d", G[i]);
52     if ( i ) printf(" ");
53   }
54   printf("\n");
55   printf("%d\n", cnt);
56   for ( int i = 0; i < n; i++ ) printf("%d\n", A[i]);
57 
58   return 0;
59 }
```

第4章 数据结构

要想实现高效的算法，离不开高效管理数据的“数据结构”。长期以来，人们针对各种问题开发了种类繁多的数据结构。

本章就将带领各位求解一些与初等数据结构有关的问题。

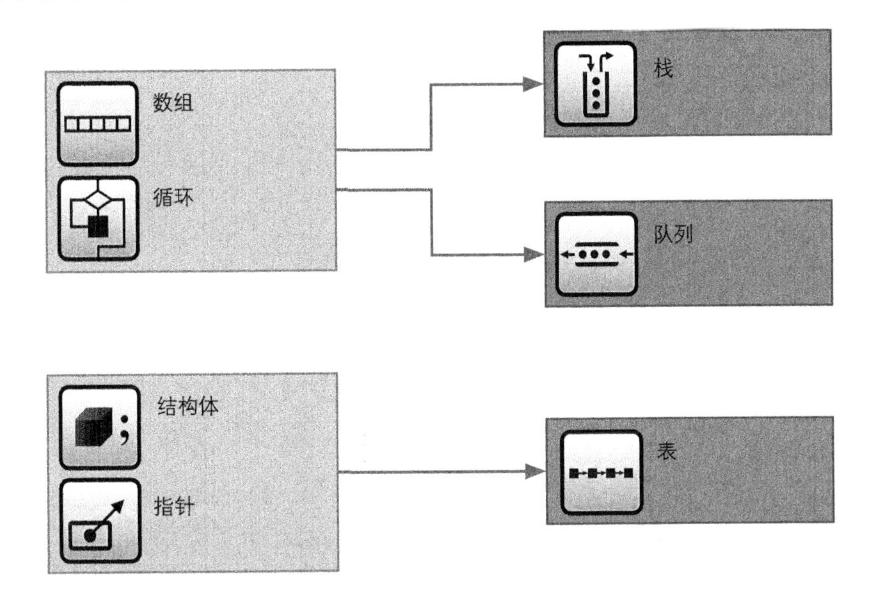

接触本章的问题之前，各位需要先掌握数组和循环等基本编程技能。另外，在构建某些数据结构时，需要用到指针和结构体（类）的知识。

4.1 挑战问题之前——什么是数据结构

数据结构是一种在程序中系统化管理数据集合的形式。不过，数据结构很少单纯地表示数据集合，它通常由以下 3 个概念组合而成（图 4.1）。

▶ 数据集合。通过对象数据的本体（例如数组和结构体等基本数据结构）保存数据集合

- 规则。保证数据集合按照一定规矩进行正确操作、管理和保存的规则。比如按照何种顺序取出数据等条款
- 操作。“插入元素”“取出元素”等对数据集合的操作。“查询数据的元素数”和“检查数据集合是否为空”等查询也包含在内

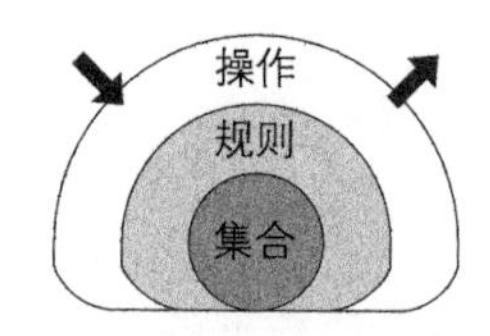

图 4.1 数据结构的概念

这 3 个概念给各种数据结构带来了不同的特征。现在不理解不要紧，等我们随后介绍完栈和队列这两种基本数据结构的运作模式之后，各位就会有所体会。

栈

栈（Stack）是一种能有效帮助我们临时保存数据的数据结构，按照最后进入栈的数据最先出栈（Last In First Out，LIFO，后入先出）的规则管理数据。

操作

- `push(x)`：在栈顶部添加元素 x
- `pop()`：从栈顶部取出元素
- `isEmpty()`：检查栈是否为空
- `isFull()`：检查栈是否已满

※ 一般情况下，栈还具有“引用栈顶元素”和“检查栈中是否含有指定数据”的操作。

规则

数据中最后加入的元素最先被取出，即 pop 取出的元素是最后一次被 push 的元素（距离上一次 push 最近的元素）。

队列

队列（Queue）是一个等待处理的行列，当我们希望按数据抵达的先后顺序处理数据时会用到这种数据结构。数据中最先放入的元素最先被取出，即按照先入先出（First In First Out，FIFO）的规则管理数据。

操作

- `enqueue(x)`：在队列末尾添加元素 x

▶ `dequeue()`：从队列开头取出元素
▶ `isEmpty()`：检查队列是否为空
▶ `isFull()`：检查队列是否已满

※ 一般情况下，队列还具有“引用队头元素”和“检查队列中是否含有指定数据”的操作。

规则

数据中最先进入队列的元素（距上一次 enqueue 时间最久的元素）最先被取出，即 dequeue 操作按照元素被添加的先后顺序取出元素。

■ 表

有些时候，我们既需要让数据保持一定顺序，又要在特定位置进行插入或删除操作。此时我们最先想到的数据结构大概是数组。但是，数组在初始化阶段长度就已经固定，需要占用固定的内存空间，因此很难有效利用机器的资源。不过，双向链表（Doubly Linked List）就能很好地解决这一问题。除此之外，表型基本数据结构还是实现其他高等数据结构所需的基础知识或零部件。

别看基本数据结构的操作和规则都十分简单，它们却能在程序设计和算法设计的诸多方面发挥作用。程序中数据结构的种类和用法都能大幅影响算法效率。

4.2 栈

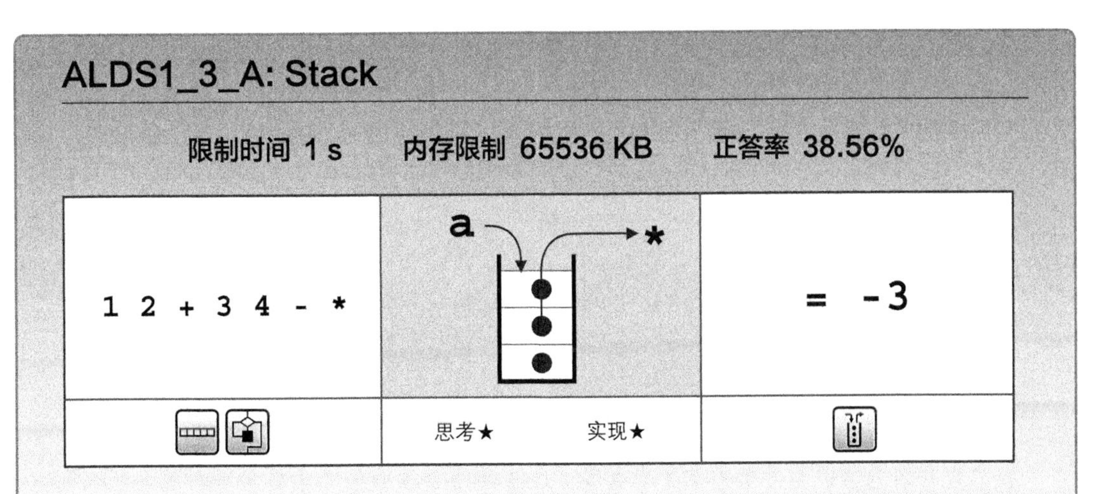

逆波兰表示法是一种将运算符写在操作数后面的描述程序（算式）的方法。举个例子，我们平常用中缀表示法描述的算式（1 + 2）*（5 + 4），改为逆波兰表示法之

后则是 1 2 + 5 4 + *。相较于中缀表示法，逆波兰表示法的优势在于不需要括号。

请输出以逆波兰表示法输入的算式的计算结果。

输入　在 1 行中输入 1 个算式。相邻的符号（操作数或运算符）用 1 个空格隔开。

输出　在 1 行之中输出计算结果。

限制　2 ≤算式中操作数的总数≤ 100

1 ≤算式中运算符的总数≤ 99

运算符仅包括“+”“-”“*”，操作数为 10^6 以下的正整数。

-1×10^9 ≤计算过程中的值≤ 10^9

输入示例

```
1 2 + 3 4 - *
```

输出示例

```
-3
```

答案不正确时的注意点

- 数组长度是否足够长
- 减法运算的顺序是否正确
- 是否支持 2 位以上的数值（操作数）

讲解

用逆波兰表示法描述的算式可以借助栈进行运算。如图 4.2 所示，程序在计算时从算式开头逐一读取字符串，如果字符串是操作数（数值）则压入栈，如果是运算符（+、-、*）则从栈中取出两个数值算出结果再压入栈，如此循环。最终栈中剩下的数值便是答案。

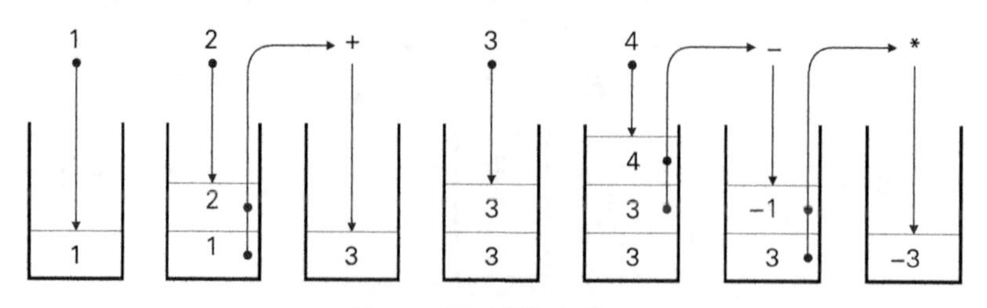

图 4.2　通过栈解析算式

栈等数据结构可以通过多种方法来实现，比如使用数组或表（指针）。本书重点带领各位理解数据结构的操作和限制，因此这里用数组来实现存储整型数据的栈。

用数组实现栈主要需要以下变量及函数（图 4.3）。

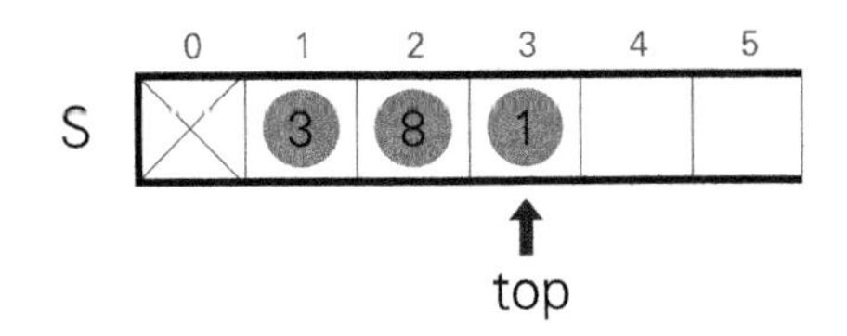

图 4.3 实现栈所需的主要变量

▶ 用来存储数据的一维整型数组：*S*

push 来的数据存储在数组 *S* 的各元素之中。需要根据问题内容保证充足的内存空间。另外，这里介绍的实现方法中 *S*[0] 一直为空。图 4.3 所示的情况代表容量为 5 的栈中已压入了 3 个元素。

▶ 用作栈顶指针的整型变量：*top*

指明了栈顶部（栈顶）元素（最后被添加的元素）的整型变量。*top* 表示最后一个被添加的元素存储在什么位置。这个变量称为栈顶指针。另外，*top* 的值与栈中元素的数量相等。

▶ 向栈中添加元素 *x* 的函数：`push(x)`

top 增加 1，*x* 代入 *S*[*top*]。

▶ 从栈顶取出元素的函数：`pop()`

返回 *S*[*top*] 的值，*top* 减少 1。

下面我们来看看实际操作栈时的样子。图 4.4 所示的是一个由数组构成的栈，我们随意选了一些值来演示栈的压入和取出。数据结构的操作是一个动态过程，因此栈的元素也是时常变化的。

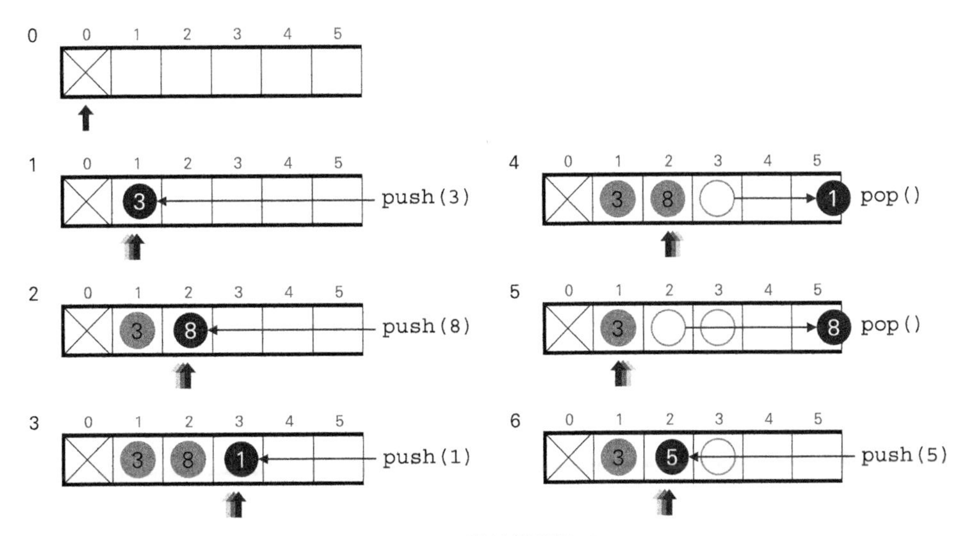

图 4.4 栈的模拟演示

`push(x)` 送来的元素在 *top* 加 1 之后插入 *S*[*top*]。相对地，`pop()` 返回 *top* 所指的元素，

然后让 *top* 减一。

由数组构成的栈可以通过下述伪代码实现。

Program 4.1 **用数组实现栈**

```
1  initialize()
2    top = 0
3
4  isEmpty()
5    return top == 0
6
7  isFull()
8    return top >= MAX - 1
9
10 push(x)
11   if isFull()
12     错误（上溢）
13   top++
14   S[top] = x
15
16 pop()
17   if isEmpty()
18     错误（下溢）
19   top--
20   return S[top+1]
```

`initialize` 函数将 *top* 置 0，清空栈。此时数组（内存）中的元素虽然还在，但会被之后的 push 操作覆盖。`isEmpty` 函数通过检查 *top* 是否为 0 来判断栈中有无元素。

`isFull` 函数用于判断栈是否已满。比方说，我们用作栈的 0 起点数组的容量为 MAX，那么 *top* 大于或等于 MAX – 1 时栈就是满的。

`push` 函数会将 *top* 加 1，然后在 *top* 所指的位置添加元素 *x*。另外，在栈已满的状态下进行报错处理。

`pop` 函数返回 *top* 所指的元素，即位于栈顶的元素，同时将 *top* 减一，将栈顶元素删除。另外，在栈为空的状态下进行报错处理。

■ 考察

设计、实现数据结构时，我们要估算对其执行各种操作时的复杂度。本题介绍了以数组为基础的栈操作，考虑到对栈顶指针的加、减以及数组的代入运算，pop 与 push 的复杂度都为 $O(1)$。

注意

一般情况下，数据结构多以结构体或类的形式实现。以类的形式可以同时管理多种数据结构，方便程序调用数据。

参考答案

C

```
1  #include<stdio.h>
2  #include<stdlib.h>
3  #include<string.h>
4
5  int top, S[1000];
6
7  void push(int x) {
8  /* top 加 1 之后将元素插入
      top所指的位置 */
9    S[++top] = x;
10 }
11
12 int pop() {
13   top--;
14 /* 返回 top 所指的元素 */
15   return S[top+1];
16 }
17
18 int main() {
19   int a, b;
20   top = 0;
21   char s[100];
22
23   while( scanf("%s", s) != EOF ) {
24     if ( s[0] == '+' ) {
25       a = pop();
26       b = pop();
27       push(a + b);
28     } else if ( s[0] == '-' ) {
29       b = pop();
30       a = pop();
31       push(a - b);
32     } else if ( s[0] == '*' ) {
33       a = pop();
34       b = pop();
35       push(a * b);
36     } else {
37       push(atoi(s));
38     }
39   }
40
41   printf("%d\n", pop());
42
43   return 0;
44 }
```

这里的 atoi() 是 C 语言标准库中的函数，用来将字符串形式的数字转换为整型数值。

4.3 队列

ALDS1_3_B: Queue

限制时间 1 s　　内存限制 65536 KB　　正答率 34.38%

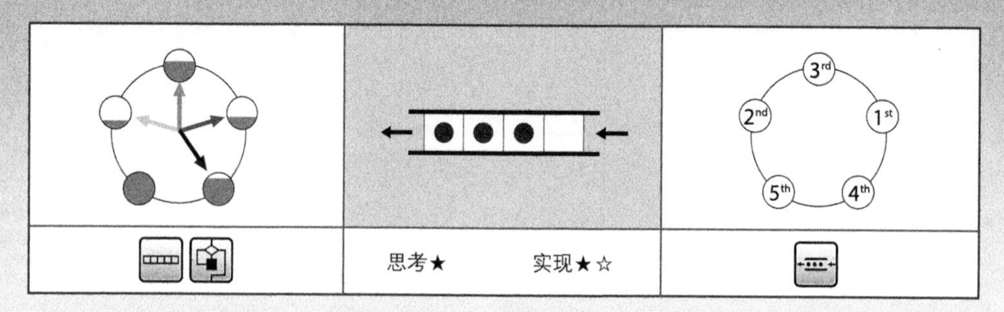

现有名称为 $name_i$ 且处理时间为 $time_i$ 的 n 个任务按顺序排成一列，CPU 通过循环调度法逐一处理这些任务，每个任务最多处理 q ms（这个时间称为时间片）。如果 q ms 之后任务尚未处理完毕，那么该任务将被移动至队伍最末尾，CPU 随即开始处理下一个任务。

举个例子，假设 q 是 100，然后有如下任务队列。

A（150）- B（80）- C（200）- D（200）

首先 A 被处理 100 ms，然后带着剩余的 50 ms 移动至队尾。

B（80）- C（200）- D（200）- A（50）

随后 B 被处理 80 ms，在总计第 180 ms 时完成处理，从队列中消失。

C（200）- D（200）- A（50）

接下来 C 被处理 100 ms，然后带着剩余的 100 ms 移动至队尾。

D（200）- A（50）- C（100）

之后同理，一直循环到处理完所有任务。

请编写一个程序，模拟循环调度法。

输入　输入形式如下。

$n\ q$

$name_1$ $time_1$

$name_2$ $time_2$

…

$name_n$ $time_n$

第 1 行输入表示任务数的整数 n 与表示时间片的整数 q，用 1 个空格隔开。

接下来 n 行输入各任务的信息。字符串 $name_i$ 与 $time_i$ 用 1 个空格隔开。

输出 按照任务完成的先后顺序输出各任务名以及结束时间，任务名与对应结束时间用空格隔开，每一对任务名与结束时间占 1 行。

限制 $1 \leq n \leq 100\ 000$

$1 \leq q \leq 1000$

$1 \leq time_i \leq 50\ 000$

1 ≤字符串 $name_i$ 的长度≤ 10

$1 \leq$ $time_i$ 的和 $\leq 1\ 000\ 000$

输入示例

```
5 100
p1 150
p2 80
p3 200
p4 350
p5 20
```

输出示例

```
p2 180
p5 400
p1 450
p3 550
p4 800
```

答案不正确时的注意点

- 是否进行了 $O(n^2)$ 的模拟
- 数组长度是否足够长

讲解

我们可以用存放（管理）任务的队列来模拟循环调度法。首先，将初始状态的任务按顺序存入队列，然后从队头取任务，最多进行一个时间片的处理，再将仍需更多处理（时间）的任务重新添加至队列，如此循环直至队列为空。

这里要向各位介绍一下如何用数组实现一个存放整型数据的队列。用数组实现队列主要需要以下变量和函数（图 4.5）。

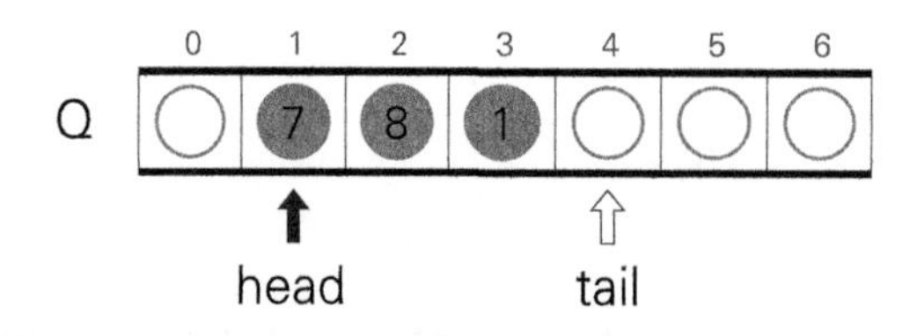

图 4.5　实现队列所需的变量

▶ 用来存放数据的一维整型数组：*Q*

　　enqueue 来的数据存放在数组 *Q* 的各元素中。需要根据问题内容保证足够的内存空间。图 4.5 是已存入数个元素的情况。

▶ 用作队头指针的整型变量：*head*

　　指示队列开头位置的变量。dequeue 会取出 *head* 所指的元素。请注意，队头元素的下标不总是 0。

▶ 用作队尾指针的整型变量：*tail*

　　指示队列末尾 + 1 是哪个位置（最后一个元素的后一个位置）的变量。*tail* 所指的位置就是要添加新元素的位置。*head* 与 *tail* 夹着的部分（不包含 *tail* 所指的元素）是队列的内容。

▶ 向队列添加新元素 *x* 的函数：`enqueue(x)`

　　将 *x* 代入 *Q*[*tail*]，然后 *tail* 加 1。

▶ 从队列开头取出元素的函数：`dequeue()`

　　返回 *Q*[*head*] 的值，然后 *head* 加 1。

下面我们来看看实际操作队列时的样子。图 4.6 演示了队列中值的添加和取出。

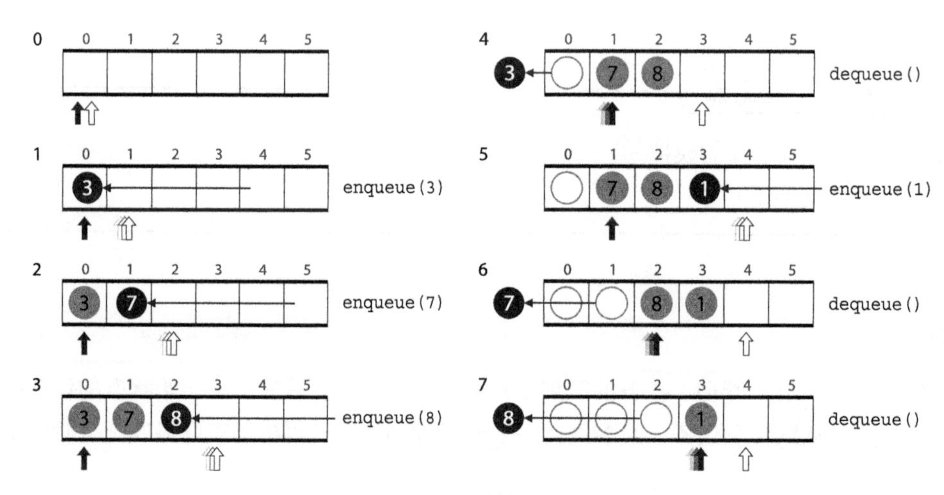

图 4.6　队列的模拟演示

当 *head* 和 *tail* 一致时队列为空，但此时这两个变量不一定为 0。每执行一次 `enqueue(x)`，新元素就会加入到 *tail* 的位置，然后 *tail* 增加 1。执行 `dequeue()` 则会返回

head 所指的元素，然后 *head* 加 1。

用数组实现队列会出现图 4.6 所示的情况，随着数据不断进出，*head* 与 *tail* 之间的队列主体部分会逐渐向数组末尾（图的右侧）移动。这样一来，*tail* 和 *head* 很快会超出数组的容量上限。如果 *tail* 超出数组下标上限即判定为向上溢出，那么整个数组中会有相当大的一部分空间被白白浪费掉。然而，若想防止这一情况需要让 *head* 时常保持在 0，即每次执行完 `dequeue()` 之后让数据整体向数组开头（左侧）移动，但每次移动都会增加 $O(n)$ 的复杂度。

为应对这个问题，我们可以把构成队列的数组视为环形缓冲区来管理数据。

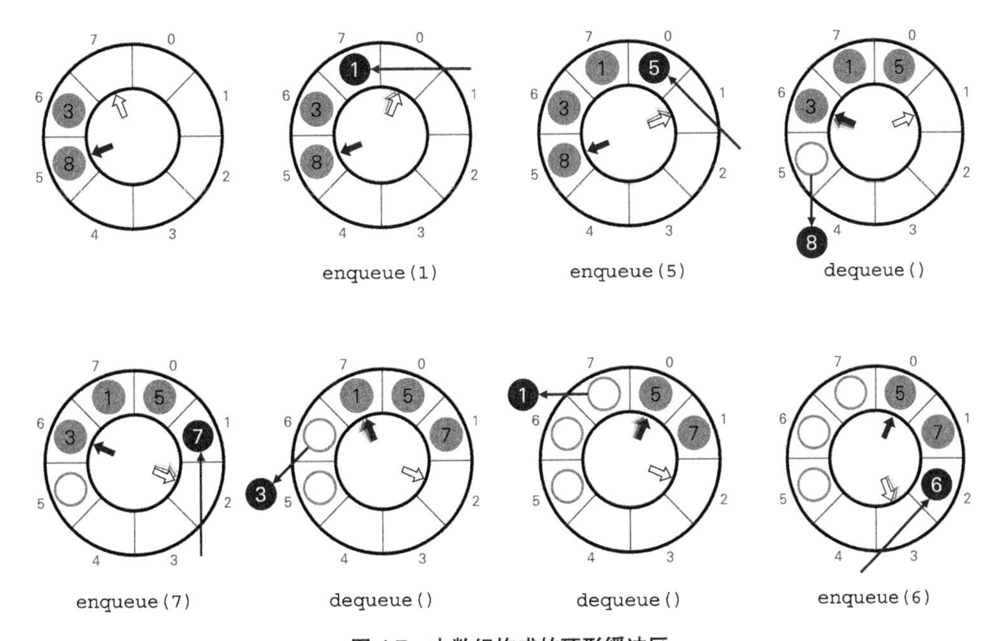

图 4.7　由数组构成的环形缓冲区

环形缓冲区由一维数组构成，指示队列范围的 *head* 和 *tail* 指针在超出数组范围时重新从数组开头开始循环。也就是说，如果指针加 1 之后超出了数组范围，就重新置为 0。

图 4.7 模拟了在一个已存有若干数据的队列中存取数据时的情况。执行 `enqueue(1)` 向队列中添加 1 时，*tail* 的值 $7+1=8$ 超出了数组范围，因此将 *tail* 重置为 0。如果按照顺时针方向观察环形缓冲区，那么队列中的现存数据按照 *head* → *tail* 的顺序排列。另外，为区分队列的空与满，我们规定 *tail* → *head* 之间至少要有一个空位。

由数组构成的队列可通过以下方法实现。

Program 4.2　用数组实现队列

```
1  initialize()
2    head = tail = 0
3
4  isEmpty()
```

```
5	  return head == tail
6
7	isFull()
8	  return head == (tail + 1) % MAX
9
10	enqueue(x)
11	  if isFull()
12	     错误（上溢）
13	  Q[tail] = x
14	  if tail + 1 == MAX
15	     tail = 0
16	  else
17	     tail++
18
19	dequeue()
20	  if isEmpty()
21	     错误（下溢）
22	  x = Q[head]
23	  if head + 1 == MAX
24	     head = 0
25	  else
26	     head++
27	  return x
```

`initialize` 函数用来将 *head* 和 *tail* 设为相同值，从而清空队列。`isEmpty` 函数负责检查 *head* 和 *tail* 的值是否相等，以判断队列是否为空。

`isFull` 函数用于检查队列是否已满。举个例子，假设我们使用了长度为 MAX 的 0 起点数组，那么当 *head* 与（*tail*+1）%MAX 相等时，队列就是满的。这里 *a*%*b* 代表 *a* 除以 *b* 的余数。

`enqueue` 函数用于在 *tail* 所指的位置添加 *x*。由于元素数增加了 1，所以 *tail* 也随之加 1。此时 *tail* 如果超过了数组容量上限（MAX－1）则重置为 0。另外，当队列为满时进行报错处理。

`dequeue` 函数会将 *head* 所指的队头元素暂时存入变量 *x*，随后 *head* 加 1 并返回 *x* 的值。此时 *head* 如果超过了数组容量上限（MAX－1）则重置为 0。另外，当队列为空时进行报错处理。

■考察

用数组实现队列时，关键在于如何有效利用内存，以及如何将 enqueue 和 dequeue 的算法复杂度控制在 $O(1)$。实际上，只要使用环形缓冲区，就可以同时以复杂度 $O(1)$ 实现 enqueue 和 dequeue 的操作。

参考答案

C

```
1  #include<stdio.h>
2  #include<string.h>
3  #define LEN 100005
4
5  /* 代表任务的结构体 */
6  typedef struct pp {
7    char name[100];
8    int t;
9  } P;
10
11 P Q[LEN];
12 int head, tail, n;
13
14 void enqueue(P x) {
15   Q[tail] = x;
16   tail = (tail + 1) % LEN;
17 }
18
19 P dequeue() {
20   P x = Q[head];
21   head = (head + 1) % LEN;
22   return x;
23 }
24
25 int min(int a, int b) { return a < b ? a : b; } /* 返回最小值 */
26
27 int main() {
28   int elaps = 0, c;
29   int i, q;
30   P u;
31   scanf("%d %d", &n, &q);
32
33   /* 按顺序将所有任务添加至队列 */
34   for ( i = 1; i <= n; i++ ) {
35     scanf("%s", Q[i].name);
36     scanf("%d", &Q[i].t);
37   }
38   head = 1; tail = n + 1;
39
40   /* 模拟 */
41   while ( head != tail ) {
42     u = dequeue();
```

```
43      c = min(q, u.t); /* 执行时间片 q 或所需时间 u.t 的处理 */
44      u.t -= c; /* 计算剩余的所需时间 */
45      elaps += c; /* 累计已经过的时间 */
46      if ( u.t > 0 ) enqueue(u); /* 如果处理尚未结束则重新添加至队列 */
47      else {
48        printf("%s %d\n",u.name, elaps);
49      }
50    }
51
52    return 0;
53  }
```

4.4　链表

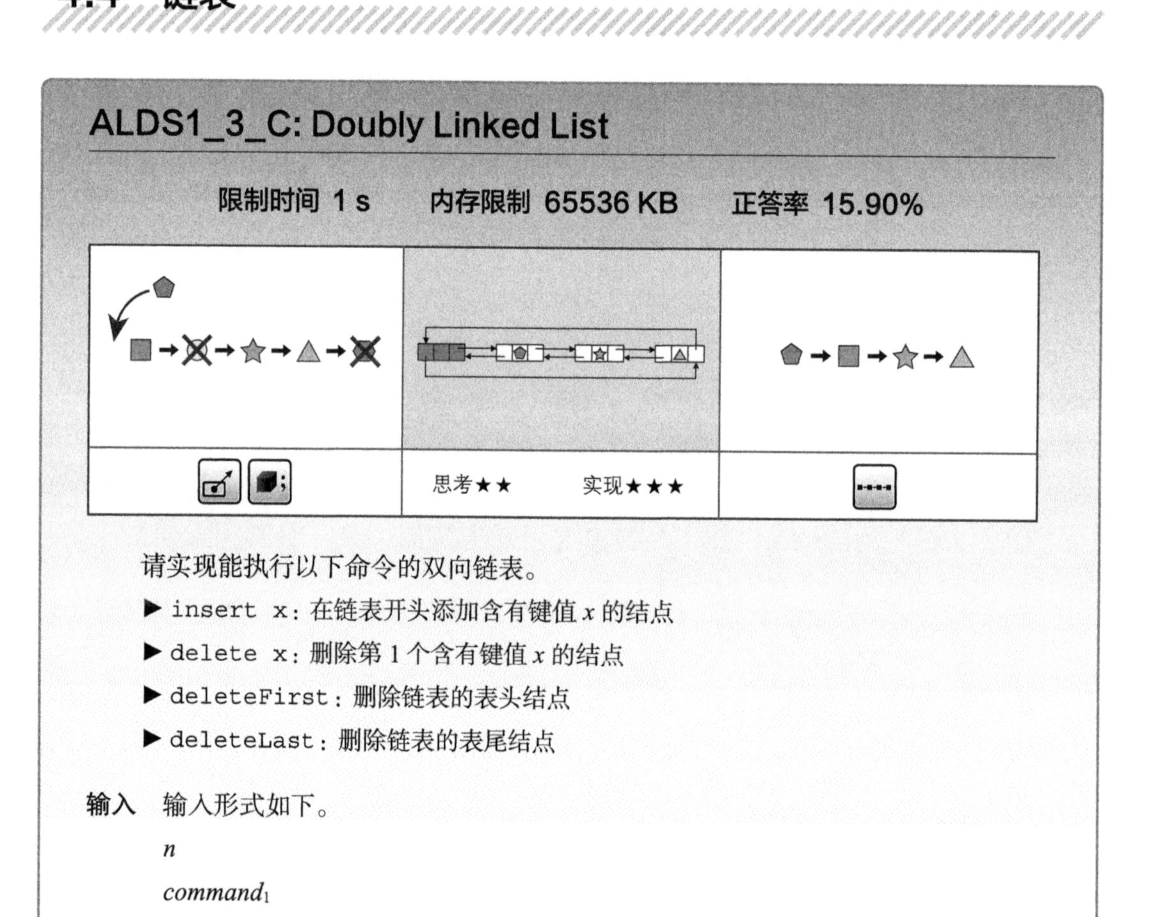

ALDS1_3_C: Doubly Linked List

限制时间 1 s　　内存限制 65536 KB　　正答率 15.90%

思考★★　　实现★★★

请实现能执行以下命令的双向链表。

▶ insert x：在链表开头添加含有键值 x 的结点

▶ delete x：删除第 1 个含有键值 x 的结点

▶ deleteFirst：删除链表的表头结点

▶ deleteLast：删除链表的表尾结点

输入　输入形式如下。

n

$command_1$

$command_2$

…

$command_n$

在第 1 行输入命令数 n。随后 n 行输入各命令。命令为上述 4 种中的一种。键值为整数。

输出 所有命令执行完毕后，顺次输出链表中的键值。相邻键值之间用 1 个空格隔开。

限制 命令数不超过 2 000 000。

`delete x` 命令的次数不超过 20。

$0 \leqslant$ 键值 $\leqslant 10^9$

命令过程中表的元素数不超过 10^6。

输入示例

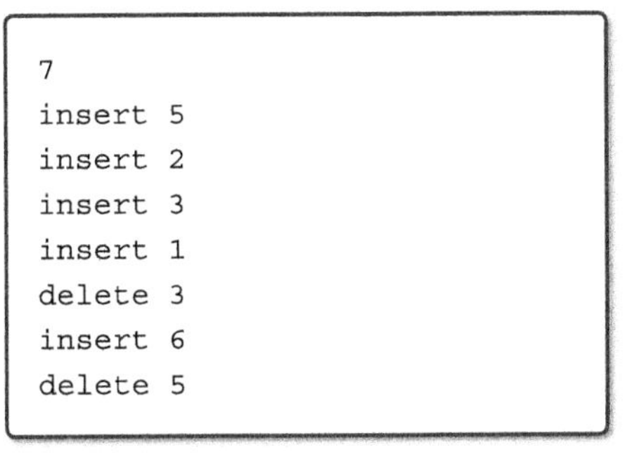

```
7
insert 5
insert 2
insert 3
insert 1
delete 3
insert 6
delete 5
```

输出示例

```
6 1 2
```

答案不正确时的注意点

■ 请使用更高速的输出函数，比如在 C++ 中要将 `cin` 改为 `scanf`

■ 讲解

某些数据结构需要满足数据的动态变化。在实现它们的时候，编程者需要具备适时申请或释放内存的技巧。

这里，本书特地使用 C++ 程序实现双向链表的操作，通过对其代码的讲解，向各位具体说明内存申请和链表更改的相关知识。

如图 4.8 所示，表中的各元素称作“结点”。双向链表的结点是结构体，由数据本体（这里是整数 `key`）、指向前一元素的指针 `prev` 以及指向后一元素的指针 `next` 组成。这些结构体通过指针连接成一个链，就形成了双向链表。

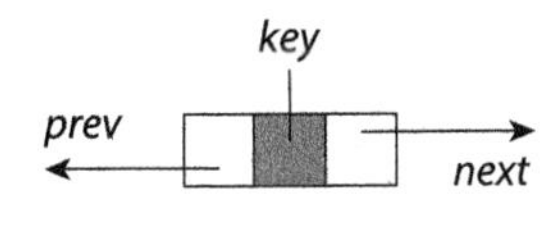

图 4.8 双向链表的结点

Program 4.3 C++双向链表的结点

```
1  struct Node {
2    int key;
3    Node *prev, *next;
4  };
```

另外，在表头设置一个特殊结点可以简化链表的实现。我们将这个结点称为“头结点”①。头结点中虽然不包含实际数据，但它可以让我们更轻松地对链表做更改。比如，加入头结点之后，我们将更容易实现删除元素的操作。

init 函数用于初始化链表。如图 4.9 所示，它会生成一个 NIL② 结点作为链表的头结点，然后让 prev 和 next 都指向这个头结点，从而创建一个空表。

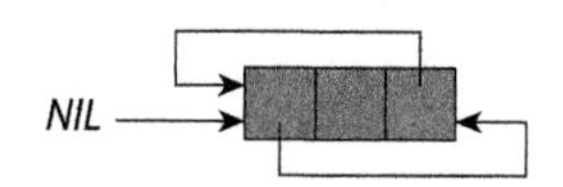

图 4.9 双向链表的头结点

Program 4.4 初始化双向链表

```
1  Node *nil;
2
3  void init() {
4    nil = (Node *)malloc(sizeof(Node));
5    nil->next = nil;
6    nil->prev = nil;
7  }
```

头结点是添加元素的起点。这里的 malloc 是 C 语言标准库中的函数，用于动态申请指定大小的内存空间。另外，“->”是通过指针变量访问成员的运算符，称为箭头运算符。

insert 函数用于生成包含所输入键值的结点，并将该结点添加到表的开头。如图 4.10 所示，这个函数会以头结点为起点分 4 步改变指针所指向的位置。

---

① 亦称标兵结点。——编者注

② 编程语言中，NIL 和 NULL 这两个值表示“空”。虽然在不同语言中其内容有所差异，但本书中的 NIL 意义为“空”，同时还作为保存“不存在的编号”等数据的变量来使用。

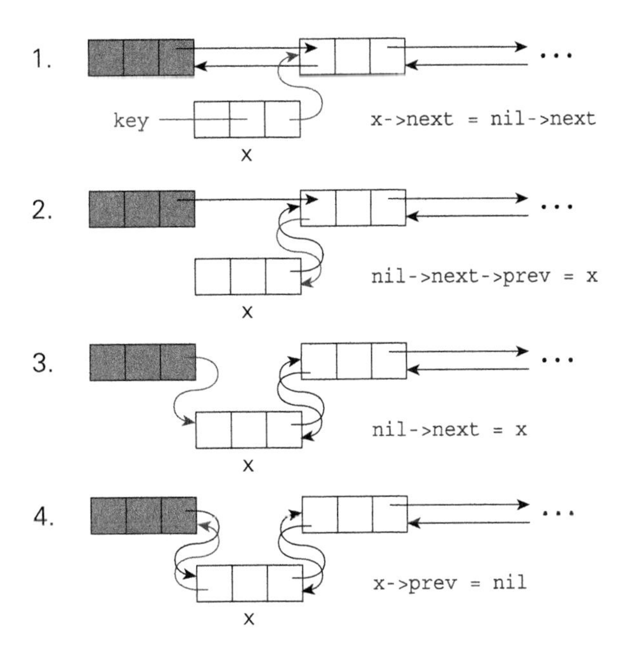

图 4.10 双向链表——插入

Program 4.5 往双向链表中插入元素

```
1  void insert(int key) {
2    Node *x = (Node *)malloc(sizeof(Node));
3    x->key = key;
4    // 在头结点后添加元素
5    x->next = nil->next;
6    nil->next->prev = x;
7    nil->next = x;
8    x->prev = nil;
9  }
```

listSearch 函数用于搜索元素，它可以在链表中寻找包含指定键值的结点，并返回其指针。假设 cur 为指向当前位置结点的指针，那么只要从头结点的 next 所指的结点，即链表开头的元素开始逐个执行 cur = cur -> next，即可逐一访问每个结点。

Program 4.6 在双向链表中搜索元素

```
1  Node* listSearch(int key) {
2    Node *cur = nil->next; // 从头结点后面的元素开始访问
3    while ( cur != nil && cur->key != key ) {
4      cur = cur->next;
5    }
6    return cur;
7  }
```

在访问过程中发现 key 或者指针回到头结点 NIL 时结束搜索，并返回此时 cur 的值。

deleteNode 函数会通过如图 4.11 所示的步骤改变指针所指的位置，从而删除指定结点 t。在 C++ 中，我们必须手动释放已删除结点的内存。这里的 free 是 C 语言标准库中的函数，用于释放已不需要的内存空间。

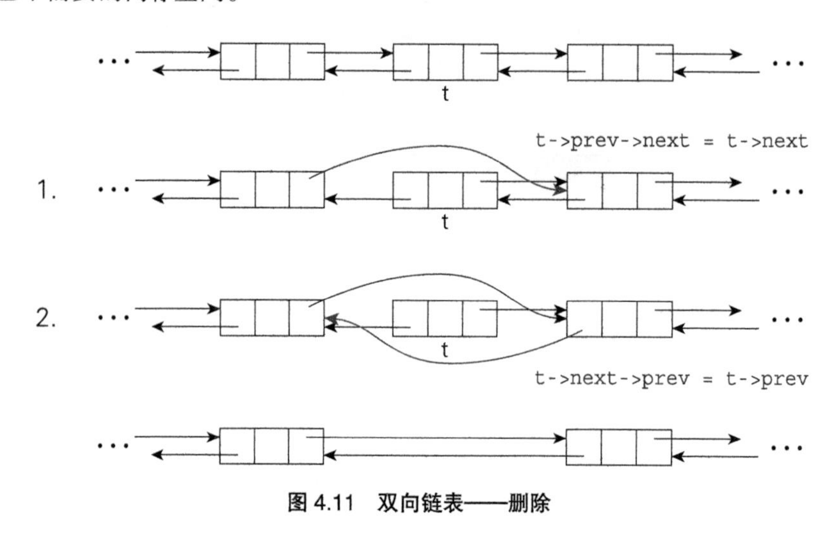

图 4.11 双向链表——删除

Program 4.7 从双向链表中删除元素

```
1  void deleteNode(Node *t) {
2    if ( t == nil ) return; // t 为头结点时不作处理
3    t->prev->next = t->next;
4    t->next->prev = t->prev;
5    free(t);
6  }
7
8  void deleteFirst() {
9    deleteNode(nil->next);
10 }
11
12 void deleteLast() {
13   deleteNode(nil->prev);
14 }
15
16 void deleteKey(int key) {
17   // 删除搜索到的结点
18   deleteNode(listSearch(key));
19 }
```

deleteFirst 函数、deleteLast 函数分别用于删除头结点 next、prev 所指向的结点。

deleteKey 函数可以删除包含指定 key 的结点，它会先通过 listSearch 函数搜索出 key 一致的结点 t，然后再使用 deleteNote(t) 删除该结点。

考察

往双向链表中添加元素时，只需要更改几个指针的指向，因此算法复杂度为 $O(1)$。

数组访问 $A[i]$ 所消耗的时间固定，但表需要通过指针一步步寻找元素。因此当表中含有 N 个元素时，搜索算法的复杂度为 $O(N)$。

删除双向链表开头或末尾的元素仅需 $O(1)$ 的复杂度，但删除包含特定 key 的元素时需要按顺序遍历链表，所以算法复杂度为 $O(N)$。

这里介绍的链表的实现方法中，由于搜索和删除的算法复杂度都高达 $O(N)$，因此对单个链表来说实用价值不大。但是，它们在之后的章节中将作为其他数据结构的零部件（或者实现其他数据结构所需的知识）出现并发挥作用。

参考答案

C++

```
1  #include<cstdio>
2  #include<cstdlib>
3  #include<cstring>
4
5  struct Node {
6    int key;
7    Node *next, *prev;
8  };
9
10 Node *nil;
11
12 Node* listSearch(int key) {
13   Node *cur = nil->next; // 从头结点后面的元素开始访问
14   while ( cur != nil && cur->key != key ) {
15     cur = cur->next;
16   }
17   return cur;
18 }
19
20 void init() {
21   nil = (Node *)malloc(sizeof(Node));
22   nil->next = nil;
23   nil->prev = nil;
```

```
24 }
25 
26 void printList() {
27   Node *cur = nil->next;
28   int isf = 0;
29   while ( 1 ) {
30     if ( cur == nil ) break;
31     if ( isf++ > 0 ) printf(" ");
32     printf("%d", cur->key);
33     cur = cur->next;
34   }
35   printf("\n");
36 }
37 
38 void deleteNode(Node *t) {
39   if ( t == nil ) return; // t 为头结点时不作处理
40   t->prev->next = t->next;
41   t->next->prev = t->prev;
42   free(t);
43 }
44 
45 void deleteFirst() {
46   deleteNode(nil->next);
47 }
48 
49 void deleteLast() {
50   deleteNode(nil->prev);
51 }
52 
53 void deleteKey(int key) {
54   // 删除搜索到的结点
55   deleteNode(listSearch(key));
56 }
57 
58 void insert(int key) {
59   Node *x = (Node *)malloc(sizeof(Node));
60   x->key = key;
61   // 在头结点后添加元素
62   x->next = nil->next;
63   nil->next->prev = x;
64   nil->next = x;
65   x->prev = nil;
66 }
67 
68 int main() {
69   int key, n, i;
70   int size = 0;
```

```
71    char com[20];
72    int np = 0, nd = 0;
73    scanf("%d", &n);
74    init();
75    for ( i = 0; i < n; i++ ) {
76      scanf("%s%d", com, &key); // 使用效率更高的输入函数
77      if ( com[0] == 'i' ) { insert(key); np++; size++; }
78      else if ( com[0] == 'd' ) {
79        if ( strlen(com) > 6 ) {
80          if ( com[6] == 'F' ) deleteFirst();
81          else if ( com[6] == 'L' ) deleteLast();
82        } else {
83          deleteKey(key); nd++;
84        }
85        size--;
86      }
87    }
88
89    printList();
90
91    return 0;
92  }
```

4.5 标准库的数据结构

4.5.1 C++标准库

本书的目的之一，是带领各位了解通用型算法与数据结构的相关知识，比如在实现过程中所需的基本思路、特征以及复杂度等。不过，在很多编程语言中，算法与数据结构的相关类和函数都与输入输出、字符串等一同加入了库。程序员遇到这部分功能时可以高效且安全地直接从库中调用，免去了重新实现的麻烦。但是，要想准确掌握它们的运作模式，还是有必要了解其内部机制的。

本书给出解答程序时，会在使用库之前先讲解相关的算法与数据结构。我们不但要了解库的特征与复杂度，还要将其有效运用至更高等的算法与数据结构之中。本书就将向各位介绍C++标准库的一部分。

C++库以提供"模板"为主。所谓模板，是指不必预先制定类型的函数或类。本书不对模板进行详细讲解，有兴趣的读者可以参考其他文献。这里只对C++标准库的核心，即标准模板库（Standard Template Library，STL）的使用方法做简单介绍。

我们可以借助STL提供的高效算法来管理数据。为应对多种需求，STL为用户提供了多

种名为容器（Container）的类，用于管理数据集合。在创建动态数组、表、栈、队列等数据结构时，我们只需定义对应的容器，然后调用相应成员函数或算法即可。下面的小节就将为各位介绍 stack、queue、vector、list 的使用方法。

4.5.2 stack

下面的示例程序中，我们借助 stack 实现了栈，并用它来管理整型数据。

Program 4.8 stack的使用方法

```
1  #include<iostream>
2  #include<stack>
3  using namespace std;
4
5  int main() {
6    stack<int> S;
7
8    S.push(3); // 向栈中压入 3
9    S.push(7); // 向栈中压入 7
10   S.push(1); // 向栈中压入 1
11   cout << S.size() << " "; // 栈的大小 = 3
12
13   cout << S.top() << " "; // 1
14   S.pop(); // 从栈顶删除元素
15
16   cout << S.top() << " "; // 7
17   S.pop();
18
19   cout << S.top() << " "; // 3
20
21   S.push(5);
22
23   cout << S.top() << " "; // 5
24   S.pop();
25
26   cout << S.top() << endl; // 3
27
28   return 0;
29 }
```

OUTPUT

```
3 1 7 3 5 3
```

#include<stack> 用来将 STL 的 stack 包含到程序中。

stack<int> S; 是一个声明，用于生成管理 int 型元素的栈。STL 提供的 stack 是一个模板，需要我们在 <> 中指定类型，从而定义管理该类型数据的容器。

例如，stack 中定义了如表 4.1 所示的成员函数。

表 4.1 stack 的成员函数示例

函数名	功能	复杂度
size()	返回栈的元素数	$O(1)$
top()	返回栈顶的元素	$O(1)$
pop()	从栈中取出并删除元素	$O(1)$
push(x)	向栈中添加元素 x	$O(1)$
empty()	在栈为空时返回 true	$O(1)$

现在我们用 STL 的 stack 来解之前的例题。ALDS1_3_A: Stack 可以通过下述方法实现。

```
1  #include<iostream>
2  #include<cstdlib>
3  #include<stack>
4  using namespace std;
5
6  int main() {
7    // 使用标准库中的 stack
8    stack<int> S;
9    int a, b, x;
10   string s;
11
12   while( cin >> s ){
13     if ( s[0] == '+' ) {
14       a = S.top(); S.pop();
15       b = S.top(); S.pop();
16       S.push(a + b);
17     } else if ( s[0] == '-' ) {
18       b = S.top(); S.pop();
19       a = S.top(); S.pop();
20       S.push(a - b);
21     } else if ( s[0] == '*' ) {
22       a = S.top(); S.pop();
23       b = S.top(); S.pop();
24       S.push(a * b);
25     } else {
26       S.push(atoi(s.c_str()));
27     }
29   }
30
31   cout << S.top() << endl;
```

```
32
33   return 0;
34 }
```

4.5.3 queue

下面的示例程序借助 STL 的 queue 实现了队列，并用它来管理字符串。

Program 4.9 queue的使用方法

```
1  #include<iostream>
2  #include<queue>
3  #include<string>
4  using namespace std;
5
6  int main() {
7    queue<string> Q;
8
9    Q.push("red");
10   Q.push("yellow");
11   Q.push("yellow");
12   Q.push("blue");
13
14   cout << Q.front() << " "; // red
15   Q.pop();
16
17   cout << Q.front() << " "; // yellow
18   Q.pop();
19
20   cout << Q.front() << " "; // yellow
21   Q.pop();
22
23   Q.push("green");
24
25   cout << Q.front() << " "; // blue
26   Q.pop();
27
28   cout << Q.front() << endl; // green
29
30   return 0;
31 }
```

OUTPUT

```
red yellow yellow blue green
```

#include<queue> 用来将 STL 的 queue 包含到程序中。

queue<string> Q; 是一个声明，用于生成管理 string 型元素的队列。STL 提供的 queue 是一个模板，需要我们在 <> 中指定类型，从而定义管理该类型数据的容器。

例如，queue 中定义了如表 4.2 所示的成员函数。

表 4.2 queue 的成员函数示例

函数名	功能	复杂度
size()	返回队列的元素数	$O(1)$
front()	返回队头的元素	$O(1)$
pop()	从队列中取出并删除元素	$O(1)$
push(x)	向队列中添加元素 x	$O(1)$
empty()	在队列为空时返回 true	$O(1)$

现在我们用 STL 的 queue 来解之前的例题。ALDS1_3_B: Queue 可以通过下述方法实现。

```
1  #include<iostream>
2  #include<string>
3  #include<queue>
4  #include<algorithm>
5  using namespace std;
6
7  int main() {
8    int n, q, t;
9    string name;
10   // 使用标准库中的 queue
11   queue<pair<string, int> > Q; // 任务的队列
12
13   cin >> n >> q;
14
15   // 使用标准库中的 queue
16   for ( int i = 0; i < n; i++ ) {
17     cin >> name >> t;
18     Q.push(make_pair(name, t));
19   }
20
21   pair<string, int> u;
22   int elaps = 0, a;
23
24   // 模拟
25   while ( !Q.empty() ) {
26     u = Q.front(); Q.pop();
27     a = min(u.second, q); // 执行时间片 q或所需时间 u.t的处理
28     u.second -= a; // 计算剩余的所需时间
29     elaps += a; // 累计已经过的时间
```

```
30     if ( u.second > 0 ) {
31       Q.push(u); // 如果处理尚未结束则重新添加至队列
32     } else {
33       cout << u.first << " " << elaps << endl;
34     }
35   }
36
37   return 0;
38 }
```

pair 是保存成对数值的结构体模板，声明时需要在 <> 中指令两个数据类型。make_pair 用于生成一对数值，第 1 个元素通过 first 访问，第 2 个元素通过 second 访问。

4.5.4 vector

可以在添加元素时增加长度的数组称为动态数组或可变长数组。相对地，必须事先指定长度，只能容纳一定数量元素的数组称为静态数组。

下面的示例程序借助 STL 的 vector（向量）实现了动态数组，并用它来管理数据。

Program 4.10 vector的使用方法

```
1  #include<iostream>
2  #include<vector>
3  using namespace std;
4
5  void print(vector<double> V) {
6    for ( int i = 0; i < V.size(); i++ ) {
7      cout << V[i] << " ";
8    }
9    cout << endl;
10 }
11
12 int main() {
13   vector<double> V;
14
15   V.push_back(0.1);
16   V.push_back(0.2);
17   V.push_back(0.3);
18   V[2] = 0.4;
19   print(V); // 0.1 0.2 0.4
20
21   V.insert(V.begin() + 2, 0.8);
22   print(V); // 0.1 0.2 0.8 0.4
23
24   V.erase(V.begin() + 1);
```

```
25    print(V); // 0.1 0.8 0.4
26
27    V.push_back(0.9);
28    print(V); // 0.1 0.8 0.4 0.9
29
30    return 0;
31  }
```

OUTPUT

```
0.1 0.2 0.4
0.1 0.2 0.8 0.4
0.1 0.8 0.4
0.1 0.8 0.4 0.9
```

`#include<vector>`用来将STL的vector包含到程序中。

`vector<double> V;`是一个声明，用于生成管理double型元素的向量。STL提供的vector是一个模板，需要我们在<>中指定类型，从而定义管理该类型数据的容器。在访问vector中的元素（赋值或写入）时，可以与数组一样使用“[ ]”运算符。

vector中定义的成员函数示例如表4.3所示。

表4.3　vector的成员函数示例

函数名	功能	复杂度
`size()`	返回向量的元素数	$O(1)$
`push_back(x)`	在向量末尾添加元素x	$O(1)$
`pop_back()`	删除向量的最后一个元素	$O(1)$
`begin()`	返回指向向量开头的迭代器	$O(1)$
`end()`	返回指向向量末尾（最后一个元素的后一个位置）的迭代器	$O(1)$
`insert(p, x)`	在向量的位置p处插入元素 x	$O(n)$
`erase(p)`	删除向量中位置p的元素	$O(n)$
`clear()`	删除向量中所有元素	$O(n)$

这里的迭代器可以看成一个指针。关于迭代器的内容会在5.5节进行详细介绍。

vector是一种可以用作动态数组的数据结构，方便好用。但要注意，向长度为n的vector的特定位置执行插入或删除操作时，算法复杂度为$O(n)$。

4.5.5　list

下面的示例程序借助STL的list实现了双向链表，并用它来管理数据。

Program 4.11 list的使用方法

```
1  #include<iostream>
2  #include<list>
3  using namespace std;
4
5  int main() {
6    list<char> L;
7
8    L.push_front('b'); // [b]
9    L.push_back('c'); // [bc]
10   L.push_front('a'); // [abc]
11
12   cout << L.front(); // a
13   cout << L.back(); // c
14
15   L.pop_front(); // [bc]
16   L.push_back('d'); // [bcd]
17
18   cout << L.front(); // b
19   cout << L.back() << endl; // d
20
21   return 0;
22 }
```

OUTPUT

```
acbd
```

`#include<list>` 用来将 STL 的 list 包含到程序中。

`list<char> L;` 是一个声明，用于生成管理 char 型元素的双向链表。list 中定义的成员函数示例如表 4.4 所示。

表 4.4 list 的成员函数示例

函数名	功能	复杂度
size()	返回表的元素数	$O(1)$
begin()	返回指向表开头的迭代器	$O(1)$
end()	返回指向表末尾（最后一个元素的后一个位置）的迭代器	$O(1)$
push_front(x)	在表的开头添加元素 x	$O(1)$
push_back(x)	在表的末尾添加元素 x	$O(1)$
pop_front()	删除位于表开头的元素	$O(1)$
pop_back()	删除位于表末尾的元素	$O(1)$
insert(p, x)	在表的位置 p处插入元素 x	$O(1)$
erase(p)	删除表中位置 p的元素	$O(1)$
clear()	删除表中所有元素	$O(n)$

list既可以像vector一样通过“[ ]”运算符直接访问特定元素，也可以用迭代器逐个进行访问。另外，list还具备一项vector所不具备的特长，那就是元素的插入与删除操作只需$O(1)$即可完成，效率极高。

现在我们用STL的list来解之前的例题。ALDS1_3_C: Doubly Linked List可以通过下述方法实现。

```
1  #include<cstdio>
2  #include<list>
3  #include<algorithm>
4  using namespace std;
5  
6  int main() {
7    int q, x;
8    char com[20];
9    // 使用标准库中的list
10   list<int> v;
11   scanf("%d", &q);
12   for ( int i = 0; i < q; i++ ) {
13     scanf("%s", com);
14     if ( com[0] == 'i' ) { // insert
15       scanf("%d", &x);
16       v.push_front(x);
17     } else if ( com[6] == 'L' ) { // deleteLast
18       v.pop_back();
19     } else if ( com[6] == 'F' ) { // deleteFirst
20       v.pop_front();
21     } else if ( com[0] == 'd' ) { // delete
22       scanf("%d", &x);
23       for ( list<int>::iterator it = v.begin(); it != v.end(); it++ ) {
24         if ( *it == x ) {
25           v.erase(it);
26           break;
27         }
28       }
29     }
30   }
31   int i = 0;
32   for ( list<int>::iterator it = v.begin(); it != v.end(); it++ ) {
33     if ( i++ ) printf(" ");
34     printf("%d", *it);
35   }
36   printf("\n");
37 
38   return 0;
39 }
```

4.6　数据结构的应用——计算面积

※ 这是一个稍微有些难度的挑战题。如果各位觉得太难可以暂时跳过，等具备一定实力后再回过头来挑战。

ALDS1_3_D: Areas on the Cross-Section Diagram

限制时间 1 s　　内存限制 65536 KB　　正答率 42.42%

为给某地区制订防洪策略，我们要模拟洪水时的受灾状况。如上图所示，现已在 1×1（m²）的网格纸上画出了该地区的地形断面图，请报告该地区各积水处的横截面积。

假设给定地区持续降雨，从该地区溢出的多余雨水将流入左右的海中。以上图中的断面图为例，积水处的横截面积从左至右分别为 4、2、1、19。

输入　用“/”和“\”代表地形断面图中的斜面，用“_”代表平地。在 1 行之内完成输入。例如，上图中的断面图通过字符串 \\///_/\/\\\\/_/\\/// 输入。

输出　第 1 行输出该地区积水处横截面的总面积 A（整数）。

第 2 行从左至右按顺序输出积水处的数量 k，以及各积水处的横截面积 L_i（$i = 1, 2, \cdots, k$），相邻数据用空格隔开。

限制　1 ≤字符串的长度≤ 20 000

输入示例

```
\\///\_/\/\\\\/_/\\///__\\\_\\/_\/_/\
```

输出示例

```
35
5 4 2 1 19 9
```

讲解

本题的解法有很多，比如运用排序算法。不过在这里，我们要考虑如何用栈实现题目需求。

首先，我们通过下述算法求总面积（第 1 个输出数据）。

对输入的字符 s_i 进行逐个检查

- ▶ 如果是“\”，则将表示该字符位置（从开头数第几个字符）的整数 i 压入栈 $S1$
- ▶ 如果是“/”，则从栈 $S1$ 顶部取出与之对应的“\”的位置 i_p，算出二者的距离 $i - i_p$ 并累加到总面积里

字符“_”的作用只是将一对“\”与“/”的距离加 1，因此我们从栈中取出“\”时可以直接与对应的“/”计算距离，不必考虑“_”。

接下来是求各积水处面积的算法。

我们另建一个栈 $S2$ 来保存各积水处的面积。栈 $S2$ 中的每个元素包含一对数据，分别是“该积水处最左侧‘\’的位置”和“该积水处当前的面积”。例如图 4.12 中，i 表示当前“/”的位置，j 表示与之相对应的“\”的位置，$S2$ 中存放着（$j+1, 5$）和（$k, 4$）两个积水处的面积。

图 4.12 积水处的总和

接下来，新形成的面积 = 当前 $S2$ 中的两个面积之和 + 新形成的 $i-j$ 部分的面积。这里我们要从 $S2$ 中取出被引用的（多个）面积，再将新算出的面积压入 $S2$。

参考答案

C++

```
1  #include<iostream>
2  #include<stack>
3  #include<string>
4  #include<vector>
5  #include<algorithm>
6  using namespace std;
7
8  int main() {
9    stack<int> S1;
```

```
10   stack<pair<int, int> > S2;
11   char ch;
12   int sum = 0;
13   for ( int i = 0; cin >> ch; i++ ) {
14     if ( ch == '\\' ) S1.push(i);
15     else if ( ch == '/' && S1.size() > 0 ) {
16       int j = S1.top(); S1.pop();
17       sum += i - j;
18       int a = i - j;
19       while ( S2.size() > 0 && S2.top().first > j ) {
20         a += S2.top().second; S2.pop();
21       }
22       S2.push(make_pair(j, a));
23     }
24   }
25
26   vector<int> ans;
27   while ( S2.size() > 0 ) { ans.push_back(S2.top().second); S2.pop(); }
28   reverse(ans.begin(), ans.end());
29   cout << sum << endl;
30   cout << ans.size();
31   for ( int i = 0; i < ans.size(); i++ ) {
32     cout << " ";
33     cout << ans[i];
34   }
35   cout << endl;
36
37   return 0;
38 }
```

第5章
搜索

搜索（或检索）是指从数据集合中找出目标元素的处理。与排序相同，搜索的各元素通常也由多个项目组成。不过，本章例题中使用的数据相对简单，多以值作为关键字。

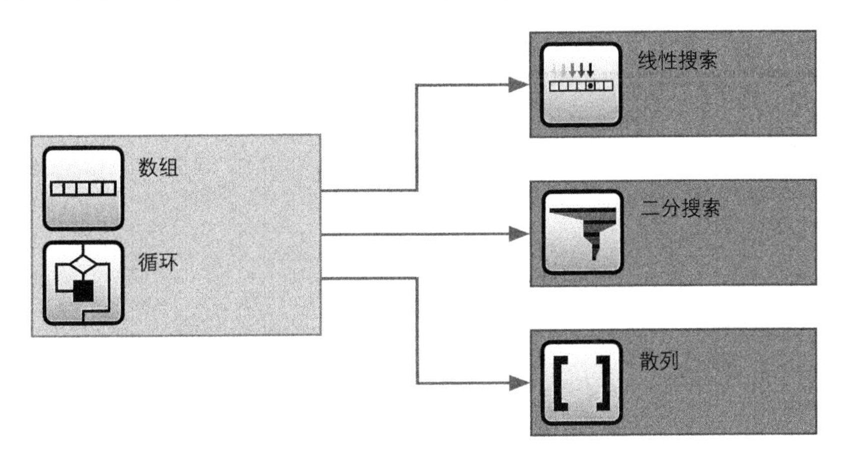

接触本章的问题之前，各位需要先掌握数组和循环等基本编程技能。

5.1 挑战问题之前——搜索

所谓搜索，就是在数据集合中寻找给定关键字的位置或判断其有无，比如“数列{8, 13, 5, 7, 21, 11}中7位于第几位?”等。基本的搜索算法有如下三种，分别为线性搜索、二分搜索、散列法。

■线性搜索

线性搜索就是从数组开头顺次访问各元素，检查该元素是否与目标值相等。一旦相等则返回该元素的位置并结束搜索。如果检查到数组末尾仍未发现目标值，则返回一个特殊值来说明该情况。线性搜索的算法效率很低，但适用于任何形式的数据。

二分搜索

二分搜索（二分查找）算法可以利用数据的大小进行高速搜索。很多时候，计算机管理数据时会根据特定项目对其进行排序，这就让二分搜索算法有了用武之地。

假设数组中存放的数据已按关键字升序排列，那么对其使用二分搜索算法时思路如下。

二分搜索的算法

1. 将整个数组作为搜索范围。
2. 检查位于搜索范围正中央的元素。
3. 如果中央元素的关键字与目标关键字一致则结束搜索。
4. 如果目标关键字小于中央元素的关键字，则以前半部分为搜索范围重新执行2；如果大于中央元素的关键字，则以后半部分为搜索范围重新执行2。

二分搜索每执行完一步搜索范围都会减半，因此可以在极短时间内完成搜索。

散列法

在散列法中，各元素的存储位置由散列函数决定。散列既是一种数据结构，同时也是一种使用散列表的算法。这种算法只需将元素的关键字（值）代入特定函数便可找出其对应位置，对某些种类的数据有着极高的搜索效率。

5.2 线性搜索

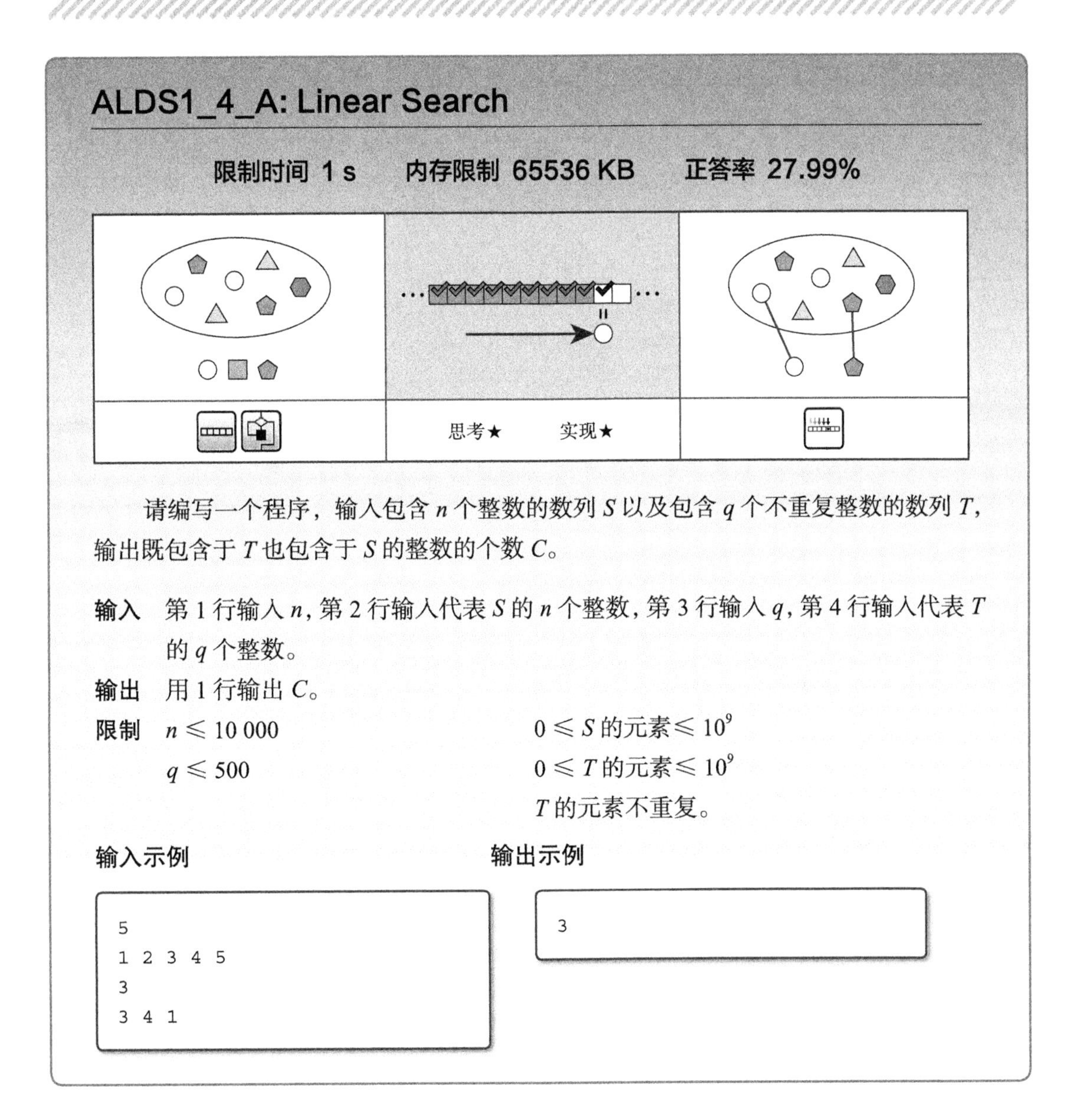

ALDS1_4_A: Linear Search

限制时间 1 s　　内存限制 65536 KB　　正答率 27.99%

请编写一个程序，输入包含 n 个整数的数列 S 以及包含 q 个不重复整数的数列 T，输出既包含于 T 也包含于 S 的整数的个数 C。

输入 第 1 行输入 n，第 2 行输入代表 S 的 n 个整数，第 3 行输入 q，第 4 行输入代表 T 的 q 个整数。

输出 用 1 行输出 C。

限制 $n \leqslant 10\,000$　　$0 \leqslant S$ 的元素 $\leqslant 10^9$

$q \leqslant 500$　　$0 \leqslant T$ 的元素 $\leqslant 10^9$

T 的元素不重复。

输入示例

```
5
1 2 3 4 5
3
3 4 1
```

输出示例

```
3
```

讲解

我们通过线性搜索来检查数列 S 中是否包含 T 的各元素。线性搜索可以用 for 循环来实现，具体过程如下。

Program 5.1 线性搜索

```
1  linearSearch()
2    for i 从 0 到 n-1
3      if A[i] 与 key 相等
4        return i
5    return NOT_FOUND
```

向线性搜索中引入“标记”可以将算法效率提高常数倍。所谓标记，就是我们在数组等数据结构中设置的一个拥有特殊值的元素。借助这项编程技巧，我们能达到简化循环控制等诸多目的。在线性搜索中，我们可以把含有目标关键字的数据放在数组末尾，用作标记。具体操作如图 5.1 所示。

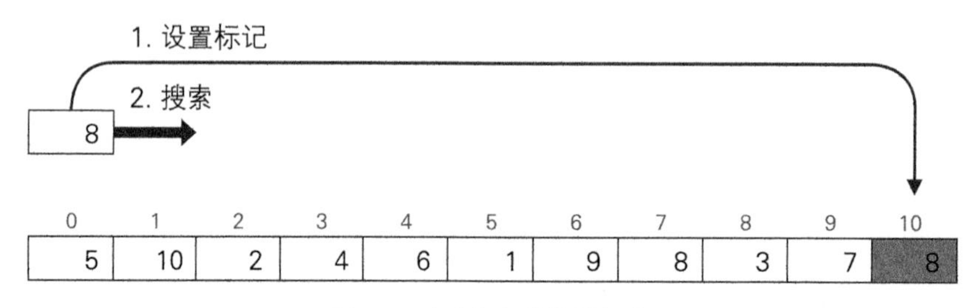

图 5.1 含有标记的线性搜索

含有标记的线性搜索可以用如下方法实现。

Program 5.2 含有标记的线性搜索

```
1  linearSearch()
2    i = 0
3    A[n] = key
4    while A[i] 与 key 不同
5      i++
6    if i 到达了 n
7      return NOT_FOUND
8    return i
```

Program 5.1 与 Program 5.2 的区别在于主循环中比较运算的次数。Program 5.1 需要两个比较运算，一个是 for 循环的结束条件（比如 C 语言中 `for(i = 0;i < n;i++)`），另一个是关键字之间的比较。相对地，Program 5.2 只需要一个不等价运算即可。由于标记能确保 while 不成为死循环，因此可以省去循环结束条件。

考察

线性搜索的算法复杂度为 $O(n)$，但在引入标记之后效率能提升常数倍，处理大规模数据时会有比较明显的效果。

解本题（ALDS1_4_A: Linear Search）时，总共要对具有 n 个元素的数组进行 q 次线性搜索，算法复杂度为 $O(qn)$。

参考答案

C

```
#include<stdio.h>

// 线性搜索
int search(int A[], int n, int key) {
  int i = 0;
  A[n] = key;
  while ( A[i] != key ) i++;
  return i != n;
}

int main() {
  int i, n, A[10000+1], q, key, sum = 0;

  scanf("%d", &n);
  for ( i = 0; i < n; i++ ) scanf("%d", &A[i]);

  scanf("%d", &q);
  for ( i = 0; i < q; i++ ) {
    scanf("%d", &key);
    if ( search(A, n, key) ) sum++;
  }
  printf("%d\n", sum);

  return 0;
}
```

5.3 二分搜索

ALDS1_4_B: Binary Search

限制时间 1 s　　内存限制 65536 KB　　正答率 26.45%

思考★☆　　实现★☆

请编写一个程序，输入包含 n 个整数的数列 S 以及包含 q 个不重复整数的数列 T，输出既包含于 T 也包含于 S 的整数的个数 C。

输入 第 1 行输入 n，第 2 行输入代表 S 的 n 个整数，第 3 行输入 q，第 4 行输入代表 T 的 q 个整数。

输出 用 1 行输出 C。

限制 S 的元素按升序排列。

$n \leqslant 100\,000$

$q \leqslant 50\,000$

$0 \leqslant S$ 的元素 $\leqslant 10^9$

$0 \leqslant T$ 的元素 $\leqslant 10^9$

T 的元素不重复。

输入示例

```
5
1 2 3 4 5
3
3 4 1
```

输出示例

```
3
```

答案不正确时的注意点

■ 算法复杂度是否高达 $O(qn)$。请注意限制条件，设计高速的算法

讲解

本题的思路与上一题基本相同，都是通过搜索检查数列 S 中是否包含 T 的各个元素。但是，$O(n)$ 的线性搜索无法在限制时间之内完成处理。本题我们要有效利用"S 的元素按升序排列"这一限制条件，采用二分搜索解题。

假设有一个包含 n 个元素的数组 A，我们要用二分搜索在其中寻找 `key`，其算法伪代码如下。

Program 5.3 二分搜索

```
1  binarySearch(A, key)
2    left = 0
3    right = n
4    while left < right
5      mid = (left + right) / 2
6      if A[mid] == key
7        return mid
8      else if key < A[mid]
9        right = mid
10     else
11       left = mid + 1
12   return NOT_FOUND
```

如图 5.2 所示，要实现二分搜索，我们需要表示搜索范围的变量 `left`、`right` 以及指示中间位置的 `mid`。

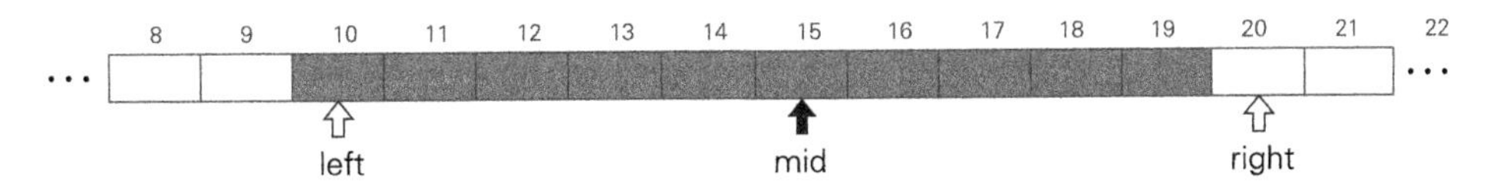

图 5.2 二分搜索所需的变量

`left` 指示搜索范围开头的元素，`right` 指示末尾元素的后一个元素。`mid` 是 `left` 与 `right` 之和的一半（小数点后直接舍去）。

然后我们来看看具体例子。图 5.3 中的是一个包含了 14 个元素的数组，元素按升序排列，我们要用二分搜索法从中找出 36。

请各位结合 Program 5.3 来进行分析。二分搜索首先将数据整体作为搜索范围，所以将 `left` 初始化为 0，将 `right` 初始化为元素数 n。

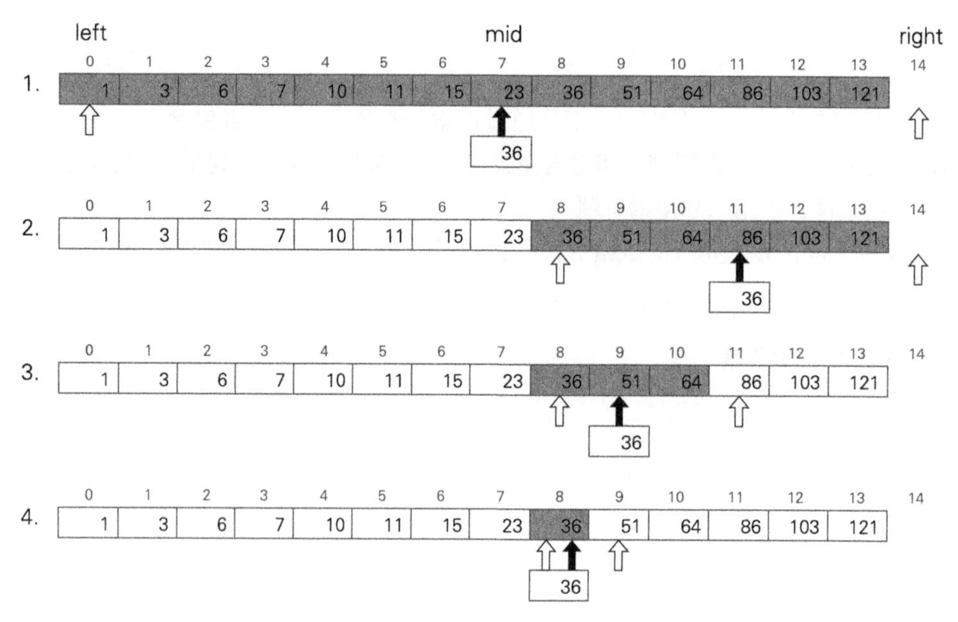

图 5.3　二分搜索的流程

在 while 循环中，先通过 `(left+right)/2` 求出当前搜索范围的中间位置 `mid`，再将 `mid` 所指的元素 `A[mid]` 与 `key` 进行比较，如果一致则返回 `mid`。当 `key` 小于 `A[mid]` 时，证明目标值位于 `mid` 前方，所以把 `mid` 赋给 `right`，将搜索范围收缩至前半部分。反之则把 `mid+1` 赋给 `left`，将搜索范围收缩至后半部分。上面例子的第一步中，`key`（=36）比中间值 `A[mid]` 更大，所以将 `left` 设置为 8（搜索 8 之前的元素没有意义）。

while 的循环条件 `left < right` 表示搜索范围仍不为空。如果搜索范围为空，就代表数组中没有找到 `key`，返回 `NOT_FOUND`。

考察

对含有 n 个元素的数组执行线性搜索以及二分搜索时，最坏的情况下的比较运算的次数分别如下表所示。

元素数	线性搜索	二分搜索
100	100 次	7 次
10 000	10 000 次	14 次
1 000 000	1 000 000 次	20 次

线性搜索在最坏情况下要比较 n 次，二分搜索大概需要 $\log_2 n$ 次。由于二分搜索每进行一次比较搜索范围就会减半，因此很容易推导出其计算效率为 $O(\log n)$。

本题（ALDS1_4_C: Binary Search）需要以 T 的各元素为 `key` 进行二分搜索，即解题算法

复杂度为 $O(q\log n)$。

本题的输入数据已经完成了排序，今后当我们遇到无序的数据时，只要预先进行一次排序，就可以套用二分搜索了。总而言之，“排序之后即可使用二分搜索”的思路可以应用到诸多问题之中。不过，考虑到数据的体积，绝大多数情况下都需要用到高等排序算法（我们将在第 7 章详细学习）。

参考答案

C

```
1  #include<stdio.h>
2
3  int A[1000000], n;
4
5  /* 二分搜索 */
6  int binarySearch(int key) {
7    int left = 0;
8    int right = n;
9    int mid;
10   while ( left < right ) {
11     mid = (left + right) / 2;
12     if ( key == A[mid] ) return 1; /* 发现key */
13     if ( key > A[mid] ) left = mid + 1; /* 搜索后半部分 */
14     else if ( key < A[mid] ) right = mid; /* 搜索前半部分 */
15   }
16   return 0;
17 }
18
19 int main() {
20   int i, q, k, sum = 0;
21
22   scanf("%d", &n);
23   for ( i = 0; i < n; i++ ) {
24     scanf("%d", &A[i]);
25   }
26
27   scanf("%d", &q);
28   for ( i = 0; i < q; i++ ) {
29     scanf("%d", &k);
30     if ( binarySearch( k ) ) sum++;
31   }
32   printf("%d\n", sum);
33
34   return 0;
35 }
```

5.4 散列法

ALDS1_4_C: Dictionary

限制时间 2 s　　内存限制 65536 KB　　正答率 17.29%

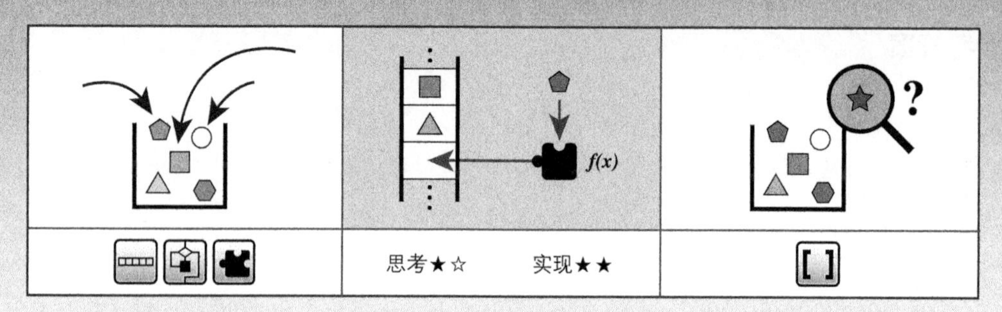

请实现一个能执行以下命令的简易“字典”。

- `insert str`：向字典中添加字符串 *str*
- `find str`：当前字典中包含 *str* 时输出 yes，不包含时输出 no

输入　第1行中输入命令数 n。随后 n 行按顺序输入 n 个命令。命令格式如上。

输出　对于各 find 命令输出 yes 或 no，每个输出占1行。

限制　输入的字符串仅由“A”“C”“G”“T”四种字母构成。

$1 \leqslant$ 字符串长度 $\leqslant 12$

$n \leqslant 1\ 000\ 000$

输入示例

```
6
insert AAA
insert AAC
find AAA
find CCC
insert CCC
find CCC
```

输出示例

```
yes
no
yes
```

■讲解

散列法是一种搜索算法，它可以根据各元素的值来确定存储位置，然后将位置保管在散列表中，从而实现数据的高速搜索。其中散列表是一种数据结构，能对包含关键字的数据集合高效地执行动态插入、搜索、删除操作。虽然链表也能完成同样操作，但搜索和删除的复杂度都高达 $O(n)$。

散列表由容纳 m 个元素的数组 T，以及根据数据关键字决定数组下标的函数共同组成。也就是说，我们要将数据的关键字输入该函数，由该函数决定数据在数组中的位置。散列表大致可通过以下方法实现。

Program 5.4 散列表的实现（简单实现）

```
1  insert(data)
2    T[h(data.key)] = data
3
4  search(data)
5    return T[h(data.key)]
```

这里我们假设散列函数的输入值 `data.key` 为整数。请注意，当关键字为字符串等其他类型时，需要借助某些手法将其转换为相应的整数。

这里的 $h(k)$ 是根据 k 值求数组 T 下标的函数，称为散列函数。另外，该函数的返回值称为散列值。散列函数求出的散列值范围在 0 到 $m-1$ 之间（m 为数组 T 的长度）。为满足这一条件，函数内需要使用取余运算，保证输出值为 0 到 $m-1$ 之间的整数。比如

$$h(k) = k \bmod m$$

就是一种散列函数（这里 $a \bmod b$ 是指 a 除以 b 所得的余数）。不过，如果单有这一个运算，会发生不同 `key` 对应同一散列值的情况，即出现“冲突”。

开放地址法是解决这类冲突的常用手段之一。这里向各位介绍的是双散列结构中使用的开放地址法。如下所示，在双散列结构中一旦出现冲突，程序会调用第二个散列函数来求散列值。

$$H(k) = h(k,i) = (h_1(k) + i \times h_2(k)) \bmod m$$

散列函数 $h(k,i)$ 拥有关键字 k 和整数 i 两个参数。这里的 i 是发生冲突后计算下一个散列值的次数。也就是说，只要散列函数 $H(k)$ 起了冲突，就会依次调用 $h(k, 0)$、$h(k, 1)$、$h(k, 2)$…，直到不发生冲突为止，然后返回这个 $h(k, i)$ 的值作为散列值。如图 5.4 所示，该算法先通过 $h_1(k)$ 求出第一个下标，然后在发生冲突时将下标移动 $h_2(k)$ 个位置，从而寻找仍然空着的位置。

要注意的是，因为下标每次移动 $h(k)$ 个位置，所以必须保证 T 的长度 m 与 $h_2(k)$ 互质，否

则会出现无法生成下标的情况。这种时候，我们可以特意让 m 为质数，然后取一个小于 m 的值作为 $h_2(k)$，从而避免上述情况发生。

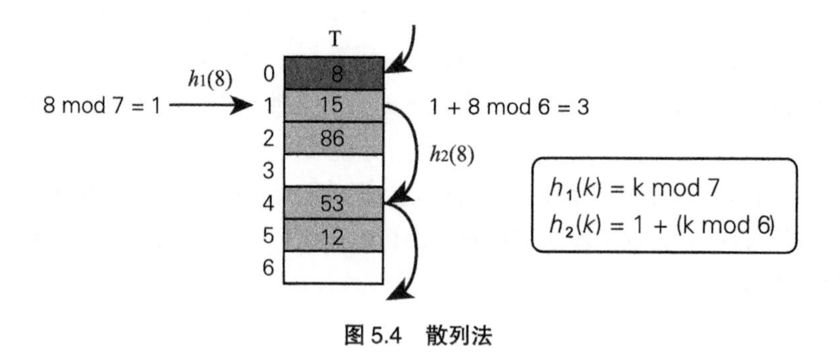

图 5.4　散列法

比如，散列法可以通过下述方法实现。

Program 5.5　散列法

```
1  h1(key)
2    return key mod m
3
4  h2(key)
5    return 1 + (key mod (m-1))
6
7  h(key, i)
8    return (h1(key)+i*h2(key)) mod m
9
10 insert(T, key)
11   i = 0
12   while true
13     j = h(key, i)
14     if T[j] == NIL
15       T[j] = key
16       return j
17     else
18       i = i+1
19
20 search(T, key)
21   i = 0
22   while true
23     j = h(key, i)
24     if T[j] == key
25       return j
26     else if T[j] == NIL or i >= m
27       return NIL
28     else
29       i = i+1
```

上述伪代码中，我们用 $T[j]$ 是否为 NIL 来判断当前位置是否为空。

考察

如果忽略发生冲突的情况，散列法插入和搜索元素的算法复杂度仅为 $O(1)$。散列函数根据其用途不同会用到各种算法（比如加密技术），有时还会用到启发式计算式。本书在编写前已经对基本的散列函数及其机制进行了验证。

参考答案

C

```
1  #include<stdio.h>
2  #include<string.h>
3
4  #define M 1046527
5  #define NIL (-1)
6  #define L 14
7
8  char H[M][L];
9
10 // 将字符转换为数值
11 int getChar(char ch) {
12   if ( ch == 'A' ) return 1;
13   else if ( ch == 'C' ) return 2;
14   else if ( ch == 'G' ) return 3;
15   else if ( ch == 'T' ) return 4;
16   else return 0;
17 }
18
19 // 将字符串转换为数值并生成key
20 long long getKey(char str[]) {
21   long long sum = 0, p = 1, i;
22   for ( i = 0; i < strlen(str); i++ ) {
23     sum += p*(getChar(str[i]));
24     p *= 5;
25   }
26   return sum;
27 }
28
29 int h1(int key){ return key % M; }
30 int h2(int key){ return 1 + (key % (M - 1)); }
31
32 int find(char str[]) {
33   long long key, i, h;
34   key = getKey(str); // 将字符串转换为数值
35   for ( i = 0;; i++ ) {
36     h = (h1(key) + i * h2(key)) % M;
37     if ( strcmp(H[h],str) == 0 ) return 1;
38     else if ( strlen(H[h]) == 0 ) return 0;
39   }
40   return 0;
41 }
42
```

```
43 int insert(char str[]) {
44   long long key, i, h;
45   key = getKey(str); // 将字符串转换为数值
46   for ( i = 0; ; i++ ) {
47     h = (h1(key) + i * h2(key)) % M;
48     if ( strcmp(H[h],str) == 0 ) return 1;
49     else if ( strlen(H[h]) == 0 ) {
50       strcpy(H[h], str);
51       return 0;
52     }
53   }
54   return 0;
55 }
56
57 int main() {
58   int i, n, h;
59   char str[L], com[9];
60   for ( i = 0; i < M; i++ ) H[i][0] = '\0';
61   scanf("%d", &n);
62   for ( i = 0; i < n; i++ ) {
63     scanf("%s %s", com, str); // 使用速度更快的输入函数 scanf
64
65     if ( com[0] == 'i' ) {
66       insert(str);
67     } else {
68       if ( find(str) ) {
69         printf("yes\n");
70       } else {
71         printf("no\n");
72       }
73     }
74   }
75   return 0;
76 }
```

5.5 借助标准库搜索

STL 包含的算法库种类繁多，其中就包括排序和搜索。本节将向各位介绍其中与搜索相关的库。

5.5.1 迭代器

使用 STL 的容器和算法前，我们要先了解迭代器的概念。

迭代器是一种对象，用于对 STL 容器的元素进行迭代处理。它指向容器内部的特定位置，并提供以下基本运算符。

++	让迭代器指向至下一元素
==, !=	判断两个迭代器是否指向同一位置并返回结果
=	将右侧的值代入左侧迭代器所引用元素的位置
*	返回该位置的元素

迭代器的优势在于，对任何种类的容器都可以用同一种方法（语法）顺次访问其元素。此外，在处理数组元素时，它还可以当作 C/C++ 的指针来用。也就是说，我们可以把迭代器看成通过通用接口（函数等的使用方法）对容器进行迭代处理的指针。不过，即便接口相同，其实现和行为也会因不同的容器而有所不同。

为使用迭代器，容器提供了一些同名的成员函数。比如我们会经常见到下面这两个函数。

- ▶ begin()：返回指向容器开头的迭代器
- ▶ end()：返回指向容器末尾的迭代器。这里的末尾指最后一个元素的下一个位置

例如，下面的 Program 5.6 就是一个通过迭代器对向量元素进行读写操作的程序。

Program 5.6 迭代器举例

```
1  #include<iostream>
2  #include<vector>
3  using namespace std;
4
5  void print(vector<int> v) {
6    // 从向量开头顺次访问
7    vector<int>::iterator it;
8    for ( it = v.begin(); it != v.end(); it++ ) {
9      cout << *it;
10   }
11   cout << endl;
12 }
13
14 int main() {
15   int N = 4;
16   vector<int> v;
17
18   for ( int i = 0; i < N; i++ ) {
19     int x;
```

```
20      cin >> x;
21      v.push_back(x);
22    }
23
24    print(v);
25
26    vector<int>::iterator it = v.begin();
27    *it = 3; // 将 3 赋给开头元素 v[0]
28    it++; // 前移一个位置
29    (*it)++; // v[1] 的元素加 1
30
31    print(v);
32
33    return 0;
34  }
```

输入示例

```
2 0 1 4
```

输出示例

```
2014
3114
```

5.5.2 lower_bound

二分搜索方面，STL 在库中提供了 binary_search、lower_bound、upper_bound。这里向各位介绍的是 lower_bound。

lower_bound 是一种应用于有序数据范围内的算法，它可以返回一个迭代器，这个迭代器指向第一个不小于指定值 value 的元素。通过它，我们既可以找出第一个能够恰当插入 value 的位置，又能维持指定范围内的元素顺序（有序状态）。相对地，upper_bound 返回的迭代器指向第一个大于指定值 value 的元素。

我们可以通过 Program 5.7 确认一下 lower_bound 的行为。

Program 5.7 使用lower_bound的二分搜索

```
1  #include<iostream>
2  #include<algorithm>
3  using namespace std;
4
5  int main() {
6    int A[14] = {1, 1, 2, 2, 2, 4, 5, 5, 6, 8, 8, 8, 10, 15};
7    int *pos;
8    int idx;
9
```

```
10    pos = lower_bound(A, A + 14, 3);
11    idx = distance(A, pos);
12    cout << "A[" << idx << "] = " << *pos << endl; // A[5] = 4
13
14    pos = lower_bound(A, A + 14, 2);
15    idx = distance(A, pos);
16    cout << "A[" << idx << "] = " << *pos << endl; // A[2] = 2
17
18    return 0;
19  }
```

输出

```
A[5] = 4
A[2] = 2
```

`lower_bound()` 的前两个参数用来指定作为对象的数组或容器的范围。比如 `lower_bound(A, A+14, 3)`，它指定了数组 *A* 的头指针以及距离头指针 14 的位置，即数组的末尾。如果 *A* 是 vector，则可以使用 `A.begin()` 和 `A.end()` 来指定范围。`lower_bound()` 的第 3 个参数用于指定 value。上面例子中的 value 为 3，而数组中第一个不小于 3 的元素为 *A*[5]（= 4），所以程序将指向 *A*[5] 的指针赋给了 `*pos`。`distance` 函数用于返回两个指针间的距离，比如第 11 行的 `distance(A,pos)` 会返回 *A* 的开头到 pos 的距离（=5）。

现在让我们使用 STL 来解例题 ALDS1_4_B: Binary Search。引入 STL 的 lower_bound 之后，这道题可以用如下方法实现。

```
1   #include<iostream>
2   #include<stdio.h>
3   #include<algorithm>
4   using namespace std;
5
6   int A[1000000], n;
7
8   int main() {
9     cin >> n;
10    for ( int i = 0; i < n; i++ ) {
11      scanf("%d", &A[i]);
12    }
13
14    int q, k, sum = 0;
15    cin >> q;
16    for ( int i = 0; i < q; i++ ) {
17      scanf("%d", &k);
```

```
    // 使用标准库中的 lower_bound
    if ( *lower_bound(A, A + n, k) == k ) sum++;
  }

  cout << sum << endl;

  return 0;
}
```

5.6 搜索的应用——计算最优解

※ 这是一个稍微有些难度的挑战题。如果各位觉得太难可以暂时跳过，等具备一定实力后再回过头来挑战。

ALDS1_4_D: Allocation

限制时间 1 s　**内存限制** 65536 KB　**正答率** 24.51%

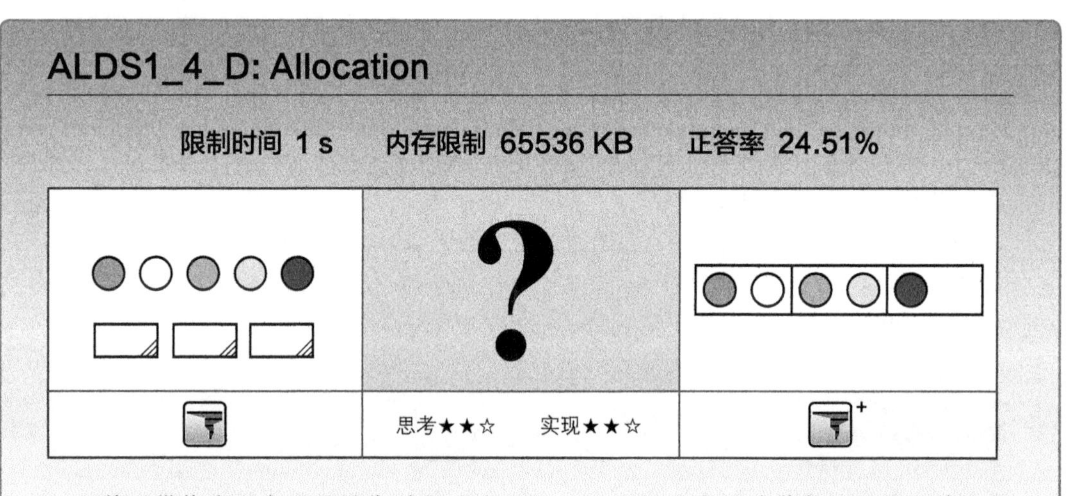

传送带依次送来了重量分别为 w_i（$i = 0, 1, \cdots, n-1$）的 n 个货物。现在要将这些货物装到 k 辆卡车上。每辆卡车可装载的货物数大于等于 0，但货物重量总和不得超过卡车的最大运载量 P。所有卡车的最大运载量 P 一致。

请编写一个程序，输入 n、k、w_i，求出装载全部货物所需的最大运载量 P 的最小值。

输入 第 1 行输入整数 n 和整数 k，用空格隔开。接下来 n 行输入 n 个整数 w_i，每个数占 1 行。

输出 输出 P 的最小值，占 1 行。

限制 $1 \leqslant n \leqslant 100\,000$

$1 \leqslant k \leqslant 100\,000$

$1 \leqslant w_i \leqslant 10\,000$

输入示例

```
5 3
8
1
7
3
9
```

输出示例

```
10
```

第 1 辆卡车装 2 个货物 {8, 1}，第 2 辆卡车装 2 个货物 {7, 3}，第 3 辆卡车装 1 个货物 {9}，因此最大运载量的最小值为 10。

讲解

确定最大运载量 P 时，首先要编写一个算法来计算 k 辆以内的卡车总共能装多少货物。思路很简单，只要卡车的运载量没达到 P，我们就让其继续按顺序装货物，最后再计算所有卡车运载量的总和即可。这里我们以 P 为实参，编写一个返回可装载货物数 v 的函数 $v = f(P)$。这个函数的算法复杂度为 $O(n)$。

现在我们只需要调用这个函数，让 P 从 0 开始逐渐自增，第一个让 v 大于等于 n 的 P 就是答案。但是，逐个检查 P 会使算法复杂度达到 $O(Pn)$，结合问题的限制条件来看，程序不可能在限制时间内完成处理。

这里我们利用“P 增加则 v 也增加”（严格来说是 P 增加时 v 不会减少）的性质，用二分搜索来求 P。二分搜索可以将算法复杂度降低至 $O(n\log P)$。

参考答案

C++

```
1  #include<iostream>
2  using namespace std;
3  #define MAX 100000
4  typedef long long llong;
5
6  int n, k;
7  llong T[MAX];
8
9  // k 辆最大运载量为 P 的卡车能装多少货物?
10 int check(llong P) {
11   int i = 0;
```

```
12    for ( int j = 0; j < k; j++ ) {
13      llong s = 0;
14      while( s + T[i] <= P ) {
15        s += T[i];
16        i++;
17        if ( i == n ) return n;
18      }
19    }
20    return i;
21  }
22
23  int solve() {
24    llong left = 0;
25    llong right = 100000 * 10000; // 货物数 ×1 件货物的最大重量
26    llong mid;
27    while ( right - left > 1 ) {
28      mid = (left + right) / 2;
29      int v = check(mid); // mid == 检查 mid == P 时能装多少货物
30      if ( v >= n ) right = mid;
31      else left = mid;
32    }
33
34    return right;
35  }
36
37  main() {
38    cin >> n >> k;
39    for ( int i = 0; i < n; i++ ) cin >> T[i];
40    llong ans = solve();
41    cout << ans << endl;
42  }
```

第 6 章

递归和分治法

将问题分解，通过求解局部性的小问题来解开原本的问题。这种技巧称为分治法，我们在很多算法中都能看到。

实现分治法需要用到递归。本章就将带领各位求解分治法以及递归的相关问题。在接下来的第 7 章里，我们还将学习一些运用了分治法的实用算法。

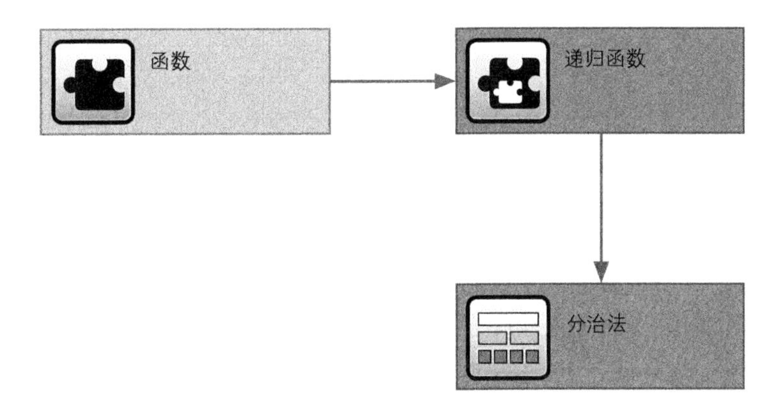

> 接触本章的问题之前，各位需要先掌握基本编程技能以及“函数”定义的相关知识。

6.1 挑战问题之前——递归与分治

递归函数是指自己调用自己的函数，是设计算法时的一种编程技巧。例如，下面的 Program 6.1 就是利用递归函数实现了计算整数 n 的阶乘的函数。

Program 6.1　计算 n 的阶乘的递归函数

```
1  factorial(n)
2    if n == 1
3      return 1
4    return n * factorial(n - 1)
```

n 的阶乘是指 $n! = n \times (n-1) \times (n-2) \cdots \times 1 = n \times (n-1)!$，当 n 大于 1 时，$n!$ 中包含“$(n-1)$ 的阶乘”这个较小的局部问题。因此，我们在计算这个问题时，可以调用具有相同功能的函数（即该函数本身）来计算 $(n-1)$ 的阶乘。另外要注意的是，设计递归函数时必须为其设置留有一个终点，比如这里我们要让 n 等于 1 时返回 1。

使用递归的技巧，可以将一个问题拆分成两个或更多较小的局部问题，利用递归函数求出每个局部问题的解，然后再将结果整合，最终解决原问题。这种编程手法称为分治法（Divide and Conquer），其算法实现的步骤如下。

分治法

1. 将问题“分割”成局部问题。（Divide）
2. 递归地求解局部问题。（Solve）
3. 将局部问题的解“整合”，解决原问题。（Conquer）

举个例子，数组 A 中最大的元素既可以用线性搜索来查找，也可以如 Program 6.2 所示用分治法来查找。这里的函数 `findMaximum(A, l, r)` 表示在数组 A 的 l 到 r（不包含 r）的范围内查找最大元素。

Program 6.2 求最大值的算法

```
1  findMaximum(A, l, r)
2    m = (l + r) / 2 // Divide
3    if l == r - 1 // 只有一个元素
4      return A[l]
5    else
6      u = findMaximum(A, l, m) // 递归求解前半部分的局部问题
7      v = findMaximum(A, m, r) // 递归求解后半部分的局部问题
8      x = max(u, v) // Conquer
9    return x
```

6.2 穷举搜索

ALDS1_5_A: Exhaustive Search

限制时间 5 s　　内存限制 65536 KB　　正答率 51.21%

现有长度为 n 的数列 A 和整数 m。请编写一个程序，判断 A 中任意几个元素相加是否能得到 m。A 中每个元素只能使用 1 次。

数列 A 以及用作问题的 q 个 m_i 由外界输入，请对每个问题输出 yes 或 no。

输入 第 1 行输入 n，第 2 行输入代表 A 的 n 个整数，第 3 行输入 q，第 4 行输入 q 个整数 m_i。

输出 输出各问题的答案，如果 A 中元素相加能得到 m_i 则回答 yes，反之回答 no。

限制 $n \leqslant 20$

$q \leqslant 200$

$1 \leqslant A$ 的元素 $\leqslant 2000$

$1 \leqslant m_i \leqslant 2000$

输入示例

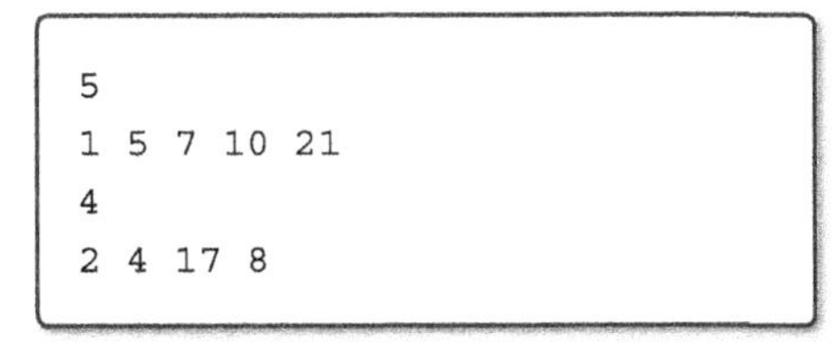

```
5
1 5 7 10 21
4
2 4 17 8
```

输出示例

```
no
no
yes
yes
```

■ 讲解

本题的 n 值较小，因此我们的算法大可将数列元素的所有组合全都列举出来。每个元素都只有“选”或“不选”两种情况，所以总共有 2^n 种组合。这些组合可以用递归生成，具体算法如下。

Program 6.3 列举组合的递归函数

```
makeCombination()
  for i 从 0 到 n-1
    S[i] = 0 // 不选择 i
  rec(0)

rec(i)
  if i 到达 n
    print S
    return

  rec(i + 1)
  S[i] = 1 // 选择 i
  rec(i + 1)
  S[i] = 0 // 不选择 i
```

S 是一个数组，$S[i]$ 为 1 时表示选择第 i 个整数，为 0 时表示不选择。我们从第一个元素开始利用递归函数创造“选择”与“不选择”的分支，当 i 到达 n 时 S 中便形成了一种组合。最终，算法将形成 0 到 2^n-1 的二进制字符串。

借助这个递归函数，我们能够检查“选择 / 不选择第 i 个元素”的所有组合。例如当 $n=3$ 时，rec(0) 会在 S 中依次生成 {0, 0, 0}、{0, 0, 1}、{0, 1, 0}、{0, 1, 1}、{1, 0, 0}、{1, 0, 1}、{1, 1, 0}、{1, 1, 1} 八种二进制字符串[①]。

现在我们进一步应用这个思路，定义下面一个函数来解决本题。设 solve(i, m) 为“用第 i 个元素后面的元素能得出 m 时返回 true”的函数，这样一来 solve(i, m) 就可以分解为 solve(i+1, m) 和 solve(i+1, m-A[i]) 这两个更小的局部问题。这里减去 $A[i]$ 表示“使用第 i 个元素”。我们只要将其递归，就可以解开原问题 solve(0, m)。

Program 6.4 判断能否得出某个整数的递归函数

```
solve(i, m)
  if m == 0
    return true
  if i >= n
    return false
  res = solve(i + 1, m) || solve(i + 1, m - A[i])
  return res
```

函数 solve(i, m) 中，m 为 0 时代表数组元素相加能够得出指定整数。相反，m 大于 0 且 i 大于等于 n 时表示数组元素相加得不出指定整数。只要局部问题 solve(i+1, m) 和

① 这类二进制字符串还可以用移位操作或位运算来生成。

solve(i+1, m-A[i]) 之中有一个为 true，原问题 solve(i, m) 就为 true。

举个例了，我们用该递归函数判断数列 $A = \{1, 5, 7\}$ 能否得出 8，其过程如图 6.1 所示。

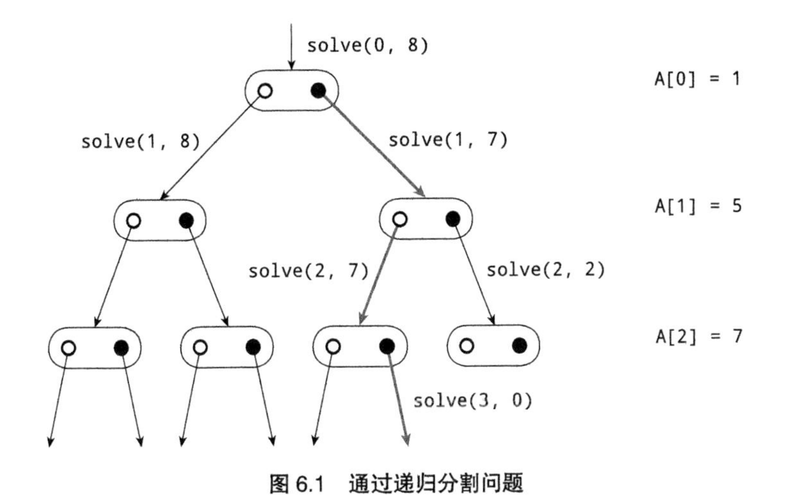

图 6.1 通过递归分割问题

在这个例子中，“选择 1” → “不选择 5” → “选择 7” 的组合可以得出 8。由于每个函数中都存在选择 / 不选择第 i 个元素的分歧，所以要再次调用两个函数。

考察

检查所有组合需要在递归函数中重复调用两个递归函数，算法复杂度为 $O(2^n)$，因此不适用于 n 较大的问题。

本题所用的算法对每一组 (i, m) 都要多次计算 solve(i, m)，使得整个处理过程中有很多无用功。这一现象可以借助“动态规划”来改善。关于动态规划的问题将在 11 章进行讲解。

参考答案

C

```
1  #include<stdio.h>
2
3  int n, A[50];
4
5  // 从输入值 M 中减去所选元素的递归函数
6  int solve (int i, int m) {
7    if ( m == 0 ) return 1;
8    if ( i >= n ) return 0;
9    int res = solve(i + 1, m) || solve(i + 1, m - A[i]);
10   return res;
```

```
11 }
12
13 int main() {
14   int q, M, i;
15
16   scanf("%d", &n);
17   for ( i = 0; i < n; i++ ) scanf("%d", &A[i]);
18   scanf("%d", &q);
19   for ( i = 0; i < q; i++ ) {
20     scanf("%d", &M);
21     if ( solve(0, M) ) printf("yes\n");
22     else printf("no\n");
23   }
24
25   return 0;
26 }
```

6.3 科赫曲线

ALDS1_5_C: Koch Curve

限制时间 1 s　内存限制 65536KB　正答率 48.18%

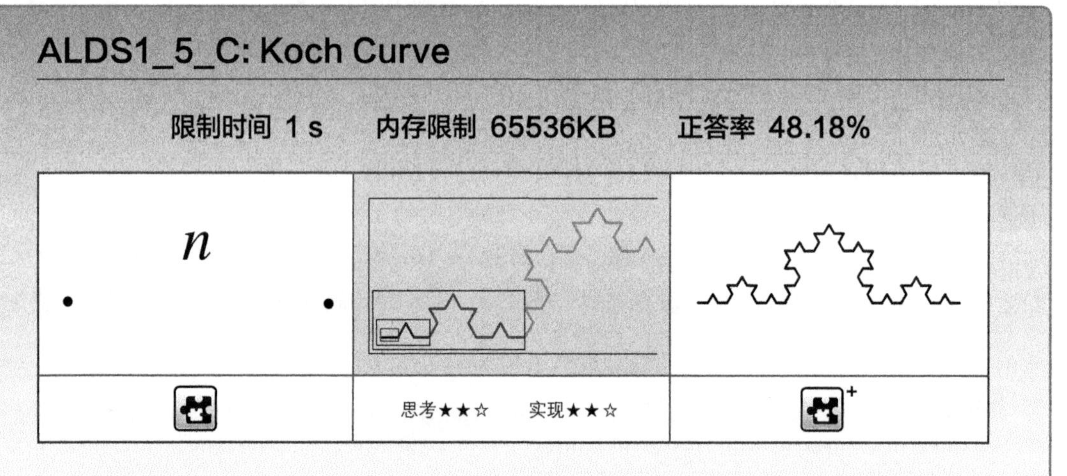

请编写一个程序，输入整数 n，输出科赫曲线的顶点坐标，该科赫曲线由深度为 n 的递归调用画出。

科赫曲线是一种广为人知的不规则碎片形。不规则碎片形是具有递归结构的图形，可以通过下述递归函数的调用画出（图 6.2）。

- ▶ 将给定线段（$p1, p2$）三等分
- ▶ 以三等分点 s、t 为顶点作出正三角形（s, u, t）
- ▶ 对线段（$p1, s$）、线段（s, u）、线段（u, t）、线段（$t, p2$）递归地重复进行上述操作

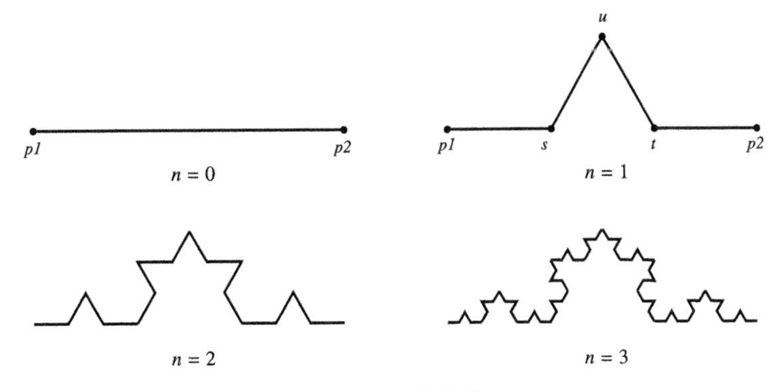

图 6.2 科赫曲线

设端点为（0, 0）、（100, 0）。

输入 输入 1 个整数 n。

输出 输出科赫曲线各顶点的坐标（x, y），每个点的坐标占 1 行。输出时请从端点（0, 0）开始，沿连续线段顺次输出顶点坐标，到端点（100, 0）结束。输出误差不得超过 0.0001。

限制 $0 \leqslant n \leqslant 6$

输入示例

```
1
```

输出示例

```
0.00000000 0.00000000
33.33333333 0.00000000
50.00000000 28.86751346
66.66666667 0.00000000
100.00000000 0.00000000
```

讲解

顺次输出科赫曲线顶点坐标的递归函数如下。

Program 6.5 绘制科赫曲线

```
1  koch(d, p1, p2)
2    if d == 0
3      return
4
5    // 通过p1、p2计算s、u、t的坐标
6
7    koch(d-1, p1, s)
8    print s
9    koch(d-1, s, u)
10   print u
11   koch(d-1, u, t)
12   print t
13   koch(d-1, t, p2)
```

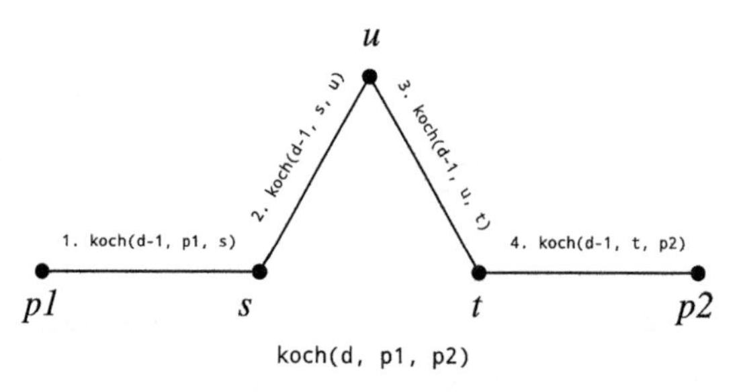

图 6.3　绘制科赫曲线

koch 函数包含三个参数，分别是递归深度 d，以及线段的两个端点 $p1$、$p2$。如图 6.3 所示，这个递归函数首先会求出线段 $p1p2$ 的三等分点 s、t，然后求能够使得线段 su、ut、ts 组成正三角形的点 u。接下来，函数会顺次进行以下处理，从而描绘线段。

1. 对线段 $p1s$ 递归调用 koch，输出 s 的坐标。
2. 对线段 su 递归调用 koch，输出 u 的坐标。
3. 对线段 ut 递归调用 koch，输出 t 的坐标。
4. 对线段 $tp2$ 递归调用 koch。

u 的坐标可通过矢量运算（我们会在 16 章详细学习）求得。首先，s 与 t 的坐标可通过以下算式求出。

$$s.x = (2 \times p1.x + 1 \times p2.x)/3$$
$$s.y = (2 \times p1.y + 1 \times p2.y)/3$$
$$t.x = (1 \times p1.x + 2 \times p2.x)/3$$
$$t.y = (1 \times p1.y + 2 \times p2.y)/3$$

以点 s 为起点，将点 t 逆时针旋转 60°，即可得到点 u。我们在这里采用旋转矩阵（一种以原点为中心进行旋转变换时常用的矩阵），通过下面的式子求出点 u。

$$u.x = (t.x - s.x) \times \cos 60° - (t.y - s.y) \times \sin 60° + s.x$$
$$u.y = (t.x - s.x) \times \sin 60° + (t.y - s.y) \times \cos 60° + s.y$$

只要对初始状态的端点 $p1$、$p2$ 调用 koch，我们就可以按顺序输出从 $p1$ 到 $p2$ 的所有顶点。

参考答案

C++

```
#include<stdio.h>
#include<math.h>

struct Point { double x, y; };

void koch(int n, Point a, Point b) {
  if (n == 0) return;

  Point s, t, u;
  double th = M_PI * 60.0 / 180.0; // 将单位从度变为弧度

  s.x = (2.0 * a.x + 1.0 * b.x) / 3.0;
  s.y = (2.0 * a.y + 1.0 * b.y) / 3.0;
  t.x = (1.0 * a.x + 2.0 * b.x) / 3.0;
  t.y = (1.0 * a.y + 2.0 * b.y) / 3.0;
  u.x = (t.x - s.x) * cos(th) - (t.y - s.y) * sin(th) + s.x;
  u.y = (t.x - s.x) * sin(th) + (t.y - s.y) * cos(th) + s.y;

  koch(n - 1, a, s);
  printf("%.8f %.8f\n", s.x, s.y);
  koch(n - 1, s, u);
  printf("%.8f %.8f\n", u.x, u.y);
  koch(n - 1, u, t);
  printf("%.8f %.8f\n", t.x, t.y);
  koch(n - 1, t, b);
}

int main() {
  Point a, b;
  int n;

  scanf("%d", &n);

  a.x = 0;
  a.y = 0;
  b.x = 100;
  b.y = 0;

  printf("%.8f %.8f\n", a.x, a.y);
  koch(n, a, b);
  printf("%.8f %.8f\n", b.x, b.y);

  return 0;
}
```

第 7 章

高等排序

第 3 章中我们了解了复杂度为 $O(n^2)$ 的低效率排序算法。但是当我们面对庞大的输入数据时，这些初等算法就显得没有什么实用价值了。不过，只要运用我们在前面一章所学的递归与分治法的编程技巧，就可以实现更加高效的算法。

本章涉及的例题为 $O(n\log n)$ 的高速算法，以及在特定条件下可达到 $O(n)$（线性时间复杂度）的排序算法。

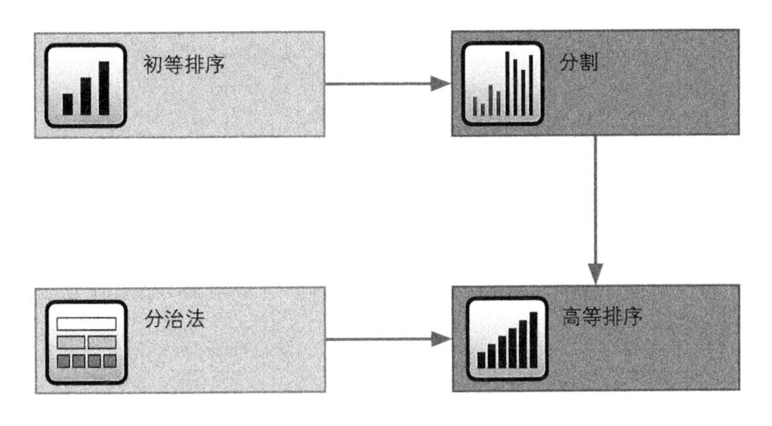

接触本章的问题之前，各位需要先掌握初等排序算法的知识，以及应用递归与分治法的编程技能。

7.1 归并排序

ALDS1_5_B: Merge Sort

限制时间 1 s　　内存限制 65536KB　　正答率 33.84%

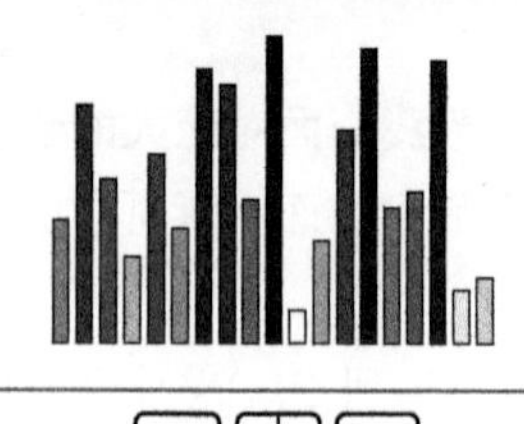

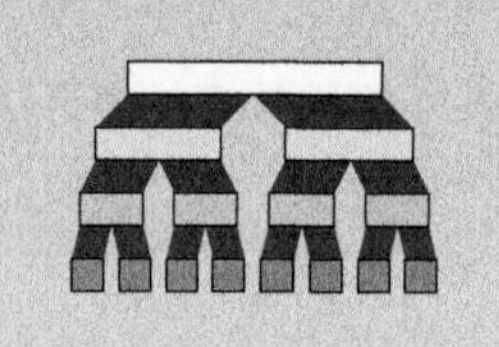

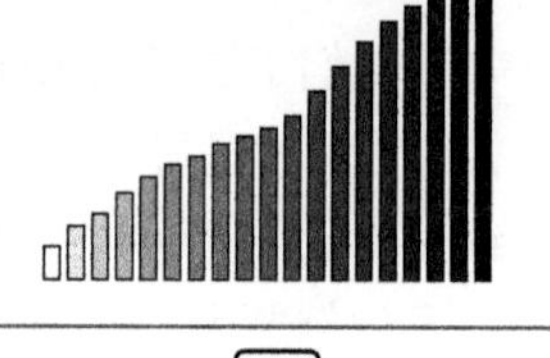

思考★★☆　　实现★★☆

归并排序（Merge Sort）是基于下述分治法的一种高速算法。

```
1  merge(A, left, mid, right)
2    n1 = mid - left
3    n2 = right - mid
4    生成L[0...n1], R[0...n2]
5    for i = 0 to n1-1
6      L[i] = A[left + i]
7    for i = 0 to n2-1
8      R[i] = A[mid + i]
9    L[n1] = INFTY
10   R[n2] = INFTY
11   i = 0
12   j = 0
13   for k = left to right-1
14     if L[i] <= R[j]
15       A[k] = L[i]
16       i = i + 1
17     else
18       A[k] = R[j]
19       j = j + 1
20
21 mergeSort(A, left, right)
22   if left+1 < right
23     mid = (left + right)/2
24     mergeSort(A, left, mid)
25     mergeSort(A, mid, right)
26     merge(A, left, mid, right)
```

请根据上述伪代码编写一个程序，利用归并排序法将包含 n 个整数的数列 S 按升序排序。另外，请报告 merge 中总共执行了多少次比较运算。

输入 第 1 行输入 n，第 2 行输入代表 S 的 n 个整数。

输出 在第 1 行输出排序完毕的数列 S。数列相邻元素用 1 个空格隔开。在第 2 行输出比较运算的次数。

限制 $n \leqslant 500\ 000$

$0 \leqslant S$ 的要素 $\leqslant 10^9$

输入示例

```
10
8 5 9 2 6 3 7 1 10 4
```

输出示例

```
1 2 3 4 5 6 7 8 9 10
34
```

讲解

在一些体积庞大的数组面前，冒泡排序等复杂度高达 $O(n^2)$ 的初等排序算法就失去了实用价值。对付这类数据要用到高等算法，归并排序就是其中之一。

归并排序

- ▶ 以整个数组为对象执行 mergeSort
- ▶ mergeSort 如下所示

1. 将给定的包含 n 个元素的局部数组“分割”成两个局部数组，每个数组各包含 $n/2$ 个元素。（Divide）
2. 对两个局部数组分别执行 mergeSort 排序。（Solve）
3. 通过 merge 将两个已排序完毕的局部数组“整合”成一个数组。（Conquer）

在归并排序法中，合并两个已排序数组的 merge 是整个算法的基础。我们要把包含 $n1$ 个整数的数组 L 以及包含 $n2$ 个整数的数组 R 合并到数组 A 中。现假设 L 与 R 中的元素都已按升序排列，我们需要做的就是将 L 与 R 中的元素全部复制到 A 中，同时保证这些元素按升序排列。

这里要注意，我们不能直接将 L 和 R 连接起来套用普通的排序算法，而是要利用它们已排序的性质，借助复杂度为 $O(n1 + n2)$ 的合并算法进行合并。举个例子，现有两个已排序的数组 $L = \{1, 5\}$ 和 $R = \{2, 4, 8\}$，其合并过程如图 7.1 所示。

为简化 merge 的实现，我们可以在 L 和 R 的末尾分别安插一个大于所有元素的标记。在比较 L、R 元素的过程中，势必会遇到元素与标记相比较的情况，只要我们标记设置得足够大，且将比较次数限制在 $n1 + n2$（$right - left$）之内，就可以既防止两个标记相比较，又防止循环变量 i、j 分别超过 $n1$、$n2$。

下面我们来详细分析 mergeSort。mergeSort 的三个参数分别为数组 A 以及表示其局部数组范围的变量 $left$ 和 $right$。如图 7.2 所示，$left$ 指局部数组的开头元素，$right$ 指局部数组末尾 + 1 的元素。

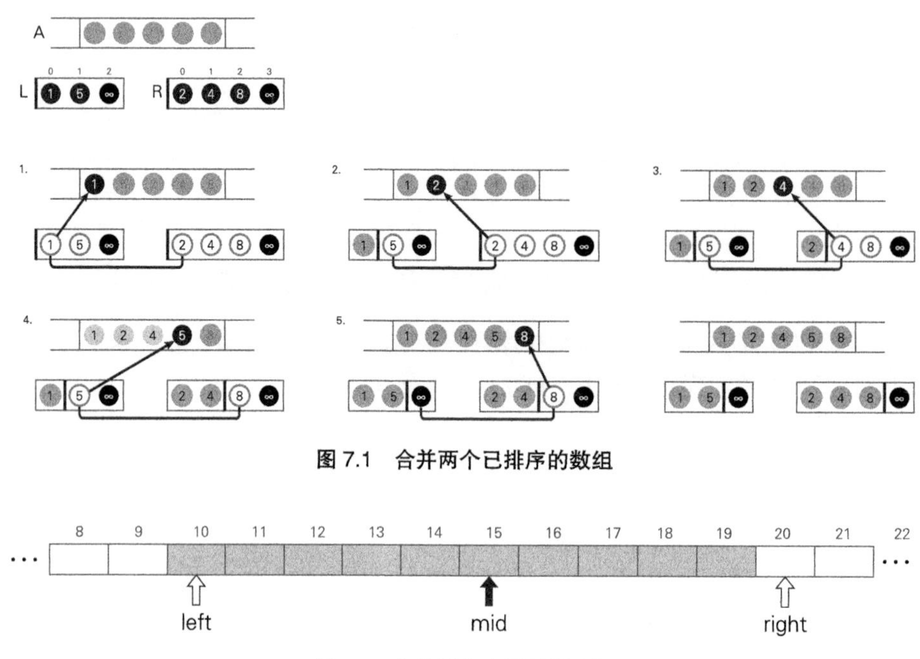

图 7.1 合并两个已排序的数组

图 7.2 归并排序中用到的下标

举个例子，我们对数组 {9, 6, 7, 2, 5, 1, 8, 4, 2} 进行归并排序，其过程如图 7.3 所示。

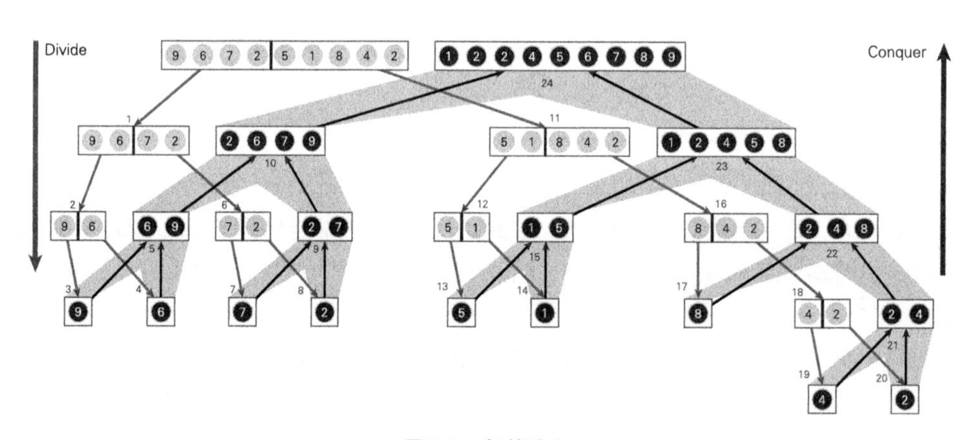

图 7.3 归并排序

向下的箭头代表分割，向上的箭头代表整合，箭头边的数字表示处理顺序。其中分割由 `mergeSort` 负责，整合由 `merge` 负责。

当局部数组只剩一个元素时，`mergeSort` 不作任何处理直接结束。如果不是，则计算局部数组的中央位置 *mid*，将 *left* 到 *mid*（不包含 *mid*）视作前半部分，*mid* 到 *right*（不包含 *right*）视作后半部分，再分别套用 `mergeSort`。

考察

在 merge 处理中，由于两个待处理的局部数组都已经完成了排序，因此可以采用复杂度为 $O(n1 + n2)$ 的合并算法。

图 7.3 中的数组 {9, 6, 7, 2, 5, 1, 8, 4, 2} 包含 9 个元素，若想将其分割成仅包含一个元素的局部数组，需要经历 $9 \to 5 \to 3 \to 2 \to 1$ 的 4 次分割，总共分为 5 层（8 个元素则是 $8 \to 4 \to 2 \to 1$ 的 4 层）。一般说来，n 个数据大致会分为 $\log_2 n$ 层。由于每层执行 merge 的总复杂度为 $O(n)$，因此归并排序的整体复杂度为 $O(n\log n)$。

归并排序包含不相邻元素之间的比较，但并不会直接交换。在合并两个已排序数组时，如果遇到了相同元素，只要保证前半部分数组优先于后半部分数组，相同元素的顺序就不会颠倒。因此归并排序属于稳定的排序算法。

归并排序算法虽然高效且稳定，但它在处理过程中，除了用于保存输入数据的数组之外，还需要临时占用一部分内存空间。

参考答案

C++

```
1  #include<iostream>
2  using namespace std;
3  #define MAX 500000
4  #define SENTINEL 2000000000
5
6  int L[MAX/2+2], R[MAX/2+2];
7  int cnt;
8
9  void merge(int A[], int n, int left, int mid, int right) {
10   int n1 = mid - left;
11   int n2 = right - mid;
12   for ( int i = 0; i < n1; i++ ) L[i] = A[left + i];
13   for ( int i = 0; i < n2; i++ ) R[i] = A[mid + i];
14   L[n1] = R[n2] = SENTINEL;
15   int i = 0, j = 0;
16   for ( int k = left; k < right; k++ ) {
17     cnt++;
18     if ( L[i] <= R[j] ) {
19       A[k] = L[i++];
20     } else {
21       A[k] = R[j++];
22     }
23   }
```

```
24 }
25
26 void mergeSort(int A[], int n, int left, int right) {
27   if ( left+1 < right ){
28     int mid = (left + right) / 2;
29     mergeSort(A, n, left, mid);
30     mergeSort(A, n, mid, right);
31     merge(A, n, left, mid, right);
32   }
33 }
34
35 int main() {
36   int A[MAX], n, i;
37   cnt = 0;
38
39   cin >> n;
40   for ( i = 0; i < n; i++ ) cin >> A[i];
41
42   mergeSort(A, n, 0, n);
43
44   for ( i = 0; i < n; i++ ) {
45     if ( i ) cout << " ";
46     cout << A[i];
47   }
48   cout << endl;
49
50   cout << cnt << endl;
51
52   return 0;
53 }
```

7.2 分割

ALDS1_6_B: Partition

限制时间 1 s　　内存限制 65536KB　　正答率 50.32%

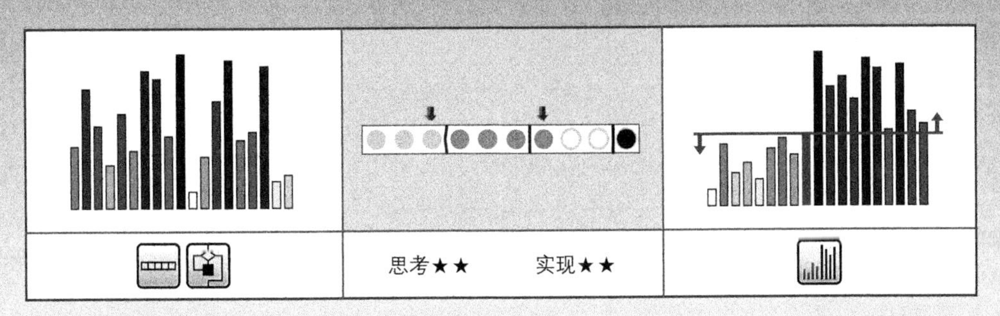

函数 partition(A,p,r) 可以将数组 $A[p..r]$ 分割成 $A[p..q-1]$ 和 $A[q+1..r]$ 两部分并返回下标 q 的值。其中 $A[p..q-1]$ 中的所有元素均小于等于 $A[q]$，$A[q+1..r]$ 中的所有元素均大于 $A[q]$。

请根据下述伪代码编写一个程序，输入数列 A，执行分割。

```
1  partition(A, p, r)
2    x = A[r]
3    i = p-1
4    for j = p to r-1
5      if A[j] <= x
6        i = i+1
7        交换A[i]与A[j]
8    交换A[i+1]与A[r]
9    return i+1
```

请注意，这里的 r 是数组 A 末尾元素的下标，进行分割时需以 $A[r]$ 为基准。

输入 第 1 行输入表示数列 A 长度的整数 n。第 1 行输入 n 个整数，用空格隔开。

输出 在 1 行之内输出分割后的数列。数列相邻元素用 1 个空格隔开。另外，用作分割基准的元素用“[]”标出。

限制 $1 \leqslant n \leqslant 100\,000$

$0 \leqslant A_i \leqslant 100\,000$

输入示例

```
12
13 19 9 5 12 8 7 4 21 2 6 11
```

输出示例

```
9 5 8 7 4 2 6 [11] 21 13 19 12
```

讲解

如图 7.4 所示，数组 A 的分割对象范围为 p 到 r（包含 p 和 r）。这里设分割的基准（即 $A[r]$）为 x。接下来我们移动 A 中的元素，将小于等于 x 的元素移至 p 到 i 的范围内（包含 i），大于 x 的元素移至 $i+1$ 到 j 的范围内（不包含 j）。其中 i 初始化为 $p-1$，j 初始化为 p。

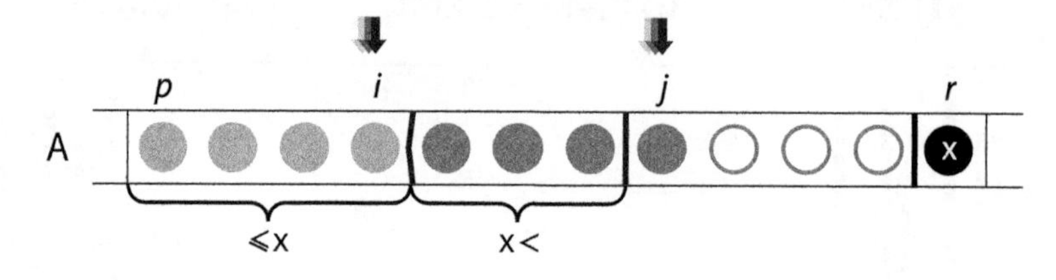

图 7.4　分割所需的下标

j 每经过一轮运算就会向后移动一个位置，从而依次决定每个 $A[j]$ 该归入哪一组。归组分为下述两种情况（图 7.5 和图 7.6）。

$A[j]$ 大于 x 时不必移动元素，直接让 j 向前移动一个位置，将 $A[j]$ 归入"大于 x 的组"。

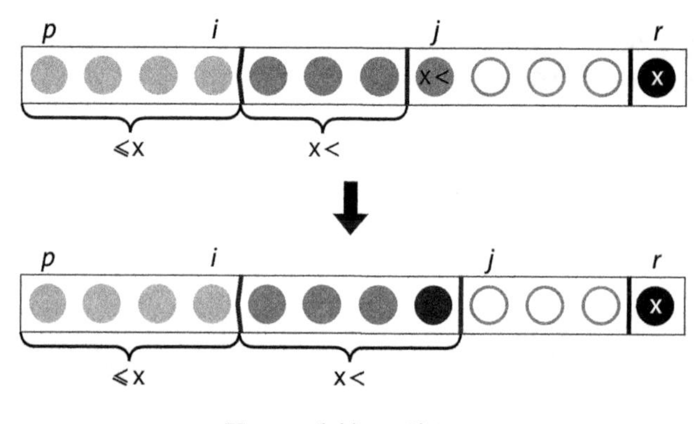

图 7.5　分割——情况 1

如果 $A[j]$ 小于等于 x，则先让 i 向前移动一个位置，然后交换 $A[j]$ 和 $A[i]$。这样一来 $A[j]$ 就进入了"小于等于 x 的组"，而随着 j 向前移动一个位置，原本位于 $A[i]$ 的元素又会回到"大于 x 的组"中。

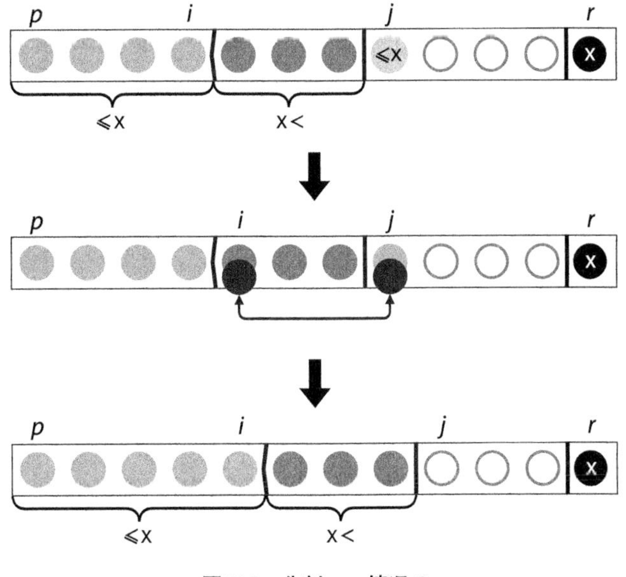

图 7.6 分割——情况 2

举个例子，现在对数列 {3, 9, 8, 1, 5, 6, 2, 5} 进行分割，其具体流程如图 7.7 所示。

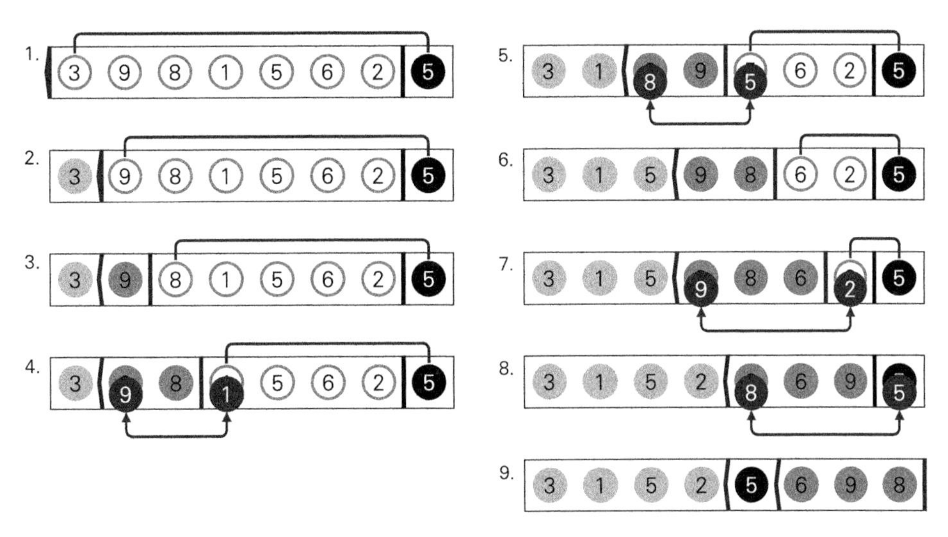

图 7.7 分割

最后（图中 8 → 9），我们将 $A[i+1]$ 与 $A[r]$ 交换，完成分割。

考察

由于 j 要从 p 开始每次移动一个位置，一直移动到 $r-1$ 为止，因此分割处理的算法复杂度为 $O(n)$。

分割会交换不相邻的元素，应用于排序时要格外注意。

参考答案

C

```c
#include<stdio.h>
#define MAX 100000

int A[MAX], n;

int partition(int p, int r) {
  int x, i, j, t;
  x = A[r];
  i = p - 1;
  for ( j = p; j < r; j++ ) {
    if ( A[j] <= x ) {
      i++;
      t = A[i]; A[i] = A[j]; A[j] = t;
    }
  }
  t = A[i + 1]; A[i + 1] = A[r]; A[r] = t;
  return i + 1;
}

int main() {
  int i, q;

  scanf("%d", &n);
  for ( i = 0; i < n; i++ ) scanf("%d", &A[i]);

  q = partition(0, n - 1);

  for ( i = 0; i < n; i++ ) {
    if ( i ) printf(" ");
    if ( i == q ) printf("[");
    printf("%d", A[i]);
    if ( i == q ) printf("]");
  }
  printf("\n");

  return 0;
}
```

7.3 快速排序

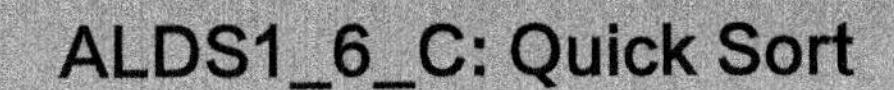

限制时间 1 s 内存限制 65536 KB 正答率 23.51%

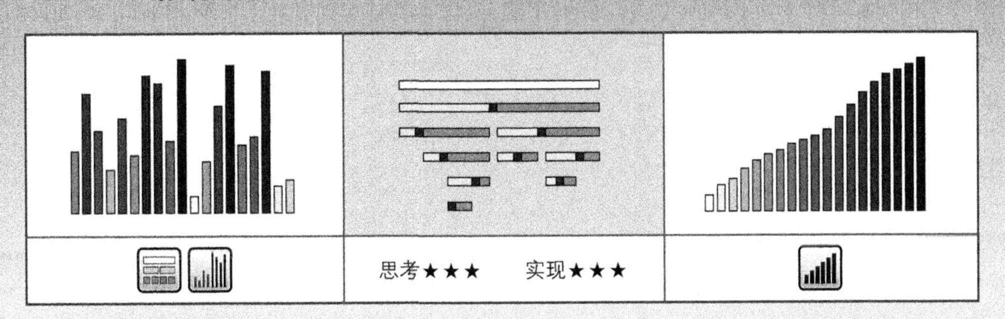

给 n 张卡片排序。每张卡片由 1 个花色（S、H、C、D）和 1 个数字组成。请根据下述伪代码编写一个程序，将这些卡片按升序排列。分割请基于 ALDS1_6_B 的伪代码来实现。

```
1   quickSort(A, p, r)
2     if p < r
3         q = partition(A, p, r)
4         quickSort(A, p, q-1)
5         quickSort(A, q+1, r)
```

这里的 A 为存储卡片的数组，分割中的比较运算以卡片的数字为基准。

另外，请报告该程序对输入数据是否有稳定的输出。这里的“稳定输出”是指存在多张数字相同的卡片时，它们输出的顺序与输入的顺序保持一致。

输入 第 1 行输入卡片的张数 n。

接下来 n 行输入 n 张卡片。每张卡包含 1 个代表花色的字母和 1 个数字（整数）。字母与数字间用 1 个空格隔开。

输出 第 1 行输出该程序的输出是否稳定（Stable 或 Not stable）。

从第 2 行起，使用与输入相同的格式按顺序输出排序后的卡片（不必输出 n）。

限制 $1 \leqslant n \leqslant 100\,000$

$1 \leqslant$ 卡片上的数字 $\leqslant 10^9$

输入中花色和数字全都相同的卡片不超过 2 张

输入示例

```
6
D 3
H 2
D 1
S 3
D 2
C 1
```

输出示例

```
Not stable
D 1
C 1
D 2
H 2
D 3
S 3
```

讲解

快速排序是基于下述分治法的算法。

快速排序

- ▶ 以整个数组为对象执行 quickSort
- ▶ quickSort 流程如下
  1. 通过分割将对象局部数组分割为前后两个局部数组。(Divide)
  2. 对前半部分的局部数组执行 quickSort。(Solve)
  3. 对后半部分的局部数组执行 quickSort。(Solve)

如图 7.8 所示，快速排序的函数 `quickSort` 通过分割将局部数组一分为二，然后对前后两组再递归地执行 `quickSort`，从而完成给定数组的排序。图 7.8 中的例子是对 $A = \{13, 19, 9, 5, 12, 8, 7, 4, 21, 2, 5, 3, 14, 6, 11\}$ 使用快速排序的过程。

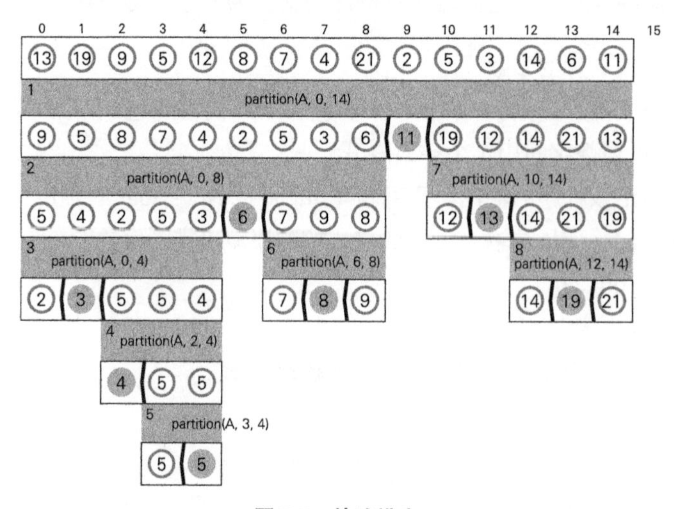

图 7.8 快速排序

考察

快速排序与归并排序一样基于分治法，但其执行 `partition` 进行分割时就已经在原数组中完成了排序，因此不需要归并排序中那种手动的合并处理。

快速排序在分割的过程中会交换不相邻元素，因此属于不稳定的排序算法。另一方面，归并排序需要 $O(n)$ 的外部存储空间，快速排序则不必额外占用内存。也就是说，快速排序是一种原地排序（内部排序）。

如果快速排序在分割时能恰好选择到中间值，则整个过程与归并排序一样大致分为 $\log_2 n$ 层。快速排序的平均复杂度为 $O(n\log n)$，是一般情况下最高效的排序算法。不过，题中伪代码所描述的快速排序采用固定方式选择基准，因此在处理某些顺序的数据（例如已排序完毕的数据）时效率会大打折扣，最坏情况的复杂度甚至高达 $O(n^2)$。不仅如此，某些顺序的数据可能让递归深度过深，最终导致栈溢出。一般情况下，我们需要在选择基准的方式上多花些心思，比如随机选择，或者任选出几个值后取其中间值等。

参考答案

C

```
1  #include<stdio.h>
2  #define MAX 100000
3  #define SENTINEL 2000000000
4
5  struct Card {
6    char suit;
7    int value;
8  };
9
10 struct Card L[MAX / 2 + 2], R[MAX / 2 + 2];
11
12 void merge(struct Card A[], int n, int left, int mid, int right) {
13   int i, j, k;
14   int n1 = mid - left;
15   int n2 = right - mid;
16   for ( i = 0; i < n1; i++ ) L[i] = A[left + i];
17   for ( i = 0; i < n2; i++ ) R[i] = A[mid + i];
18   L[n1].value = R[n2].value = SENTINEL;
19   i = j = 0;
20   for ( k = left; k < right; k++ ) {
21     if ( L[i].value <= R[j].value ) {
22       A[k] = L[i++];
23     } else {
24       A[k] = R[j++];
```

```
25      }
26    }
27  }
28
29  void mergeSort(struct Card A[], int n, int left, int right) {
30    int mid;
31    if ( left + 1 < right ) {
32      mid = (left + right) / 2;
33      mergeSort(A, n, left, mid);
34      mergeSort(A, n, mid, right);
35      merge(A, n, left, mid, right);
36    }
37  }
38
39  int partition(struct Card A[], int n, int p, int r) {
40    int i, j;
41    struct Card t, x;
42    x = A[r];
43    i = p - 1;
44    for ( j = p; j < r; j++ ) {
45      if ( A[j].value <= x.value ) {
46        i++;
47        t = A[i]; A[i] = A[j]; A[j] = t;
48      }
49    }
50    t = A[i + 1]; A[i + 1] = A[r]; A[r] = t;
51    return i + 1;
52  }
53
54  void quickSort(struct Card A[], int n, int p, int r) {
55    int q;
56    if ( p < r ) {
57      q = partition(A, n, p, r);
58      quickSort(A, n, p, q - 1);
59      quickSort(A, n, q + 1, r);
60    }
61  }
62
63  int main() {
64    int n, i, v;
65    struct Card A[MAX], B[MAX];
66    char S[10];
67    int stable = 1;
68
69    scanf("%d", &n);
70
71    for ( i = 0; i < n; i++ ) {
72      scanf("%s %d", S, &v);
73      A[i].suit = B[i].suit = S[0];
74      A[i].value = B[i].value = v;
```

```
75      }
76
77      mergeSort(A, n, 0, n);
78      quickSort(B, n, 0, n - 1);
79
80      for ( i = 0; i < n; i++ ) {
81        // 比较归并排序与快速排序的结果
82        if ( A[i].suit != B[i].suit ) stable = 0;
83      }
84
85      if ( stable == 1 ) printf("Stable\n");
86      else printf("Not stable\n");
87      for ( i = 0; i < n; i++ ) {
88        printf("%c %d\n", B[i].suit, B[i].value);
89      }
90
91      return 0;
92    }
```

7.4 计数排序

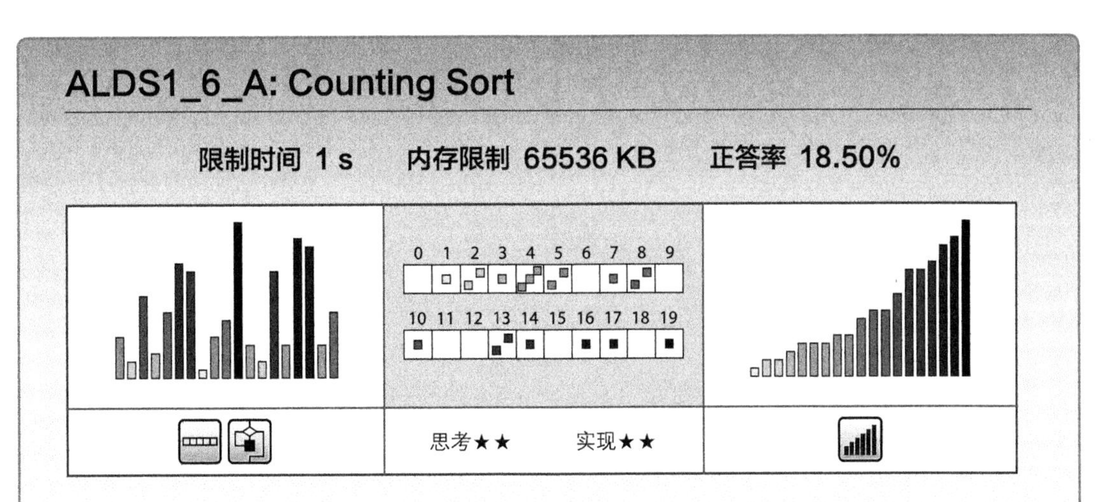

计数排序[①]是一种稳定的排序算法，它能在线性时间 ($O(n+k)$) 内对包含 n 个元素的数组进行排序，其中数组元素均大于等于 0 且小于等于 k。

对输入数组 A 的各元素 A_j 进行排序时，我们先将小于等于 A_j 的元素数记录在计数数组 C 中，然后根据 C 中的数值计算 A_j 在输出数组 B 中的位置。考虑到存在多个相等元素的情况，我们还需要在输出元素 A_j（加入 B）之后修正计数用的 $C[A_j]$。

① 也称为桶排序或箱排序。

```
1    CountingSort(A, B, k)
2        for i = 0 to k
3            C[i] = 0
4
5        /* 在 C[i] 中记录 i 的出现次数 */
6        for j = 1 to n
7            C[A[j]]++
8
9        /* 在 C[i] 中记录小于等于 i 的元素的出现次数 */
10       for i = 1 to k
11         C[i] = C[i] + C[i-1]
12
13     for j = n downto 1
14         B[C[A[j]]] = A[j]
15         C[A[j]]--
```

请编写一个程序，输入数列 A，通过计数排序算法将 A 按升序排列并输出。算法需根据上述伪代码实现。

输入　第 1 行输入代表数列 A 长度的整数 n。第 2 行输入 n 个整数，以空格隔开。

输出　在 1 行内输出排序后的数列。数列相邻元素用 1 个空格隔开。

限制　$1 \leqslant n \leqslant 2\,000\,000$

$0 \leqslant A_i \leqslant 10\,000$

输入示例

```
7
2 5 1 3 2 3 0
```

输出示例

```
0 1 2 2 3 3 5
```

■讲解

为方便起见，本题的计数排序中使用 1 起点数组来存储输入数列。举个例子，现在我们对输入数组 $A = \{4, 5, 0, 3, 1, 5, 0, 5\}$ 进行计数排序。如图 7.9 所示，程序统计出数组 A 中各元素的出现次数，并将其记录在数组 C 中。

以 5 为例，A 中总共包含 3 个 5，因此 $C[5]$ 等于 3。接下来我们求出 C 中各元素的累积和，更新计数数组 C。

计数数组中元素 $C[x]$ 的值，代表数组 A 中有多少个小于等于 x 的元素。然后如图 7.10 所示，我们以计数数组 C 为依据，将 A 的元素按顺序复制到输出数组 B 中，就得到了一个按升序排列完毕的数组 B。

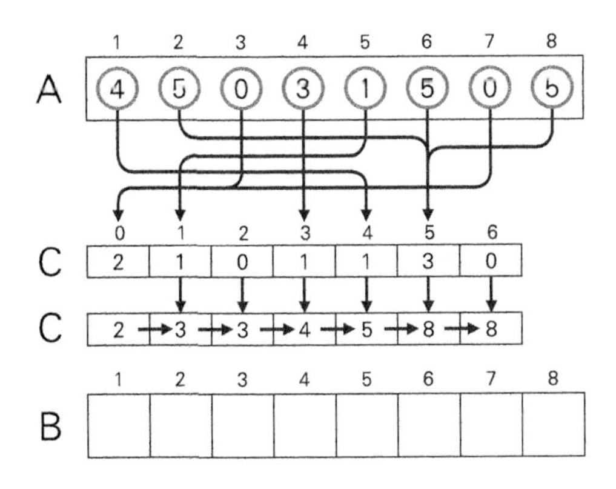

图 7.9 计数排序——初始化

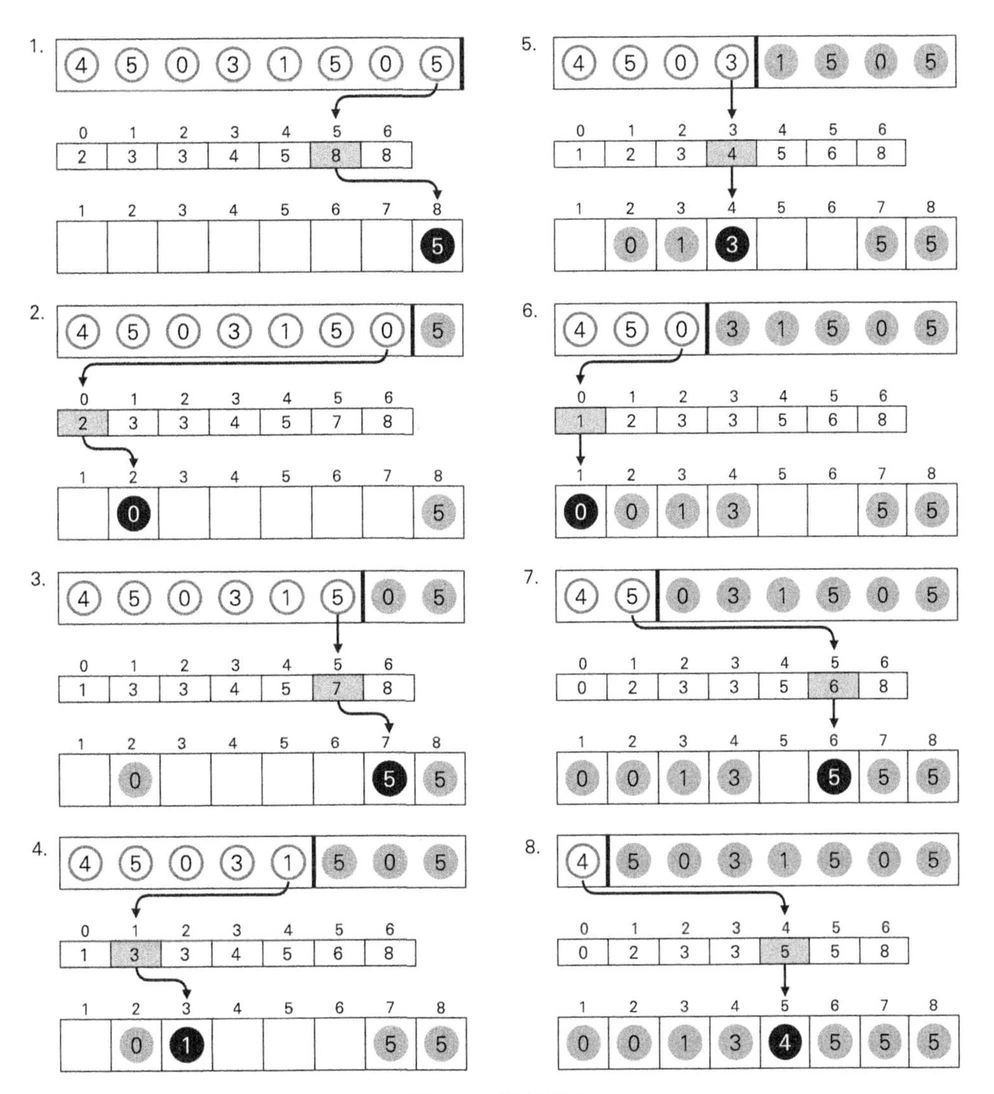

图 7.10 计数排序

我们从 A 的末尾开始逐一引用元素复制到 B 的适当位置。在步骤 1 中我们要复制 $A[8]$（ = 5），此时 $C[5] = 8$，表示 A 中包含 8 个小于等于 5 的元素，因此 5 要复制到 $B[8]$ 的位置。完成复制后 $C[5]$ 减 1，表示 A 中小于等于 5 的元素还剩 7 个。

步骤 2 要复制 $A[7]$（ = 0），此时 A 中还剩两个小于等于 0 的元素，所以将 0 复制到 $B[2]$ 中。步骤 3 中小于等于 5 的元素还剩 7 个，所以 5 复制到 $B[7]$。之后以此类推，决定 B 中每个元素的值。

■ 考察

只要从输入数组 A 的末尾元素开始选择，计数排序就属于稳定的排序算法。在图 7.10 的例子中，如果我们从 A 的开头元素开始选择，那么重复出现的 0 和 5 将以逆序复制到 B 中。

本题所用的计数排序以“A_i 非负”为前提条件，其运行所需的时间及内存空间也与 A_i 的最大值成正比。不过，计数排序能够在线性时间 $O(n + k)$ 内完成处理，不失为一种高效且稳定的算法。

■ 参考答案

C

```
1  #include<stdio.h>
2  #include<stdlib.h>
3  #define MAX 2000001
4  #define VMAX 10000
5
6  int main() {
7    unsigned short *A, *B;
8
9    int C[VMAX+ 1];
10   int n, i, j;
11   scanf("%d", &n);
12
13   A = malloc(sizeof(short) * n + 1);
14   B = malloc(sizeof(short) * n + 1);
15
16   for ( i = 0; i <= VMAX; i++ ) C[i] = 0;
17
18   for ( i = 0; i < n; i++ ) {
19     scanf("%hu", &A[i + 1]);
20     C[A[i + 1]]++;
21   }
22
```

```
23    for ( i = 1; i <= VMAX; i++ ) C[i] = C[i] + C[i - 1];
24
25    for ( j = 1; j <= n; j++ ) {
26      B[C[A[j]]] = A[j];
27      C[A[j]]--;
28    }
29
30    for ( i = 1; i <= n; i++ ) {
31      if ( i > 1 ) printf(" ");
32      printf("%d", B[i]);
33    }
34    printf("\n");
35
36    return 0;
37  }
```

7.5 利用标准库排序

STL 为用户提供了许多与数组元素及容器元素相关的算法。要说其中最具通用性的，当属给元素排序的函数 sort 了。

7.5.1 sort

在 Program 7.1 所示的程序中，我们使用 STL 的 sort 将 vector 的元素按升序排列。

Program 7.1 使用 sort 给 vector 排序

```
1   #include<iostream>
2   #include<vector>
3   #include<algorithm>
4   using namespace std;
5
6   int main() {
7     int n;
8     vector<int> v;
9
10    cin >> n;
11    for ( int i = 0; i < n; i++ ) {
12      int x; cin >> x;
13      v.push_back(x);
14    }
15
```

```
16    sort(v.begin(), v.end());
17
18    for ( int i = 0; i < v.size(); i++ ) {
19      cout << v[i] << " ";
20    }
21    cout << endl;
22
23    return 0;
24  }
```

INPUT

```
5
5 3 4 1 2
```

OUTPUT

```
1 2 3 4 5
```

sort 的第一个参数指定排序对象开头的迭代器，第二个参数指定末尾的迭代器（排序对象不包含末尾）。

对数组元素进行排序时，应当如下面程序所示，将指针作为实参代入 sort。

Program 7.2 用 sort 给数组排序

```
1   #include<iostream>
2   #include<algorithm>
3   using namespace std;
4
5   int main() {
6     int n, v[5];
7
8     for ( int i = 0; i < 5; i++ ) cin >> v[i];
9
10    sort(v, v + 5);
11
12    for ( int i = 0; i < 5; i++ ) {
13      cout << v[i] << " ";
14    }
15    cout << endl;
16
17    return 0;
18  }
```

INPUT

```
8 6 9 10 7
```

OUTPUT

```
6 7 8 9 10
```

STL 的 sort 基于快速排序，抛开处理器的影响不谈，它是一种复杂度为 $O(n\log n)$ 的高效排序方法。另外，sort 还对快速排序的最坏情况添加了应对机制，克服了其在最坏情况下复杂度高达 $O(n^2)$ 的缺点。但要注意，sort 属于不稳定的排序算法。

在需要稳定的排序算法时，我们可以选用以归并排序为基础的 stable_sort。只不过，stable_sort 的复杂度虽然也是 $O(n\log n)$，但比 sort 需求的内存更多，速度也稍慢。

7.6 逆序数

※ 这是一个稍微有些难度的挑战题。如果各位觉得太难可以暂时跳过，等具备一定实力后再回过头来挑战。

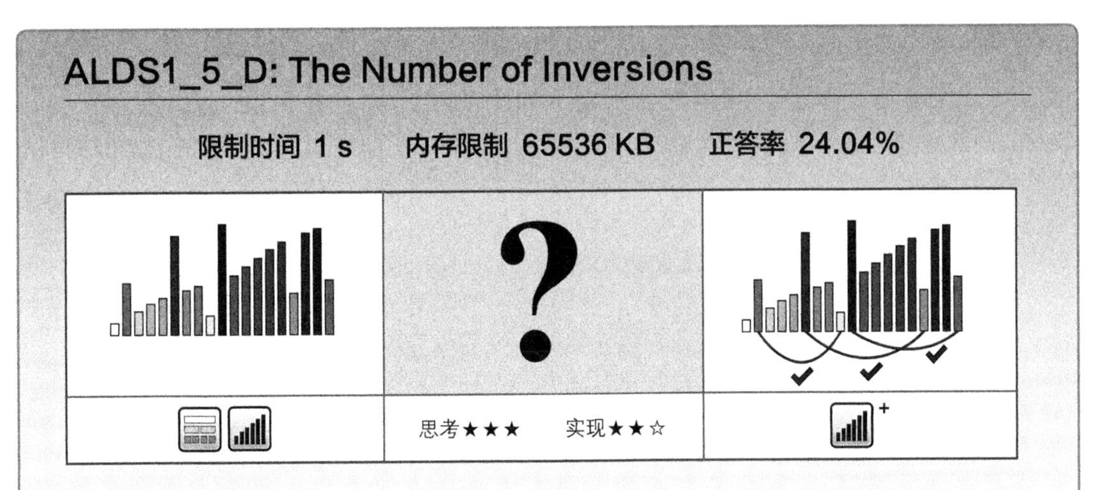

数列 $A = \{a_0, a_1, \cdots, a_{n-1}\}$ 中，如果一组数 (i, j) 满足 $a_i > a_j$ 且 $i < j$，那么这组数就称为一个逆序，数列 A 中逆序的数量称为逆序数。逆序数与下述冒泡算法的交换次数相等。

```
1  bubbleSort(A)
2    cnt = 0 // 逆序数
3    for i = 0 to A.length-1
4      for j = A.length-1 downto i+1
5        if A[j] < A[j-1]
6          swap(A[j], A[j-1])
7          cnt++
8    return cnt
```

求出给定数列 A 的逆序数。请注意，直接实现上述伪代码中的算法会导致 Time Limit Exceeded。

输入 第 1 行输入数列 A 的长度 n。第 2 行输入 a_i（$i = 0, 1, \cdots, n-1$），用空格隔开。

输出 在 1 行内输出逆序数。

限制 $1 \leqslant n \leqslant 200\ 000$

$0 \leqslant a_i \leqslant 10^9$

a_i 的值互不重复。

输入示例

```
5
3 5 2 1 4
```

输出示例

```
6
```

讲解

如果真的运行一遍冒泡排序，那么算法复杂度将达到 $O(n^2)$，无法在限定时间内输出结果。

所以在这里我们要应用分治法。其实，只要对归并排序的 merge 函数稍做手脚，就能用来求逆序数了。

举个例子，现在要求数组 $A = \{5, 3, 6, 2, 1, 4\}$ 的逆序数。如图 7.11 所示，我们设 k 为数组下标，在 $A[k]$ 左侧且大于 $A[k]$ 的元素数为 $C[k]$。$C[k]$ 的和即为数组 A 的逆序数。

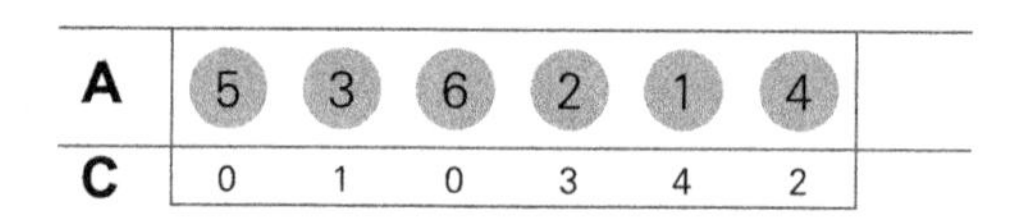

图 7.11　逆序数的计算（1）

上例中的逆序数为 10。由于 $C[i]$ 的值可以按任意顺序求解，所以我们在此应用归并排序的思路，参考 ALDS1_5_B 中 mergeSort 和 merge 的伪代码设计算法。

首先如图 7.12 所示，我们将数组分割成两部分，并考虑每部分的 $C[k]$。

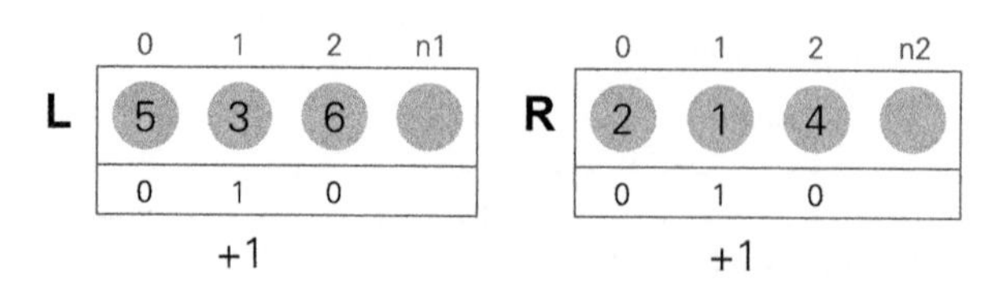

图 7.12　逆序数的计算（2）

我们对数组 L、R 进行排序，同时求出其各自的逆序数，得知 L、R 的逆序数之和为 2。

接下来如图 7.13 所示，对排序后的数组 L 和 R 进行合并，同时统计逆序数。设 L 的长度为 $n1$，当前下标为 i，只要在合并数组 R 中各元素 $R[j]$ 时计算 $n1 - i$，就能得知 L 中会有多少个元

素移动至 $R[j]$ 后方，即当前有多少个与 $R[j]$ 相关的逆序数。

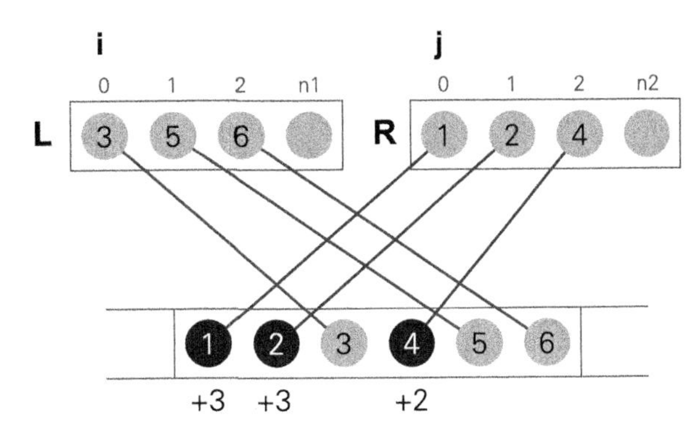

图 7.13 逆序数的计算（3）

R 中元素 {1, 2, 4} 相关的逆序数分别为 {3, 3, 2}，再加上最初求得的 2，可知数组 A 整体的逆序数为 $3+3+2+2=10$。

参考答案

C++

```
1  #include<iostream>
2  using namespace std;
3  
4  #define MAX 200000
5  #define SENTINEL 2000000000
6  typedef long long llong;
7  
8  int L[MAX / 2 + 2], R[MAX / 2 + 2];
9  
10 llong merge(int A[], int n, int left, int mid, int right) {
11   int i, j, k;
12   llong cnt = 0;
13   int n1 = mid - left;
14   int n2 = right - mid;
15   for ( i = 0; i < n1; i++ ) L[i] = A[left + i];
16   for ( i = 0; i < n2; i++ ) R[i] = A[mid + i];
17   L[n1] = R[n2] = SENTINEL;
18   i = j = 0;
19   for ( k = left; k < right; k++ ) {
20 
21     if ( L[i] <= R[j] ){
22       A[k] = L[i++];
23     } else {
```

```
24        A[k] = R[j++];
25        cnt += n1 - i;    // = mid + j - k -1
26      }
27    }
28    return cnt;
29  }
30
31  llong mergeSort(int A[], int n, int left, int right) {
32    int mid;
33    llong v1, v2, v3;
34    if ( left + 1 < right ) {
35      mid = (left + right) / 2;
36      v1 = mergeSort(A, n, left, mid);
37      v2 = mergeSort(A, n, mid, right);
38      v3 = merge(A, n, left, mid, right);
39      return v1 + v2 + v3;
40    } else return 0;
41  }
42
43  int main() {
44    int A[MAX], n, i;
45
46    cin >> n;
47    for ( i = 0; i < n; i++ ) {
48      cin >> A[i];
49    }
50
51    llong ans = mergeSort( A, n, 0, n );
52    cout << ans << endl;
53
54    return 0;
55  }
```

7.7 最小成本排序

※ 这是一个稍微有些难度的挑战题。如果各位觉得太难可以暂时跳过，等具备一定实力后再回过头来挑战。

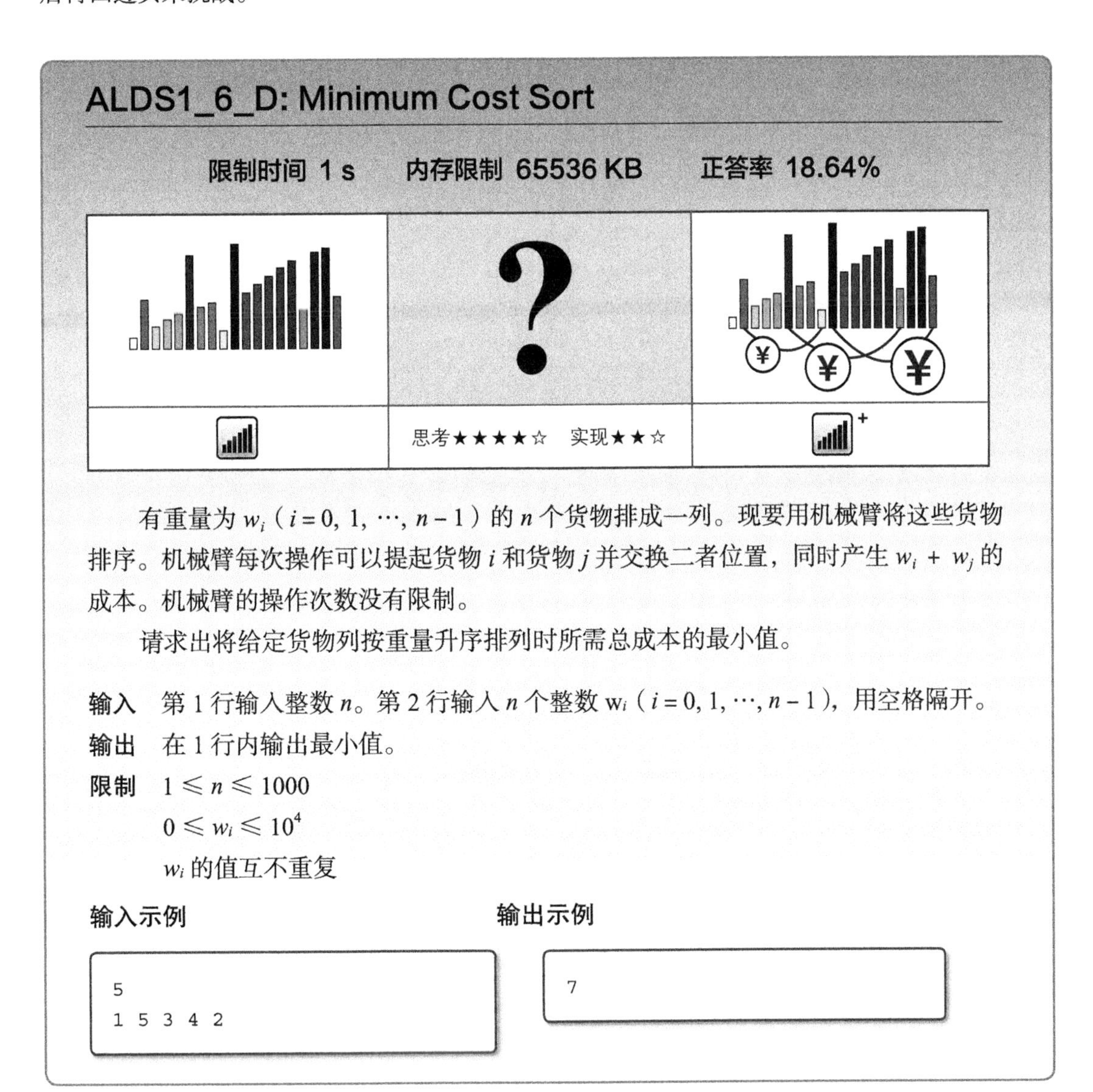

ALDS1_6_D: Minimum Cost Sort

限制时间 1 s　　内存限制 65536 KB　　正答率 18.64%

思考★★★★☆　实现★★☆

有重量为 w_i（$i = 0, 1, \cdots, n-1$）的 n 个货物排成一列。现要用机械臂将这些货物排序。机械臂每次操作可以提起货物 i 和货物 j 并交换二者位置，同时产生 $w_i + w_j$ 的成本。机械臂的操作次数没有限制。

请求出将给定货物列按重量升序排列时所需总成本的最小值。

输入 第 1 行输入整数 n。第 2 行输入 n 个整数 w_i（$i = 0, 1, \cdots, n-1$），用空格隔开。

输出 在 1 行内输出最小值。

限制 $1 \leqslant n \leqslant 1000$

$0 \leqslant w_i \leqslant 10^4$

w_i 的值互不重复

输入示例

```
5
1 5 3 4 2
```

输出示例

```
7
```

讲解

我们以 $W = \{4, 3, 2, 7, 1, 6, 5\}$ 为例进行分析。现在的目标是求出将 W 重排为 $\{1, 2, 3, 4, 5, 6, 7\}$ 时所需的最小成本。首先画一张图，标出每个元素最终要移动到什么位置（图 7.14）。

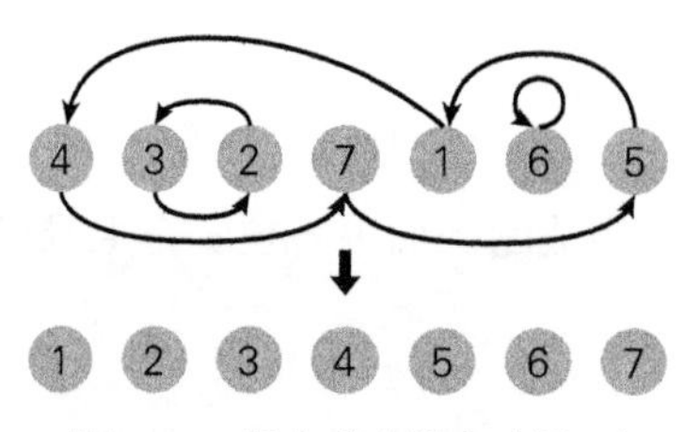

图 7.14　最小成本排序（例 1）

我们会发现，图中出现了几个闭合的圆。本例中的圆有三个，分别是 $4 \to 7 \to 5 \to 1 \to 4$、$3 \to 2 \to 3$、$6 \to 6$。现在我们来分析每个圆所需的最小成本。

长度为 1 的圆，即没有必要移动的圆，其成本为 0。

长度为 2 的圆只需一次交换即可让各元素抵达最终位置，所以两个元素的和就是成本。比如圆 $3 \to 2 \to 3$ 的成本就是 $3 + 2 = 5$。

然后是长度大于等于 3 的圆。如图 7.15 所示，在处理圆 $4 \to 7 \to 5 \to 1 \to 4$ 时，通过 1 来移动其他元素可以保证成本最小。

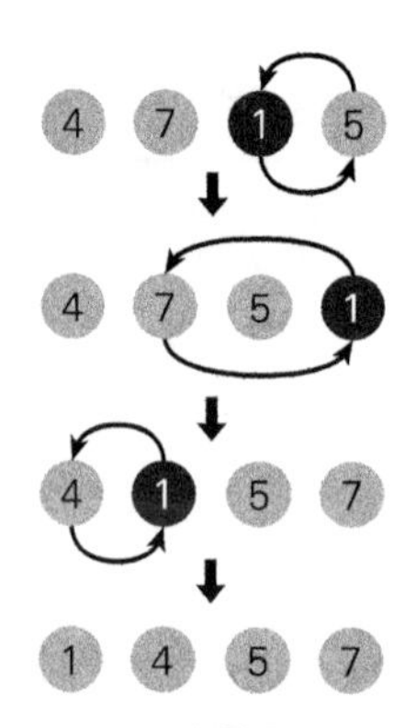

图 7.15　计算最小成本

也就是说，这种情况下的最优方法，是通过圆中最小的值来移动其他元素。

设圆中的元素为 w_i，圆内元素数为 n，那么此时的成本为

$$\sum w_i + (n-2) \times \min(w_i)$$

由于各元素至少移动一次，所以有$\sum w_i$。再加上最小值在最后一次交换前要移动 $(n-2)$ 次，所以有 $(n-2) \times \min(w_i)$。上式在 $n = 2$ 时也成立。

将各个圆的成本加在一起，可得 $W = \{4, 3, 2, 7, 1, 6, 5\}$ 的最小成本为 $(5 + 0) + (17 + 2) = 24$。

这个方法虽然能求出上面例子的最小成本，但它还存在反例。让我们来分析图 7.16 中的这个例子。

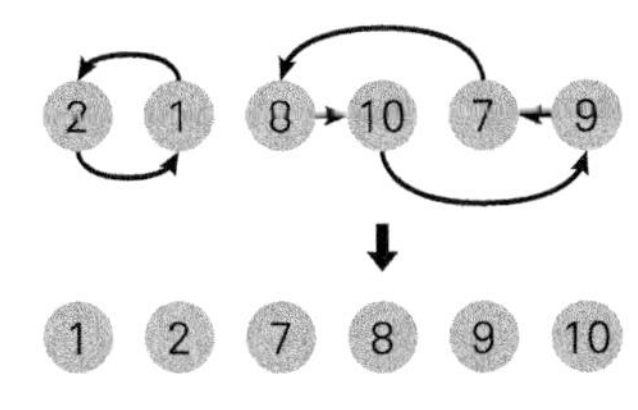

图 7.16 最小成本排序（例 2）

如果对这个输入套用上面的算法，1 → 2 → 1 的成本为 3，8 → 10 → 9 → 7 → 8 的成本为 48，总成本为 51。

但是，如果我们先将 7 和 1 交换，把圆 8 → 10 → 9 → 7 → 8 改为 8 → 10 → 9 → 1 → 8，这部分的成本就成了 $28 + 2 \times 1 = 30$。然后再加上 2 次交换 7 和 1 以及圆 1 → 2 → 1 的成本，总成本为 49。可见，即便我们多加了两次 1 和 7 交换的成本，总成本依然小于之前的算法。也就是说，有时从圆外借元素来移动，能让成本更低。

设圆外的元素为 x。借元素增加的成本为 $2 \times (\min(w_i) + x)$，节约的成本为 $(n-1) \times (\min(w_i) - x)$。此时该部分的总成本为

$$\sum w_i + (n-2) \times \min(w_i) + 2 \times (\min(w_i) + x) - (n-1) \times (\min(w_i) - x)$$

$$= \sum w_i + \min(w_i) + (n+1) \times x$$

可见 x 应选用整个输入中最小的元素。

考虑到上述问题，程序需要计算“借整体最小元素”与“不借元素”的两种情况，选出其中成本较小的一方。

参考答案

C++

```
1   #include<iostream>
2   #include<algorithm>
3   using namespace std;
4   static const int MAX = 1000;
5   static const int VMAX = 10000;
6
7   int n, A[MAX], s;
8   int B[MAX], T[VMAX+1];
9
10  int solve() {
11    int ans = 0;
12
13    bool V[MAX];
14    for ( int i = 0; i < n; i++ ) {
```

```
15     B[i] = A[i];
16     V[i] = false;
17   }
18   sort(B, B+n);
19   for ( int i = 0; i < n; i++ ) T[B[i]] = i;
20   for ( int i = 0; i < n; i++ ) {
21     if ( V[i] ) continue;
22     int cur = i;
23     int S = 0;
24     int m = VMAX;
25     int an = 0;
26     while ( 1 ) {
27       V[cur] = true;
28       an++;
29       int v = A[cur];
30       m = min(m, v);
31       S += v;
32       cur = T[v];
33       if ( V[cur] ) break;
34     }
35     ans += min(S + (an - 2) * m, m + S + (an + 1) * s);
36   }
37
38   return ans;
39 }
40
41 int main() {
42   cin >> n;
43   s = VMAX;
44   for ( int i = 0; i < n; i++ ) {
45     cin >> A[i];
46     s = min(s, A[i]);
47   }
48   int ans = solve();
49   cout << ans << endl;
50
51   return 0;
52 }
```

第8章

树

树是一种用于表达层级结构的数据结构。软件开发中，常用树结构来抽象表达文档、组织结构图、图形图像等层级结构。

另外，树结构是实现高效算法与数据结构的基础，是信息处理与程序设计中不可欠缺的概念。标准库中提供的许多算法和数据结构都与树结构有关。

本章将通过例题带领各位学习树的表达方法以及树结构中的一些基本算法。

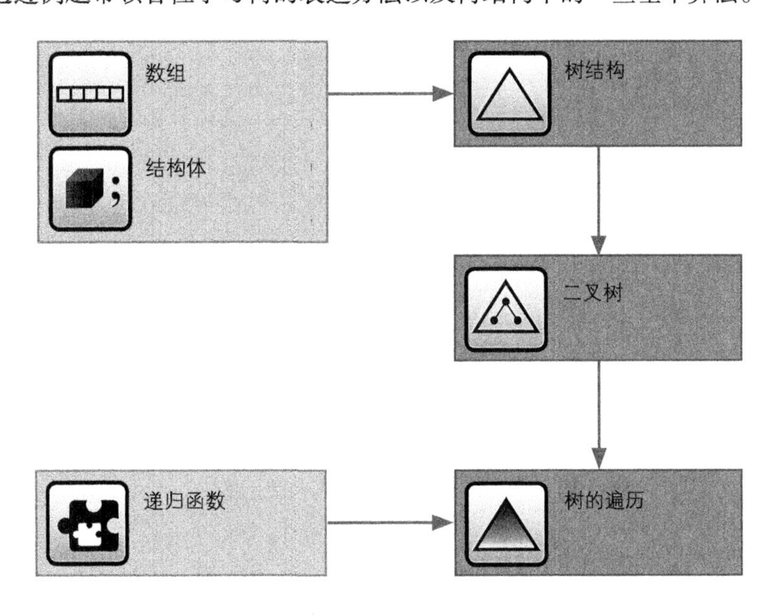

接触本章的问题之前，各位需要先掌握数组、循环处理以及结构体（类）的相关编程技能。此外，还需要理解递归函数的相关知识。

8.1 挑战问题之前——树结构

有根树

树结构是一种数据结构，它由结点（node）以及连接结点的边（edge）构成。如图 8.1 所示，我们用圆代表结点，用线代表边。

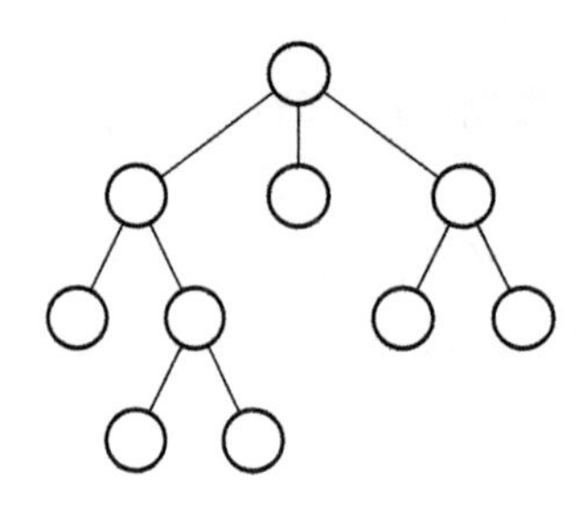

图 8.1 树的示例

如图 8.2 所示，如果一棵树具有一个名为“根”（root）的特殊节点，那么这棵树称作有根树（rooted tree）。

有根树的结点之间具有父子关系。设一棵有根树 T，其根 r 到结点 x 的路径上的最后一条边连接着结点 p 与结点 x，此时我们将 p 称为 x 的父结点（parent），将 x 称为 p 的子结点（child）。在图 8.2 中，结点 2 的父结点是 0（根），兄弟结点是 1 和 3。

从图中可以看出，根是唯一一个没有父结点的结点。我们将没有子结点的结点称为外部结点（external node）或叶结点（leaf）。除叶结点以外的结点称为内部结点（internal node）。

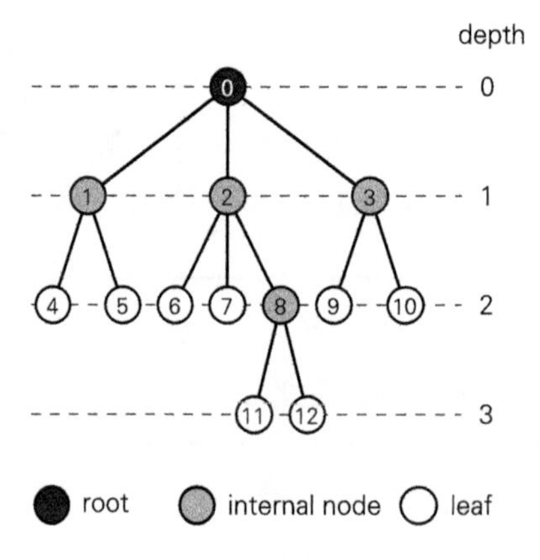

图 8.2 结点的种类

有根树 T 中结点 x 的子结点数称为 x 的度（degree）。例如结点 2 拥有 6、7、8 三个子结点，所以它的度为 3。如果一个结点没有子结点，那么它的度为 0。

从根 r 到结点 x 的路径长度称为 x 的深度（depth）。另外，结点 x 到叶结点的最大路径长度称为结点 x 的高（height）。一棵树中根结点的高度最大，我们也称其为树的高。例如图中结点 8 的深度为 2 高为 1，树高为 3。

二叉树

如果一棵树拥有 1 个根结点，且所有结点的子结点数都不超过 2，那么这棵树称为有根二叉树。图 8.3 就是二叉树的例子。

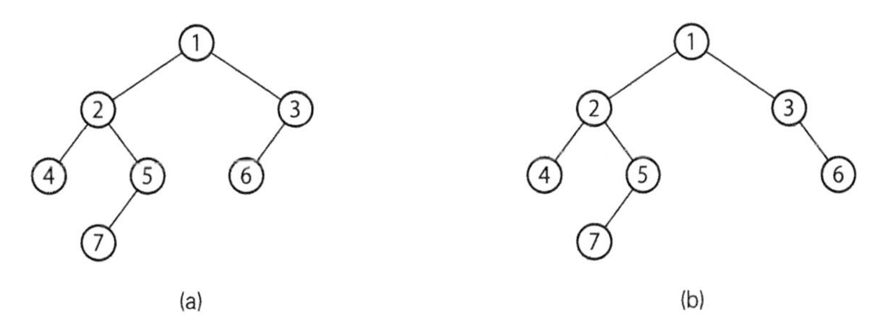

图 8.3 二叉树示例

在二叉树中，每个结点的子结点不超过两个，而且子结点有左子结点和右子结点之分。也就是说，当某个结点只存在一个子结点时，要严格区分它是左子结点还是右子结点。图 8.3 中 (a) 的结点 6 是结点 3 的左子结点，而 (b) 的结点 6 是结点 3 的右子结点。我们将这种子结点有特定顺序的树称为有序树。

二叉树 T 可以递归地进行定义。满足下述条件之一的树即为二叉树。

- ▶ T 没有任何结点
- ▶ T 由以下三个不包含共通元素的顶点集合构成
  - 根（root）
  - 称为左子树（left subtree）的二叉树
  - 称为右子树（right subtree）的二叉树

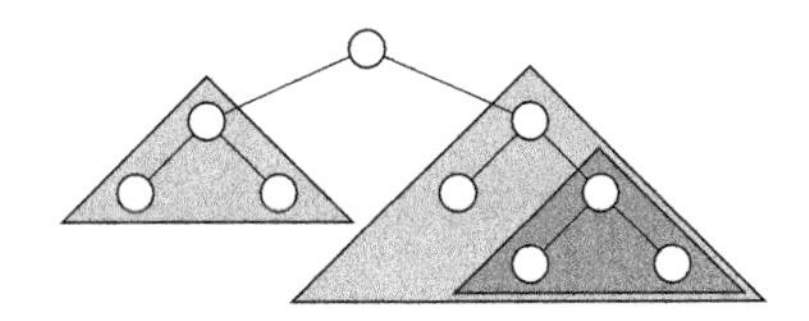

图 8.4 二叉树的子树

8.2 有根树的表达

ALDS1_7_A: Rooted Tree

限制时间 2 s　　内存限制 65536 KB　　正答率 25.08%

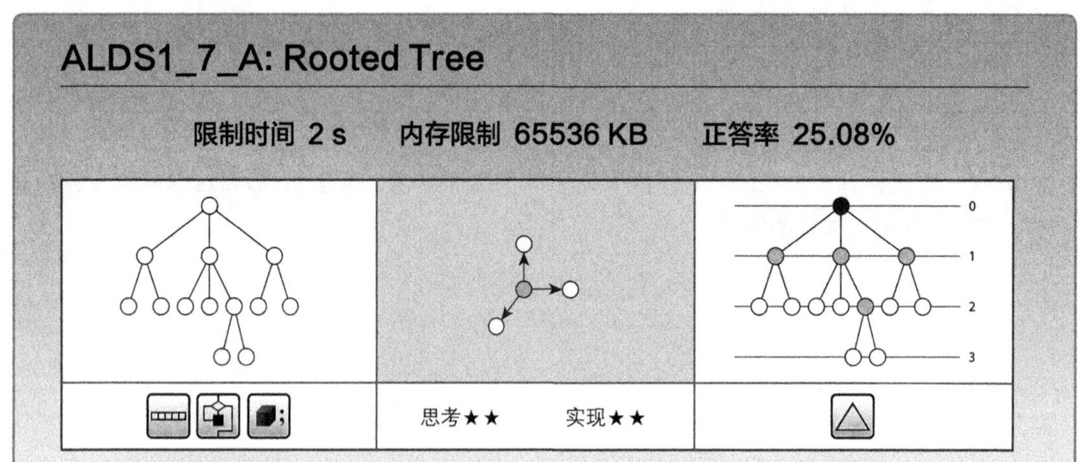

请编写一个程序，输出给定有根树 T 中各节点 u 的信息，信息内容如下。

- ▶ u 的结点编号
- ▶ u 的结点种类（根、内部结点、叶）
- ▶ u 的父结点编号
- ▶ u 的子结点列表
- ▶ u 的深度

这里我们设给定树拥有 n 个结点，编号分别为 0 至 $n-1$。

输入　第 1 行输入结点的个数 n。接下来 n 行按照下述格式输入各结点的信息，每个结点占一行。

$id\ k\ c_1\ c_2 \cdots c_k$

id 为结点的编号，k 为度。$c_1\ c_2 \cdots c_k$ 为第 1 个子结点到第 k 个子结点的编号。

输出　请按下述格式输出结点的信息。结点信息按编号升序排列。

node id: parent = p, depth = d, $type$, [$c_1, \cdots, c_k$]

p 代表父结点的编号。不存在父结点时输出 -1。d 表示结点的深度。$type$ 表示结点的类型，从 root（根）、internal node（内部结点）、leaf（叶）三个字符串中选择其一。

$c_1 \cdots c_k$ 是子结点列表。这里我们将给定树视为有序树，请按照输入的顺序输出。相邻信息用逗号和空格隔开。请务必注意输出示例中的格式。

限制　$1 \leqslant n \leqslant 100\ 000$

结点的深度不超过 20。

任意两个结点间必然存在路径。

输入示例

```
13
0 3 1 4 10
1 2 2 3
2 0
3 0
4 3 5 6 7
5 0
6 0
7 2 8 9
8 0
9 0
10 2 11 12
11 0
12 0
```

输出示例

```
node 0: parent = -1, depth = 0, root, [1, 4, 10]
node 1: parent = 0, depth = 1, internal node, [2, 3]
node 2: parent = 1, depth = 2, leaf, []
node 3: parent = 1, depth = 2, leaf, []
node 4: parent = 0, depth = 1, internal node, [5, 6, 7]
node 5: parent = 4, depth = 2, leaf, []
node 6: parent = 4, depth = 2, leaf, []
node 7: parent = 4, depth = 2, internal node, [8, 9]
node 8: parent = 7, depth = 3, leaf, []
node 9: parent = 7, depth = 3, leaf, []
node 10: parent = 0, depth = 1, internal node, [11, 12]
node 11: parent = 10, depth = 2, leaf, []
node 12: parent = 10, depth = 2, leaf, []
```

讲解

首先我们要考虑如何存储输入的有根树。本题中，树在输入完成后结点数不再变化，所以可以利用“左子右兄弟表示法”（left-child right-sibling representation）来表示树。左子右兄弟表示法中的各节点具有以下信息。

- ▶ 结点 u 的父结点
- ▶ 结点 u 最左侧的子结点
- ▶ 结点 u 右侧紧邻的兄弟结点

以 C++ 为例，左子右兄弟表示法可以利用结构体数组或者三个数组来实现，具体如下。

Program 8.1 左子右兄弟表示法的实现

```
1  struct Node { int parent, left, right; };
2  struct Node T[MAX];
3
4  // 或者
5
6  int parent[MAX], left[MAX], right[MAX];
```

引用 `u.parent` 即可知道各结点 u 的父结点。不存在父结点的就是根。另外，不存在 `u.left` 的结点为叶（leaf），不存在 `u.right` 的结点为最右侧子结点。为表示不存在父结点、左子结点、右兄弟结点的情况，我们将值 NIL 用作一个特殊的结点编号。此时要保证 NIL 不作为一般结点编号使用。

各结点的深度可通过下述算法求得。

Program 8.2 结点的深度

```
1 getDepth(u)
2   d = 0
3   while T[u].parent != NIL
4     u = T[u].parent
5     d++
6   return d
```

求结点 u 的深度时，需要从 u 出发逐一寻找父结点，统计 u 到根之间总共经过的边数。这里我们将根的父结点设为 NIL（ = -1），从而与其他节点区分开。

另外，使用下述递归性质的算法可以更快求出树中所有结点的深度。

Program 8.3 结点的深度（递归）

```
1 setDepth(u, p)
2   D[u] = p
3   if T[u].right != NIL
4     setDepth(T[u].right, p)
5   if T[u].left != NIL
6     setDepth(T[u].left, p + 1)
```

上述算法会递归地计算右侧兄弟结点以及最左侧子结点的深度。这里的 T 通过左子右兄弟表示法实现，如果当前结点存在右侧兄弟结点，则不改变深度 p 直接进行递归调用，如果存在最左侧子结点，则先将深度加 1 再进行递归调用。

结点 u 的子结点列表从 u 的左侧子结点开始按顺序输出，直到当前子结点不存在右侧兄弟结点为止。

Program 8.4 表示子结点列表

```
1 printChildren(u)
2   c = T[u].left
3   while c != NIL
4     print c
5     c = T[c].right
```

考察

让我们来分析一下求各结点深度的算法，看看它的复杂度如何。设树高为 h，那么从各结点出发顺次寻找父结点的算法复杂度就是 $O(h)$，所以求所有节点的深度时，算法复杂度为 $O(nh)$。本题对各节点的深度做了限制，因此可以套用这种简单算法。

相对地，递归计算深度的算法只需将各结点遍历一次，所以算法复杂度为 $O(n)$。

参考答案

C++

```
1  #include<iostream>
2  using namespace std;
3  #define MAX 100005
4  #define NIL -1
5  
6  struct Node { int p, l, r; };
7  
8  Node T[MAX];
9  int n, D[MAX];
10 
11 void print(int u) {
12   int i, c;
13   cout << "node " << u << ": ";
14   cout << "parent = " << T[u].p << ", ";
15   cout << "depth = " << D[u] << ", ";
16 
17   if ( T[u].p == NIL ) cout << "root, ";
18   else if ( T[u].l == NIL ) cout << "leaf, ";
19   else cout << "internal node, ";
20 
21   cout << "[";
22 
23   for ( i  = 0, c = T[u].l; c != NIL; i++, c = T[c].r ) {
24     if (i) cout << ", ";
25     cout << c;
26   }
27   cout << "]" << endl;
28 }
29 
30 // 递归地求深度
31 int rec(int u, int p) {
32   D[u] = p;
33   if ( T[u].r != NIL ) rec(T[u].r, p); // 右侧兄弟设置为相同深度
34   if ( T[u].l != NIL ) rec(T[u].l, p + 1); // 最左侧子结点的深度设置为自己的深度 + 1
35 }
36 
```

```
37 int main() {
38   int i, j, d, v, c, l, r;
39   cin >> n;
40   for ( i = 0; i < n; i++ ) T[i].p = T[i].l = T[i].r = NIL;
41 
42   for ( i = 0; i < n; i++ ) {
43     cin >> v >> d;
44     for ( j = 0; j < d; j++ ) {
45       cin >> c;
46       if ( j == 0 ) T[v].l = c;
47       else T[l].r = c;
48       l = c;
49       T[c].p = v;
50     }
51   }
52   for ( i = 0; i < n; i++ ) {
53     if (T[i].p == NIL) r = i;
54   }
55 
56   rec(r, 0);
57 
58   for ( i = 0; i < n; i++ ) print(i);
59 
60   return 0;
61 }
```

8.3 二叉树的表达

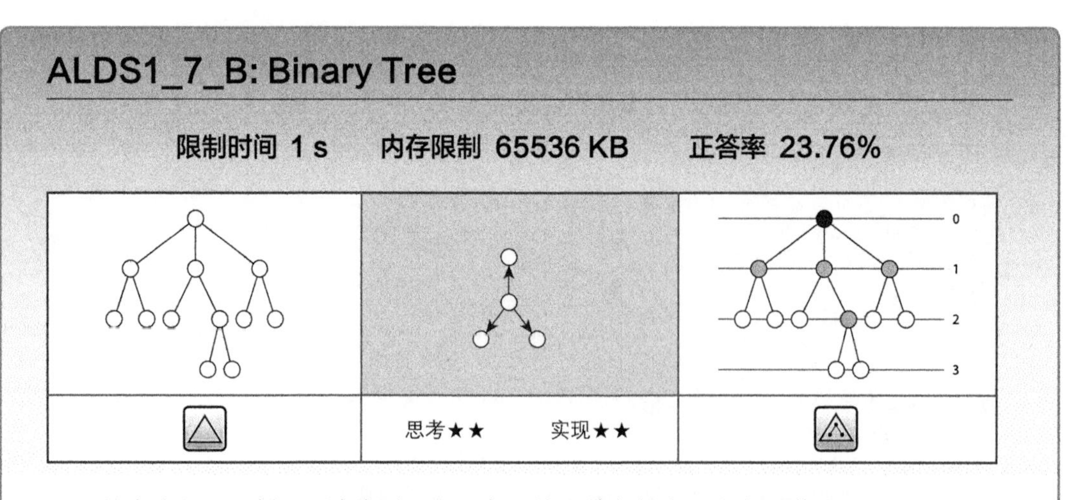

给定有根二叉树 T，请编写一个程序，输出其各结点 u 的如下信息。

- ▶ u 的结点编号
- ▶ u 的深度
- ▶ u 的父结点
- ▶ u 的高
- ▶ u 的兄弟结点
- ▶ 结点的种类（根、内部结点、叶）
- ▶ u 的子结点数

设给定二叉树拥有 n 个结点，编号分别为 0 至 $n-1$。

输入 第 1 行输入结点的个数 n。接下来 n 行按照下述格式输入各结点的信息，每个结点占 1 行。

id left right

id 为结点编号，*left* 为左子结点编号，*right* 为右子结点编号。不存在子结点时 *left*（*right*）为 -1。

输出 按照下述格式输出结点信息。

node *id*: parent = *p*, sibling = *s*, degree = *deg*, depth = *dep*, height = *h*, *type*

其中 p 表示父结点的编号，父结点不存在时记作 -1。s 表示兄弟结点的编号，兄弟结点不存在时记作 -1。

deg、*dep*、*h* 分别表示子结点数、深度、高。*type* 表示结点的类型，从 root（根）、internal node（内部结点）、leaf（叶）三个字符串中选择其一。

请仔细阅读输出示例，注意空格等输出格式。

限制 $1 \leqslant n \leqslant 25$

输入示例

```
9
0 1 4
1 2 3
2 -1 -1
3 -1 -1
4 5 8
5 6 7
6 -1 -1
7 -1 -1
8 -1 -1
```

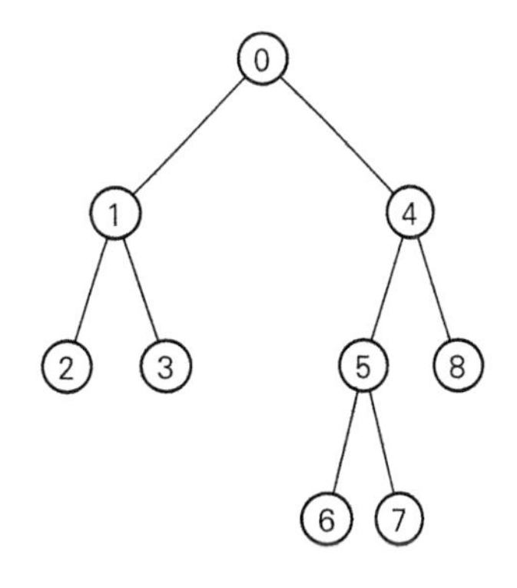

图 8.5 输入示例

输出示例

```
node 0: parent = -1, sibling = -1, degree = 2, depth = 0, height = 3, root
node 1: parent = 0, sibling = 4, degree = 2, depth = 1, height = 1, internal node
node 2: parent = 1, sibling = 3, degree = 0, depth = 2, height = 0, leaf
node 3: parent = 1, sibling = 2, degree = 0, depth = 2, height = 0, leaf
node 4: parent = 0, sibling = 1, degree = 2, depth = 1, height = 2, internal node
node 5: parent = 4, sibling = 8, degree = 2, depth = 2, height = 1, internal node
node 6: parent = 5, sibling = 7, degree = 0, depth = 3, height = 0, leaf
node 7: parent = 5, sibling = 6, degree = 0, depth = 3, height = 0, leaf
node 8: parent = 4, sibling = 5, degree = 0, depth = 2, height = 0, leaf
```

讲解

本题中二叉树的结点数量固定，因此可以利用结构体数组实现，具体如下。

Program 8.5 二叉树的结点

```
struct Node {
  int parent, left, right;
};
```

如图 8.6 所示，上述实现中的结点没有左 / 右子结点时，我们将 left/right 设为 NIL。NIL 在这里起到标记的作用，它的值不在结点编号范围内，比如 – 1。

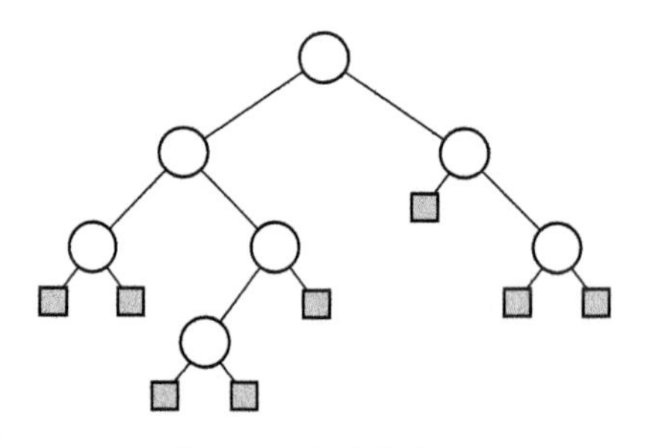

图 8.6 二叉树的标记

下述递归算法可以求出结点 u 的高。

Program 8.6 二叉树结点的高

```
setHeight(H, u)
  h1 = h2 = 0
  if T[u].right != NIL
    h1 = setHeight(H, T[u].right) + 1
```

```
5    if T[u].left != NIL
6      h2 = setHeight(H, T[u].left) + 1
7
8    return H[u] = max(h1, h2)
```

考察

计算当前结点的高时，只需先算出“左子结点的高 + 1”与“右子结点的高 + 1”，然后取其中较大者即可。本题求结点高的算法就是递归地执行上述处理。这个算法会对每个节点访问一次，因此复杂度为 $O(n)$。

参考答案

C++

```
1   #include<cstdio>
2   #define MAX 10000
3   #define NIL -1
4
5   struct Node { int parent, left, right; };
6
7   Node T[MAX];
8   int n, D[MAX], H[MAX];
9
10  void setDepth(int u, int d) {
11    if ( u == NIL ) return;
12    D[u] = d;
13    setDepth(T[u].left, d + 1);
14    setDepth(T[u].right, d + 1);
15  }
16
17  int setHeight(int u) {
18    int h1 = 0, h2 = 0;
19    if ( T[u].left != NIL )
20      h1 = setHeight(T[u].left) + 1;
21    if ( T[u].right != NIL )
22      h2 = setHeight(T[u].right) + 1;
23    return H[u] = ( h1 > h2 ? h1 : h2 );
24  }
25
26  // 返回结点 u 的兄弟结点
27  int getSibling(int u) {
28    if ( T[u].parent == NIL ) return NIL;
```

```
29   if ( T[T[u].parent].left != u && T[T[u].parent].left != NIL )
30     return T[T[u].parent].left;
31   if ( T[T[u].parent].right != u && T[T[u].parent].right != NIL )
32     return T[T[u].parent].right;
33   return NIL;
34 }
35
36 void print(int u) {
37   printf("node %d: ", u);
38   printf("parent = %d, ", T[u].parent);
39   printf("sibling = %d, ", getSibling(u));
40   int deg = 0;
41   if ( T[u].left != NIL ) deg++;
42   if ( T[u].right != NIL ) deg++;
43   printf("degree = %d, ", deg);
44   printf("depth = %d, ", D[u]);
45   printf("height = %d, ", H[u]);
46
47   if ( T[u].parent == NIL ) {
48     printf("root\n");
49   } else if ( T[u].left == NIL && T[u].right == NIL ) {
50     printf("leaf\n");
51   } else {
52     printf("internal node\n");
53   }
54 }
55
56 int main() {
57   int v, l, r, root = 0;
58   scanf("%d", &n);
59
60   for ( int i = 0; i < n; i++ ) T[i].parent = NIL;
61
62   for ( int i = 0; i < n; i++ ) {
63     scanf("%d %d %d", &v, &l, &r);
64     T[v].left = l;
65     T[v].right = r;
66     if ( l != NIL ) T[l].parent = v;
67     if ( r != NIL ) T[r].parent = v;
68   }
69
70   for ( int i = 0; i < n; i++ ) if ( T[i].parent == NIL ) root = i;
71
72   setDepth(root, 0);
73   setHeight(root);
74
75   for ( int i = 0; i < n; i++ ) print(i);
```

```
76
77    return 0;
78 }
```

8.4 树的遍历

ALDS1_7_C: Tree Walk

限制时间 1 s　　内存限制 65536 KB　　正答率 38.33%

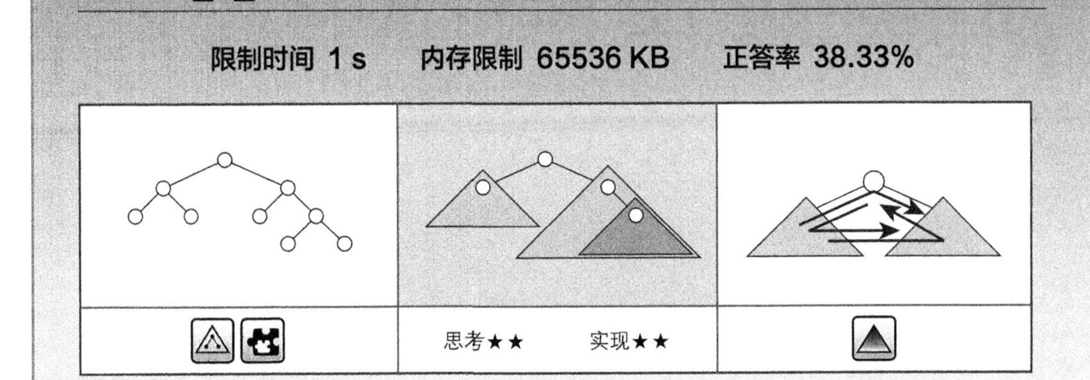

请根据下述算法编写一个程序，系统地访问给定二叉树的所有节点。

1. 按照根结点、左子树、右子树的顺序输出结点编号。这称为树的前序遍历（Preorder Tree Walk）。
2. 按照左子树、根结点、右子树的顺序输出结点编号。这称为树的中序遍历（Inorder Tree Walk）。
3. 按照左子树、右子树、根结点的顺序输出结点编号。这称为树的后序遍历（Postorder Tree Walk）。

设给定二叉树拥有 n 个结点，编号分别为 0 至 $n-1$。

输入 第 1 行输入结点的个数 n。接下来 n 行按照下述格式输入各结点的信息，每个结点占 1 行。

id left right

id 为结点编号，*left* 为左子结点编号，*right* 为右子结点编号。不存在子结点时 *left*（*right*）为 −1。

输出 第 1 行输出“Preorder”，第 2 行按前序遍历的顺序输出结点编号。

第三行输出“Inorder”，第 4 行按中序遍历的顺序输出结点编号。

第五行输出“Postorder”，第 6 行按后序遍历的顺序输出结点编号。

结点编号前输出 1 个空格。

限制 $1 \leqslant n \leqslant 25$

输入示例

```
9
0 1 4
1 2 3
2 -1 -1
3 -1 -1
4 5 8
5 6 7
6 -1 -1
7 -1 -1
8 -1 -1
```

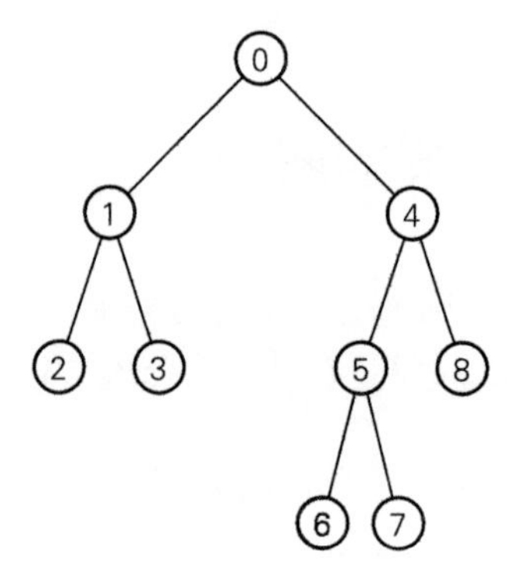

图 8.7 输入示例

输出示例

```
Preorder
 0 1 2 3 4 5 6 7 8
Inorder
 2 1 3 0 6 5 7 4 8
Postorder
 2 3 1 6 7 5 8 4 0
```

讲解

Preorder、Inorder、Postorder 遍历均为递归算法，具体如下。

Program 8.7 Preorder遍历

```
1 preParse(u)
2   if u == NIL
3     return
4   print u
5   preParse(T[u].left)
6   preParse(T[u].right)
```

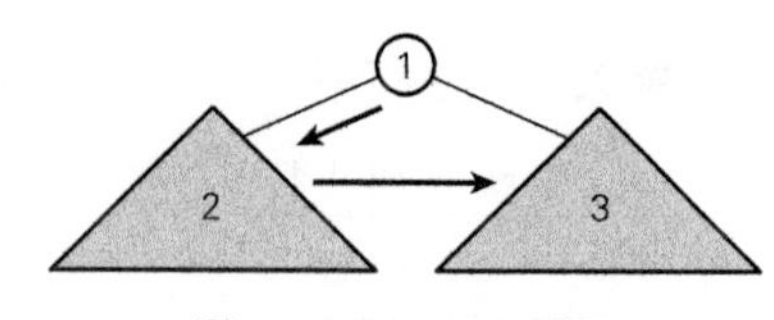

图 8.8 Preorder 遍历

Program 8.8 Inorder遍历

```
1  inParse(u)
2    if u == NIL
3      return
4    inParse(T[u].left)
5    print u
6    inParse(T[u].right)
```

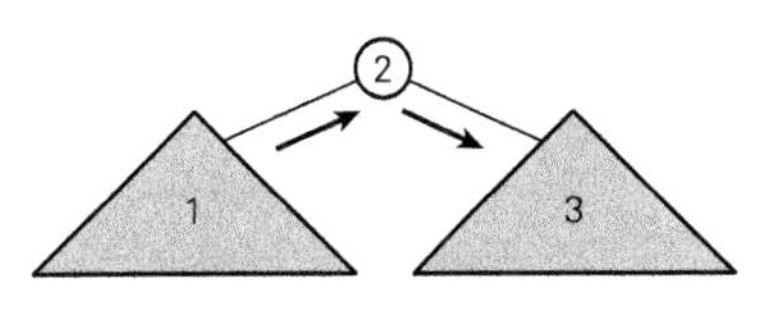

图 8.9 Inorder 遍历

Program 8.9 Postorder遍历

```
1  postParse(u)
2    if u == NIL
3      return
4    postParse(T[u].left)
5    postParse(T[u].right)
6    print u
```

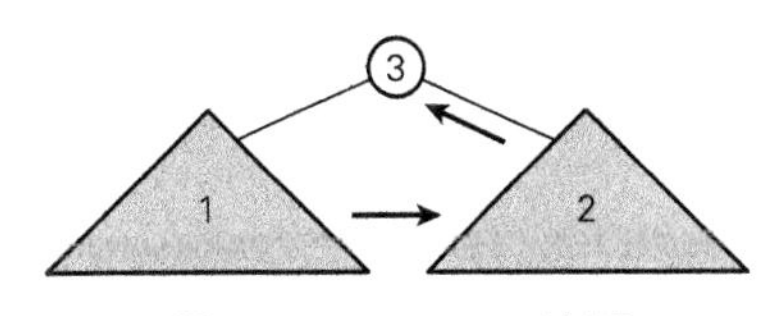

图 8.10 Postorder 遍历

以`preParse(u)`为例，程序先访问u（这里用`print u`输出结点编号），然后执行`preParse(T[u].left)`访问u的左子树，处理完成后再执行`preParse(T[u].right)`访问u的右子树。u等于NIL时表示没有后续结点，函数结束。

同理，只要改变`print u`的位置，我们就可以实现不同的遍历算法了。Inorder遍历要把`print u`放在遍历左子树和遍历右子树的中间，而Postorder遍历则是在遍历左子树和右子树之后再执行`print u`。

考察

二叉树遍历会对树的每个结点进行一次访问，因此算法复杂度为$O(n)$。但使用递归实现遍历算法时要注意，一旦树的结点数量庞大且分布不均，很可能导致递归深度过深。

参考答案

C

```
1  #include<stdio.h>
2  #define MAX 10000
3  #define NIL -1
4  
5  struct Node { int p, l, r; };
6  struct Node T[MAX];
7  int n;
```

```
8
9  /* 前序遍历 */
10 void preParse(int u) {
11   if ( u == NIL ) return;
12   printf(" %d", u);
13   preParse(T[u].l);
14   preParse(T[u].r);
15 }
16
17 /* 中序遍历 */
18 void inParse(int u) {
19   if ( u == NIL ) return;
20   inParse(T[u].l);
21   printf(" %d", u);
22   inParse(T[u].r);
23 }
24
25 /* 后序遍历 */
26 void postParse(int u) {
27   if ( u == NIL ) return;
28   postParse(T[u].l);
29   postParse(T[u].r);
30   printf(" %d", u);
31 }
32
33 int main() {
34   int i, v, l, r, root;
35
36   scanf("%d", &n);
37   for ( i = 0; i < n; i++ ) {
38     T[i].p = NIL;
39   }
40
41   for ( i = 0; i < n; i++ ) {
42     scanf("%d %d %d", &v, &l, &r);
43     T[v].l = l;
44     T[v].r = r;
45     if ( l != NIL ) T[l].p = v;
46     if ( r != NIL ) T[r].p = v;
47   }
48
49   for ( i = 0; i < n; i++ ) if ( T[i].p == NIL ) root = i;
50
51   printf("Preorder\n");
52   preParse(root);
53   printf("\n");
54   printf("Inorder\n");
```

```
55    inParse(root);
56    printf("\n");
57    printf("Postorder\n");
58    postParse(root);
59    printf("\n");
60
61    return 0;
62  }
```

8.5 树遍历的应用——树的重建

※ 这个是一个稍微有些难度的挑战题。如果各位觉得太难可以暂时跳过，等具备一定实力后再回过头来挑战。

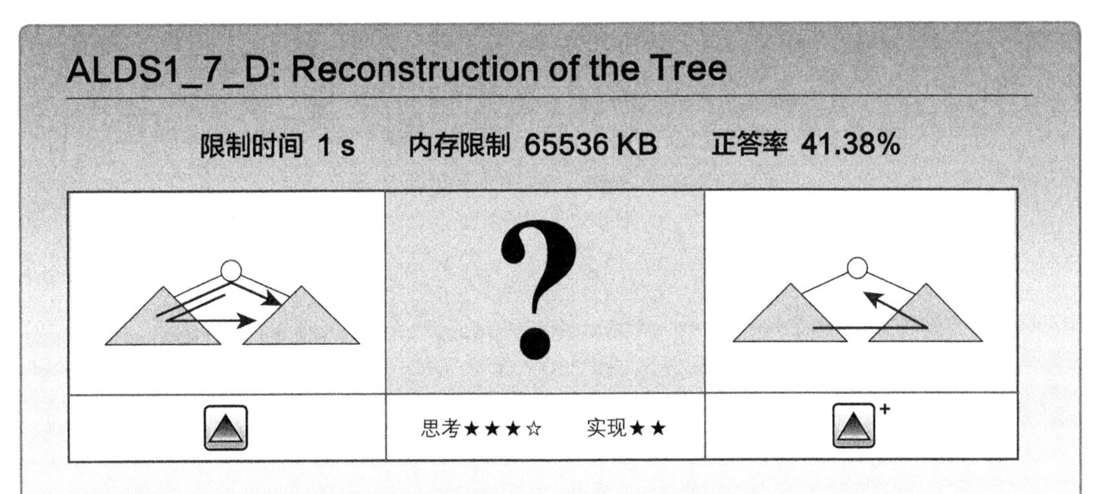

现有两个结点序列，分别是对同一个二叉树进行前序遍历和中序遍历的结果。请编写一个程序，输出该二叉树按后序遍历时的结点序列。

输入 第 1 行输入二叉树的结点数 n。

第 2 行输入前序遍历的结点编号序列，相邻编号用空格隔开。

第 3 行输入中序遍历的结点编号序列，相邻编号用空格隔开。

结点编号为从 1 至 n 的整数。请注意，1 不一定是根结点。

输出 在 1 行中输出按后序遍历时的结点编号序列。相邻结点编号之间用 1 个空格隔开。

限制 $1 \leq$ 结点数 ≤ 100

输入示例

```
5
1 2 3 4 5
3 2 4 1 5
```

输出示例

```
3 4 2 5 1
```

讲解

Preorder 按照根→左子树→右子树的顺序递归遍历，Inorder 按照左子树→根→右子树的顺序递归遍历。举个例子，Preorder 的输入为 $pre = \{1, 2, 3, 4, 5, 6, 7, 8, 9\}$，Inorder 的输入为 $in = \{3, 2, 5, 4, 6, 1, 8, 7, 9\}$ 时，可以生成如图 8.11 所示的二叉树。

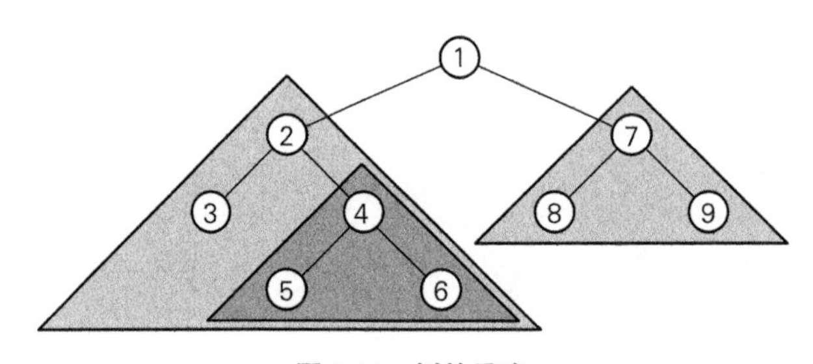

图 8.11 树的重建

首先按 Preorder 遍历的顺序依次访问各结点。访问过程中，我们能通过 *in* 得知各子树内 Inorder 遍历的顺序，从而重建以当前结点 *c* 为根的左子树与右子树。

也就是说，设 Preorder 遍历的当前结点为 *c*，*c* 在 *in* 中的位置为 *m*，*m* 左侧就是 *c* 的左子树，右侧就是右子树，然后同理递归。

例如当前结点为 1，其在 *in* 中的位置为 3 2 5 4 6 [1] 8 7 9，那么当前树的根就是 1，左右子树就是 3 2 5 4 6 和 8 7 9。接下来在 3 2 5 4 6 组成的树中，Preorder 遍历的下一个结点 2 是根（3 [2] 5 4 6），3 和 5 4 6 是两个子树。

如果用 *in* 的下标 *l* 和 *r* 表示 Preorder 当前访问的子树的范围（不包含 *r*），那么这个递归函数可以用如下方法实现。

Program 8.10 二叉树的重建

```
1  reconstruction(l, r)
2    if l >= r
3      return
4    c = next(pre) // Preorder 遍历的下一个结点
5    m = in.find(c) // 在 Inorder 中的位置
6
7    reconstruction(l, m) // 重建左子树
```

```
8    reconstruction(m + 1, r) // 重建右子树
9
10   print c // 以 Postorder 遍历的顺序输出 c
```

考察

这个算法要对每层递归执行复杂度为 $O(n)$ 的线性搜索，因此最坏的情况下复杂度为 $O(n^2)$。

参考答案

C++

```cpp
1  #include<iostream>
2  #include<string>
3  #include<algorithm>
4  #include<vector>
5  using namespace std;
6
7  int n, pos;
8  vector<int> pre, in, post;
9
10 void rec(int l, int r) {
11   if ( l >= r ) return;
12   int root = pre[pos++];
13   int m = distance(in.begin(), find(in.begin(), in.end(), root));
14   rec(l, m);
15   rec(m + 1, r);
16   post.push_back(root);
17 }
18
19 void solve() {
20   pos = 0;
21   rec(0, pre.size());
22   for ( int i = 0; i < n; i++ ) {
23     if ( i ) cout << " ";
24     cout << post[i];
25   }
26   cout << endl;
27 }
28
29 int main() {
30   int k;
31   cin >> n;
```

```
32
33   for ( int i = 0; i < n; i++ ) {
34     cin >> k;
35     pre.push_back(k);
36   }
37
38   for ( int i = 0; i < n; i++ ) {
39     cin >> k;
40     in.push_back(k);
41   }
42
43   solve();
44
45   return 0;
46 }
```

第9章 二叉搜索树

链表允许我们添加、删除、搜索数据，这种数据结构会在执行时申请必要的内存空间，便于管理动态集合。但是，在链表中搜索元素的算法复杂度为$O(n)$。相比之下，使用动态树结构能更加有效地添加、删除和搜索数据。

本章将带各位一起解答管理动态集合的数据结构——二叉搜索树的相关问题。

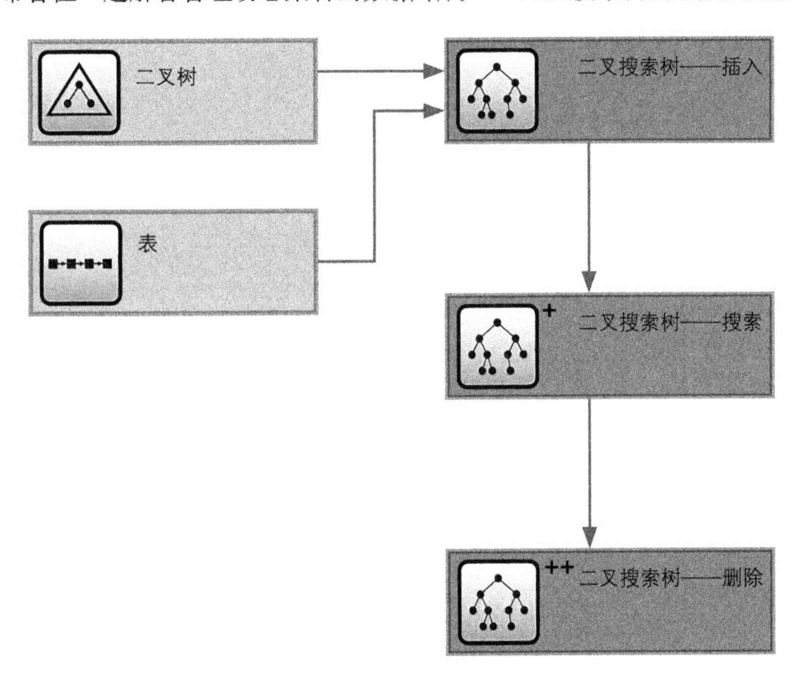

接触本章的问题之前，各位需要先掌握树结构、二叉树的相关知识，同时还需具备实现链表的编程技能。

9.1 挑战问题之前——二叉搜索树

搜索树是一种可以进行插入、搜索、删除等操作的数据结构，可以用作字典或优先级队列[①]。二叉搜索树属于最基本的搜索树。

二叉搜索树的各结点均拥有键值，且该树时常满足下述二叉搜索树的性质（Binary search tree property）。

► 设 x 为二叉搜索树的结点。如果 y 为 x 左子树中的结点，那么 y 的键值 $\leqslant$ x 的键值。另外，如果 z 为 x 右子树中的结点，那么 x 的键值 $\leqslant$ z 的键值

图 9.1 是二叉搜索树的一个例子。

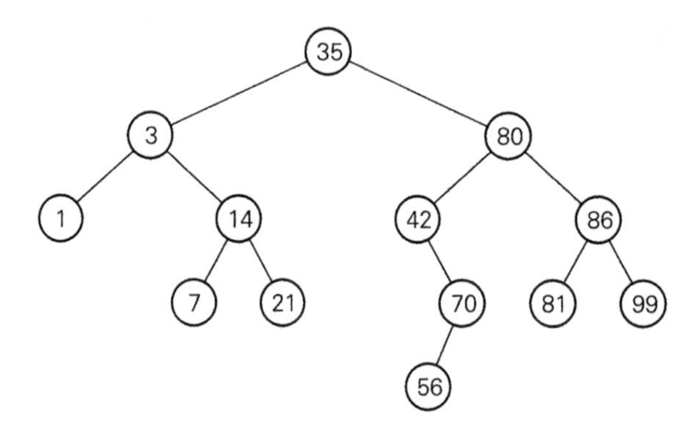

图 9.1　二叉搜索树

以键值为 80 的结点为例，它的左子树中所有结点的键值都不超过 80，右子树中所有结点的键值都不小于 80。如果对二叉搜索树执行中序遍历，我们会得到一个按升序排列的键值序列。

实现二叉搜索树时，要保证数据经过插入或删除操作后，所有结点仍然保持上述性质。与表一样，我们通过指针将结点连接成一棵树，各结点内包含值（键值）以及指向父结点、左子结点、右子结点的指针。

① 第 10 章将解答优先级队列的相关问题。

9.2 二叉搜索树——插入

ALDS1_8_A: Binary Search Tree I

限制时间 1 s　　内存限制 65536 KB　　正答率 49.54%

思考★★　　实现★★☆

下述伪代码所示的 insert 用于在二叉搜索树 T 中插入新值 v。insert 将键值为 v，左子树为 NIL，右子树为 NIL 的点 z 作为实参，插入 T 的恰当位置。

```
1   insert(T, z)
2       y = NIL // x 的父结点
3       x = 'T 的根结点 '
4       while x != NIL
5           y = x // 设置父结点
6           if z.key < x.key
7               x = x.left // 移动至左子结点
8           else
9               x = x.right // 移动至右子结点
10    z.p = y
11
12    if y == NIL // T 为空时
13        'T 的根结点 ' = z
14    else if z.key < y.key
15        y.left = z // 将 z 定为 y 的左子结点
16    else
17        y.right = z // 将 z 定为 y 的右子结点
```

请编写一个程序，对二叉搜索树 T 执行下述命令。

▶ `insert k`：在 T 中插入键值 k

▶ `print`：分别用树的中序遍历和前序遍历算法输出键值

请按照上述伪代码实现插入算法。

输入 第 1 行输入命令数 m。接下来 m 行以 insert k 或者 print 的格式输入命令，每个命令占 1 行。

输出 每执行 1 次 print 命令后，就分别输出中序遍历算法和前序遍历算法所得的键值序列，每个序列占 1 行。每个键值前输出 1 个空格。

限制 命令数不超过 500 000。另外，print 命令不超过 10 个。

$-2\,000\,000\,000 \leqslant k \leqslant 2\,000\,000\,000$

采用上述伪代码所示的算法时，树高不可超过 100。

二叉搜索树中各结点的键值不重复。

输入示例

```
8
insert 30
insert 88
insert 12
insert 1
insert 20
insert 17
insert 25
print
```

输出示例

```
 1 12 17 20 25 30 88
 30 12 1 20 17 25 88
```

讲解

以 C++ 为例，我们定义下述结构体作为结点，通过指针将它们连在一起就形成了二叉搜索树。

Program 9.1 二叉搜索树的结点

```
1 struct Node {
2   int key;
3   Node *parent, *left, *right;
4 };
```

结构体 Node 包含 4 个成员，分别为键值 key、指向父结点的指针 *parent、指向左子结点的指针 *left、指向右子结点的指针 *right。

insert 操作需要在保证二叉搜索树性质的前提下将给定数据插入恰当位置。举个例子，我们将键值为 {30, 88, 12, 1, 20, 17, 25} 的结点依次插入一棵空树，其生成二叉搜索树的过程如图 9.2 所示。

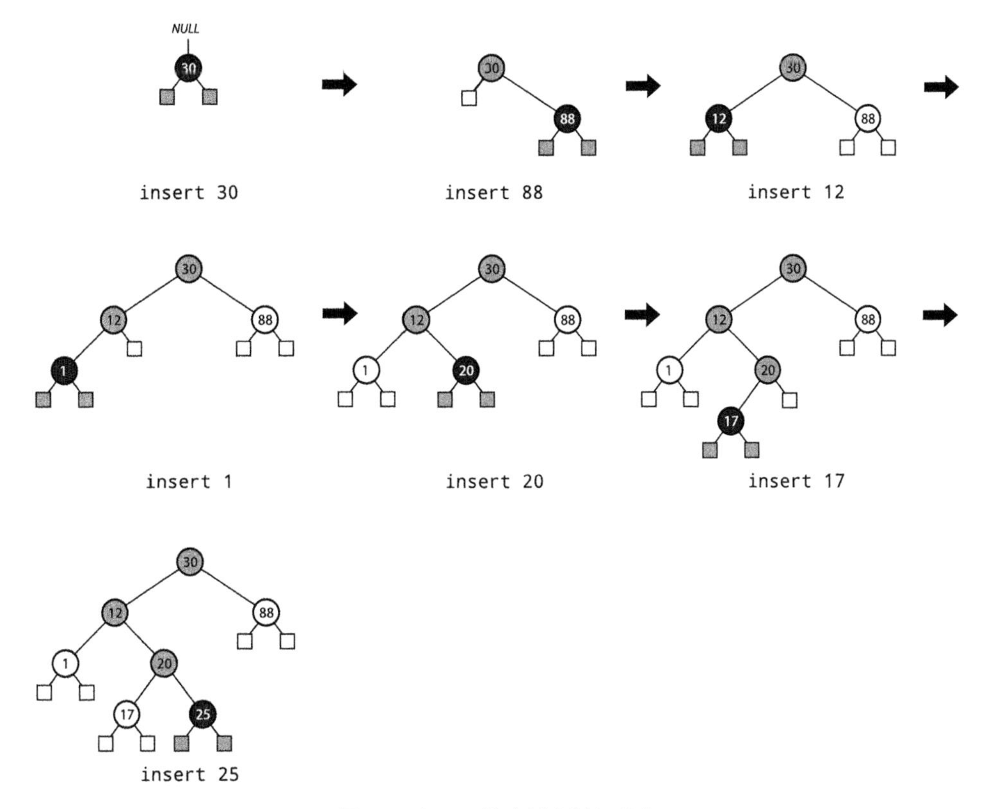

图 9.2 向二叉搜索树中插入元素

insert 以根为起点寻找结点 z 该插入的位置。设当前结点为 x，如果 z 的键值小于 x 则将当前结点的左子结点作为下一个 x，反之则以右子结点作为下一个 x，如此不断向叶结点搜索。在此过程中，程序将前一个结点保存在 y 里，用作 z 的候选父结点。当 x 抵达 NIL 时搜索结束，此时的 y 就是 z 的父结点了。

如果搜索结束时 y 仍为初始值 NIL，就代表插入前的二叉树为空，z 即成为根结点。如果插入前的二叉树不为空，那么插入的结点 z 将根据键值成为 y 的左子结点或右子结点。

考察

设树高为 h，则向二叉搜索树插入元素的操作的复杂度为 $O(h)$。也就是说，如果结点数为 n，那么只要输入足够平衡，算法复杂度就是 $O(\log n)$。一般情况下，插入结点的键值和顺序都可能导致树高增大，最坏的情况下树高可以接近结点数 n，此时的算法复杂度为 $O(n)$。想解决这一问题，需要让二叉搜索树保持良好的平衡，不过本书仅介绍简单的实现方法。

参考答案

C++

```
#include<cstdio>
#include<cstdlib>
#include<string>
#include<iostream>
using namespace std;

struct Node {
  int key;
  Node *right, *left, *parent;
};

Node *root, *NIL;

void insert(int k) {
  Node *y = NIL;
  Node *x = root;
  Node *z;

  z = (Node *)malloc(sizeof(Node));
  z->key = k;
  z->left = NIL;
  z->right = NIL;

  while ( x != NIL ) {
    y = x;
    if ( z->key < x->key ) {
      x = x->left;
    } else {
      x = x->right;
    }
  }

  z->parent = y;
  if ( y == NIL ){
    root = z;
  } else {
    if ( z->key < y->key ) {
      y->left = z;
    } else {
      y->right = z;
    }
  }
```

```
43 }
44
45 void inorder(Node *u) {
46   if ( u == NIL ) return;
47   inorder(u->left);
48   printf(" %d", u->key);
49   inorder(u->right);
50 }
51 void preorder(Node *u) {
52   if ( u == NIL ) return;
53   printf(" %d", u->key);
54   preorder(u->left);
55   preorder(u->right);
56 }
57
58 int main() {
59   int n, i, x;
60   string com;
61
62   scanf("%d", &n);
63
64   for ( i = 0; i < n; i++ ) {
65     cin >> com;
66     if ( com == "insert" ) {
67       scanf("%d", &x);
68       insert(x);
69     } else if ( com == "print" ) {
70       inorder(root);
71       printf("\n");
72       preorder(root);
73       printf("\n");
74     }
75   }
76
77   return 0;
78 }
```

9.3 二叉搜索树——搜索

ALDS1_8_B: Binary Search Tree II

限制时间 1 s　　内存限制 65536 KB　　正答率 64.96%

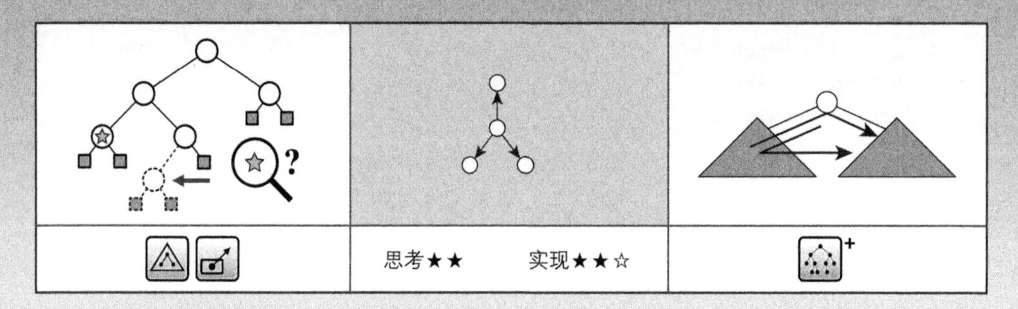

请编写一个程序，在 A: Binary Search Tree I 的基础上添加 `find` 命令，对二叉搜索树 T 执行下述命令。

- ▶ `insert k`：在 T 中插入键值 k
- ▶ `find k`：报告 T 中是否包含键值 k
- ▶ `print`：分别用树的中序遍历和前序遍历算法输出键值

输入 第1行输入命令数 m。接下来 m 行以 `insert k`、`find k`、`print` 的格式输入命令，每个命令占1行。

输出 每执行1次 `find k` 命令后，当 T 含有 k 时输出 yes，反之则输出 no，每个命令占1行。

此外，每执行1次 `print` 命令后，就分别输出中序遍历算法和前序遍历算法所得的键值序列，每个序列占1行。每个键值前输出1个空格。

限制 命令数不超过 500 000。另外，`print` 命令不超过10个。

$-2\,000\,000\,000 \leqslant k \leqslant 2\,000\,000\,000$

采用上述伪代码所示的算法时，树高不可超过100。

二叉搜索树中各结点的键值不重复。

输入示例

```
10
insert 30
insert 88
insert 12
insert 1
insert 20
find 12
insert 17
insert 25
find 16
print
```

输出示例

```
yes
no
 1 12 17 20 25 30 88
 30 12 1 20 17 25 88
```

讲解

find 操作要在二叉搜索树中找出含有指定键值 k 的结点 x，其算法如下。

Program 9.2 二叉搜索树的搜索

```
1  find(x, k)
2    while x != NIL and k != x.key
3      if k < x.key
4        x = x.left
5      else
6        x = x.right
7    return x
```

我们以根为起点调用 `find`，从根向叶搜索结点。如果给定键值小于当前结点 x 的键值，那么搜索目标移动至左子结点继续搜索，反之移动至右子结点。键值不存在时返回 NIL。

考察

设树高为 h，find 操作的算法复杂度与 insert 一样为 $O(h)$。

参考答案

C++

```
1  #include<stdio.h>
2  #include<stdlib.h>
3  #include<string>
4  #include<iostream>
5  using namespace std;
6
7  struct Node {
8    int key;
9    Node *right, *left, *parent;
10 };
11
12 Node *root, *NIL;
13
14 Node * find(Node *u, int k) {
15   while ( u != NIL && k != u->key ) {
16     if ( k < u->key ) u = u->left;
17     else u = u->right;
18   }
19   return u;
20 }
21
22 void insert(int k) {
23 // 请参考 ALDS1_8_A 的参考答案。
24 }
25
26 void inorder(Node *u) {
27 // 请参考 ALDS1_8_A 的参考答案。
28 }
29 void preorder(Node *u) {
30 // 请参考 ALDS1_8_A 的参考答案。
31 }
32
33 int main() {
34   int n, i, x;
35   string com;
36
37   scanf("%d", &n);
38
39   for ( i = 0; i < n; i++ ) {
40     cin >> com;
41     if ( com[0] == 'f' ) {
42       scanf("%d", &x);
43       Node *t = find(root, x);
44       if ( t != NIL ) printf("yes\n");
45       else printf("no\n");
46     } else if ( com == "insert" ) {
47       scanf("%d", &x);
48       insert(x);
49     } else if ( com == "print" ) {
50       inorder(root);
51       printf("\n");
52       preorder(root);
53       printf("\n");
54     }
55   }
56
57   return 0;
58 }
```

9.4 二叉搜索树——删除

ALDS1_8_C: Binary Search Tree III

限制时间 1 s　　内存限制 65536 KB　　正答率 49.76%

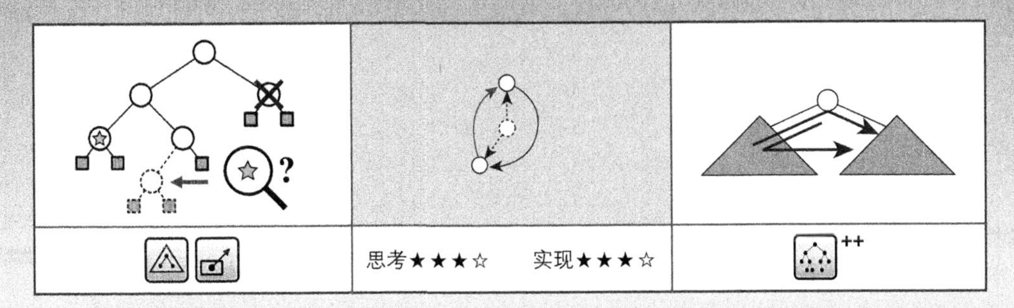

请编写一个程序，在 B: Binary Search Tree II 的基础上添加 `delete` 命令，对二叉搜索树 T 执行下述命令。

▶ `insert k`：在 T 中插入键值 k

▶ `find k`：报告 T 中是否包含键值 k

▶ `delete k`：删除包含键值 k 的结点

▶ `print`：分别用树的中序遍历和前序遍历算法输出键值

`delete k` 命令用于从二叉搜索树 T 中删除包含给定键值 k 的结点 z。删除 z 时需要根据下述算法讨论三种情况，以确保树在更新链接（指针）后仍保有二叉搜索树的性质。

1. z 没有子结点时，删除其父结点 p 的子结点（也就是 z）。
2. z 拥有一个子结点时，将 z 父结点的子结点变更为该子结点，同时将该子结点的父结点变更为 z 的父结点，然后将 z 从树中删除。
3. z 拥有两个子结点时，将 z 的后一个结点 y 的键值复制到 z，然后删除 y。步骤 1、2 适用于 y 的删除操作。这里“z 的后一个结点”指中序遍历时排在 z 后面的第一个结点。

输入　第 1 行输入命令数 m。接下来 m 行以 `insert k`、`find k`、`delete k`、`print` 的格式输入命令，每个命令占 1 行。

输出　每执行 1 次 `find k` 命令后，当 T 含有 k 时就输出 yes，反之则输出 no，每个命令占 1 行。

此外，每执行 1 次 `print` 命令后，就分别输出中序遍历算法和前序遍历算法所得的键值序列，每个序列占 1 行。每个键值前输出 1 个空格。

限制　命令数不超过 500 000。另外，print 命令不超过 10 个。

$-2\ 000\ 000\ 000 \leqslant k \leqslant 2\ 000\ 000\ 000$

采用上述伪代码所示的算法时，树高不可超过 100。

二叉搜索树中各结点的键值不重复。

输入示例

```
18
insert 8
insert 2
insert 3
insert 7
insert 22
insert 1
find 1
find 2
find 3
find 4
find 5
find 6
find 7
find 8
print
delete 3
delete 7
print
```

输出示例

```
yes
yes
yes
no
no
no
yes
yes
 1 2 3 7 8 22
 8 2 1 3 7 22
 1 2 8 22
 8 2 1 22
```

讲解

deleteNode 函数用于从二叉搜索树 T 中删除结点 z，其算法如下。

Program 9.3　删除二叉搜索树的结点

```
1   deleteNode(T, z)
2     // 设删除对象为结点 y
3     if z.left == NIL || z.right == NIL
4       y = z                 // z 没有或只有一个子结点时，要删除的对象为 z
5     else
6       y = getSuccessor(z)  // z 有两个子结点时，删除对象为 z 的后一个结点
7
8     // 确定 y 的子结点 x
9     if y.left != NIL
10      x = y.left            // 如果 y 有左子结点，则 x 为 y 的左子结点
11    else
```

```
12      x = y.right            // 如果 y 没有左子结点，则 x 为 y 的右子结点
13
14    if x != NIL
15      x.parent = y.parent // 设置 x 的父结点
16
17    if y.parent == NIL
18      'root of T' = x      // 如果 y 是根结点，则 x 成为树的根节点
19    else if y == y.parent.left
20      y.parent.left = x    // 如果 y 是其父结点 p 的左子结点，则 x 成为 p 的左子结点
21    else
22      y.parent.right = x   // 如果 y 是其父结点 p 的右子结点，则 x 成为 p 的右子结点
23
24    if y != z              // z 的后一个结点被删除时
25      z.key = y.key        // 将 y 的数据复制到 z 中
```

上述算法中，参数 z 虽然代表待删除的结点，但在执行时需要像图 9.3 这样分情况讨论，首先确定候选的待删除结点 y。

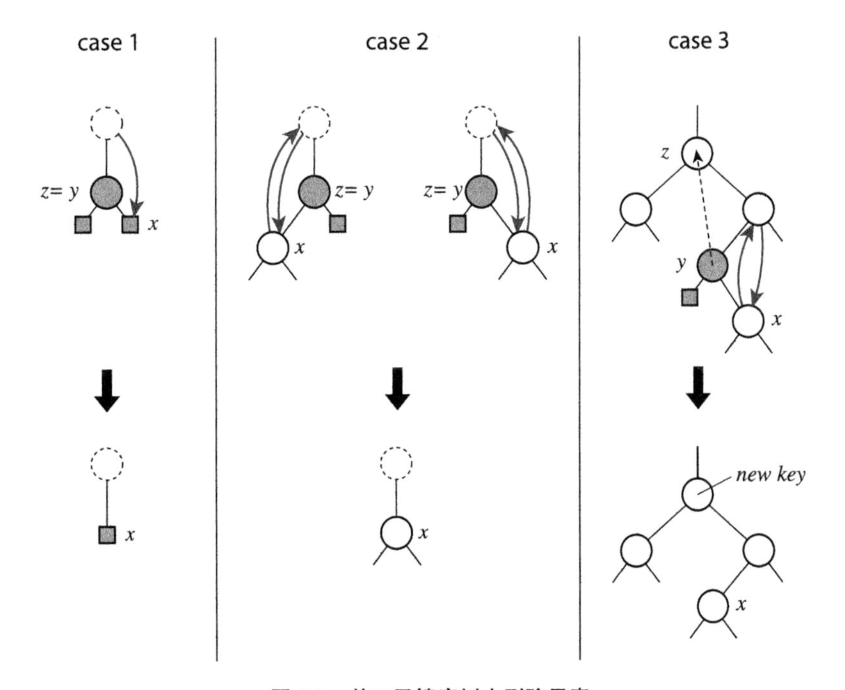

图 9.3 从二叉搜索树中删除元素

z 没有子结点（case 1）或有 1 个子结点（case 2）时，y 就是 z。

相对地，当 z 拥有 2 个子结点（case 3）时，y 是 z 的后一个结点。这里"z 的后一个结点"指中序遍历时排在 z 后面的第一个结点。

接下来，确定待删除结点 y 的一个子结点 x。case 1 中为右子结点（NIL），case 2 中是 z 的

子结点（左右子结点其中之一），case 3 中是 z 后一个结点的右子结点（后一个结点不存在左子结点）。

再接下来，改变 y 父 / 子结点的指针，然后删除 y。首先让 x 的父结点指针指向 y 的父结点。

随后改变该父结点原先指向 y 的指针，使 x 成为该父结点的子结点。这里在更改指针前，先要检查结点 y 是根节点，还是其父结点的左 / 右子结点。

最后，如果处理的是 case 3，还需将 y 的键值赋给 z。

`getSuccessor(x)` 用于求 x 的后一个结点，其算法如下。

Program 9.4 搜索后一个结点

```
1  getSuccessor(x)
2    if x.right != NIL
3      return getMinimum(x.right)
4
5    y = x.parent
6    while y != NIL && x == y.right
7      x = y
8      y = y.parent
9    return y
```

首先，当 x 存在右子结点时，右子树中键值最小的结点即为 x 的后一个结点，因此返回 `getMinimum(x.right)`。不存在右子结点时，要向上查询父结点，第一个“以左子结点身份出现的父结点”就是 x 的后一个结点。如果二叉搜索树中不存在 x 的后一个结点（x 拥有树中最大的键值），则返回 NIL。

如下所示，`getMinimum(x)` 会在以 x 为根的子树中搜索并返回键值最小的结点。

Program 9.5 二叉搜索树的最小值

```
1  getMinimum(x)
2    while x.left != NIL
3      x = x.left
4    return x
```

考察

设树高为 h，本题在删除二叉搜索树中的特定元素时，首先要花费 $O(h)$ 找出含有给定键值的结点，然后还需 $O(h)$ 计算后一个结点，因此整个算法的复杂度为 $O(h)$。

一般情况下，二叉搜索树的插入、搜索、删除处理会选择复杂度为 $O(\log n)$ 的算法来实现（n 为结点数）。因此，我们通常需要尽量压缩树的高度。整体分布均匀的二叉搜索树称为平衡二叉搜索树。

参考答案

C++

```
#include<stdio.h>
#include<stdlib.h>
#include<string>
#include<iostream>
using namespace std;

struct Node {
  int key;
  Node *right, *left, *parent;
};

Node *root, *NIL;

Node * treeMinimum(Node *x) {
  while( x->left != NIL ) x = x->left;
  return x;
}

Node * find(Node *u, int k) {
  while( u != NIL && k != u->key ) {
    if ( k < u->key ) u = u->left;
    else u = u->right;
  }
  return u;
}

Node * treeSuccessor(Node *x) {
  if ( x->right != NIL ) return treeMinimum(x->right);
  Node *y = x->parent;
  while( y != NIL && x == y->right ) {
    x = y;
    y = y->parent;
  }
  return y;
}

void treeDelete(Node *z) {
  Node *y; // 要删除的对象
  Node *x; // y的子结点

  // 确定要删除的结点
  if ( z->left == NIL || z->right == NIL ) y = z;
  else y = treeSuccessor(z);

```

C++

```
46   // 确定 y 的子结点 x
47   if ( y->left != NIL ) {
48     x = y->left;
49   } else {
50     x = y->right;
51   }
52 
53   if ( x != NIL ) {
54     x->parent = y->parent;
55   }
56 
57   if ( y->parent == NIL ) {
58     root = x;
59   } else {
60     if ( y == y->parent->left) {
61       y->parent->left = x;
62     } else {
63       y->parent->right = x;
64     }
65   }
66 
67   if ( y != z ) {
68     z->key = y->key;
69   }
70 
71   free(y);
72 }
73 
74 void insert(int k) {
75   // 请参考 ALDS1_8_A 的参考答案。
76 }
77 
78 void inorder(Node *u) {
79   // 请参考 ALDS1_8_A 的参考答案。
80 }
81 void preorder(Node *u) {
82   // 请参考 ALDS1_8_A 的参考答案。
83 }
84 
85 int main() {
86   int n, i, x;
87   string com;
88 
89   scanf("%d", &n);
90 
91   for ( i = 0; i < n; i++ ) {
92     cin >> com;
93     if ( com[0] == 'f' ) {
94       scanf("%d", &x);
95       Node *t = find(root, x);
96       if ( t != NIL ) printf("yes\n");
97       else printf("no\n");
98     } else if ( com == "insert" ) {
99       scanf("%d", &x);
100      insert(x);
101    } else if ( com == "print" ) {
102      inorder(root);
103      printf("\n");
104      preorder(root);
105      printf("\n");
106    } else if ( com == "delete") {
107      scanf("%d", &x);
108      treeDelete(find(root, x));
109    }
110  }
111 
112  return 0;
113 }
```

9.5 通过标准库管理集合

管理元素集合的 STL 容器大致分为两类。一类是有顺序的集合，称为序列式容器；另一类是经过排序的集合，称为关联式容器。

序列式容器会将新添加的元素置于特定位置，该位置由插入的时间和地点决定，与元素本身的值无关。前面介绍过的 vector 和 list 就是具有代表性的序列式容器。

相对地，关联式容器会依据特定的排序标准来决定要添加的元素的位置。STL 为用户提供了 set、map、multiset、multimap 容器。这里我们将向各位介绍 set 和 map 的使用方法。

关联式容器在管理数据的过程中会自动给元素排序。虽然序列式容器也可以进行排序，但关联式容器的优点在于可以随时采用二分搜索法，搜索元素的效率极高。

9.5.1 set

set 是根据元素值进行排序的集合，所插入的元素在集合中唯一，不存在重复元素。

Program 9.6 对 set 进行插入操作，然后输出元素。和序列式容器一样，关联式容器也可以通过迭代器顺次访问各元素。

Program 9.6 set的使用示例

```
1  #include<iostream>
2  #include<set>
3  using namespace std;
4  
5  void print(set<int> S) {
6    cout << S.size() << ":";
7    for ( set<int>::iterator it = S.begin(); it != S.end(); it++ ) {
8      cout << " " << (*it);
9    }
10   cout << endl;
11 }
12 
13 int main() {
14   set<int> S;
15 
16   S.insert(8);
17   S.insert(1);
18   S.insert(7);
19   S.insert(4);
20   S.insert(8);
21   S.insert(4);
22 
23   print(S); // 4: 1 4 7 8
24 
25   S.erase(7);
26 
27   print(S); // 3: 1 4 8
28 
29   S.insert(2);
30 
```

```
31   print(S); // 4: 1 2 4 8
32
33   if ( S.find(10) == S.end() ) cout << "not found." << endl;
34
35   return 0;
36 }
```

OUTPUT

```
4: 1 4 7 8
3: 1 4 8
4: 1 2 4 8
not found.
```

`#include<set>`用来将 STL 的 set 包含到程序中。

`set<int> S;`是一个声明，用于生成管理 int 型元素的集合。我们可以对这个 set 进行多种操作和查询。set 中定义的成员函数示例如表 9.1 所示。

表 9.1 set 的成员函数示例

函数名	功能	复杂度
size()	返回 set 中的元素数	$O(1)$
clear()	清空 set	$O(n)$
begin()	返回指向 set 开头的迭代器	$O(1)$
end()	返回指向 set 末尾的迭代器	$O(1)$
insert(key)	向 set 中插入元素 key	$O(\log n)$
erase(key)	删除含有 key 的元素	$O(\log n)$
find(key)	搜索与 key 一致的元素，并返回指向该元素的迭代器。 没有与 key 一致的元素，则返回末尾 end()	$O(\log n)$

set 由二叉搜索树实现，而且对树进行了平衡处理，使得元素在树中分布较为均匀，因此能保持搜索、插入、删除操作的复杂度在 $O(\log n)$。

9.5.2 map

map 集合以键与值的组合为元素，每个元素拥有 1 个键和 1 个值，集合以键作为排序标准。集合中各元素的键唯一，不存在重复。map 可以看作是一种能使用任意类型下标的关联式容器。比如我们可以用它来实现“从字符串中删除字符串”这类字典功能。

下面的 Program 9.7 对 map 执行插入操作，然后输出元素。

Program 9.7 map的使用示例

```
1  #include<iostream>
2  #include<map>
3  #include<string>
4  using namespace std;
5
6  void print(map<string, int> T) {
7    map<string, int>::iterator it;
8    cout << T.size() << endl;
9    for ( it = T.begin(); it != T.end(); it++ ) {
10     pair<string, int> item = *it;
11     cout << item.first << " --> " << item.second << endl;
12   }
13 }
14
15 int main() {
16   map<string, int> T;
17
18   T["red"] = 32;
19   T["blue"] = 688;
20   T["yellow"] = 122;
21
22   T["blue"] += 312;
23
24   print(T);
25
26   T.insert(make_pair("zebra", 101010));
27   T.insert(make_pair("white", 0));
28   T.erase("yellow");
29
30   print(T);
31
32   pair<string, int> target = *T.find("red");
33   cout << target.first << " --> " << target.second << endl;
34
35   return 0;
36 }
```

OUTPUT

```
3
blue --> 1000
red --> 32
yellow --> 122
4
blue --> 1000
red --> 32
white --> 0
zebra --> 101010
red --> 32
```

`#include<map>` 用来将 STL 的 map 包含到程序中。

`map<string, int> T;` 是一个声明，用于生成关联数组，该关联数组管理以 string 为键的 int 型元素。这里需要在 `<>` 中指定一组（一对）键和值的类型。

map 容器可以在“[ ]”运算符中指定键来访问（读写）对应值，也可以通过迭代器顺次访问每一对键和值。这里的 `pair` 为 STL 提供的结构体模板，其第一个元素可用 `first` 访问，第二个元素可用 `second` 访问。

map 中定义的成员函数示例如表 9.2 所示。

表 9.2 map 的成员函数示例

函数名	功能	复杂度
`size()`	返回 map 中的元素数	$O(1)$
`clear()`	清空 map	$O(n)$
`begin()`	返回指向 map 开头的迭代器	$O(1)$
`end()`	返回指向 map 末尾的迭代器	$O(1)$
`insert( (key, val) )`	向 map 中插入元素（key, val）	$O(\log n)$
`erase(key)`	删除含有 key 的元素	$O(\log n)$
`find(key)`	搜索与 key 一致的元素，并返回指向该元素的迭代器。 没有与 key 一致的元素，则返回末尾 end()	$O(\log n)$

map 与 set 一样通过平衡二叉搜索树实现，因此元素的插入、删除、搜索以及“[ ]”运算的复杂度皆为 $O(\log n)$。

现在我们用 STL 的 map 来解之前的例题。ALDS1_4_C: Dictionary 可以通过下述方法实现。

```
1  #include<iostream>
2  #include<cstdio>
3  #include<string>
4  #include<map>
5  using namespace std;
```

```
6
7  int main() {
8    int n;
9    char str[10], com[13];
10   map<string, bool> T;  // 使用标准库中的map
11
12   cin >> n;
13   for ( int i = 0; i < n; i++ ) {
14     scanf("%s%s", com, str);
15     if ( com[0] == 'i' ) T[string(str)] = true;
16     else {
17       if ( T[string(str)] ) printf("yes\n");
18       else printf("no\n");
19     }
20   }
21
22   return 0;
23 }
```

第 10 章 堆

数据结构既包含“添加”“取出”等对数据的操作，又带有取出数据时的规则。以队列为例，它就是基于“优先取出最早添加的数据（滞留时间最长的数据）”这一规则的数据结构。

相对地，优先级队列并不看数据抵达的先后顺序，而是以数据内的键为基准判断优先级，优先级高的数据先被取出。在很多高等算法的实现中，优先级队列都发挥着重要作用。

优先级队列可以应用二叉搜索树来实现，但要想兼顾二叉树的平衡与操作的效率，那就必须花上不少心思，实现起来很复杂。不过，如果使用一种名为“二叉堆”（Binary Heap）的数据结构，我们就能相对轻松地实现优先级队列了。

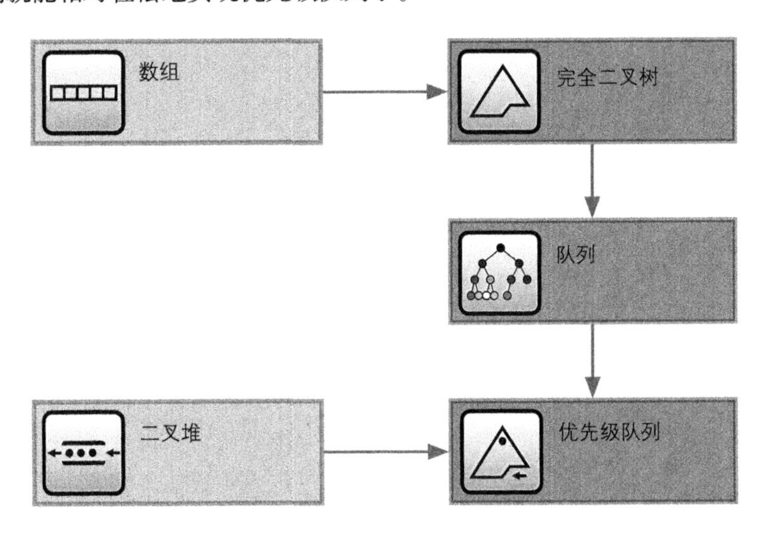

接触本章的问题之前，各位需要具备数组和循环等基本编程技能，同时还要掌握队列等初等数据结构的相关知识。

10.1 挑战问题之前——堆

■完全二叉树

如图 10.1 中的 (a) 所示，所有叶结点深度相同，且所有内部结点都有两个子结点的二叉树称为完全二叉树（Complete Binary Tree）。另外，如 (b) 中所示，二叉树的叶结点深度最大差距为 1，最下层叶结点都集中在该层最左边的若干位置上，这种二叉树也是（近似）完全二叉树。

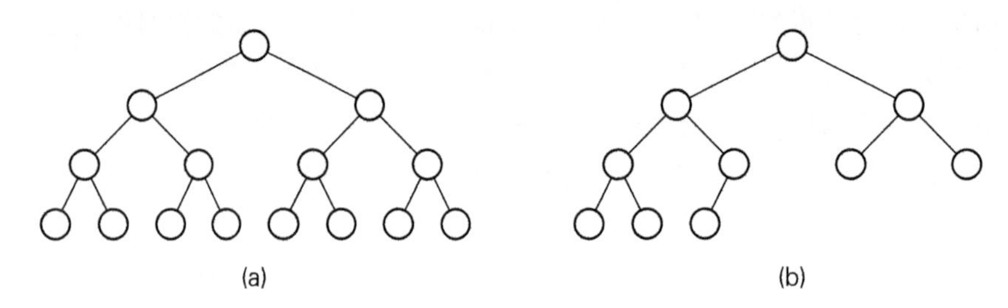

图 10.1 完全二叉树

设结点数为 n，那么完全二叉树的树高就是 $\log_2 n$。利用这一性质，我们能高速地管理数据。

■二叉堆

如果一棵完全二叉树各结点的键值与一个数组的各元素具备如图 10.2 所示的对应关系，那么这个完全二叉树就是二叉堆。

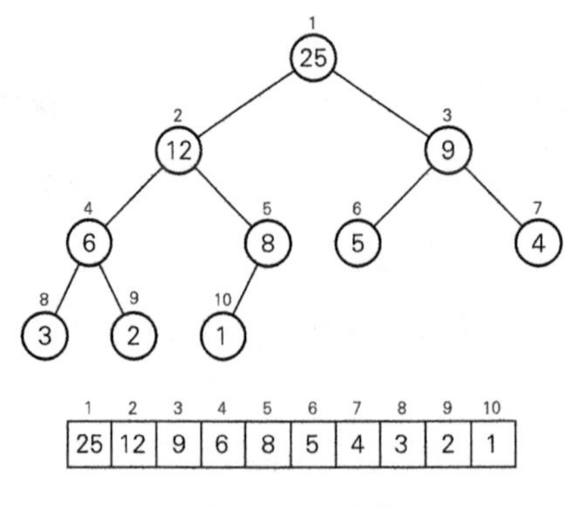

图 10.2 二叉堆

二叉堆的逻辑结构虽然是完全二叉树，但实际上却是用 1 起点的一维数组来表示的。设表示二叉堆的数组为 A，二叉堆的大小（元素数）为 H，那么二叉堆的元素就存储在 $A[1, \cdots, H]$ 中，其中根的下标为 1。当给定一个结点的下标 i 时，就可以通过 $\lfloor i/2 \rfloor$、$2 \times i$、$2 \times i+1$ 轻松

算出其父结点 *parent*(*i*)、左子结点 *left*(*i*) 和右子结点 *right*(*i*)。这里的 $\lfloor x \rfloor$ 为向下取整运算，表示小于等于实数 *x* 的最大整数。

二叉堆中存储的各结点键值需保证堆具有以下性质之一。

- ▶ 最大堆性质：结点的键值小于等于其父结点的键值
- ▶ 最小堆性质：结点的键值大于等于其父结点的键值

满足最大堆性质的二叉堆称为最大堆，图 10.2 所示的二叉堆就是一个最大堆。

最大堆的根中存储着最大的元素，其任意子树中，所有结点的键值都小于等于该子树的根结点的键值。请注意，这里只有父子结点间具有大小关系，兄弟结点之间并无限制。

应用二叉堆这种数据结构，我们可以在保持数据大小关系的前提下，有效地取出（删除）优先级最高的元素或者添加新元素。

10.2 完全二叉树

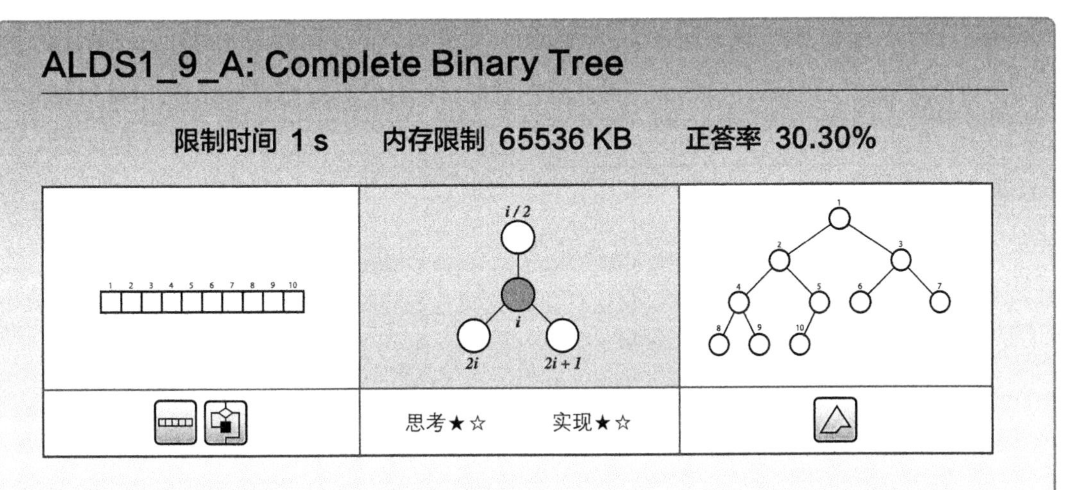

请编写一个程序，读取以完全二叉树形式表示的二叉堆，并按照下述格式输出二叉堆各结点的数据。

node *id*: key = *k*, parent key = *pk*, left key = *lk*, right key = *rk*,

其中 *id* 为结点编号（下标），*k* 为结点的值，*pk* 为父结点的值，*lk* 为左子结点的值，*rk* 为右子结点的值。请按顺序输出这些信息。另外，当结点不存在时，不进行输出。

输入 第 1 行输入堆的大小 *H*。接下来 1 行，按结点编号顺序输入代表二叉堆结点值（键值）的 *H* 个整数，相邻整数用空格隔开。

输出 依照上述格式按下标从 1 到 *H* 的顺序输出二叉堆各结点的信息。请注意各行最后有 1 个空格。

限制 $H \leqslant 250$

$-2\,000\,000\,000 \leqslant$结点的键值$\leqslant 2\,000\,000\,000$

输入示例

```
5
7 8 1 2 3
```

输出示例

```
node 1: key = 7, left key = 8, right key = 1,
node 2: key = 8, parent key = 7, left key = 2, right key = 3,
node 3: key = 1, parent key = 7,
node 4: key = 2, parent key = 8,
node 5: key = 3, parent key = 8,
```

讲解

二叉堆由完全二叉树实现，因此可以用 1 起点的一维数组输入键值序列。

我们先对完全二叉树的各结点编号 i 套用 $i/2$、$2i$、$2i+1$ 三个算式求出其父结点、左右子结点的编号，然后按顺序输出结点信息。请注意，这里要检查上述算式求得的编号是否在 1 到 H 之内。

参考答案

C++

```
1  #include<iostream>
2  using namespace std;
3  #define MAX 100000
4
5  int parent(int i) { return i / 2; }
6  int left(int i) { return 2 * i; }
7  int right(int i) { return 2 * i + 1; }
8
9  int main() {
10   int H, i, A[MAX+1]; // 数组为1起点，所以要+1
11
12   cin >> H;
13   for ( i = 1; i <= H; i++ ) cin >> A[i];
14
15   for ( i = 1; i <= H; i++ ) {
16     cout << "node " << i << ": key = " << A[i] << ", ";
17     if ( parent(i) >= 1 ) cout << "parent key = " << A[parent(i)] << ", ";
18     if ( left(i) <= H ) cout << "left key = " << A[left(i)] << ", ";
```

```
    if ( right(i) <= H ) cout << "right key = " << A[right(i)] << ", ";
    cout << endl;
  }

  return 0;
}
```

10.3 最大 / 最小堆

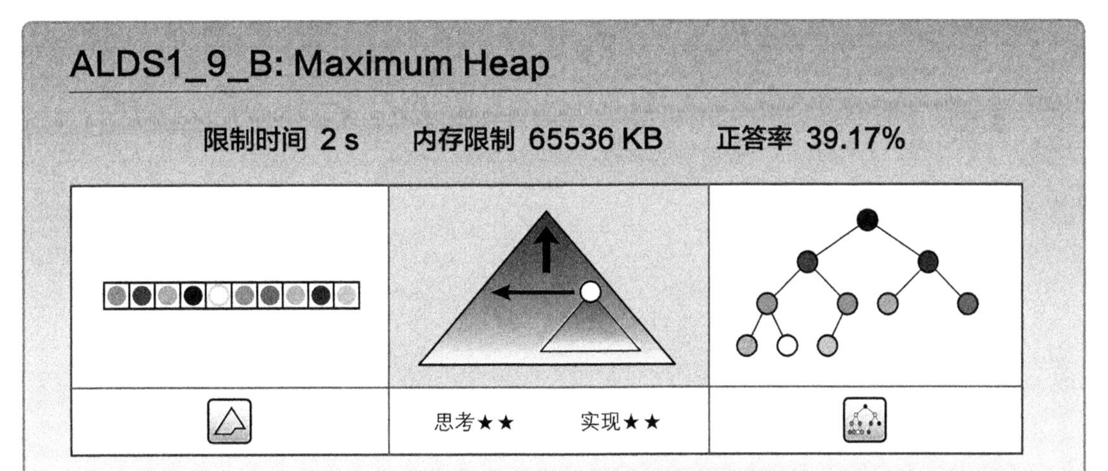

请根据以下伪代码编写一个程序，使用给定数组生成最大堆。

maxHeapify(A, i) 用于从根结点 i 向叶结点方向寻找 $A[i]$ 值的恰当位置，从而使以 i 为根结点的子树成为最大堆。这里我们设堆的大小为 H。

```
1  maxHeapify(A, i)
2      l = left(i)
3      r = right(i)
4      // 从左子结点、自身、右子结点中选出值最大的结点
5      if l <= H && A[l] > A[i]
6          largest = l
7      else
8          largest = i
9      if r <= H && A[r] > A[largest]
10         largest = r
11
12     if largest != i // i 的子结点值更大时
13         交换 A[i] 与 A[largest]
14         maxHeapify(A, largest) // 递归调用
```

下面的 buildMaxHeap(A) 通过自底向上地套用 maxHeapify，从而将数组 A 变换为最大堆。

```
1   buildMaxHeap(A)
2       for i = H/2 downto 1
3           maxHeapify(A, i)
```

输入 第 1 行输入数组的长度 H。接下来 1 行输入 H 个整数，依次表示堆中 1 至 H 号结点的值，相邻两整数之间用空格隔开。

输出 按顺序输出最大堆中 1 至 H 号结点的值，整个输出占 1 行。请在各个值之前输出 1 个空格。

限制 $1 \leqslant H \leqslant 500\,000$

$-2\,000\,000\,000 \leqslant$结点的值$\leqslant 2\,000\,000\,000$

输入示例

```
10
4 1 3 2 16 9 10 14 8 7
```

输出示例

```
 16 14 10 8 7 9 3 2 4 1
```

■讲解

maxHeapify(A, i) 会将 $A[i]$ 的值一直向叶结点移动，直至满足最大堆性质。举个例子，我们现在要将二叉堆 $A = \{5, 86, 37, 12, 25, 32, 11, 7, 1, 2, 4, 19\}$ 变换为最大堆，对其执行 maxHeapify(A,1) 的情形如图 10.3 所示。

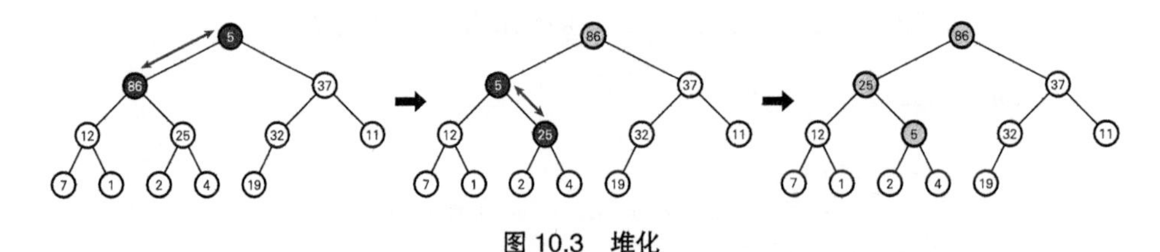

图 10.3 堆化

maxHeapify(A, i) 先在 i 的左右子结点中选出较大的一个，如果其键值大于当前结点键值则进行交换，然后向下循环执行该处理。

buildMaxHeap 用来将给定数组转换为最大堆，所以要从下标最大的非叶结点 s 开始自底向上地执行 maxHeapify(A, i)。本题中 s 的下标为 $H/2$。

以二叉堆 $A = \{4, 1, 3, 2, 16, 9, 10, 14, 8, 7\}$ 为例，对其执行 buildMaxHeap 的情形如图 10.4 所示。

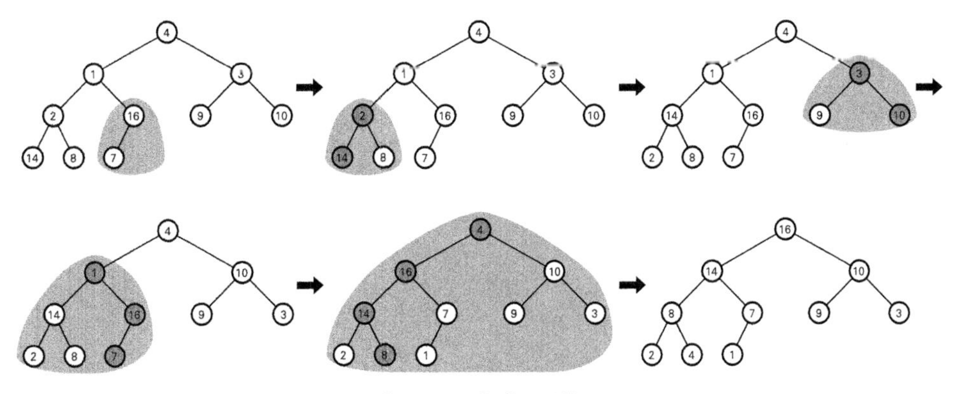

图 10.4 生成二叉堆

我们让 i 以 $H/2$ 为起点 1 为终点，顺次对以 i 为根的子树执行 maxHeapify(A, i)。每次执行 maxHeapify(A, i) 时，i 的左子树和右子树已经都是最大堆了，因此只需将根 i 的值通过 maxHeapify(A, i) 移动至适当位置即可。

考察

设二叉堆的大小为 H，maxHeapify 的复杂度与完全二叉树的高成正比，因此为 $O(\log H)$。

然后我们来看 buildMaxHeap 的复杂度。设元素数为 H，程序首先要对高度为 1 的 $H/2$ 个子树执行 maxHeapify，然后对高度为 2 的 $H/4$ 个子树执行 maxHeapify，…，最后对高度为 H 的一个子树（整棵树）执行 maxHeapify，因此复杂度为

$$H \times \sum_{k=1}^{\log H} \frac{k}{2^k} = O(H)$$

另外，在堆的末尾按顺序添加新元素也不失为一种生成最大堆的方法。下一个问题中我们就将去了解向堆中插入元素的算法。

参考答案

C++

```
1  #include<iostream>
2  using namespace std;
3  #define MAX 2000000
4  
5  int H, A[MAX+1];
6  
7  void maxHeapify(int i) {
```

```
8    int l, r, largest;
9    l = 2 * i;
10   r = 2 * i + 1;
11
12   // 从左子结点、自身、右子结点中选出值最大的结点
13   if ( l <= H && A[l] > A[i] ) largest = l;
14   else largest = i;
15   if ( r <= H && A[r] > A[largest] ) largest = r;
16
17   if ( largest != i ){
18     swap(A[i], A[largest]);
19     maxHeapify(largest);
20   }
21 }
22
23 int main() {
24   cin >> H;
25
26   for ( int i = 1; i <= H; i++ ) cin >> A[i];
27
28   for ( int i = H / 2; i >= 1; i-- ) maxHeapify(i);
29
30   for ( int i = 1; i <= H; i++ ) {
31     cout << " " << A[i];
32   }
33   cout << endl;
34
35   return 0;
36 }
```

10.4 优先级队列

ALDS1_9_C: Priority Queue

限制时间 2 s **内存限制** 65536 KB **正答率** 32.35%

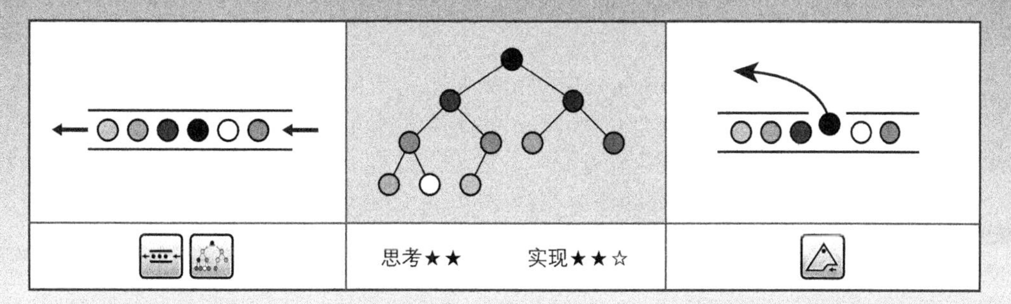

优先级队列（Priority Queue）是一种数据结构，其存储的数据集合 S 中，各个元素均包含键值。优先级队列主要进行下述操作。

▶ `insert(S, k)`：向集合 S 中插入元素 k

▶ `extractMax(S)`：从 S 中删除键值最大的元素并返回该键值

请编写一个程序，对优先级队列 S 执行 `insert(S, k)` 和 `extractMax(S)`。本题中队列元素为整数，键值为其自身。

输入 对优先级队列 S 输入多条命令。命令以 `insert k`、`extract`、`end` 的形式给出，每个命令占 1 行。这里的 k 代表插入的整数，`end` 代表命令输入完毕。

输出 每执行 1 次 `extract` 命令，就输出 1 个从优先级队列 S 中取出的值，每个值占 1 行。

限制 命令数不超过 2 000 000。

$0 \leqslant k \leqslant 2\ 000\ 000\ 000$

输入示例

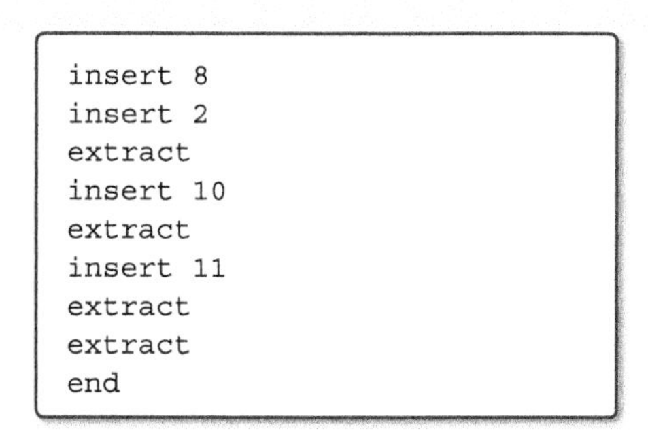

```
insert 8
insert 2
extract
insert 10
extract
insert 11
extract
extract
end
```

输出示例

```
8
10
11
2
```

讲解

优先取出最大键值的队列称为最大优先级队列，可以通过最大堆实现。这里我们用数组 A 实现大小为 H 的二叉堆。

insert(key) 用来向最大优先级队列 S 中添加 key，其算法如下。

Program10.1 向优先级队列（堆）中插入元素

```
1 insert(key)
2   H++
3   A[H] = -INFTY
4   heapIncreaseKey(A, H, key) // 在 A[H] 中设置 key
```

heapIncreaseKey(A, i, key) 操作用来增加二叉堆的元素 i 的键值，其算法如下。

Program 10.2 更改优先级队列（堆）中元素的键值

```
1 heapIncreaseKey(A, i, key)
2   if key < A[i]
3     报错：新键值小于当前键值
4   A[i] = key
5   while i > 1 && A[parent(i)] < A[i]
6     交换 A[i] 和 A[parent(i)]
7     i = parent(i)
```

首先，为保证只有在新键值大于等于当前键值时才变更堆，我们要先检查已有键值，然后再更新键值 $A[i]$。由于 $A[i]$ 增加后可能会破坏最大堆性质，因此要向根的方向移动更新后的键值，将其放在恰当位置。处理过程很简单，只需将当前元素与其父结点进行比较，如果当前元素的值更大则交换这两个元素，然后递归调用即可。

举个例子，我们向二叉堆 $A = \{86, 14, 37, 12, 5, 32, 11, 7, 1, 2\}$ 中添加 25，然后对添加元素的位置执行 heapIncreaseKey，其处理过程如图 10.5 所示。

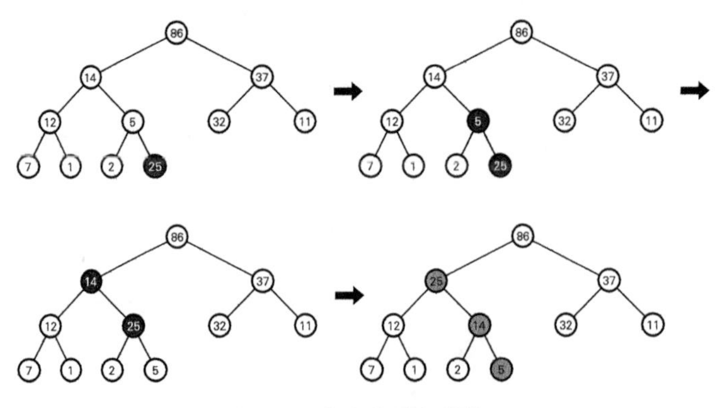

图 10.5 添加元素与堆化

最大优先级队列 S 中的最大值可由二叉堆的根结点获取。从最大优先级队列 S 中删除并取出最大元素的算法如下。

Program 10.3 获取、删除堆中最大元素

```
1  heapExtractMax(A)
2    if H < 1
3      报错：堆向下溢出
4    max = A[1]
5    A[1] = A[H]
6    H--
7    maxHeapify(A, 1)
8
9    return max
```

首先，我们将二叉堆根结点的值（最大值）存储在临时变量 *max* 中。接下来，将二叉堆最末尾的值移动至根，堆大小 H 减 1。更新后的根有可能破坏最大堆的性质，所以要从根开始执行 `maxHeapify`。最后，返回之前存储好的 *max*。

举个例子，从二叉堆 $A = \{86, 37, 32, 12, 14, 25, 11, 7, 1, 2, 3\}$ 中取出最大值的过程如图 10.6 所示。

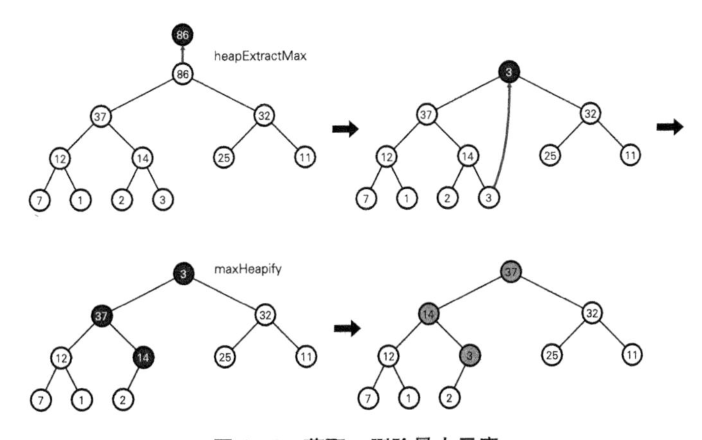

图 10.6 获取、删除最大元素

取出根的值 86 之后，将末尾的 3 移动到根，堆大小减 1。接下来从根开始执行 `maxHeapify`，确保堆的性质。最后返回 86。

考察

`heapIncreaseKey` 和 `maxHeapify` 中执行元素交换的次数都与树高成正比。设优先级队列的元素数为 n，那么向优先级队列中插入和删除元素的算法的复杂度均为 $O(\log n)$。

参考答案

C++

```
1  #include<cstdio>
2  #include<cstring>
3  #include<algorithm>
4  using namespace std;
5  #define MAX 2000000
6  #define INFTY (1<<30)
7
8  int H, A[MAX+1];
9
10 void maxHeapify(int i) {
11
12   // 请参考 ALDS1_9_B 的参考答案
13
14 }
15
16 int extract() {
17   int maxv;
18   if ( H < 1 ) return -INFTY;
19   maxv = A[1];
20   A[1] = A[H--];
21   maxHeapify(1);
22   return maxv;
23 }
24
25 void increaseKey(int i, int key) {
26   if ( key < A[i] ) return;
27   A[i] = key;
28   while ( i > 1 && A[i / 2] < A[i] ) {
29     swap(A[i], A[i / 2]);
30     i = i / 2;
31   }
32 }
33
34 void insert(int key) {
35   H++;
36   A[H] = -INFTY;
37   increaseKey(H, key);
38 }
39
40 int main() {
41   int key;
42   char com[10];
```

```
43
44   while ( 1 ) {
45     scanf("%s", com);
46     if ( com[0] == 'e' && com[1] == 'n' ) break;
47     if ( com[0] == 'i' ) {
48       scanf("%d", &key);
49       insert(key);
50     } else {
51       printf("%d\n", extract());
52     }
53   }
54
55   return 0;
56 }
```

10.5　通过标准库实现优先级队列

STL 不仅为用户提供了 vector 等基本容器，还提供了具有接口的容器适配器以用于特殊需求。本书前面介绍过的 stack 和 queue 都是容器适配器，它们分别是基于 LIFO（后入先出）和 FIFO（先入先出）来管理数据的容器。本节将要介绍的则是 STL 中可以给元素添加优先级的容器 priority_queue。

10.5.1　priority_queue

priority_queue 是一种能根据元素优先级进行插入、引用、删除操作的队列。执行这些操作的接口（函数）与 queue 相同，`push()` 用于向队列中插入一个元素，`top()` 用于访问（读取）开头元素，`pop()` 用于删除开头元素。在 priority_queue 中，开头元素永远都是拥有最高优先级的元素。虽然优先级的基准可由程序员指定，但在这里我们不做任何指定，看看 priority_queue 是如何通过默认基准管理数据的。

下面的 Program 10.4 对 priority_queue 执行了插入、删除整数的操作。

Program 10.4　priority_queue 的使用示例

```
1  #include<iostream>
2  #include<queue>
3  using namespace std;
4
5  int main() {
6    priority_queue<int> PQ;
7
8    PQ.push(1);
9    PQ.push(8);
10   PQ.push(3);
11   PQ.push(5);
12
13   cout << PQ.top() << " "; // 8
14   PQ.pop();
```

```
15
16    cout << PQ.top() << " "; // 5
17    PQ.pop();
18
19    PQ.push(11);
20
21    cout << PQ.top() << " "; // 11
22    PQ.pop();
23
24    cout << PQ.top() << endl; // 3
25    PQ.pop();
26
27    return 0;
28  }
```

OUTPUT

```
8 5 11 3
```

元素类型为 int 型时，priority_queue 默认最大的元素优先级最高，将其优先取出。

现在我们用 STL 的 priority_queue 来解之前的例题。ALDS1_9_C: Priority Queue 可以通过下述方法实现。

```
1  #include<cstdio>
2  #include<string>
3  #include<queue>
4  using namespace std;
5
6  int main() {
7    char com[20];
8    // 使用标准库中的priority_queue
9    priority_queue<int> PQ;
10
11   while ( 1 ) {
12     scanf("%s", com);
13     if ( com[0] == 'i') {
14       int key ; scanf("%d", &key); // 使用比cin速度更快的scanf
15       PQ.push(key);
16     } else if ( com[1] == 'x' ) {
17       printf("%d\n", PQ.top());
18       PQ.pop();
19     } else if ( com[0] == 'e' ) {
20       break;
21     }
22   }
23
24   return 0;
25 }
```

第 11 章

动态规划法

本章将讲解与动态规划（Dynamic Programming，DP）有关的例题。动态规划法是一种求最优解的数学思路，广泛应用于组合优化、图像解析等问题的相关算法之中。

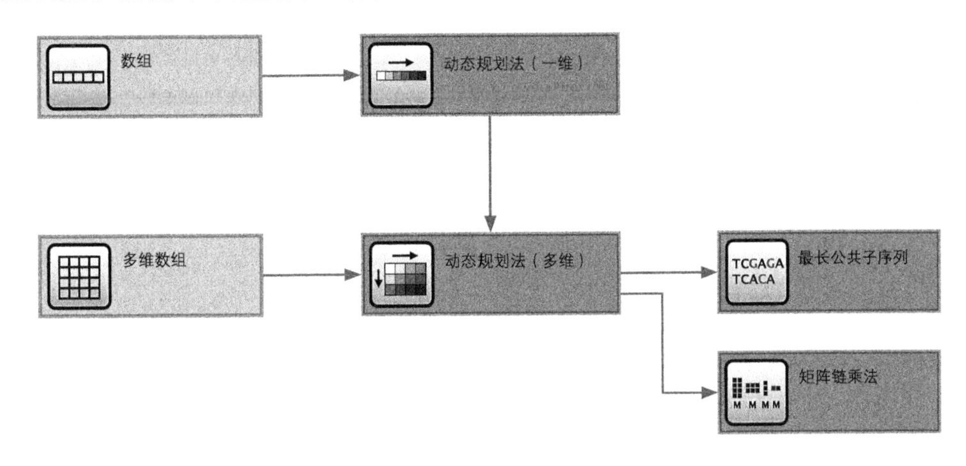

接触本章的问题之前，各位需要先掌握多维数组、循环处理等基础编程技能。

11.1 挑战问题之前——动态规划法的概念

将算式的计算结果记录在内存中，需要时直接调用该结果，从而避免无用的重复计算，提高处理效率，这在程序和算法设计中是一种行之有效的手法。而我们要讲的动态规划就是这类手法之一。

让我们来回顾一下第 6 章中讲解的例题 ALDS1_5_A:Exhaustive Search。这道题要从数列中任意选出几个数，检验是否能相加得出 m。当初我们用的是穷举法，效率极差。实际上，这个问题可以通过动态规划法来实现高速化。比如说，将已求出的 `solve(i, m)` 记录在 $dp[i][m]$ 中，之后只要调取 $dp[i][m]$ 的值就能够避免重复计算。该算法可以用以下方法实现。

Program 11.1 动态规划法示例

```
1  solve(i, m)
2    if dp[i][m] 已计算完毕
3      return dp[i][m]
4
5    if m == 0
6      dp[i][m] = true
7    else if i >= n
8      dp[i][m] = false
9    else if solve(i+1, m)
10     dp[i][m] = true
11   else if solve(i+1, m - A[i])
12     dp[i][m] = true
13   else
14     dp[i][m] = false
15
16   return dp[i][m]
```

上述使用递归的方法称为记忆化递归。另外，动态规划法可以建立递归式，通过循环顺次求出最优解。

上述算法虽然需要 $O(nm)$ 的内存空间，却能将复杂度为 $O(2^n)$ 的穷举算法改良为 $O(nm)$ 的算法。

11.2 斐波那契数列

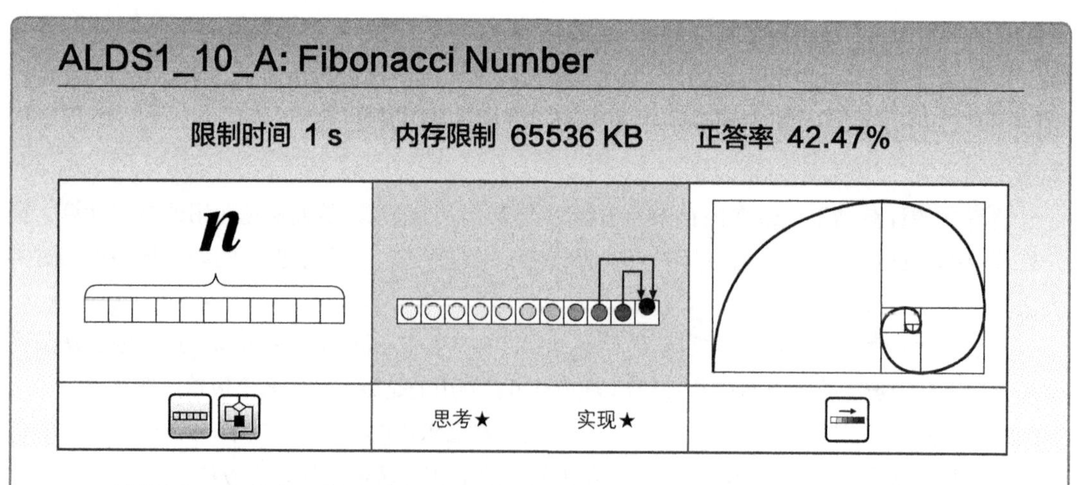

ALDS1_10_A: Fibonacci Number
限制时间 1 s
内存限制 65536 KB
正答率 42.47%
n
思考★
实现★

请编写一个程序，输出斐波那契数列的第 n 项。斐波那契数列由以下递归算式定义。

$$fib(n)=\begin{cases}1 & (n=0)\\ 1 & (n=1)\\ fib(n-1)+fib(n-2)\end{cases}$$

输入 输入 1 个整数 n。

输出 输出斐波那契数列的第 n 项，占 1 行。

限制 $0 \leqslant n \leqslant 44$

输入示例

```
3
```

输出示例

```
3
```

讲解

斐波那契数列是一个颇为玄妙的数列，从植物纹理等许多自然现象中都能找到它，利用这一数列，我们能画出拥有最美比例的黄金比例长方形。斐波那契数列能够通过递归算式定义，因此可以由下述算法生成。

Program 11.2 递归生成斐波那契数列

```
1 fibonacci(n)
2   if n == 0 || n == 1
3     return 1
4   return fibonacci(n - 2) + fibonacci(n - 1)
```

上述算法虽然能求出斐波那契数列的第 n 项，但复杂度方面尚有缺陷。

我们用 $f()$ 来代表 `fibonacchi()`，如图 11.1 所示，求 $f(5)$ 时必须求出 $f(4)$ 和 $f(3)$，求 $f(4)$ 时还要再调用一次 $f(3)$。

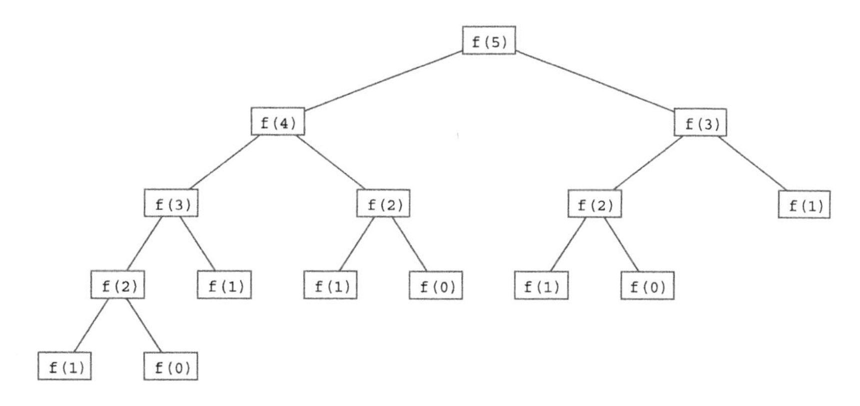

图 11.1 斐波那契数列的生成

$f(2)$ 和 $f(3)$ 出现了多次，而且每次结构相同，返回值也一样。这就出现了多次相同的计算，求 $f(n)$ 时要将 $f(0)$ 或 $f(1)$ 重复调用 $f(n)$ 次。举个例子，$f(44)$ 是 1 134 903 170，复杂度有多高可想而知。

上面的算法会重复计算早就得出结果的值，做了很多无用功。于是我们对已有结果进行记忆化（存储），改良为图 11.2 所示的形式。

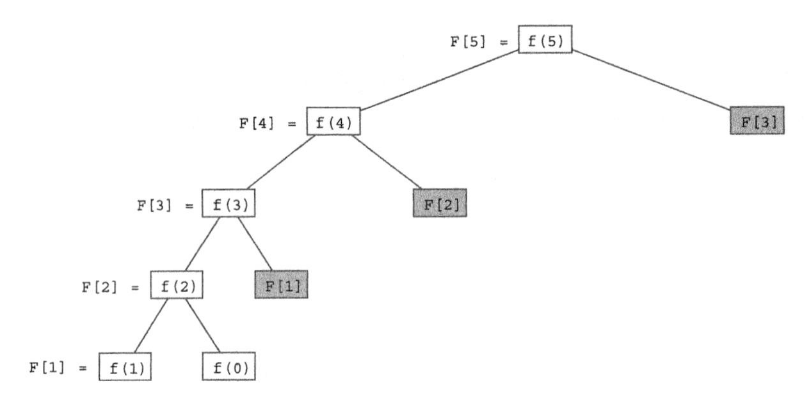

图 11.2 斐波那契数列的生成——记忆化

我们将一度计算出结果的 $f(n)$ 存储在数组元素 $F[n]$ 中，借此来避免重复计算。这种思路基于动态规划的基本结构，其算法如下。

Program 11.3 通过记忆化递归生成斐波那契数列

```
1  fibonacci(n)
2    if n == 0 || n == 1
3      return F[n] = 1 // 将 1 记忆在 F[n] 中并返回
4    if F[n] 已计算完毕
5      return F[n]
6    return F[n] = fibonacci(n - 2) + fibonacci(n - 1)
```

这一思路可通过下面这种循环展开的算法实现。

Program 11.4 通过动态规划法生成斐波那契数列

```
1  makeFibonacci()
2    F[0] = 1
3    F[1] = 1
4    for i 从 2 到 n
5      F[i] = F[i - 2] + F[i - 1]
```

这个算法会从小到大计算斐波那契数，所以计算 $F[i]$ 时早已完成了 $F[i-1]$ 和 $F[i-2]$ 的计算，可以直接拿现成的值来用。

综上所述，将小规模局部问题的解存储在内存中，等到计算大问题的解时直接拿来有效利用，这就是动态规划的基本思路。

参考答案

C

```
1  #include<stdio.h>
2
3  int dp[50];
4
5  int fib(int n) {
6    if ( n == 0 || n == 1 ) return dp[n] = 1;
7    if ( dp[n] != -1 ) return dp[n];
8    return dp[n] = fib(n - 1) + fib(n - 2);
9  }
10
11 int main() {
12   int n, i;
13   for ( i = 0; i < 50; i++ ) dp[i] = -1;
14
15   scanf("%d", &n);
16   printf("%d\n", fib(n));
17
18   return 0;
19 }
```

C++

```
1  #include<iostream>
2  using namespace std;
3
4  int main() {
5    int n; cin >> n;
6    int F[50];
7    F[0] = F[1] = 1;
8    for ( int i = 2; i <= n; i++ ) F[i] = F[i - 1] + F[i - 2];
9
10   cout << F[n] << endl;
11
12   return 0;
13 }
```

11.3 最长公共子序列

ALDS1_10_C: Longest Common Subsequence

限制时间 1 s　　内存限制 65536 KB　　正答率 31.24%

TCCAGATGG

TCACA

思考★★☆　　实现★★☆

TCCAGATGG

TCACA

最长公共子序列问题（Longest Common Subsequence problem，LCS）是求两个给定序列 $X = \{x_1, x_2, \cdots, x_m\}$ 与 $Y = \{y_1, y_2, \cdots, y_n\}$ 最长公共子序列的问题。

如果序列 Z 同时为 X 和 Y 的子序列，那么 Z 就称为 X 与 Y 的公共子序列。举个例子，设 $X = \{a, b, c, b, d, a, b\}$、$Y = \{b, d, c, a, b, a\}$，那么序列 $\{b, c, a\}$ 就是 X 与 Y 的公共子序列。但是，序列 $\{b, c, a\}$ 并不是 X 与 Y 的最长公共子序列。因为这个序列的长度为 3，而 X 与 Y 之间还存在长度为 4 的公共子序列 $\{b, c, b, a\}$。由于没有长度大于等于 5 的公共子序列，所以 $\{b, c, b, a\}$ 就是 X 与 Y 的最长公共子序列之一。

请编写一个程序，对给定的两个字符串 X、Y 输出最长公共子序列 Z 的长度。给定字符串仅由英文字母构成。

输入　给定多组数据。第 1 行输入数据组数 q。接下来的 $2 \times q$ 行输入数据组，每组数据包含 X、Y 共 2 个字符串，每个字符串占 1 行。

输出　输出每组 X、Y 的最长公共子序列 Z 的长度，每个长度占 1 行。

限制　$1 \leqslant q \leqslant 150$

$1 \leqslant X$、Y 的长度 $\leqslant 1000$

若某组数据中 X 或 Y 的长度超过 100，则 q 不超过 20。

输入示例

```
3
abcbdab
bdcaba
abc
abc
abc
bc
```

输出示例

```
4
3
2
```

讲解

为方便说明，这里我们用 X_i 代表 $\{x_1, x_2, \cdots, x_i\}$，用 Y_j 代表 $\{y_1, y_2, \cdots, y_j\}$。那么，求长度分别为 m、n 的两个序列 X、Y 的 LCS，就相当于求 X_m 与 Y_n 的 LCS。我们将其分割为局部问题进行分析。

首先，求 X_m 与 Y_n 的 LCS 时要考虑以下两种情况。

▶ $x_m = y_n$ 时，在 X_{m-1} 与 Y_{n-1} 的 LCS 后面加上 x_m（$= y_n$）就是 X_m 与 Y_n 的 LCS

举个例子，$X = \{a, b, c, c, d, a\}$，$Y = \{a, b, c, b, a\}$ 时 $x_m = y_n$，所以在 X_{m-1} 与 Y_{n-1} 的 LCS（$\{a, b, c\}$）后面加上 x_m（$= a$）即为 X_m 与 Y_n 的 LCS。

▶ $x_m \neq y_n$ 时，X_{m-1} 与 Y_n 的 LCS 和 X_m 与 Y_{n-1} 的 LCS 中更长的一方就是 X_m 与 Y_n 的 LCS

举个例子，$X = \{a, b, c, c, d, b\}$，$Y = \{a, b, c, b, a\}$ 时，X_{m-1} 与 Y_n 的 LCS 为 $\{a, b, c\}$，X_m 与 Y_{n-1} 的 LCS 为 $\{a, b, c, b\}$，因此 X_m 与 Y_{n-1} 的 LCS 就是 X_m 与 Y_n 的 LCS。

这个算法对 X_i 与 Y_j 同样适用。于是我们准备了下述函数，用来求解 LCS 的局部问题。

$c[m+1][n+1]$	该二维数组中，$c[i][j]$ 代表 X_i 与 Y_j 的 LCS 的长度

$c[i][j]$ 的值可由下述递推公式（Recursive Formula）求得。

$$c[i][j] = \begin{cases} 0 & \text{if } i = 0 \text{ or } j = 0 \\ c[i-1][j-1]+1 & \text{if } i, j > 0 \text{ and } x_i = y_j \\ \max(c[i][j-1],\ c[i-1][j]) & \text{if } i, j > 0 \text{ and } x_i \neq y_j \end{cases}$$

基于上述变量和公式，可以用动态规划法求序列 X 与 Y 的 LCS，具体算法如下。

Program 11.5 通过动态规划法求最长公共子序列的最优解

```
1  lcs(X, Y)
2    m = X.length
```

```
3    n = Y.length
4    for i = 1 to m
5      c[i][0] = 0
6    for j = 1 to n
7      c[0][j] = 0
8    for i = 1 to m
9      for j = 1 to n
10       if X[i] == Y[j]
11         c[i][j] = c[i - 1][j - 1] + 1
12       else if c[i - 1][j] >= c[i][j - 1]
13         c[i][j] = c[i - 1][j]
14       else
15         c[i][j] = c[i][j - 1]
```

考察

算法中存在 n 与 m 的二重循环，很容易推测出其复杂度为 $O(nm)$。

参考答案

C++

```
1   #include<iostream>
2   #include<string>
3   #include<algorithm>
4   using namespace std;
5   static const int N = 1000;
6
7   int lcs(string X, string Y) {
8     int c[N + 1][N + 1];
9     int m = X.size();
10    int n = Y.size();
11    int maxl = 0;
12    X = ' ' + X; // 在 X[0] 中插入空格
13    Y = ' ' + Y; // 在 Y[0] 中插入空格
14    for ( int i = 1; i <= m; i++ ) c[i][0] = 0;
15    for ( int j = 1; j <= n; j++ ) c[0][j] = 0;
16
17    for ( int i = 1; i <= m; i++ ) {
18      for ( int j = 1; j <= n; j++ ) {
19        if ( X[i] == Y[j] ) {
20          c[i][j] = c[i - 1][j - 1] + 1;
21        } else {
```

```
22          c[i][j] = max(c[i - 1][j], c[i][j - 1]);
23        }
24        maxl = max(maxl, c[i][j]);
25      }
26    }
27
28    return maxl;
29  }
30
31  int main() {
32    string s1, s2;
33    int n; cin >> n;
34    for ( int i = 0; i < n; i++ ) {
35      cin >> s1 >> s2;
36      cout << lcs(s1, s2) << endl;
37    }
38    return 0;
39  }
```

11.4 矩阵链乘法

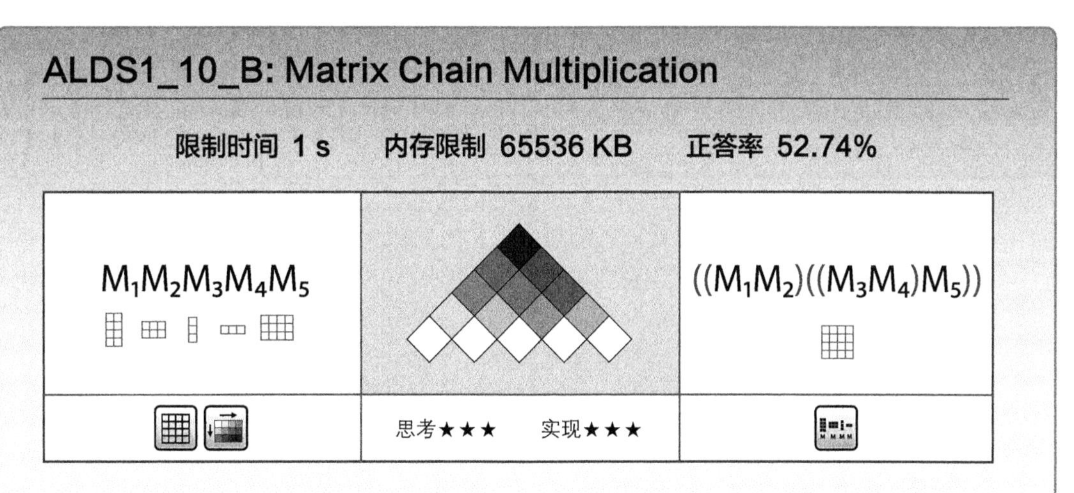

对于给定的 n 个矩阵形成的矩阵链 $M_1, M_2, M_3, \cdots, M_n$，求计算乘积 $M_1M_2M_3\cdots M_n$ 时进行最少次标量相乘的运算顺序，这类问题就称为矩阵链乘法问题（Matrix Chain Multiplication Problem）。

请编写一个程序，当给定矩阵 M_i 的维数后，求出计算 n 个矩阵的乘积 $M_1M_2M_3\cdots M_n$ 时所需标量相乘运算的最少次数。

输入　第 1 行输入矩阵数 n。接下来 n 行输入矩阵 M_i（$i=1\cdots n$）的维数 r、c。其中 r 代表矩阵的行数，c 代表矩阵的列数，r、c 均为整数，用空格隔开。

输出　输出最少次数，占 1 行。

限制　$1 \leqslant n \leqslant 100$

$1 \leqslant r, c \leqslant 100$

输入示例

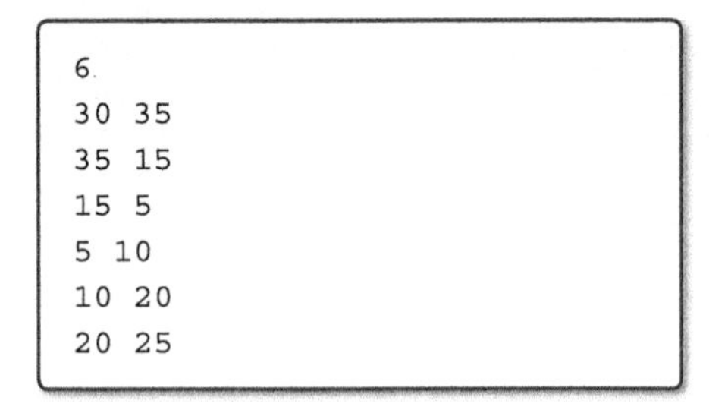

```
6
30 35
35 15
15 5
5 10
10 20
20 25
```

输出示例

```
15125
```

讲解

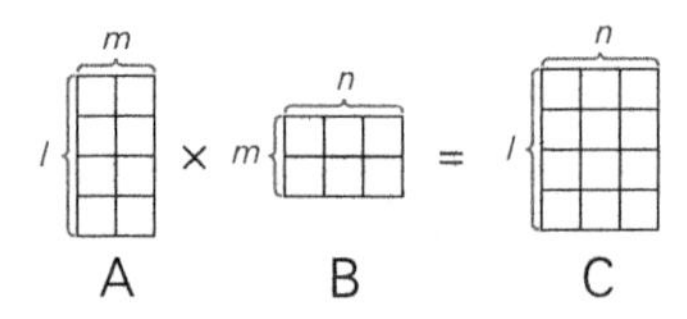

图 11.3　矩阵的乘法

如图 11.3 所示，$l \times m$ 的矩阵 A 与 $m \times n$ 的矩阵 B 相乘后得到 $l \times n$ 的矩阵 C，C 的各元素 c_{ij} 可由下面的式子得出。

$$c_{ij} = \sum_{k=1}^{m} a_{ik} b_{kj}$$

本题的目的是尽量减少计算过程中的乘法运算次数，并不关心 c_{ij} 的具体值。例子中的计算需要 $l \times m \times n$ 次乘法运算。接下来，我们来分析多个矩阵的乘法（矩阵链乘法）。

n 个矩阵相乘时，M_i 为 p_{i-1} 行 p_i 列的矩阵，我们以图 11.4 所示的 $(M_1M_2\cdots M_6)$ 为例进行分析。

图 11.4　矩阵链乘法

这些矩阵的乘积有多种计算顺序。举个例子，我们按习惯的从左到右的顺序计算时可以写作 $(((((M_1M_2)M_3)M_4)M_5)M_6)$，从右到左计算时可以写作 $(M_1(M_2(M_3(M_4(M_5M_6)))))$。除此之外还有 $(M_1(M_2(M_3M_4)(M_5M_6)))$ 等等，计算顺序多种多样。这些计算顺序得出的结果（矩阵链乘积）完全相同，但不同顺序下的"乘法运算次数"会有所差异。

以上面的矩阵链乘法为例，我们列出几种不同的情况，分析其所需的乘法运算次数。

如图 11.5 所示，我们按从左至右的顺序计算乘积时，总共需要 84 次乘法运算。相对地，如果按照图 11.6 所示的顺序计算，则会获得最高的计算效率，总共只需 36 次乘法运算。

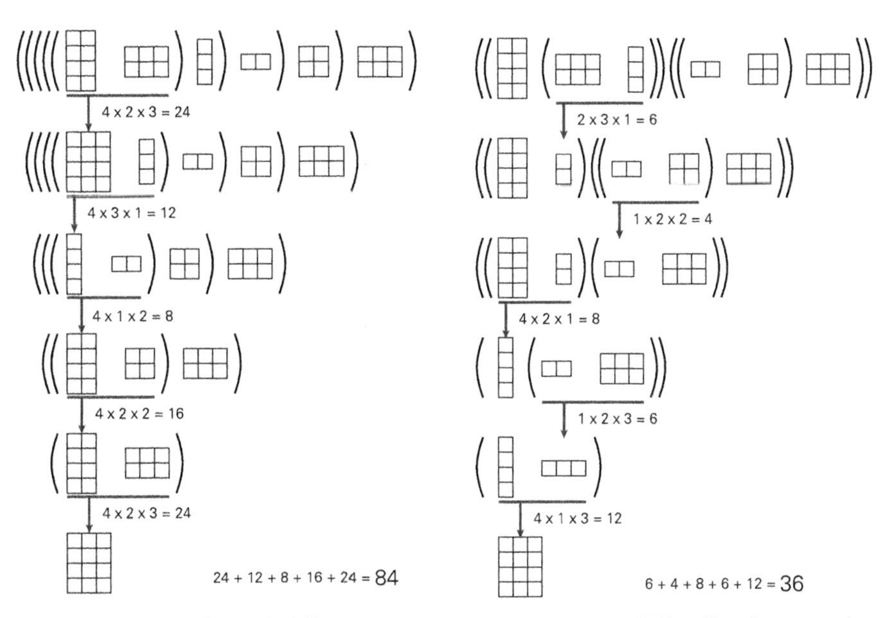

图 11.5 Case 1 从左至右计算——84 次　　图 11.6 Case 2 最佳运算顺序——36 次

处理矩阵链乘法问题时，如果检查所有可能的计算顺序，那么算法复杂度将达到 $O(n!)$。不过，由于这个问题能够分割成更小的局部问题，我们可以运用动态规划法。

首先，(M_1M_2) 只有一种计算方法（顺序），需要 $p_0 \times p_1 \times p_2$ 次乘法运算。同理，(M_2M_3) 也只有一种计算方法，需要 $p_1 \times p_2 \times p_3$ 次乘法运算。归纳后可知，(M_iM_{i+1}) 只有一种计算方法，需要 $p_{i-1} \times p_i \times p_{i+1}$ 次乘法运算。于是我们将这些运算次数视作"成本"记录在表中。

接下来求 $(M_1M_2M_3)$、$(M_2M_3M_4)$、…、$(M_{n-2}M_{n-1}M_n)$ 的最优计算方法。举个例子，计算 $(M_1M_2M_3)$ 的最优计算方法时，我们要分别算出 $(M_1(M_2M_3))$ 与 $((M_1M_2)M_3)$ 的成本，取其中较小的一个作为 $(M_1M_2M_3)$ 的成本记录在表中。这里

$(M_1(M_2M_3))$ 的成本 = (M_1) 的成本 + (M_2M_3) 的成本 + $p_0 \times p_1 \times p_3$

$((M_1M_2)M_3)$ 的成本 = (M_1M_2) 的成本 + (M_3) 的成本 + $p_0 \times p_2 \times p_3$

请注意，这一步用到的 (M_1M_2) 和 (M_2M_3) 的成本可以直接从表中引用，不需要再进行计算。另外还要注意，当 $1 \leqslant i \leqslant n$ 时，(M_i) 的成本为 0。

一般情况下，矩阵链乘法 $(M_iM_{i+1}\cdots M_j)$ 的最优解就是 $(M_iM_{i+1}\cdots M_k)(M_{k+1}\cdots M_j)$ 的最小成本（其中 $i \leqslant k < j$）。

举个例子，$(M_1M_2M_3M_4M_5)$（$i=1$，$j=5$ 时）的最优解就是下列式子中的最小值。

$(M_1)(M_2M_3M_4M_5)$ 的成本 = (M_1) 的成本 + $(M_2M_3M_4M_5)$ 的成本 + $p_0 \times p_1 \times p_5$（$k=1$ 时）

$(M_1M_2)(M_3M_4M_5)$ 的成本 = (M_1M_2) 的成本 + $(M_3M_4M_5)$ 的成本 + $p_0 \times p_2 \times p_5$（$k=2$ 时）

$(M_1M_2M_3)(M_4M_5)$ 的成本 = $(M_1M_2M_3)$ 的成本 + (M_4M_5) 的成本 + $p_0 \times p_3 \times p_5$（$k=3$ 时）

$(M_1M_2M_3M_4)(M_5)$ 的成本 = $(M_1M_2M_3M_4)$ 的成本 + (M_5) 的成本 + $p_0 \times p_4 \times p_5$（$k=4$ 时）

现在来看看这个算法的具体实现方法。先准备下述变量。

$m[n+1][n+1]$	该二维数组中，$m[i][j]$ 表示计算 $(M_iM_i+1\cdots M_j)$ 时所需乘法运算的最小次数
$p[n+1]$	该一维数组用于存储矩阵的行列数，其中 M_i 是 $p[i-1]\times p[i]$ 的矩阵

利用上述变量，我们可以通过下面的式子求出 $m[i][j]$。

$$m[i][j] = \begin{cases} 0 & \text{if } i = j \\ \min_{i \leqslant k < j}\{m[i][k] + m[k+1][j] + p[i-1] \times p[k] \times p[j]\} & \text{if } i < j \end{cases}$$

这个算法的实现方法如下。

Program 11.6　通过动态规划法求矩阵链乘法的最优解

```
1  matrixChainMultiplication()
2    for i = 1 to n
3      m[i][i] = 0
4
5    for l = 2 to n
6      for i = 1 to n - l + 1
7        j = i + l - 1
8        m[i][j] = INFTY
9        for k = i to j - 1
10         m[i][j] = min(m[i][j], m[i][k] + m[k + 1][j] + p[i - 1] * p[k] * p[j])
```

■ 考察

这个算法需要让对象矩阵的数量 l 从 2 逐步增加到 n，同时对于每个 l 要通过不断改变 i 和 j 来改变指定范围。除此之外，还需要在 i 和 j 的范围内让 k 不断变化。整个算法由三重循环构成，因此复杂度为 $O(n^3)$。

参考答案

C++

```
1  #include<iostream>
2  #include<algorithm>
3  using namespace std;
4  
5  static const int N = 100;
6  
7  int main() {
8    int n, p[N + 1], m[N + 1][N + 1];
9    cin >> n;
10   for ( int i = 1; i <= n; i++ ) {
11       cin >> p[i - 1] >> p[i];
12   }
13 
14   for ( int i = 1; i <= n; i++ ) m[i][i] = 0;
15   for ( int l = 2; l <= n; l++ ) {
16     for ( int i = 1; i <= n - l + 1; i++ ) {
17       int j = i + l - 1;
18       m[i][j] = (1 << 21);
19       for ( int k = i; k <= j - 1; k++ ) {
20         m[i][j] = min(m[i][j], m[i][k] + m[k + 1][j] + p[i - 1] * p[k] * p[j]);
21       }
22     }
23   }
24 
25   cout << m[1][n] << endl;
26 
27   return 0;
28 }
```

第 12 章

图

计算机处理的许多问题都可以用图（Graph）这种数据结构来表现。图能够抽象地表现“对象”以及对象间的“关系”，可以将现实世界中各种各样的问题模型化，因此长久以来，人们对与图相关的算法做了大量研究。

本章中我们将学习图的概念，解答一些与“图的实现”和“图的初等算法”相关的例题。

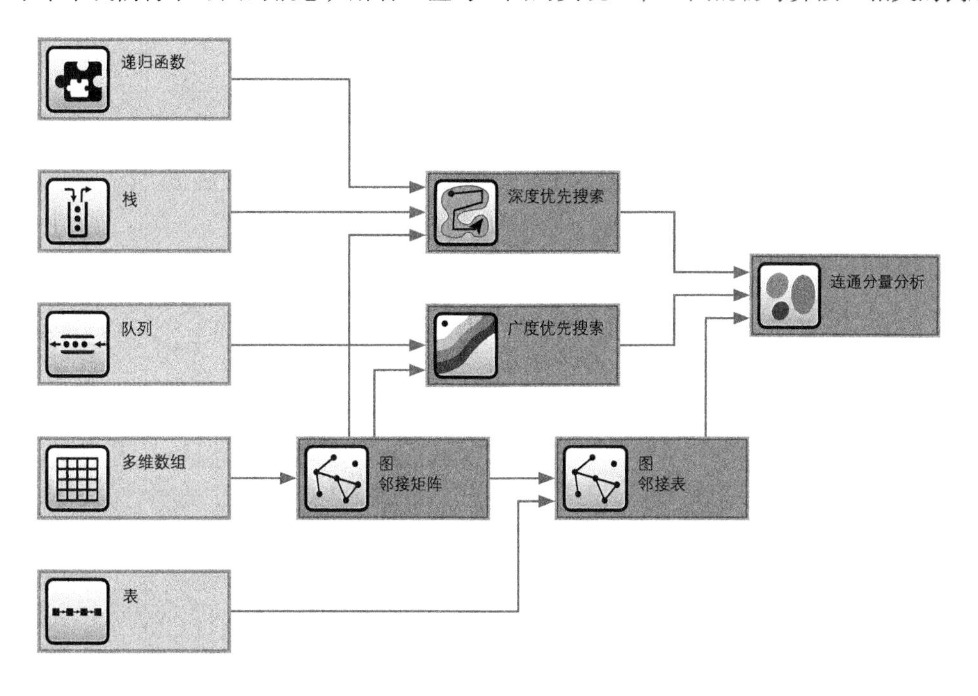

接触本章的问题之前，各位需要掌握递归函数、栈、队列等初等数据结构的相关编程技能。另外，为实现更高效的数据结构，还需要各位理解链表的知识，并具备应用链表的编程技能。

12.1 挑战问题之前——图

12.1.1 图的种类

如图 12.1 所示，图这种数据结构表现的是对象集合以及其间关系的集合。

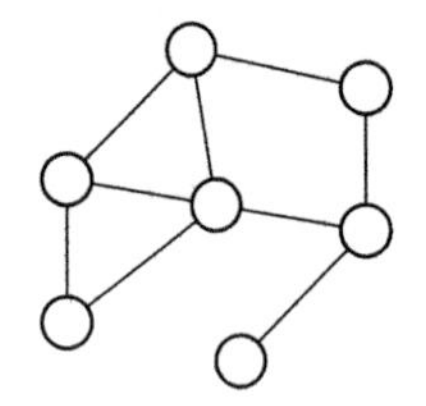
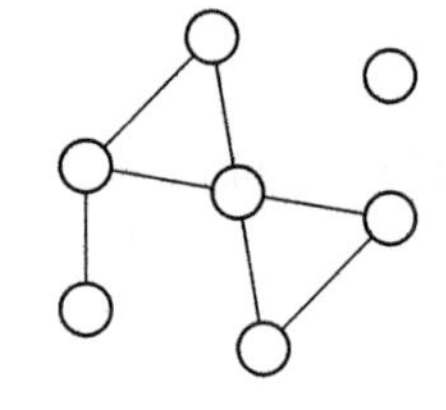
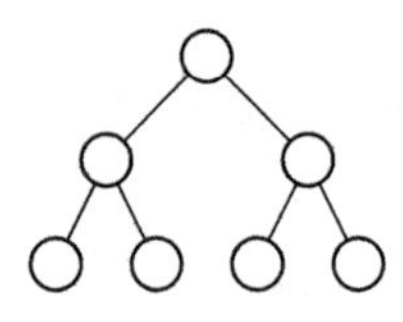

图 12.1 图

图里的“对象”称为结点（Node）或顶点（Vertex），通常用圆来表示。“关系”表示顶点与顶点间的关系，称为边（Edge）。圆与圆之间的关系用连线或箭头表示。

图可大致分为以下 4 类，用来处理不同类型的问题。

名称	特征
无向图	边没有方向的图
有向图	边有方向的图
加权无向图	边有权（值）但没有方向的图
加权有向图	边有权（值）且有方向的图

有向图的边不但表现了两个顶点间是否有关系，还表现了关系的方向，将边连接的两个顶点区分为起点和终点。在加权图中，各边都具有值。

下面我们看看这些图的具体例子。

无向图示例

社交网络等人际关系就可以用无向图来表示。

我们可以用图来抽象地表示肉眼看不到的朋友关系（图 12.2）。

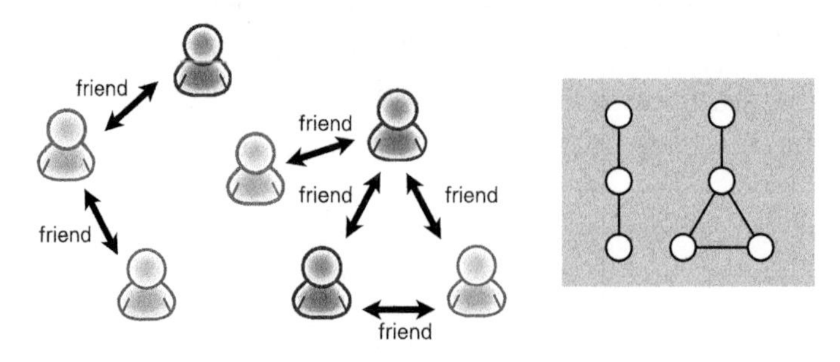

图 12.2 无向图示例

这类图能涉及许多问题，比如“现定义朋友的朋友是朋友，那么 A 与 B 是朋友吗?”“图中有几个朋友圈?”“A 要想找到 C，至少需要经由几个朋友?”等。

有向图示例

事物的顺序可由有向图来表示。举个例子，图 12.3 表示通过本章内容可获得的一部分技能。

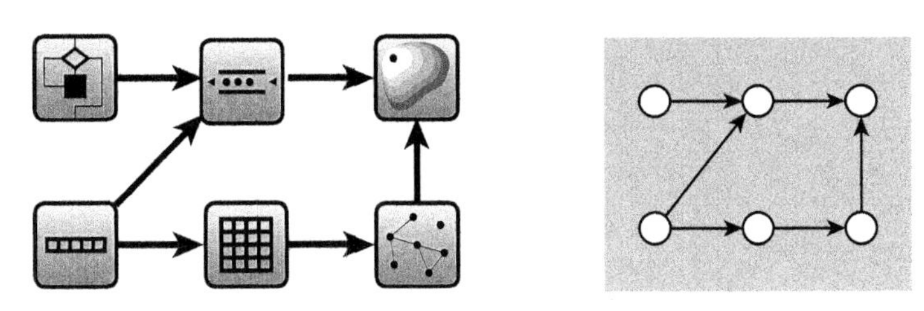

图 12.3 有向图示例

假设获得某项技能需要先获得其所有前提技能，那么便可以从中衍生出“要想获得所有技能，需要按什么顺序学习?”等问题。

加权无向图示例

如果给边加上权来表示成本等信息，我们就可以进一步拓展图能够表达的内容。这里，“权”指包含距离、关联强度、成本等属性的数值。

举个例子，设顶点为温泉旅馆或源泉，边为连接各顶点的管道，边的权为管道长度。现假设热水能沿管道任意方向流动，那么要想让热水流经所有旅馆，如何搭建管道能使管道总长度最小呢? 这类问题就可以通过该图来解决（图 12.4）。

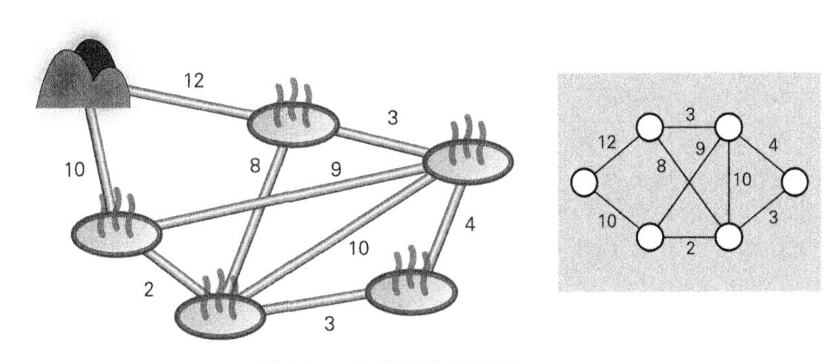

图 12.4 加权无向图示例

加权有向图示例

给加权图的边添上方向，我们就可以为 A → B 和 B → A 设置不同的权值了。

举个例子，我们以高速公路转换出入口（IC）为顶点，以往来其间所需的时间或费用为边，来制成一张图表示公路网。利用这种图结构，我们就可以轻松地设计出计算一个 IC 到另一个 IC 之间最短距离的汽车导航系统（图 12.5）。

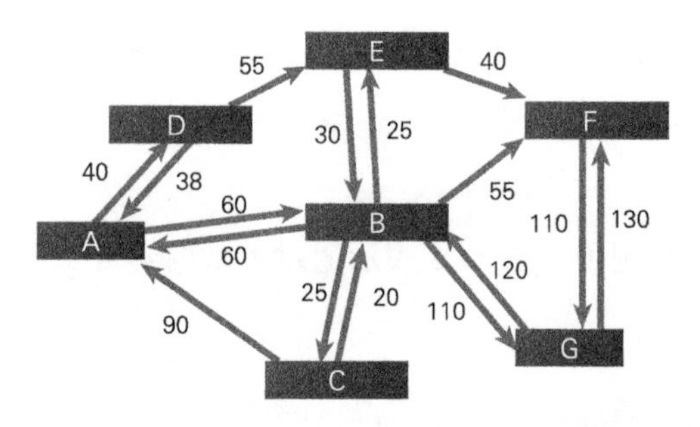

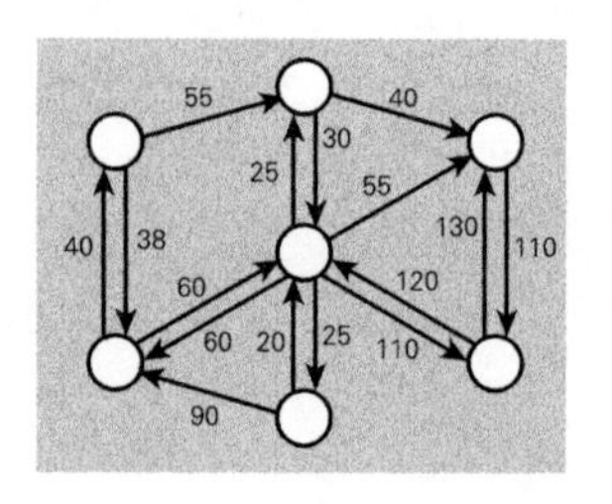

图 12.5 加权有向图示例

12.1.2 图的表述与术语

让我们来看看本书使用的与图相关的基本表述与术语。

顶点集合为 V，边集合为 E 的图记作 $G=(V, E)$。另外，$G=(V, E)$ 的顶点数和边数分别为 $|V|$ 和 $|E|$。

连接两个顶点 u、v 的边记作 $e=(u, v)$。在无向图中，(u, v) 与 (v, u) 代表同一条边。在加权图中，边 (u, v) 的权记作 $w(u, v)$。

如果无向图中存在边 (u, v)，我们就称顶点 u 和顶点 v 相邻（Adjacent）。相邻顶点的序列 $v_0, v_1, \cdots, v_k$（对于所有 $i=1, 2, \cdots, k$ 存在边 (v_{i-1}, v_i)）称为路径（Path）。起点和终点相同的路径称为环（Cycle）。

不存在环的有向图称为 Directed Acyclic Graph（DAG）。举个例子，图 12.6 中的图 (a) 存在 $1\rightarrow2\rightarrow3\rightarrow1$ 和 $1\rightarrow2\rightarrow4\rightarrow3\rightarrow1$ 的环，因此不属于 DAG。相对地，(b) 中不存在环，所以是 DAG。

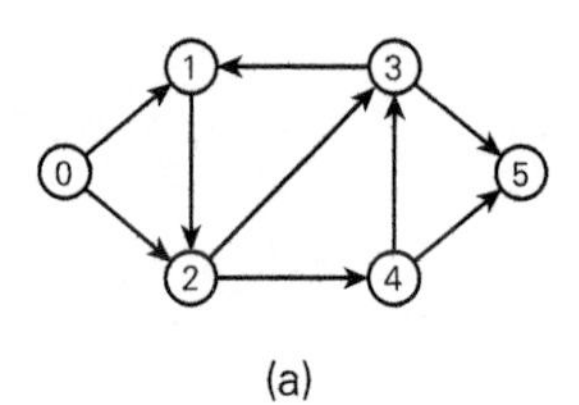

(a)

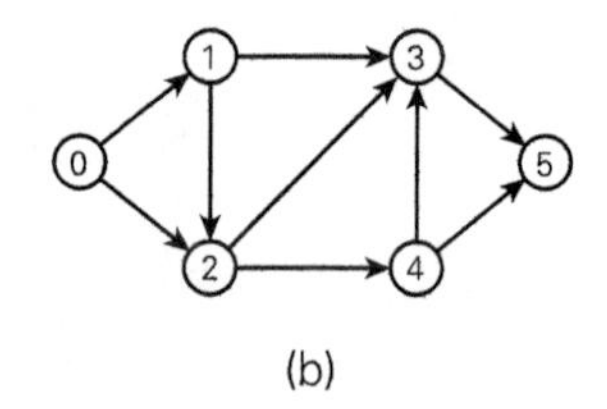

(b)

图 12.6 有向图与 DAG

与顶点 u 相连的边数称为顶点 u 的度（Degree）。在有向图中，以顶点 u 为终点的边数称为顶点 u 的入度，以顶点 u 为起点的边数称为顶点 u 的出度。以上面的图 (b) 为例，顶点 3 的入度为 3，出度为 1。

如果对图 $G=(V, E)$ 而言，任意两个顶点 u、v 都存在从 u 到 v 的路径，那么 G 称为连通图。

对于两个图 G 和 G'，如果 G' 的顶点集合与边集合皆为 G 的顶点集合与边集合的子集，那么 G' 就称为 G 的子图。

12.1.3 图的基本算法

图最基本的算法是搜索。所谓图的搜索，就是指系统地访问图的所有顶点（或者部分顶点的集合）。由于不同的访问方式可以调查图的不同特征，所以搜索是许多重要算法的基础。

图最具代表性的搜索算法是深度优先搜索（Depth First Search，DFS）和广度优先搜索（Breadth Firth Search，BFS），这两种算法对无向图和有向图都适用。

深度优先搜索以“能走多远就走多远”为基本规则，是图最自然也是最基本的搜索算法。

相对地，广度优先搜索先尽可能地搜索与已搜索顶点相邻的未搜索顶点，然后以此类推不断扩大搜索范围。我们常将广度优先搜索用作求最短路径的一个算法。

12.2 图的表示

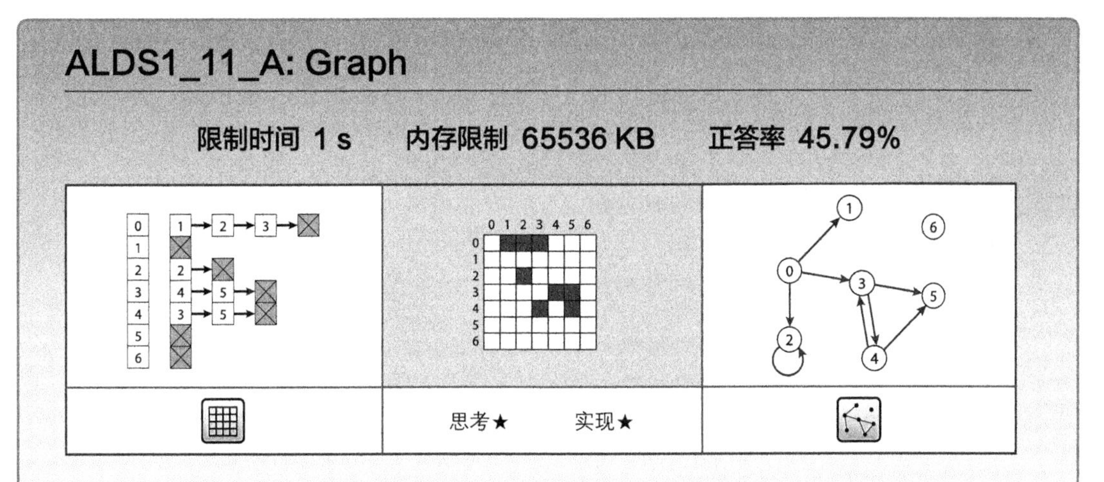

表示图 $G = (V, E)$ 有两种方法，一种是邻接表（Adjacency List），一种是邻接矩阵（Adjacency Matrices）。

邻接表表示法中，我们对 V 的每个顶点都用一个表来表示，总计用 $|V|$ 个表 $Adj[|V|]$ 来表示图。对于顶点 u，邻接表 $Adj[u]$ 中包含所有与 (u, v_i) 相连的顶点 v_i（其中 (u, v_i) 是集合 E 中的边）。也就是说，$Adj[u]$ 由 G 中所有与 u 相邻的顶点组成。

相对地，邻接矩阵表示法用 $|V| \times |V|$ 的矩阵来表示图，其中如果顶点 i 到顶点 j 存在边，那么 a_{ij} 为 1，反之则为 0。

请编写一个程序，将以邻接表形式给出的有向图 G 以邻接矩阵形式输出。G 包含 n（$=|V|$）个顶点，编号分别为 1 至 n。

输入 第 1 行输入 G 的顶点数 n。接下来的 n 行，按照下述格式输入各顶点 u 的邻接表 $Adj[u]$。

$u\ k\ v_1\ v_2 \cdots v_k$

其中 u 为顶点编号，k 为 u 的度，$v_1\ v_2 \cdots v_k$ 为与 u 相邻的顶点编号。

输出 按照输出示例中的格式输出 G 的邻接矩阵。a_{ij} 之间用 1 个空格隔开。

限制 $1 \leqslant n \leqslant 100$

输入示例

```
4
1 2 2 4
2 1 4
3 0
4 1 3
```

输出示例

```
0 1 0 1
0 0 0 1
0 0 0 0
0 0 1 0
```

■ 讲解

存储图结构信息的方法有很多，我们需要根据问题需求选择实现方法，以使程序有效地表现和操作图结构。这里要给各位讲解的是邻接矩阵。

顾名思义，邻接矩阵表示法用二维数组来表示图。数组下标对应各顶点的编号。举个例子，设这个二维数组为 M，那么 $M[i][j]$ 就代表顶点 i 和顶点 j 的关系。

如图 12.7 所示，无向图的邻接矩阵中，如果顶点 i 和顶点 j 之间存在边，那么 $M[i][j]$ 和 $M[j][i]$ 的值都为 1（true），不存在边时则为 0（false）。邻接矩阵呈右上左下对称形式。

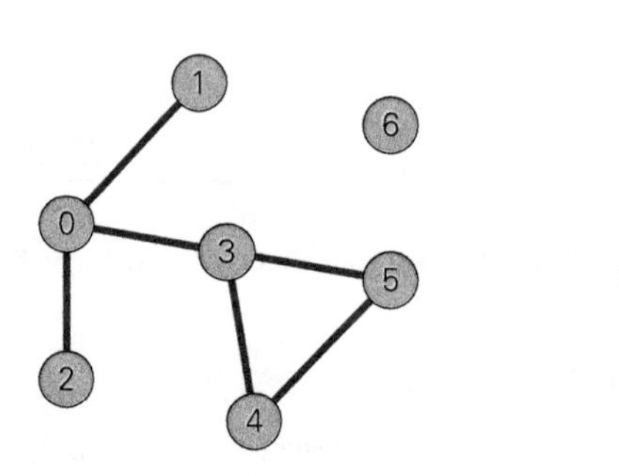

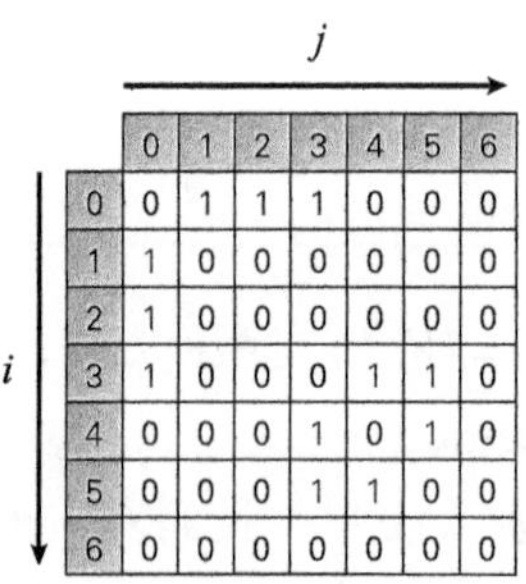

	0	1	2	3	4	5	6
0	0	1	1	1	0	0	0
1	1	0	0	0	0	0	0
2	1	0	0	0	0	0	0
3	1	0	0	0	1	1	0
4	0	0	0	1	0	1	0
5	0	0	0	1	1	0	0
6	0	0	0	0	0	0	0

图 12.7 无向图的邻接矩阵

如图 12.8 所示，有向图的邻接矩阵中，如果存在顶点 i 到顶点 j 的边，则 $M[i][j]$ 的值为 1（true），不存在则为 0（false）。

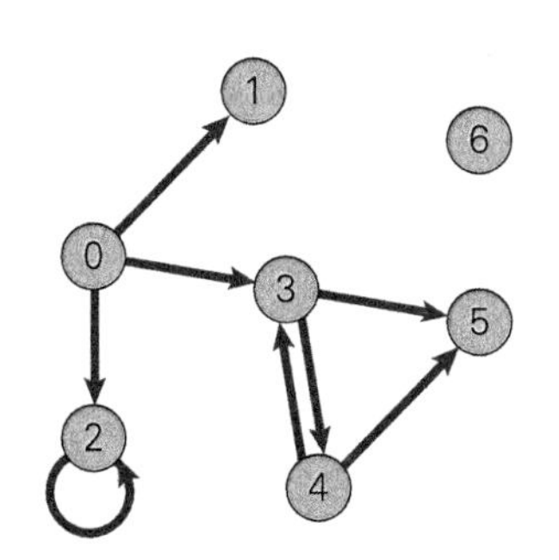

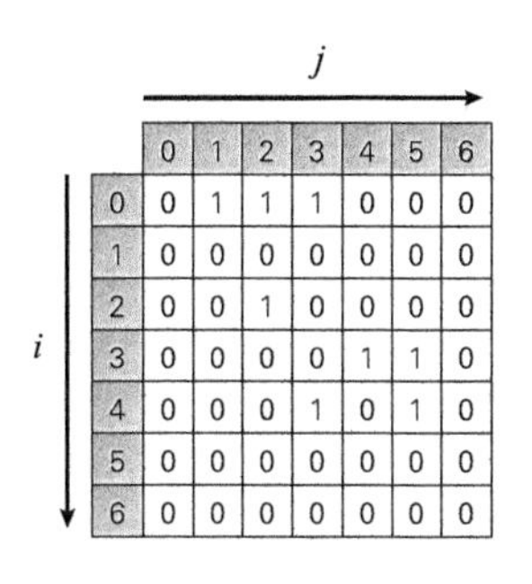

	0	1	2	3	4	5	6
0	0	1	1	1	0	0	0
1	0	0	0	0	0	0	0
2	0	0	1	0	0	0	0
3	0	0	0	0	1	1	0
4	0	0	0	1	0	1	0
5	0	0	0	0	0	0	0
6	0	0	0	0	0	0	0

图 12.8　有向图的邻接矩阵

考察

图的邻接矩阵表示法具有以下特征。

邻接矩阵表示法的优点

- ▶ 可以通过 $M[u][v]$ 直接引用边 (u,v)，因此只需常数时间（$O(1)$）即可确定顶点 u 和顶点 v 的关系
- ▶ 只要更改 $M[u][v]$ 就能完成边的添加与删除，简单且高效（$O(1)$）

邻接矩阵表示法的缺点

- ▶ 消耗的内存空间等于顶点数的平方。如果图的边数较少（稀疏图），则会浪费大量的内存空间
- ▶ 一个邻接矩阵中，只能记录顶点 u 到顶点 v 的一个关系（一个基本型的二维数组中，无法在同一对顶点之间画出两条边）

参考答案

C++

```
1  #include<iostream>
2  using namespace std;
3  static const int N = 100;
4  
5  int main() {
6    int M[N][N]; // 0 0 起点的邻接矩阵
7    int n, u, k, v;
8  
9    cin >> n;
10 
```

```
11    for ( int i = 0; i < n; i++ ) {
12      for ( int j = 0; j < n; j++ ) M[i][j] = 0;
13    }
14
15    for ( int i = 0; i < n; i++ ) {
16      cin >> u >> k;
17      u--; // 转换为 0 起点
18      for ( int j = 0; j < k; j++ ) {
19        cin >> v;
20        v--; // 转换为 0 起点
21        M[u][v] = 1; // 在 u 和 v 之间画出一条边
22      }
23    }
24
25    for ( int i = 0; i < n; i++ ) {
26      for ( int j = 0; j < n; j++ ) {
27        if ( j ) cout << " ";
28        cout << M[i][j];
29      }
30      cout << endl;
31    }
32
33    return 0;
34  }
```

12.3 深度优先搜索

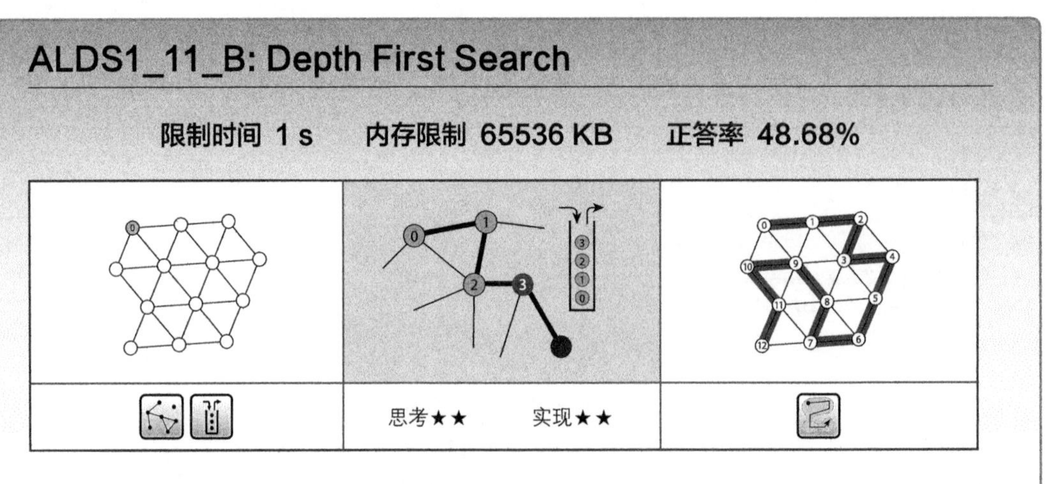

ALDS1_11_B: Depth First Search
限制时间 1 s
内存限制 65536 KB
正答率 48.68%
思考★★
实现★★

在图的搜索算法中，深度优先搜索采取的思路是尽可能地访问相邻顶点。设仍存在未搜索邻接边的顶点中最后一个被发现的顶点为 v，那么深度优先搜索就是对顶点 v

的邻接边递归地进行搜索。当 v 的边全部搜索完毕后，程序沿发现 v 时所经过的边回归，继续搜索前一顶点。

搜索一直持续到发现当前起点可到达的所有顶点为止。如果仍有顶点未被发现，则选择其中编号最小的一个作为新起点继续搜索。

深度优先搜索中，需要对各顶点记录以下两个时间戳。

- ▶ 时间戳 $d[v]$：记录第一次访问 v 的时刻（发现时刻）
- ▶ 时间戳 $f[v]$：记录调查完 v 的邻接表的时刻（结束时刻）

请基于以下需求编写一个程序，对给定的有向图 $G = (V, E)$ 进行深度优先搜索，并显示其执行过程。

- ▶ G 以邻接表的形式给出。各顶点编号为 1 至 n
- ▶ 各邻接表的顶点编号按升序排列
- ▶ 程序报告各顶点的发现时刻和结束时刻
- ▶ 深度优先搜索过程中，如果同时出现多个待访问的顶点，则选择其中最小的一个进行访问
- ▶ 首个被访问顶点的开始时刻为 1

输入 第 1 行输入 G 的顶点数 n。接下来 n 行按如下格式输入各顶点 u 的邻接表。

$u\ k\ v_1\ v_2\ \cdots\ v_k$

其中 u 为顶点编号，k 为 u 的度，$v_1\ v_2 \cdots v_k$ 为与 u 相邻的顶点编号。

输出 按顶点编号顺序输出各顶点的 id、d、f，每个顶点占 1 行，id、d、f 之间用空格隔开。id 为顶点编号，d 为该顶点的发现时刻，f 为该顶点的结束时刻。

限制 $1 \leqslant n \leqslant 100$

输入示例

```
6
1 2 2 3
2 2 3 4
3 1 5
4 1 6
5 1 6
6 0
```

输出示例

```
1 1 12
2 2 11
3 3 8
4 9 10
5 4 7
6 5 6
```

■ 讲解

深度优先搜索中，我们用栈来临时保存“仍在搜索中的顶点”。使用栈的深度优先搜索算法如下。

深度优先搜索

1. 将最初访问的顶点压入栈。
2. 只要栈中仍有顶点，就循环进行下述操作。
   - ▶ 访问栈顶部的顶点 u
   - ▶ 从当前访问的顶点 u 移动至顶点 v 时，将 v 压入栈。如果当前顶点 u 不存在未访问的相邻顶点，则将 u 从栈中删除

图 12.9 是对图进行深度优先搜索的具体例子。

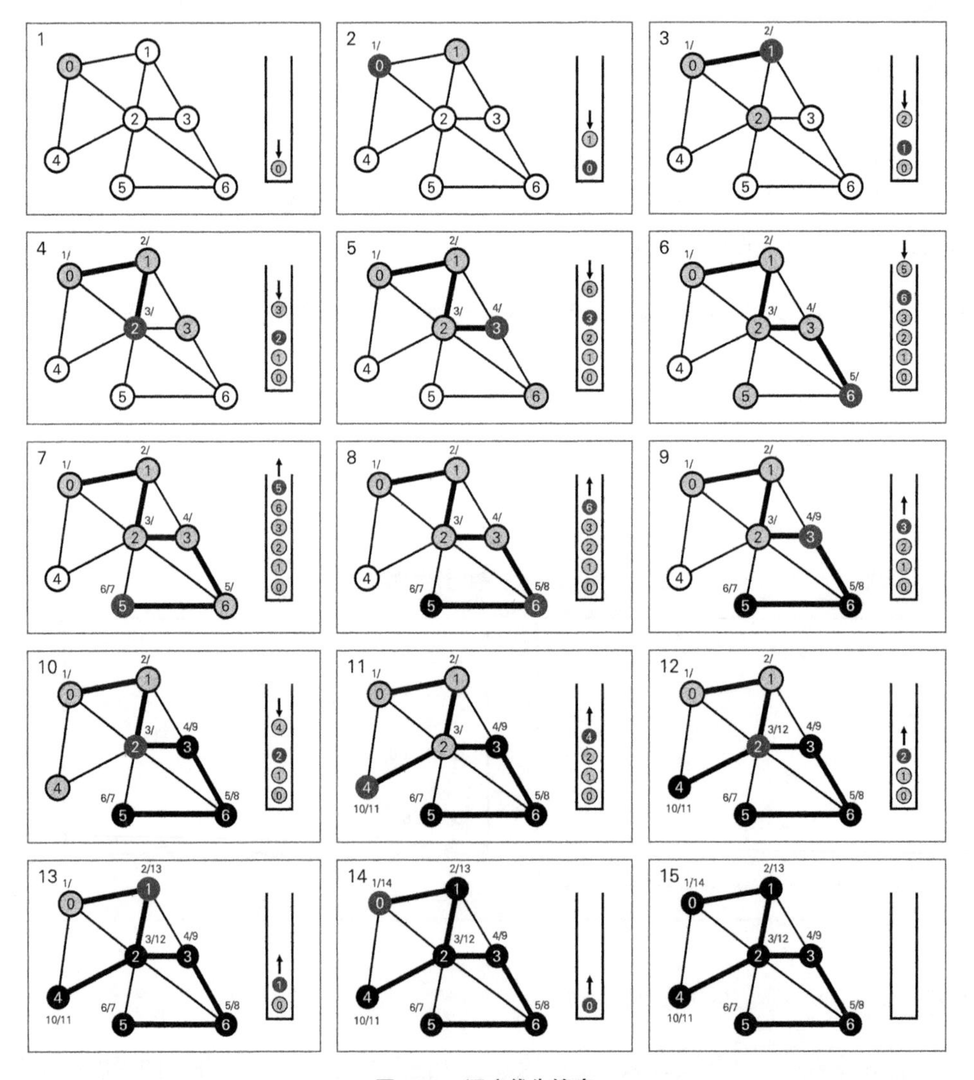

图 12.9 深度优先搜索

该图中使用了不同颜色来区别顶点在各搜索步骤中的状态。白色代表“未访问的顶点”，深灰色代表“当前访问中的顶点”，灰色代表“访问过的顶点”，黑色代表“访问结束的顶点”。灰色的“访问过的顶点”虽然已经被访问，但仍可能留有通往未访问顶点的边（仍存储在栈中）。相对地，黑色的“访问结束的顶点”已经没有通往未访问顶点的边了。图中，我们在各顶点的上方标明了“开始时刻 / 结束时刻”。

现在来分析各个步骤。

1. 设最初访问的顶点为 0，将其压入栈。

2. 访问栈顶的 0。将与 0 相邻且未被访问的 1 压入栈。

3. 访问栈顶的 1。将与 1 相邻且未被访问的 2 压入栈。

4.5.6. 同理，访问栈顶的顶点，将与其相邻且未被访问的顶点压入栈。

7. 访问栈顶的 5。由于不存在与 5 相邻且未被访问的顶点，因此将 5 从栈中删除。至此顶点 5 的访问“结束”。

8. 回到栈顶的 6。由于不存在与 6 相邻且未被访问的顶点，因此将 6 从栈中删除。

9. 回到栈顶的 3。由于不存在与 3 相邻且未被访问的顶点，因此将 3 从栈中删除。

10. 回到栈顶的 2。将与 2 相邻且未被访问的 4 压入栈。

11. 访问栈顶的 4。由于不存在与 4 相邻且未被访问的顶点，因此将 4 从栈中删除。

12. 回到栈顶的 2。由于不存在与 2 相邻且未被访问的顶点，因此将 2 从栈中删除。

13.14. 同理，回到栈顶的顶点。由于不存在与该顶点相邻且未被访问的顶点，因此将该顶点从栈中删除。

15. 栈为空，所有顶点访问“结束”。

使用栈的深度优先搜索主要需要以下几个变量。

color[n]	用 WHITE、GRAY、BLACK 中的一个来表示顶点 *i* 的访问状态
M[n][n]	邻接矩阵，如果存在顶点 *i* 到顶点 *j* 的边，则 M[i][j] 为 true
Stack S	栈，暂存访问过程中的顶点

使用这些变量设计的深度优先搜索算法如下。

Program 12.1 用栈实现深度优先搜索

```
1  dfs_init()  // 顶点编号为 0 起点
2    将所有顶点的 color 设置为 WHITE
3    dfs(0)     // 以顶点 0 为起点进行深度优先搜索
4
5  dfs(u)
6    S.push(u) // 将起点 u 压入栈
7    color[u] = GRAY
8    d[u] = ++time
```

```
9
10   while S 不为空
11     u = S.top()
12     v = next(u) // 依次获取与 u 相邻的顶点
13     if v != NIL
14       if color[v] == WHITE
15         color[v] = GRAY
16         d[v] = ++time
17         S.push(v)
18     else
19       S.pop()
20       color[u] = BLACK
21       f[u] = ++time
```

在通过栈实现的深度优先搜索中，如果需要按照编号顺序访问顶点，那么就要将与 u 相邻的顶点的访问状态以某种形式保存下来。上述伪代码中，我们用 `next(u)` 来按编号顺序获取 u 的相邻顶点。

相对地，深度优先搜索可以用下述递归算法来简化实现。

Program 12.2 用递归实现深度优先搜索

```
1  dfs_init() // 顶点编号为 0 起点
2    将所有顶点的 color 设置为 WHITE
3    dfs(0)
4
5  dfs(u)
6    color[u] = GRAY
7    d[u] = ++time
8    for 顶点 v 从 0 到 |V|-1
9      if M[u][v] && color[v] == WHITE
10       dfs(v)
11   color[u] = BLACK
12   f[u] = ++time
```

递归函数 `dfs(u)` 访问顶点 u。在函数中寻找与 u 相邻且尚未访问的顶点 v，递归地调用 `dfs(v)`。递归地访问完所有相邻顶点后，顶点 u 的访问“结束”。这个用递归实现的算法与用栈实现的算法执行过程相同。

■ 考察

使用邻接矩阵实现的深度优先搜索算法中，程序要调查每个顶点是否与其他所有顶点相邻，因此算法复杂度为 $O(|V|^2)$，不适用于规模较大的图。后面的章节中我们将学到用邻接表实现的高速算法。

另外要注意，在某些语言或环境下，对规模较大的图使用递归思路的深度优先搜索算法会导致栈溢出。

参考答案

C（用递归实现的深度优先搜索）

```
1  #include<stdio.h>
2  #define N 100
3  #define WHITE 0
4  #define GRAY 1
5  #define BLACK 2
6
7  int n, M[N][N];
8  int color[N], d[N], f[N], tt;
9
10 // 用递归函数实现的深度优先搜索
11 void dfs_visit(int u) {
12   int v;
13   color[u] = GRAY;
14   d[u] = ++tt; // 最初的访问
15   for ( v = 0; v < n; v++ ) {
16     if ( M[u][v] == 0 ) continue;
17     if ( color[v] == WHITE ) {
18       dfs_visit(v);
19     }
20   }
21   color[u] = BLACK;
22   f[u] = ++tt; // 访问结束
23 }
24
25 void dfs() {
26   int u;
27   // 初始化
28   for ( u = 0; u < n; u++ ) color[u] = WHITE;
29   tt = 0;
30
31   for ( u = 0; u < n; u++ ) {
32     // 以未访问的 u 为起点进行深度优先搜索
33     if ( color[u] == WHITE ) dfs_visit(u);
34   }
35   for ( u = 0; u < n; u++ ) {
36     printf("%d %d %d\n", u + 1, d[u], f[u]);
37   }
38 }
```

```
39
40
41 int main() {
42   int u, v, k, i, j;
43
44   scanf("%d", &n);
45   for ( i = 0; i < n; i++ ) {
46     for ( j = 0; j < n; j++ ) M[i][j] = 0;
47   }
48
49   for ( i = 0; i < n; i++ ) {
50     scanf("%d %d", &u, &k);
51     u--;
52     for ( j = 0; j < k; j++ ) {
53       scanf("%d", &v);
54       v--;
55       M[u][v] = 1;
56     }
57   }
58
59   dfs();
60
61   return 0;
62 }
```

C++（用栈实现的深度优先搜索）

```
1  #include<iostream>
2  #include<stack>
3  using namespace std;
4  static const int N = 100;
5  static const int WHITE = 0;
6  static const int GRAY = 1;
7  static const int BLACK = 2;
8
9  int n, M[N][N];
10 int color[N], d[N], f[N], tt;
11 int nt[N];
12
13 // 按编号顺序获取与u相邻的v
14 int next(int u) {
15   for ( int v = nt[u]; v < n; v++ ) {
16     nt[u] = v + 1;
17     if ( M[u][v] ) return v;
18   }
19   return -1;
```

```
20 }
21 
22 // 用栈实现的深度优先搜索
23 void dfs_visit(int r) {
24   for ( int i = 0; i < n; i++ ) nt[i] = 0;
25 
26   stack<int> S;
27   S.push(r);
28   color[r] = GRAY;
29   d[r] = ++tt;
30 
31   while ( !S.empty() ) {
32     int u = S.top();
33     int v = next(u);
34     if ( v != -1 ) {
35       if ( color[v] == WHITE ) {
36         color[v] = GRAY;
37         d[v] = ++tt;
38         S.push(v);
39       }
40     } else {
41       S.pop();
42       color[u] = BLACK;
43       f[u] = ++tt;
44     }
45   }
46 }
47 
48 void dfs() {
49   // 初始化
50   for ( int i = 0; i < n; i++ ) {
51     color[i] = WHITE;
52     nt[i] = 0;
53   }
54   tt = 0;
55 
56   // 以未访问的u为起点进行深度优先搜索
57   for ( int u = 0; u < n; u++ ) {
58     if ( color[u] == WHITE ) dfs_visit(u);
59   }
60   for ( int i = 0; i < n; i++ ) {
61     cout << i+1 << " " << d[i] << " " << f[i] << endl;
62   }
63 }
64 
65 
66 int main() {
```

```
67    int u, k, v;
68
69    cin >> n;
70    for ( int i = 0; i < n; i++ ) {
71      for ( int j = 0; j < n; j++ ) M[i][j] = 0;
72    }
73
74    for ( int i = 0; i < n; i++ ) {
75      cin >> u >> k;
76      u--;
77      for ( int j = 0; j < k; j++ ) {
78        cin >> v;
79        v--;
80        M[u][v] = 1;
81      }
82    }
83
84    dfs();
85
86    return 0;
87  }
```

12.4 广度优先搜索

ALDS1_11_C: Breadth First Search

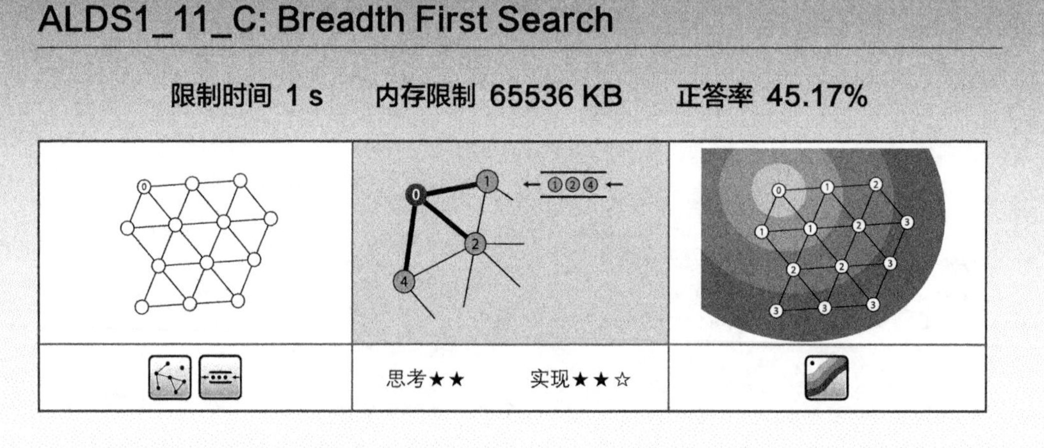

请编写一个程序，求给定的有向图 $G = (V, E)$ 中顶点 1 到各顶点的最短路径 d（路径边数的最小值）。各顶点编号分别为 1 至 n。如果从顶点 1 出发无法到达某顶点，则与该顶点的距离记为 -1。

输入 第 1 行输入 G 的顶点数 n。接下来 n 行按如下格式输入各顶点 u 的邻接表。

u k v_1 v_2 $\cdots$ v_k

其中 u 为顶点编号，k 为 u 的度，v_1 v_2 $\cdots$ v_k 为与 u 相邻的顶点编号。

输出 按顶点编号顺序输出各顶点的 id、d，每个顶点占 1 行。id 为顶点编号，d 为顶点 1 到该顶点的距离。

限制 $1 \leqslant n \leqslant 100$

输入示例

```
4
1 2 2 4
2 1 4
3 0
4 1 3
```

输出示例

```
1 0
2 1
3 2
4 1
```

■ 讲解

在广度优先搜索中，要想发现与起点 s 距离为 $k+1$ 的顶点，首先要发现所有距离为 k 的顶点，因此可以依次求出起点到各顶点的最短距离。

如下述算法所示，广度优先搜索会将各顶点 v 到 s 的距离记录在 $d[v]$ 中。

广度优先搜索

1. 将起点 s 放入队列 Q（访问）。
2. 只要 Q 不为空，就循环执行下述处理。
   - 从 Q 取出顶点 u 进行访问（访问结束）
   - 将与 u 相邻的未访问顶点 v 放入 Q，同时将 $d[v]$ 更新为 $d[u]+1$

现在让我们通过具体例子来熟悉广度优先搜索是如何运作的。

图 12.10 中使用了不同颜色来区别顶点在算法各步骤中的状态。白色代表“未访问的顶点”，深灰色代表“当前访问中的顶点”，灰色代表“队列中的顶点”，黑色代表“访问结束的顶点”。图中各顶点上方写着该顶点到起点 0 的最短距离。

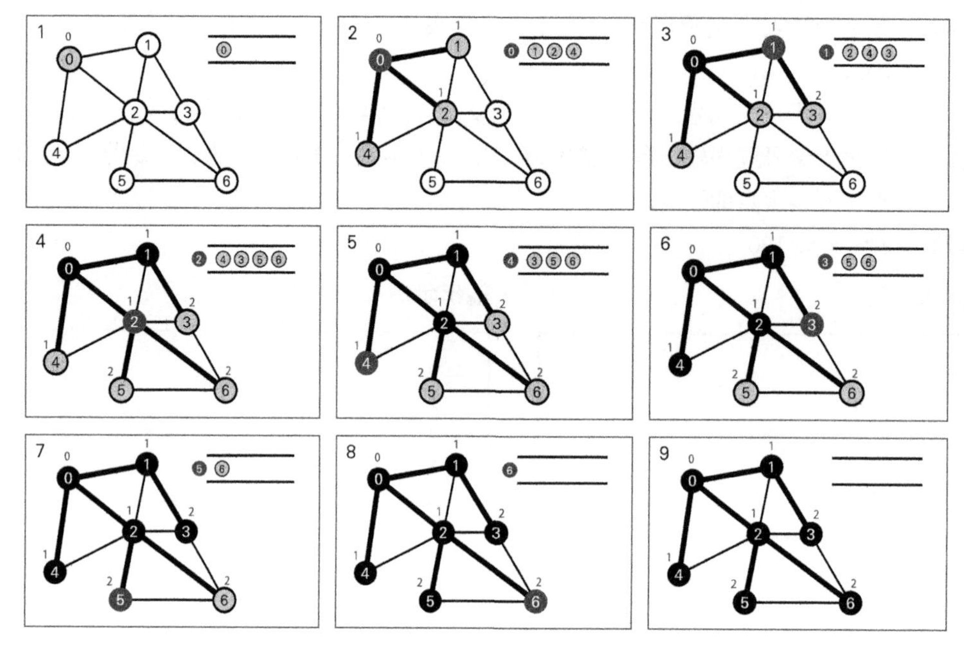

图 12.10 广度优先搜索

我们来详细分析图中的例子。

1. 将起点 0 放入队列。规定它到起点 0 的距离为 0。
2. 从队列开头取出 0 进行访问。将与 0 相邻的未访问顶点 1、2、4 放入队列。顶点 0 到顶点 1、2、4 的距离是其到顶点 0 的距离 + 1。
3. 从队列开头取出 1 进行访问。将与 1 相邻的未访问顶点 3 放入队列。顶点 0 到顶点 3 的距离是其到顶点 1 的距离 + 1。
4. 从队列开头取出 2 进行访问。将与 2 相邻的未访问顶点 5、6 放入队列。顶点 0 到顶点 5、6 的距离是其到顶点 2 的距离 + 1。

5.～8. 同理，从队列开头取出顶点进行访问。这些顶点不存在相邻的未访问顶点。

9. 队列为空，所有顶点访问结束。

广度优先搜索主要需要以下几个变量。

color[n]	用 WHITE、GRAY、BLACK 中的一个来表示顶点 *i* 的访问状态
M[n][n]	邻接矩阵，如果存在顶点 *i* 到顶点 *j* 的边，则 M[i][j] 为 true
Queue Q	记录下一个待访问顶点的队列
d[n]	将起点 *s* 到各顶点 *i* 的最短距离记录在 d[i] 中。 *s* 无法到达 *i* 时 d[i] 为 INFTY（极大值）

使用这些变量设计的广度优先搜索算法如下。

Program 12.3 广度优先搜索

```
1  bfs() // 顶点编号为 0 起点
2    将所有顶点的 color 设置为 WHITE
3    将所有顶点的 d[u] 设置为 INFTY
4
5    color[s] = GRAY
6    d[s] = 0
7    Q.enqueue(s)
8
9    while Q 不为空
10     u = Q.dequeue()
11     for v 为 0 到 |V|-1
12       if M[u][v] && color[v] == WHITE
13         color[v] = GRAY
14         d[v] = d[u] + 1
15         Q.enqueue(v)
16     color[u] = BLACK
```

考察

使用邻接矩阵实现的广度优先算法中，程序要调查每个顶点是否与其他所有顶点相邻，因此算法复杂度为 $O(|V|^2)$，不适用于规模较大的图。下一章我们将接触与大规模图有关的例题。

参考答案

C++

```
1  #include<iostream>
2  #include<queue>
3
4  using namespace std;
5  static const int N = 100;
6  static const int INFTY = (1<<21);
7
8  int n, M[N][N];
9  int d[N]; // 通过距离管理访问状态（color）
10
11 void bfs(int s) {
12   queue<int> q; // 使用标准库中的 queue
13   q.push(s);
14   for ( int i = 0; i < n; i++ ) d[i] = INFTY;
15   d[s] = 0;
```

```
16   int u;
17   while ( !q.empty() ) {
18     u = q.front(); q.pop();
19     for ( int v = 0; v < n; v++ ) {
20       if ( M[u][v] == 0 ) continue;
21       if ( d[v] != INFTY ) continue;
22       d[v] = d[u] + 1;
23       q.push(v);
24     }
25   }
26   for ( int i = 0; i < n; i++ ) {
27     cout << i+1 << " " << ( (d[i] == INFTY) ? (-1) : d[i] ) << endl;
28   }
29 }
30
31 int main() {
32   int u, k, v;
33
34   cin >> n;
35   for ( int i = 0; i < n; i++ ) {
36     for ( int j = 0; j < n; j++ ) M[i][j] = 0;
37   }
38
39   for ( int i = 0; i < n; i++ ) {
40     cin >> u >> k;
41     u--;
42     for ( int j = 0; j < k; j++ ) {
43       cin >> v;
44       v--;
45       M[u][v] = 1;
46     }
47   }
48
49   bfs(0);
50
51   return 0;
52 }
```

12.5 连通分量

ALDS1_11_D: Connected Components

限制时间 1 s　**内存限制** 65536 KB　**正答率** 50.00%

请编写一个程序，输入 SNS 的朋友关系，判断从指定人物出发能否通过双向朋友链抵达目标人物。

输入 第 1 行输入代表 SNS 用户数的整数 n 以及代表朋友关系数的 m，用空格隔开。SNS 各用户的 ID 分别为 0 到 $n-1$。
接下来的 m 行输入朋友关系，每个朋友关系占 1 行。1 个朋友关系包含 s、t 这 2 个整数，表示 s 和 t 为朋友。s、t 输入时用空格隔开。
紧接下来的 1 行输入问题数 q。再接下来的 q 行输入问题。
各问题均为用空格隔开的 2 个整数 s、t，表示"从 s 出发能否抵达 t？"

输出 如果从 s 出发能抵达 t 就输出 yes，否则输出 no，每个问题的回答占 1 行。

限制 $2 \leqslant n \leqslant 100\,000$　$0 \leqslant m \leqslant 100\,000$　$1 \leqslant q \leqslant 10\,000$

输入示例

```
10 9
0 1
0 2
3 4
5 7
5 6
6 7
6 8
7 8
8 9
3
0 1
5 9
1 3
```

输出示例

```
yes
yes
no
```

讲解

这是一个求图的连通分量（Connected Components）的问题。对于一个连通性未知的图 G，其极大连通子图即为 G 的连通分量。在 G 的连通子图中，如果包含 G' 的图只有 G'，那么 G' 就是 G 的极大连通子图。

连通分量可通过深度优先搜索和广度优先搜索来寻找。在本题中，我们需要对顶点数和边数都很多的大规模图进行深度优先搜索或广度优先搜索，所以不能采用消耗内存空间为 $O(n^2)$ 的邻接矩阵。于是我们用邻接表来表示图。

邻接表适合表示边数较少的稀疏图。如图 12.11 所示，在无权值有向图的邻接表中，各顶点都对应着一个相邻顶点的编号列表。

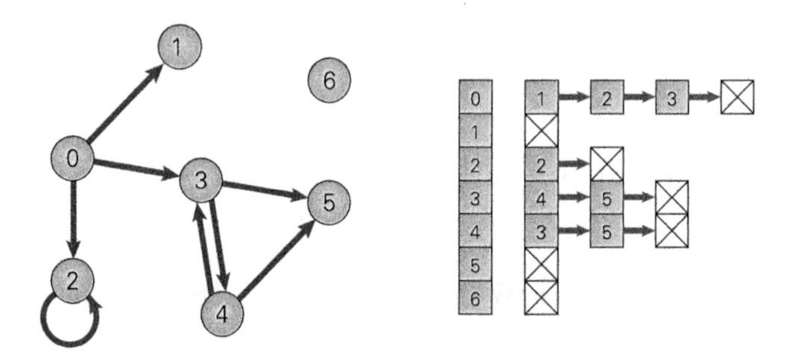

图 12.11 有向图的邻接表

如果换作无向图，那么只要 u 的列表中包含 v，v 的列表中就也一定包含 u。

如下所示，借助 C++ 标准库中的 vector 能相对简单地实现邻接表。

Program 12.4 用 vector 实现邻接表

```
1  vector<int> G[100]; // 表示有 100 个顶点的图的邻接表
2  : :
3  G[u].push_back(v); // 从顶点 u 向顶点 v 画边
4  : :
5  // 搜索与顶点 u 相邻的顶点 v
6  for ( int i = 0; i < G[u].size(); i++ ) {
7    int v = G[u][i];
8    : :
9  }
```

求图的连通分量时，需要以未访问的顶点为起点循环执行深度优先搜索（或广度优先搜索）。只要在此过程中给每轮搜索到的顶点分配不同的编号（颜色），我们就可以用 $O(1)$ 来判断指定的两个顶点是否属于同一组（颜色）了。

考察

使用邻接表的深度优先搜索和广度优先搜索都需要对每个顶点各访问一次，同时还需对邻接表中的顶点（边）也逐一进行访问，因此算法复杂度为 $O(|V|+|E|)$。

图的邻接表表示法有以下特征。

邻接表表示法的优点

- 只需与边数成正比的内存空间

邻接表表示法的缺点

- 设 u 的相邻顶点数量为 n，那么在调查顶点 u 与顶点 v 的关系时，需要消耗 $O(n)$ 来搜索邻接表。不过，大部分算法（如 DFS 和 BFS 等）只需对特定顶点的相邻顶点进行一次遍历即可满足需求，因此影响并不大
- 难以有效地删除边

参考答案

C++

```
1  #include<iostream>
2  #include<vector>
3  #include<stack>
4  using namespace std;
5  static const int MAX = 100000;
6  static const int NIL = -1;
7
8  int n;
9  vector<int> G[MAX];
10 int color[MAX];
11
12 void dfs(int r, int c) {
13   stack<int> S;
14   S.push(r);
15   color[r] = c;
16   while ( !S.empty() ) {
17     int u = S.top(); S.pop();
18     for ( int i = 0; i < G[u].size(); i++ ) {
19       int v = G[u][i];
20       if ( color[v] == NIL ) {
21         color[v] = c;
22         S.push(v);
23       }
```

```
24     }
25   }
26 }
27
28 void assignColor() {
29   int id = 1;
30   for ( int i = 0; i < n; i++ )  color[i] = NIL;
31   for ( int u = 0; u < n; u++ ) {
32     if ( color[u] == NIL ) dfs(u, id++);
33   }
34 }
35
36 int main() {
37   int s, t, m, q;
38
39   cin >> n >> m;
40
41   for ( int i = 0; i < m; i++ ) {
42     cin >> s >> t;
43     G[s].push_back(t);
44     G[t].push_back(s);
45   }
46
47   assignColor();
48
49   cin >> q;
50
51   for ( int i = 0; i < q; i++ ) {
52     cin >> s >> t;
53     if ( color[s] == color[t] ) {
54       cout << "yes" << endl;
55     } else {
56       cout << "no" << endl;
57     }
58   }
59
60   return 0;
61 }
```

第 13 章

加权图

上一章中，我们熟悉了图的表示方法，同时讲解一些了与图的基本搜索算法相关的例题。本章我们将求解加权图（边带有权值的图）的相关问题。

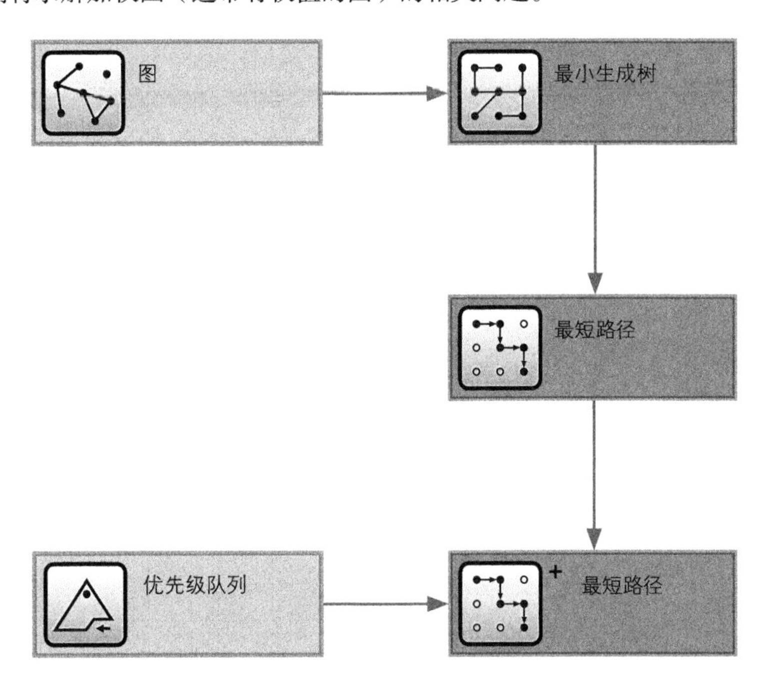

接触本章的问题之前，各位需要具备实现图数据结构的编程技能。另外，为实现效率更高的算法，各位还需掌握优先级队列的相关知识及应用优先级队列进行编程的技能。

13.1 挑战问题之前——加权图

最小生成树

根据前文讲解的内容我们可以知道，树（Tree）是没有环的图。图 13.1(a) 中所示的图具有环，因此不属于树。相对地，(b) 和 (c) 是没有环的图，因此它们都是树。在树中，任意顶点 r 和顶点 v 之间必然存在着 1 条路径。

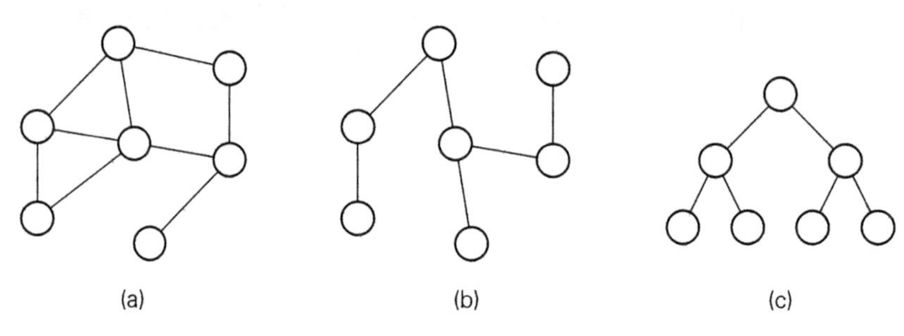

图 13.1 图与树

图 $G = (V, E)$ 的生成树（Spanning Tree）$G = (V', E')$ 是图 G 的子图，它拥有图 G 所有的顶点 V（$V = V'$），且在保证自身为树的前提下拥有尽可能多的边。图的生成树可通过深度优先搜索或广度优先搜索求得，且结果不唯一。举个例子，图 13.2(a) 中所示的图就拥有 (b) 和 (c) 以及更多的生成树。

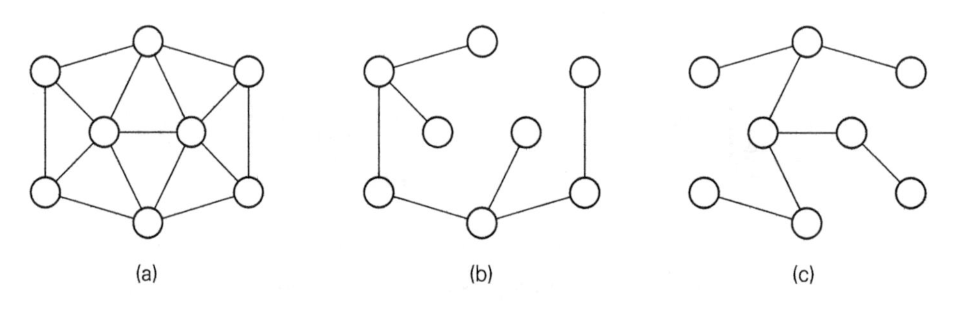

图 13.2 生成树

最小生成树（Minimum Spanning Tree）是指各边权值总和最小的生成树。举个例子，图 13.3 中左侧加权图的最小生成树如右侧所示。

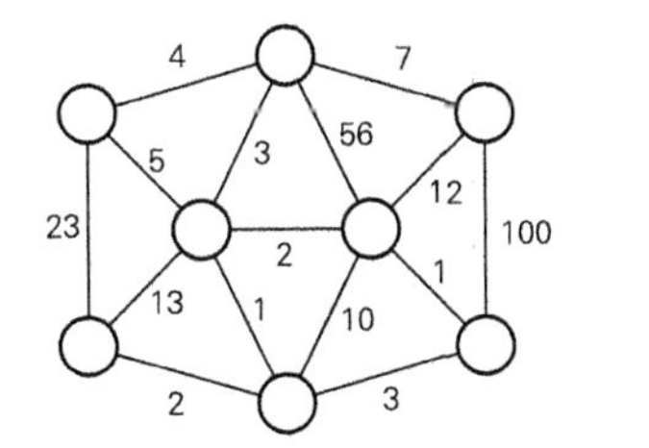

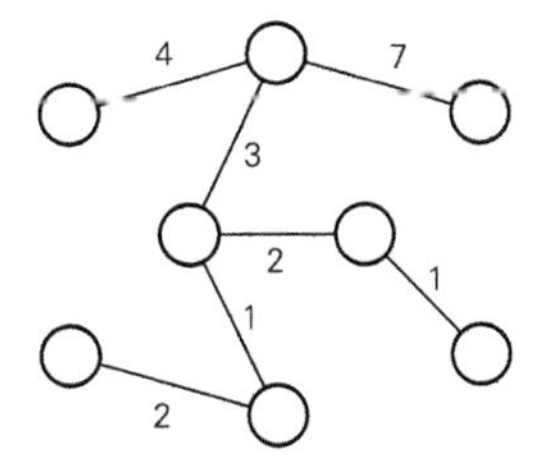

图 13.3　最小生成树

最短路径

在加权图 $G=(V,E)$ 中，求给定顶点 s、d 之间各边权值总和最小的路径，这就是最短路径问题（Shortest Path Problem）。这个问题主要分为以下两类。

- 单源最短路径（Single Source Shortest Path，SSSP）。在图 G 中，求给定顶点 s 到其他所有顶点 d_i 之间的最短路径
- 全点对间最短路径（All Pairs Shortest Path，APSP）。在图 G 中，求“每一对顶点”之间的最短路径

如图 13.4 所示，对于各边权值非负的加权图 $G=(V,E)$，如果顶点 s 到 G 的所有顶点都存在路径，那么一定存在一棵以 s 为根，包含 s 到 G 所有顶点最短路径的生成树 T。这种树就称为最短路径生成树（Shortest Path Spanning Tree）。

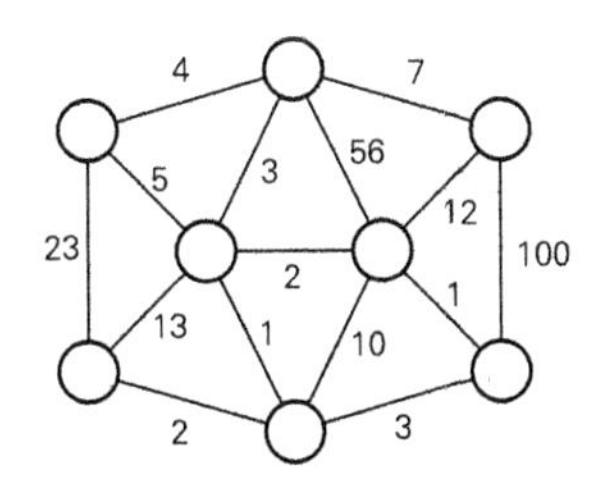

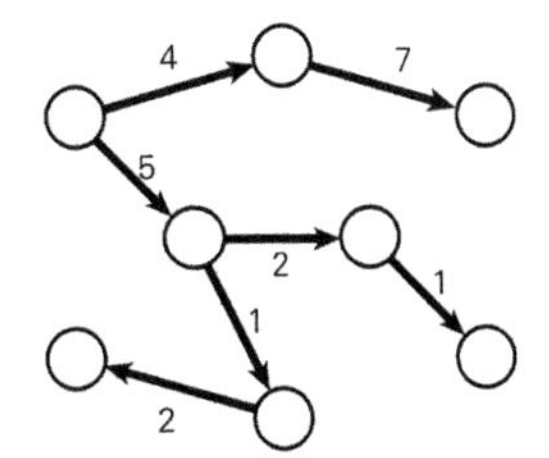

图 13.4　最短路径生成树

13.2 最小生成树

ALDS1_12_A: Minimum Spanning Tree

限制时间 1 s　　内存限制 65536 KB　　正答率 37.69%

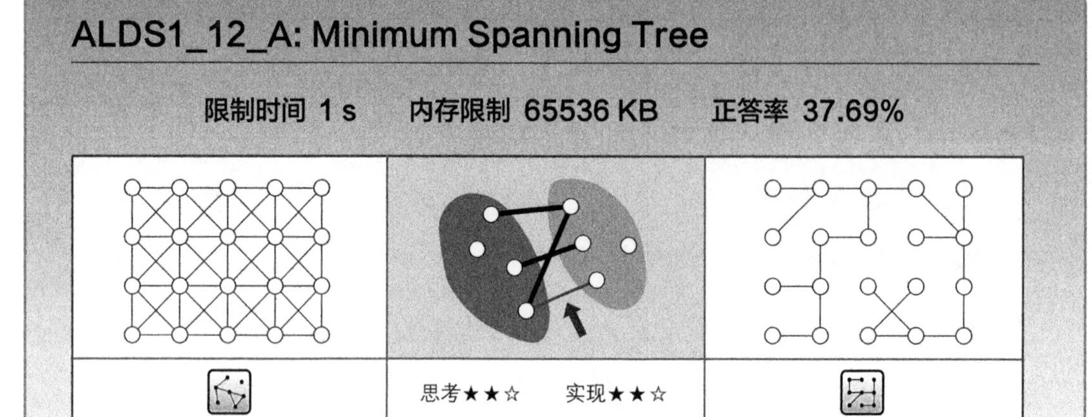

请编写一个程序，计算给定加权图 $G = (V, E)$ 的最小生成树的各边权值之和。

输入 第 1 行输入 G 的顶点数 n。接下来 n 行输入表示 G 的 $n \times n$ 邻接矩阵 A。A 的元素 a_{ij} 代表顶点 i 到顶点 j 的边的权值。另外，边不存在时记为 -1。

输出 输出 G 的最小生成树的各边权值总和，占 1 行。

限制 $1 \leqslant n \leqslant 100$

$0 \leqslant a_{ij} \leqslant 2000$（$a_{ij} \neq -1$ 时）

$a_{ij} = a_{ji}$

G 为连通图。

输入示例

```
5
-1 2 3 1 -1
2 -1 -1 4 -1
3 -1 -1 1 1
1 4 1 -1 3
-1 -1 1 3 -1
```

输出示例

```
5
```

讲解

如图 13.5 所示，在加权无向图的邻接矩阵中，如果顶点 i 和顶点 j 之间存在权值为 w 的边，那么 $M[i][j]$ 和 $M[j][i]$ 的值为 w。大部分情况下，将没有边的状态设置成一个非常大的数值可以方便进行算法设计。

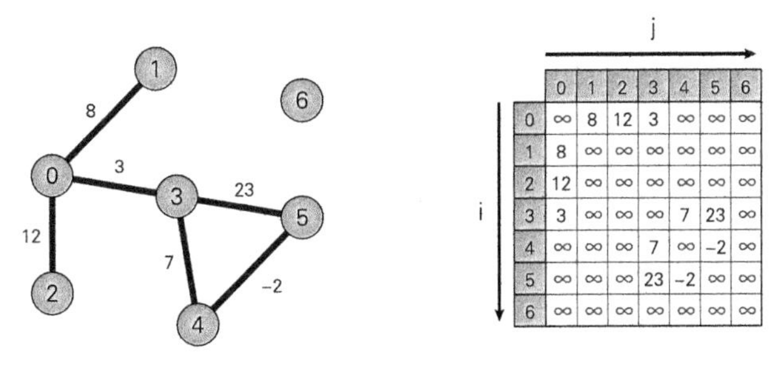

	0	1	2	3	4	5	6
0	∞	8	12	3	∞	∞	∞
1	8	∞	∞	∞	∞	∞	∞
2	12	∞	∞	∞	∞	∞	∞
3	3	∞	∞	∞	7	23	∞
4	∞	∞	∞	7	∞	−2	∞
5	∞	∞	∞	23	−2	∞	∞
6	∞	∞	∞	∞	∞	∞	∞

图 13.5 加权无向图的邻接矩阵

普里姆算法（Prim's Algorithm）是求图 $G = (V, E)$ 最小生成树（MST）的代表性算法之一，其基本思路如下。

普里姆算法

设图 $G = (V, E)$ 所有顶点的集合为 V，MST 中顶点的集合为 T。

1. 从 G 中选取任意顶点 r 作为 MST 的根，将其添加至 T。
2. 循环执行下述处理直至 $T = V$。
   - ▶ 在连接 T 内顶点与 $V - T$ 内顶点的边中选取权值最小的边 (p_u, u)，将其作为 MST 的边，并将 u 添加至 T

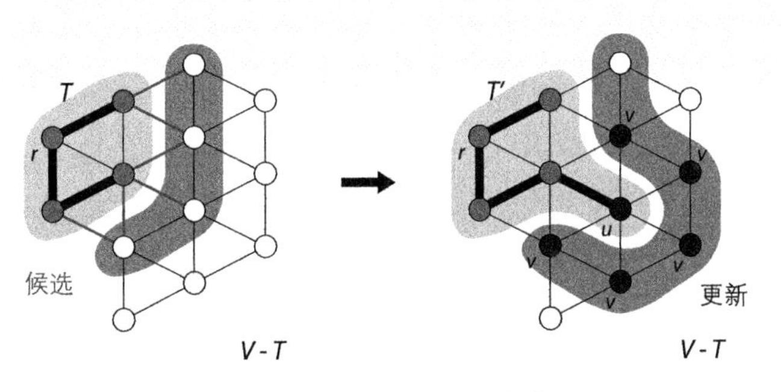

图 13.6 最小生成树的生成

实现这一算法的关键，在于选择边时“如何保存权值最小的边”。使用邻接矩阵实现的普里姆算法需要准备以下变量。这里的 $n = |V|$。

color[n]	color[v] 用于记录 v 的访问状态 WHITE、GRAY、BLACK
M[n][n]	邻接矩阵，M[u][v] 中记录 u 到 v 的边的权值
d[n]	d[v] 用于记录连接 T 内顶点与 $V - T$ 内顶点的边中，权值最小的边的权值
p[n]	p[v] 用于记录 MST 中顶点 v 的父结点

使用上述变量，我们可以像下面这样实现普里姆算法。

Program 13.1 普里姆算法

```
1  prim()
2    将所有顶点 u 的 color[u] 设为 WHITE，d[u] 初始化为 INFTY
3    d[0] = 0
4    p[0] = -1
5
6    while true
7      mincost = INFTY
8      for i 从 0 至 n-1
9        if color[i] != BLACK && d[i] < mincost
10         mincost = d[i]
11         u = i
12
13     if mincost == INFTY
14       break
15
16     color[u] = BLACK
17
18     for v 从 0 至 n-1
19       if color[v] != BLACK 且 u 和 v 之间存在边
20       if M[u][v] < d[v]
21         d[v] = M[u][v]
22         p[v] = u
23         color[v] = GRAY
```

上述各步骤中，“选择顶点 u 的操作”就相当于“在连接 T 内顶点与 $V-T$ 内顶点的边中选取权值最小的边”。另外，只要选定了 u，边 $(p[u], u)$ 即会成为构成 MST 的边。

举个例子，对加权图应用普里姆算法的结果如图 13.7 所示。

图 13.7 中，顶点 i 的上方是顶点编号 i，顶点 i 内部的数字表示 $d[i]$。另外，灰色背景中的顶点是属于 MST 的顶点。构成 MST 的边 $(p[u], u)$ 用粗线表示，其中在灰色背景内的为已经确定的边，其余的为暂定的边。

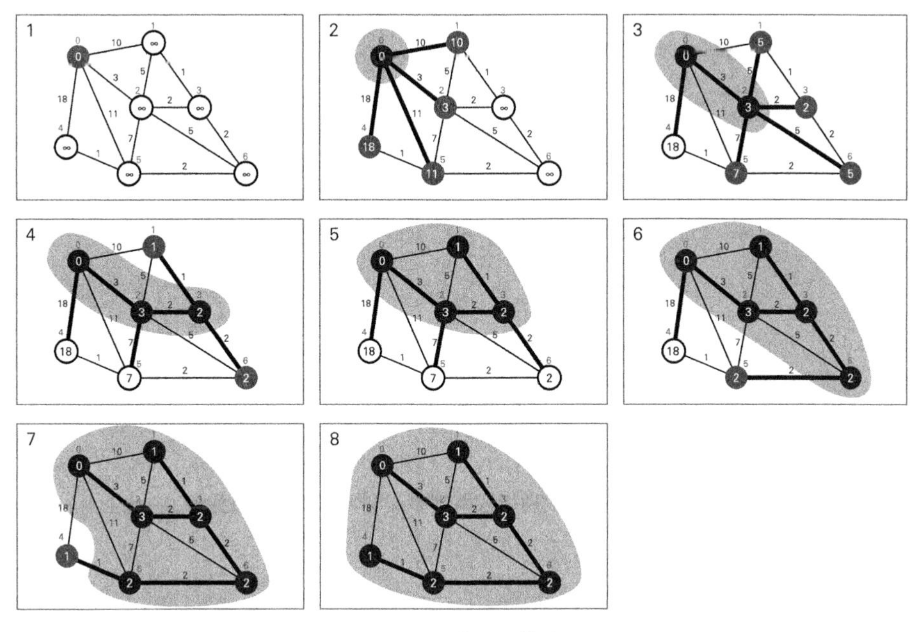

图 13.7　普里姆算法

考察

在使用邻接矩阵实现的普里姆算法中，我们需要遍历图的所有顶点来确定 d 最小的顶点 u，且整个算法的遍历次数与顶点数相等，因此算法复杂度为 $O(|V|^2)$。

如果使用二叉堆（优先级队列）来选定顶点，普里姆算法的效率将大大提高。我们将在后面的最短路径问题中应用这一方法解题。

参考答案

C++

```
1  #include<iostream>
2  using namespace std;
3  static const int MAX = 100;
4  static const int INFTY = (1<<21);
5  static const int WHITE = 0;
6  static const int GRAY = 1;
7  static const int BLACK = 2;
8
9  int n, M[MAX][MAX];
10
11 int prim() {
```

```
12	  int u, minv;
13	  int d[MAX], p[MAX], color[MAX];
14	
15	  for ( int i = 0; i < n; i++ ) {
16	    d[i] = INFTY;
17	    p[i] = -1;
18	    color[i] = WHITE;
19	  }
20	
21	  d[0] = 0;
22	
23	  while ( 1 ) {
24	    minv = INFTY;
25	    u = -1;
26	    for ( int i = 0; i < n; i++ ) {
27	      if ( minv > d[i] && color[i] != BLACK ) {
28	        u = i;
29	        minv = d[i];
30	      }
31	    }
32	    if ( u == -1 ) break;
33	    color[u] = BLACK;
34	    for ( int v = 0; v < n; v++ ) {
35	      if ( color[v] != BLACK && M[u][v] != INFTY ) {
36	        if ( d[v] > M[u][v] ) {
37	          d[v] = M[u][v];
38	          p[v] = u;
39	          color[v] = GRAY;
40	        }
41	      }
42	    }
43	  }
44	  int sum = 0;
45	  for ( int i = 0; i < n; i++ ) {
46	    if ( p[i] != -1 ) sum += M[i][p[i]];
47	  }
48	
49	  return sum;
50	}
51	
52	int main() {
53	  cin >> n;
54	
55	  for ( int i = 0; i < n; i++ ) {
56	    for ( int j = 0; j < n; j++ ) {
57	      int e; cin >> e;
58	      M[i][j] = (e == -1) ? INFTY : e;
```

```
59      }
60    }
61
62    cout << prim() << endl;
63
64    return 0;
65  }
```

13.3 单源最短路径

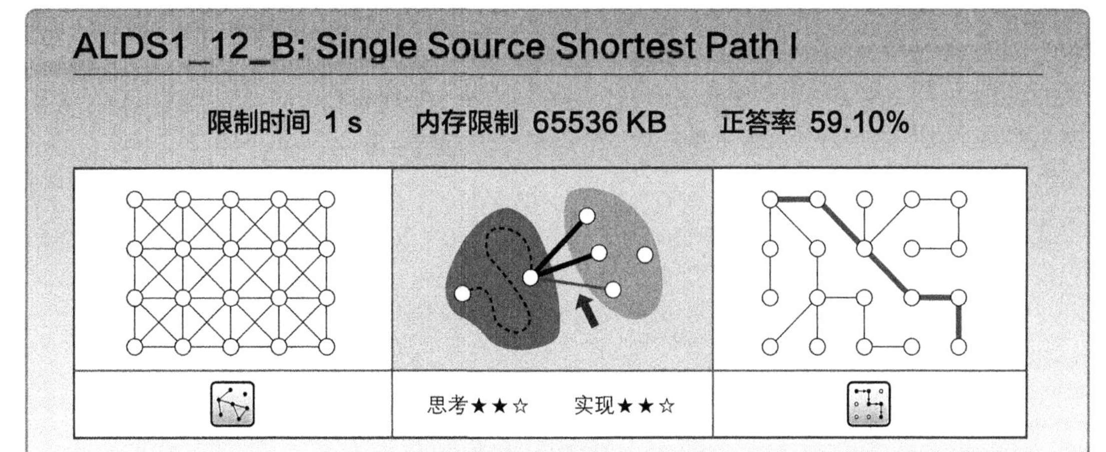

ALDS1_12_B: Single Source Shortest Path I
限制时间 1 s 内存限制 65536 KB 正答率 59.10%
思考★★☆ 实现★★☆

请编写一个程序，求给定加权有向图 $G = (V, E)$ 的单源最短路径的成本。请以 G 的顶点 0 为起点，输出 0 到各顶点 v 的最短路径上各边权值的总和 $d[v]$。

输入 第 1 行输入 G 的顶点数 n。接下来 n 行按如下格式输入各顶点 u 的邻接表 .

$u\ k\ v_1\ c_1\ v_2\ c_2\ \cdots\ v_k\ c_k$

G 各顶点编号分别为 0 至 $n-1$。u 代表顶点的编号，k 代表 u 的出度。v_i（$i = 1, 2, \cdots, k$）代表与 u 相邻顶点的编号，c_i 代表 u 到 v_i 的有向边的权值。

输出 按顺序输出各顶点编号 v 及距离 $d[v]$，相邻数据间用 1 个空格隔开。

限制 $1 \leqslant n \leqslant 100$

$0 \leqslant c_i \leqslant 100\,000$

0 到各顶点之间必然存在路径。

输入示例

```
5
0 3 2 3 3 1 1 2
1 2 0 2 3 4
2 3 0 3 3 1 4 1
3 4 2 1 0 1 1 4 4 3
4 2 2 1 3 3
```

输出示例

```
0 0
1 2
2 2
3 1
4 3
```

讲解

如图 13.8 所示，在加权有向图的邻接矩阵中，如果顶点 i 到顶点 j 存在权值为 w 的边，那么 $M[i][j]$ 的值为 w。不存在边时，该值会根据问题设置为 ∞（极大值）等。

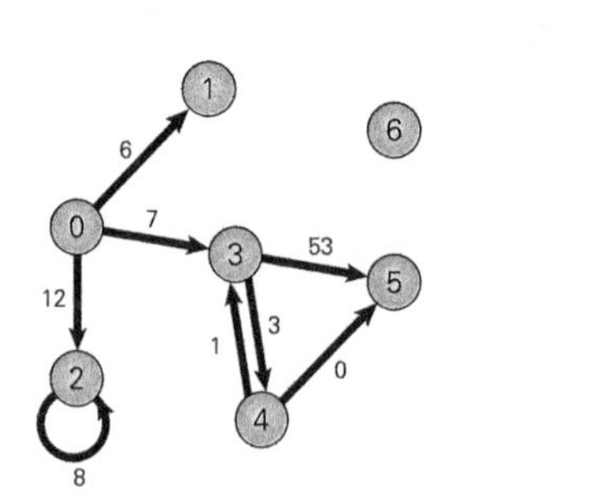

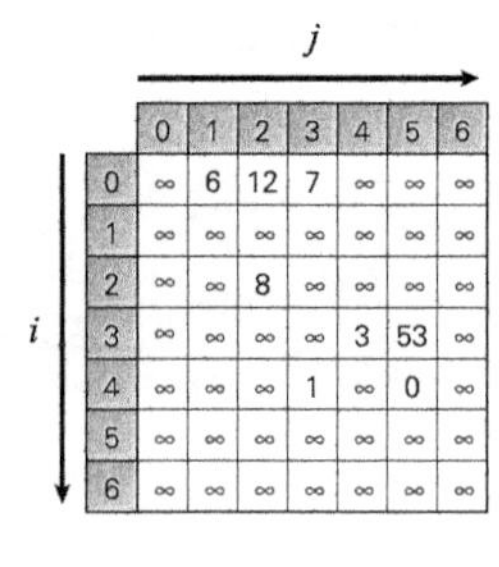

i \ j	0	1	2	3	4	5	6
0	∞	6	12	7	∞	∞	∞
1	∞	∞	∞	∞	∞	∞	∞
2	∞	∞	8	∞	∞	∞	∞
3	∞	∞	∞	∞	3	53	∞
4	∞	∞	∞	1	∞	0	∞
5	∞	∞	∞	∞	∞	∞	∞
6	∞	∞	∞	∞	∞	∞	∞

图 13.8　加权有向图的邻接矩阵

在能够求得图 $G = (V, E)$ 单源最短路径的算法之中，我们将要学习的是由荷兰计算机科学家狄克斯特拉设计的狄克斯特拉算法（Dijkstra's Algorithm）。

狄克斯特拉算法

设图 $G = (V, E)$ 所有顶点的集合为 V，起点为 s，最短路径树中包含的顶点集合为 S。在各计算步骤中，我们将选出最短路径树的边和顶点并将其添加至 S。

对于各顶点 i，设仅经由 S 内顶点的 s 到 i 的最短路径成本为 $d[i]$，i 在最短路径树中的父结点为 $p[i]$。

1. 初始状态下将 S 置空。
   初始化 s 的 $d[s] = 0$；除 s 以外，所有属于 V 的顶点 i 的 $d[i] = \infty$。
2. 循环进行下述处理，直至 $S = V$ 为止。
   ▶ 从 $V - S$ 中选出 $d[u]$ 最小的顶点 u（图 13.9）

▶ 将 u 添加至 S，同时将与 u 相邻且属于 $V-S$ 的所有顶点 v 的值按照下述方式更新（图 13.10）

if $d[u] + w(u, v) < d[v]$
　$d[v] = d[u] + w(u, v)$
　$p[v] = u$

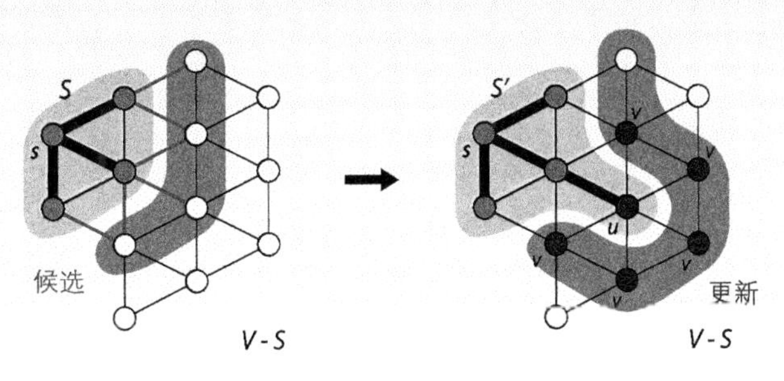

图 13.9　最短路径树的生成

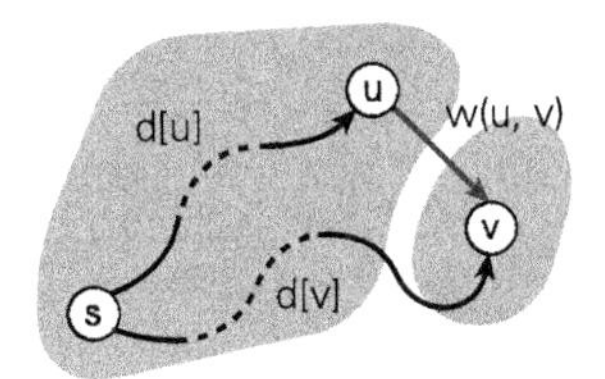

图 13.10　最短路径成本的更新

在步骤 2 的各处理执行结束后（即选择下一个 u 之前），$d[v]$ 中记录着从 s 出发，仅经由 S 内顶点抵达 v 的最短路径成本。也就是说，当所有处理进行完毕后，V 中所有顶点的 $d[v]$ 都记录着 s 到 v 的最短路径成本（距离）。

用邻接矩阵实现狄克斯特拉算法时，需要用到下列变量。这里的 $n = |V|$。

color[n]	color[v] 用于记录 v 的访问状态 WHITE、GRAY、BLACK
M[n][n]	邻接矩阵，M[u][v] 中记录 u 到 v 的边的权值
d[n]	d[v] 用于记录起点 s 到 v 的最短路径成本
p[n]	p[v] 用于记录顶点 v 在最短路径树中的父结点

使用上述变量，我们可以这样实现狄克斯特拉算法。

Program 13.2　狄克斯特拉算法

```
1  dijkstra(s)
2    将所有顶点 u 的 color[u] 设为 WHITE，d[u] 初始化为 INFTY
3    d[s] = 0
```

```
4    p[s] = -1
5
6    while true
7      mincost = INFTY
8      for i 从 0 至 n-1
9        if color[i] != BLACK && d[i] < mincost
10         mincost = d[i]
11         u = i
12
13     if mincost == INFTY
14       break
15
16     color[u] = BLACK
17
18     for v 从 0 至 n-1
19       if color[v] != BLACK 且 u 和 v 之间存在边
20         if d[u] + M[u][v] < d[v]
21           d[v] = d[u] + M[u][v]
22           p[v] = u
23           color[v] = GRAY
```

举个例子，对加权图应用狄克斯特拉算法的结果如图 13.11 所示。

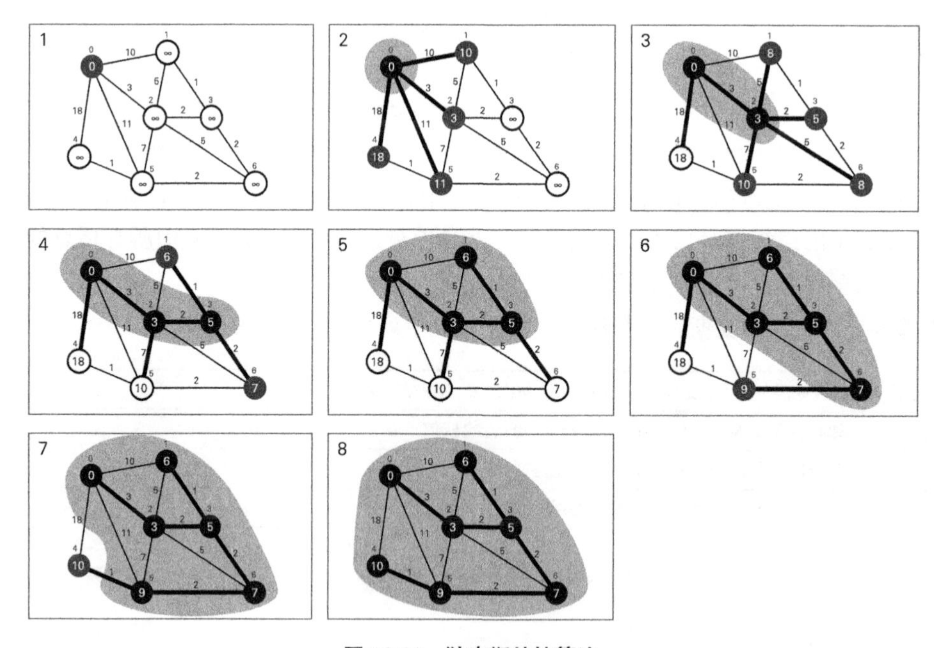

图 13.11 狄克斯特拉算法

图 13.11 中，顶点 i 的上方是顶点编号 i，顶点 i 内部的数字表示 $d[i]$。另外，灰色背景中的顶点和边表示当前已属于最短路径树 S 的顶点和边。

考察

在本题介绍的狄克斯特拉算法的实现方法中，d 值最小的顶点 v 可以通过 $O(|V|)$ 求得。另外，如果算法使用邻接矩阵，则需要 $O(|V|)$ 来搜索与顶点 u 相邻的顶点。上述处理总共要进行 $|V|$ 次，所以算法复杂度为 $O(|V|^2)$。

要注意，狄克斯特拉算法不可以应用于包含负权值的图。具有负权值的图可以套用贝尔曼 - 福特算法或弗洛伊德算法来处理。

参考答案

C++

```
1  #include<iostream>
2  using namespace std;
3  static const int MAX = 100;
4  static const int INFTY = (1<<21);
5  static const int WHITE = 0;
6  static const int GRAY = 1;
7  static const int BLACK = 2;
8  
9  int n, M[MAX][MAX];
10 
11 void dijkstra() {
12   int minv;
13   int d[MAX], color[MAX];
14 
15   for ( int i = 0; i < n; i++ ) {
16     d[i] = INFTY;
17     color[i] = WHITE;
18   }
19 
20   d[0] = 0;
21   color[0] = GRAY;
22   while ( 1 ) {
23     minv = INFTY;
24     int u = -1;
25     for ( int i = 0; i < n; i++ ) {
26       if ( minv > d[i] && color[i] != BLACK ) {
27         u = i;
28         minv = d[i];
29       }
30     }
31     if ( u == -1 ) break;
```

```
32      color[u] = BLACK;
33      for ( int v = 0; v < n; v++ ) {
34        if ( color[v] != BLACK && M[u][v] != INFTY ) {
35          if ( d[v] > d[u] + M[u][v] ) {
36            d[v] = d[u] + M[u][v];
37            color[v] = GRAY;
38          }
39        }
40      }
41    }
42
43    for ( int i = 0; i < n; i++ ) {
44      cout << i << " " << ( d[i] == INFTY ? -1 : d[i] ) << endl;
45    }
46  }
47
48  int main() {
49    cin >> n;
50    for ( int i = 0; i < n; i++ ) {
51      for ( int j = 0; j < n; j++ ) {
52        M[i][j] = INFTY;
53      }
54    }
55
56    int k, c, u, v;
57    for ( int i = 0; i < n; i++ ) {
58      cin >> u >> k;
59      for ( int j = 0; j < k; j++ ) {
60        cin >> v >> c;
61        M[u][v] = c;
62      }
63    }
64
65    dijkstra();
66
67    return 0;
68  }
```

ALDS1_12_B: Single Source Shortest Path II

限制时间 1 s　　内存限制 131072 KB　　正答率 19.57%

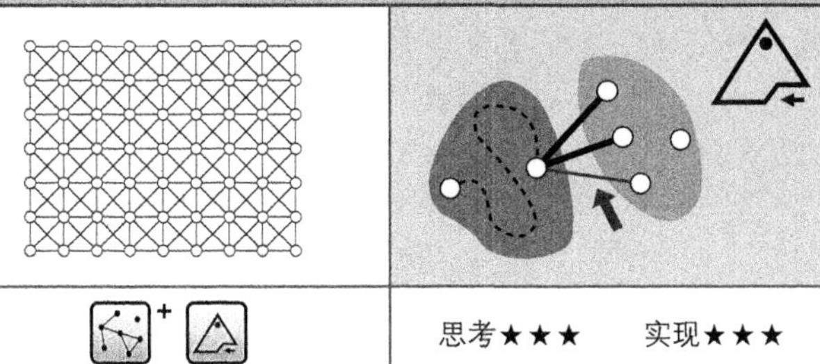

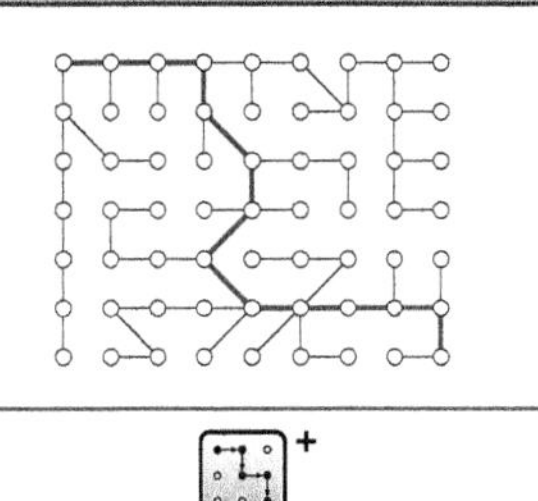

思考★★★　　实现★★★

请编写一个程序，求给定加权有向图 $G = (V, E)$ 的单源最短路径的成本。请以 G 的顶点 0 为起点，输出 0 到各顶点 v 的最短路径上各边权值的总和 $d[v]$。

输入 第 1 行输入 G 的顶点数 n。接下来 n 行按如下格式输入各顶点 u 的邻接表。

$u\ k\ v_1\ c_1\ v_2\ c_2\ \cdots\ v_k\ c_k$

G 中的各顶点编号分别为 0 至 $n-1$。u 代表顶点的编号，k 代表 u 的出度。v_i（$i = 1, 2, \cdots, k$）代表与 u 相邻顶点的编号，c_i 代表 u 到 v_i 的有向边的权值。

输出 按顺序输出各顶点编号 v 及距离 $d[v]$，相邻数据间用 1 个空格隔开。

限制 $1 \leqslant n \leqslant 10\,000$

$0 \leqslant c_i \leqslant 100\,000$

$|E| < 500\,000$

0 到各顶点之间必然存在路径。

输入示例

```
5
0 3 2 3 3 1 1 2
1 2 0 2 3 4
2 3 0 3 3 1 4 1
3 4 2 1 0 1 1 4 4 3
4 2 2 1 3 3
```

输出示例

```
0 0
1 2
2 2
3 1
4 3
```

讲解

上一题我们学习了一般形式的狄克斯特拉算法。这个算法由邻接矩阵实现，因此需要花费 $O(|V|)$ 来给顶点 u 搜索相邻顶点 v。此外，选择顶点 u 添加至最短路径树 S 的循环（$|V|$ 次）需

要进行 $|V|$ 次，所以算法复杂度为 $O(|V|^2)$。即便放弃邻接矩阵改用邻接表来表示图，复杂度也不会有任何改观。

其实，只要我们采用邻接表表示法，再对二叉堆（优先级队列）加以应用，就可以让狄克斯特拉算法的效率产生质的飞跃。

如图 13.12 所示，除顶点编号外，我们再在加权图的邻接表中添加权重元素。

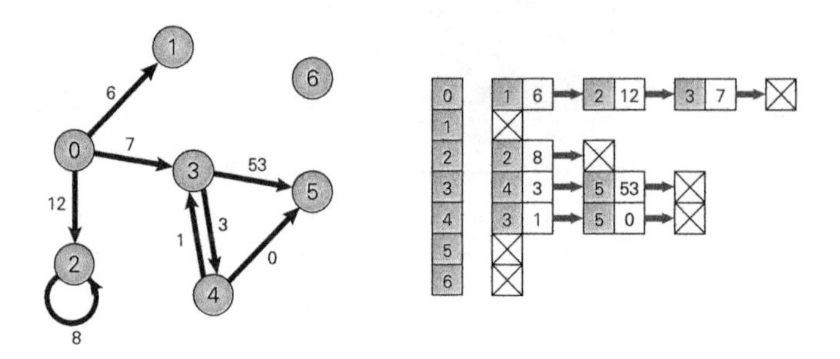

图 13.12 加权有向图的邻接表

应用二叉堆（优先级队列）实现的狄克斯特拉算法如下。

狄克斯特拉算法（优先级队列）

设图 $G = (V, E)$ 所有顶点的集合为 V，起点为 s，最短路径树中包含的顶点集合为 S。在各计算步骤中，我们将选出最短路径树的边和顶点并将其添加至 S。

对于各顶点 i，设仅经由 S 内顶点的 s 到 i 的最短路径成本为 $d[i]$，i 在最短路径树中的父结点为 $p[i]$。

1. 初始状态下将 S 置空。
   初始化 s 的 $d[s] = 0$；除 s 以外，所有属于 V 的顶点 i 的 $d[i] = \infty$。
   以 $d[i]$ 为键值，将 V 的顶点构建成最小堆 H。
2. 循环进行下述处理，直至 $S = V$ 为止。
   ▶ 从 H 中取出 $d[u]$ 最小的顶点 u
   ▶ 将 u 添加至 S，同时将与 u 相邻且属于 $V - S$ 的所有顶点 v 的值按照下述方式更新
   　if $d[u] + w(u, v) < d[v]$
   　　$d[v] = d[u] + w(u, v)$
   　　$p[v] = u$
   　　以 v 为起点更新堆 H。

该算法可通过下述方式实现。

Program 13.3 用堆实现狄克斯特拉算法

```
1  dijkstra(s)
2    将所有顶点 u 的 color[u] 设为 WHITE，d[u] 初始化为 INFTY
3    d[s] = 0
4
5    Heap heap = Heap( n, d )
6    heap.construct()
7
8    while heap.size >= 1
9      u = heap.extractMin()
10
11     color[u] = BLACK
12
13     // 如果仍存在与 u 相邻的顶点 v
14     while ( v = next( u ) ) != NIL
15       if color[v] != BLACK
16         if d[u] + M[u][v] < d[v]
17           d[v] = d[u] + M[u][v]
18           color[v] = GRAY
19           heap.update( v )
```

实现算法与二叉堆的联动比较复杂。相对地，我们可以像下面这样，用优先级队列代替二叉堆，将候选顶点插入队列，从而使狄克斯特拉算法更加直观（使用 STL 的 priority_queue 能相对简化实现过程）。

Program 13.4 用优先级队列实现狄克斯特拉算法

```
1  dijkstra(s)
2    将所有顶点 u 的 color[u] 设为 WHITE，d[u] 初始化为 INFTY
3    d[s] = 0
4
5    PQ.push( Node( s, 0 ) ) // 将起点插入优先级队列
6    // 选 s 作为最开始的 u
7
8    while PQ 不为空
9      u = PQ.extractMin()
10
11     color[u] = BLACK
12
13     if d[u] < u 的成本 // 取出最小值，如果不是最短路径则忽略
14       continue
15
16     // 如果仍存在与 u 相邻的顶点 v
17     while ( v = next( u ) ) != NIL
18       if color[v] != BLACK
```

```
19          if d[u] + M[u][v] < d[v]
20            d[v] = d[u] + M[u][v]
21            color[v] = GRAY
22            PQ.push( Node( v, d[v] ) )
```

考察

在使用邻接表和二叉堆实现的狄克斯特拉算法中，从二叉堆取出顶点 u 需要消耗 $O(|V|\log|V|)$，更新 $d[v]$ 又需要消耗 $O(|E|\log|V|)$，因此整体算法复杂度为 $O((|V|+|E|)\log|V|)$。

另外，用优先级队列替代二叉堆的实现方法中，需要从队列中取出 $|V|$ 次顶点，向队列执行 $|E|$ 次插入操作，所以算法复杂度同为 $O((|V|+|E|)\log|V|)$。

参考答案

C++

```
1   #include<iostream>
2   #include<algorithm>
3   #include<queue>
4   using namespace std;
5   static const int MAX = 10000;
6   static const int INFTY = (1<<20);
7   static const int WHITE = 0;
8   static const int GRAY = 1;
9   static const int BLACK = 2;
10
11  int n;
12  vector<pair<int, int> > adj[MAX]; // 加权有向图的邻接表表示法
13
14  void dijkstra() {
15    priority_queue<pair<int, int> > PQ;
16    int color[MAX];
17    int d[MAX];
18    for ( int i = 0; i < n; i++ ) {
19      d[i] = INFTY;
20      color[i] = WHITE;
21    }
22
23    d[0] = 0;
24    PQ.push(make_pair(0, 0));
25    color[0] = GRAY;
26
```

```
27   while ( !PQ.empty() ) {
28     pair<int, int> f = PQ.top(); PQ.pop();
29     int u = f.second;
30 
31     color[u] = BLACK;
32 
33     // 取出最小值，如果不是最短路径则忽略
34     if ( d[u] < f.first * (-1) ) continue;
35 
36     for ( int j = 0; j < adj[u].size(); j++ ) {
37       int v = adj[u][j].first;
38       if ( color[v] == BLACK ) continue;
39       if ( d[v] > d[u] + adj[u][j].second ) {
40         d[v] = d[u] + adj[u][j].second;
41         // priority_queue priority_queue 默认优先较大值，因此要乘以 -1。
42         PQ.push(make_pair(d[v] * (-1), v));
43         color[v] = GRAY;
44       }
45     }
46   }
47 
48   for ( int i = 0; i < n; i++ ) {
49     cout << i << " " << ( d[i] == INFTY ? -1 : d[i] ) << endl;
50   }
51 }
52 
53 int main() {
54   int k, u, v, c;
55 
56   cin >> n;
57   for ( int i = 0; i < n; i++ ) {
58     cin >> u >> k;
59     for ( int j = 0; j < k; j++ ) {
60       cin >> v >> c;
61       adj[u].push_back(make_pair(v, c));
62     }
63   }
64 
65   dijkstra();
66 
67   return 0;
68 }
```

第 3 部分

[应用篇]

程序设计竞赛的必备程序库

大部分程序设计竞赛只允许程序包含 STL 等标准库文件。因此，我们要将一些很难现场编写的算法和典型问题的解法事先加入标准库中，以备不时之需（请注意，有些竞赛是禁止自行携带库文件入场的）。

程序设计竞赛越是重视编程技巧和创意，我们能用到库的机会也就越少。不过，大部分竞赛中都会有用到程序库的机会，因此事先准备一些可信度高的常用代码，能帮助我们更快解决一部分问题。除此之外，整理程序库还具有以下意义。

- ▶ 是学习多种算法、数据结构、典型问题的好机会
- ▶ 看看其他人是如何实现某些共通课题的（比如典型问题等），从而进一步精炼自己的代码
- ▶ 享受收集算法的乐趣

第 14 章

高等数据结构

与 C++ 语言的 STL 一样，许多编程语言都为开发者提供了通用的算法与数据结构。前面我们学习了实现这些算法与数据结构的基本机制，并求解了相关问题。

不过，除了标准库中包含的数据结构之外，人们还一直针对各种用途开发了新的数据结构。本章中，我们将利用基础结构实现一些高等数据结构，并求解其相关问题。这些数据结构将来还可以用于实现更高等的算法。

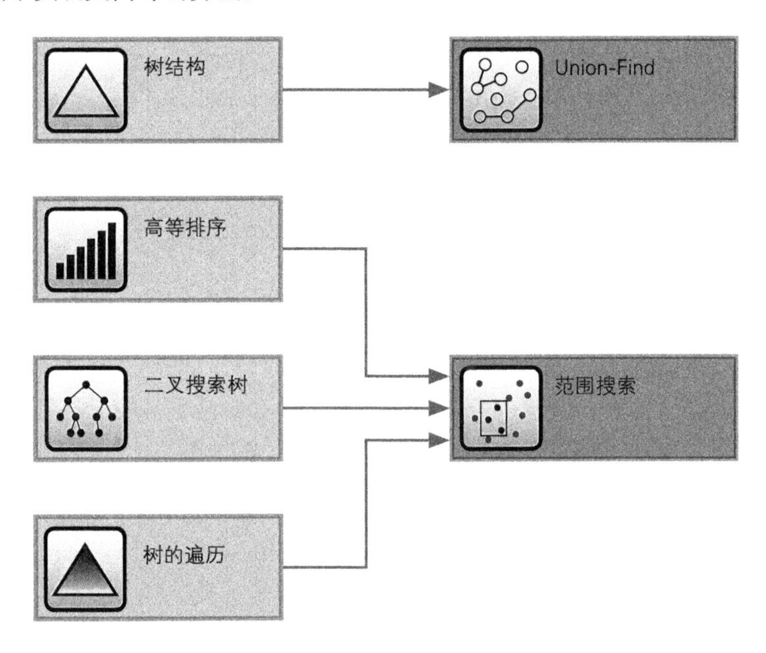

接触本章的问题之前，需要各位具备实现树状结构、高等排序算法、二叉搜索树的编程技能以及使用相关库的能力。

14.1 互质的集合

DSL_1_A: Disjoint Set: Union Find Tree

限制时间 3 s　　内存限制 65536 KB　　正答率 63.71%

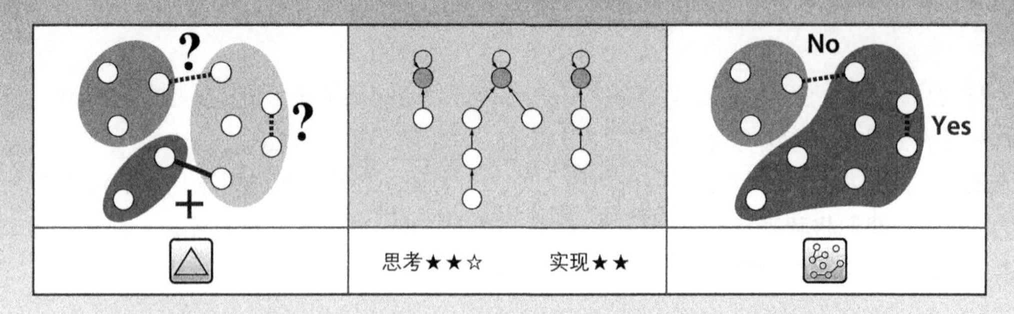

请实现一个管理互质动态集合 $S = \{S_1, S_2, \cdots, S_k\}$ 的程序。

首先读取整数 n，创建由 $0, 1, \cdots, n-1$ 这样 n 个互不相同的元素组成的集合。

然后读取整数 q，对集合进行 q 个查询操作。查询包含以下 2 种。

- ▶ $unite(x, y)$：合并包含 x 的集合 S_x 与包含 y 的集合 S_y
- ▶ $same(x, y)$：判断 x 与 y 是否包含于同一集合

输入 $n\ q$

$com_1\ x_1\ y_1$

$com_2\ x_2\ y_2$

…

$com_q\ x_q\ y_q$

第 1 行指定 n 和 q。接下来的 q 行指定查询操作。com_i 代表查询的种类，“0”为 *unite*，“1”为 *same*。

输出 各 *same* 查询中，x 与 y 包含于同一集合时返回 1，否则返回 0，每个结果占 1 行。

限制 $1 \leqslant n \leqslant 10\,000$

$1 \leqslant q \leqslant 100\,000$

输入示例

```
5 12
0 1 4
0 2 3
1 1 2
1 3 4
1 1 4
1 3 2
0 1 3
1 2 4
1 3 0
0 0 4
1 0 2
1 3 0
```

输出示例

```
0
0
1
1
1
0
1
1
```

讲解

Disjoint Sets 是一种用互质集合（一个元素不同时包含于多个集合的集合）对数据进行分类管理的数据结构。这种数据结构可以有效地动态处理以下操作。

- ▶ `makeSet(x)`：创建仅包含元素 x 的新集合
- ▶ `findSet(x)`：求包含元素 x 的集合的“代表”元素
- ▶ `unite(x, y)`：合并指定的元素 x、y

我们用 `findSet(x)` 可以找出元素 x 包含于哪个集合。在 Disjoint Sets 中，查询“指定的两个元素 x、y 是否包含于同一集合”的操作称为 Union Find。

这里我们用名为 Disjoint Sets Forests 的森林结构来实现 Disjoint Sets。本书中，我们将树的集合称为森林。构成森林的树代表各个集合，树的各结点代表集合内的各元素。

我们将各个树的根结点用作区分集合的代表元素（representative）。因此，`findSet(x)` 将返回元素 x 所属树（集合）的根结点的值。为找出根结点，我们要让各结点具备指向其父结点的指针，以便从任意一结点都可以查询到根结点。另外，代表元素的指针要指向其自身。比如图 14.1 中 Disjoint Sets 的 `findSet(5)` 的结果为 1，`findSet(0)` 的结果也为 1，所以 5 和 0 包含于同一集合。

`findSet(x)` 的复杂度等于各结点到代表元素之间所经历的指针数，即树的高度。这里除了求代表元素之外，我们让 `findSet(x)` 再具备路径压缩的功能，从而提高后续 `findSet(x)` 的执行效率。所谓路径压缩，就是在求代表元素的同时，对起始元素到代表元素之间的路径上的所有结点进行修改，使结点的指针全都指向代表元素。图 14.2 便是路径压缩的一个例子。

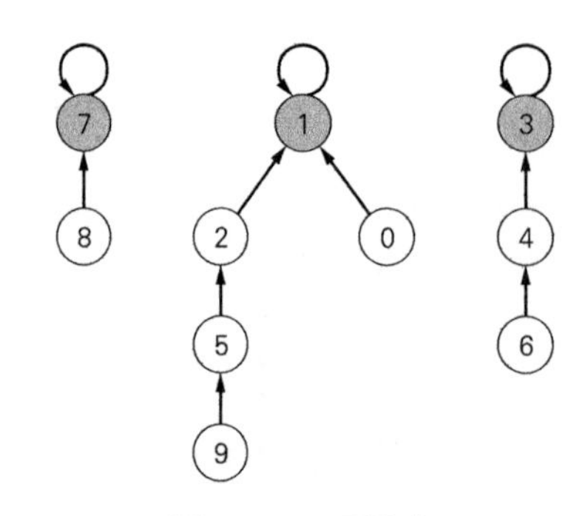

图 14.1　互质集合

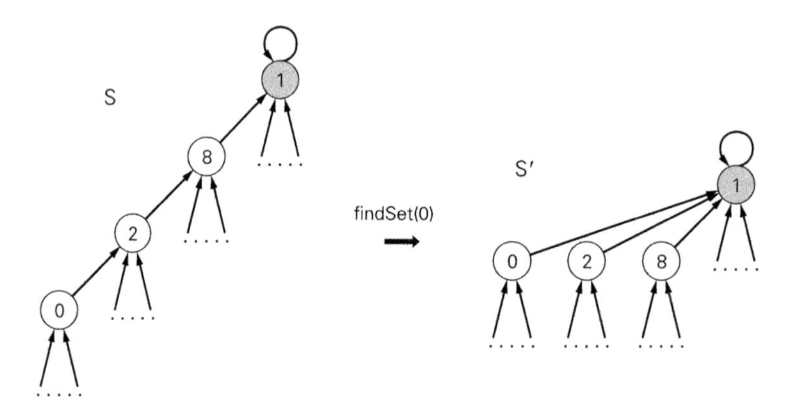

图 14.2　路径压缩

树 S 中，各结点拥有指向其父结点的指针，元素 0 要经过 $0 \to 2 \to 8 \to 1$ 的路径找到元素 1。这里我们让 `findSet(0)` 在返回 1 的同时，将路径上所有结点的指针全都改为直接指向 1，生成新的树 S'。

这样我们就得到了一个更低的树，此时再对 S' 中的元素 x 执行 `findSet(x)` 操作的话，能够以极低的复杂度来完成。

至于合并指定元素 x、y 的操作 `unite(x, y)`，我们要在 x 的代表元素和 y 的代表元素中选出一个作为新的代表元素，同时将另一个代表元素的指针指向新代表元素。比如，图 14.3 是对互质集合 S 执行 `unite(2, 4)` 的结果。

这里的关键问题是如何选出新代表元素。我们用表示各集合的树的高度作为判断依据。在这里，我们将以各结点 x 为根的树的高度记入变量 $rank[x]$。初始状态下每个集合中都只有一个元素，因此 $rank[x]$ 的值全部为 0。

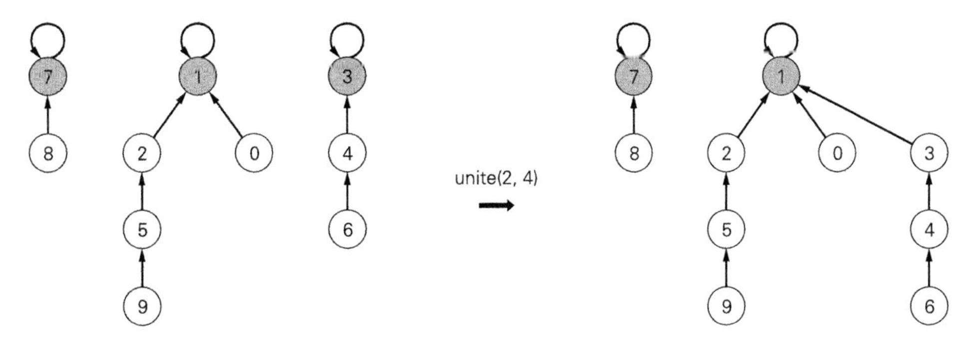

图 14.3 合并

如下所示，在合并集合时，如果两个集合的树高度不同，则将较低的树合并至较高的树中（防止新树比原树更高）。

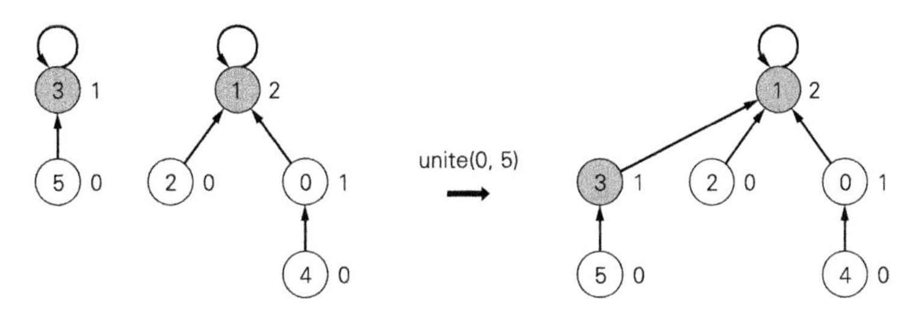

图 14.4 合并——不同高度的树

如图 14.5 所示，合并高度相同的树时，合并后新代表元素的 *rank* 增加 1。

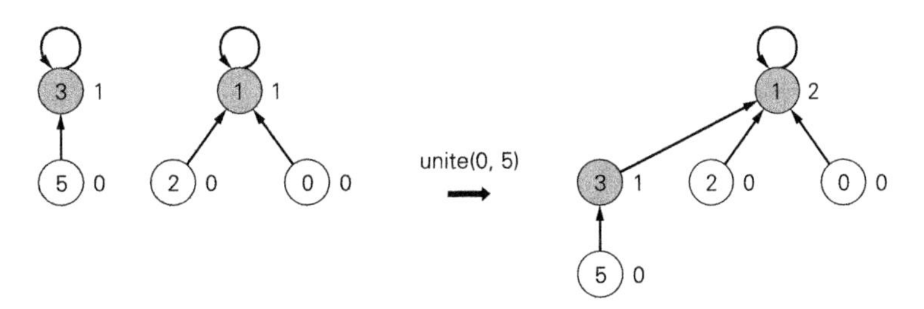

图 14.5 合并——高度相同的树

考察

本题中，通过路径压缩和 *rank* 的算法实现分析起来十分复杂，不过其算法复杂度要低于 $O(\log n)$。

参考答案

C++

```
#include<iostream>
#include<vector>

using namespace std;

class DisjointSet {
  public:
    vector<int> rank, p;

    DisjointSet() {}
    DisjointSet(int size) {
      rank.resize(size, 0);
      p.resize(size, 0);
      for(int i=0; i < size; i++) makeSet(i);
    }

    void makeSet(int x) {
      p[x] = x;
      rank[x] = 0;
    }

    bool same(int x, int y) {
      return findSet(x) == findSet(y);
    }

    void unite(int x, int y) {
      link(findSet(x), findSet(y));
    }

    void link(int x, int y) {
      if ( rank[x] > rank[y] ) {
        p[y] = x;
      } else {
        p[x] = y;
        if ( rank[x] == rank[y] ) {
          rank[y]++;
        }
      }
    }

    int findSet(int x) {
      if ( x != p[x] ) {
```

```
43          p[x] = findSet(p[x]);
44        }
45        return p[x];
46      }
47  };
48
49  int main() {
50    int n, a, b, q;
51    int t;
52
53    cin >> n >> q;
54    DisjointSet ds = DisjointSet(n);
55
56    for ( int i = 0; i < q; i++ ) {
57      cin >> t >> a >> b;
58      if ( t == 0 ) ds.unite(a, b);
59      else if ( t == 1 ) {
60        if ( ds.same(a, b) ) cout << 1 << endl;
61        else cout << 0 << endl;
62      }
63    }
64
65    return 0;
66  }
```

14.2 范围搜索

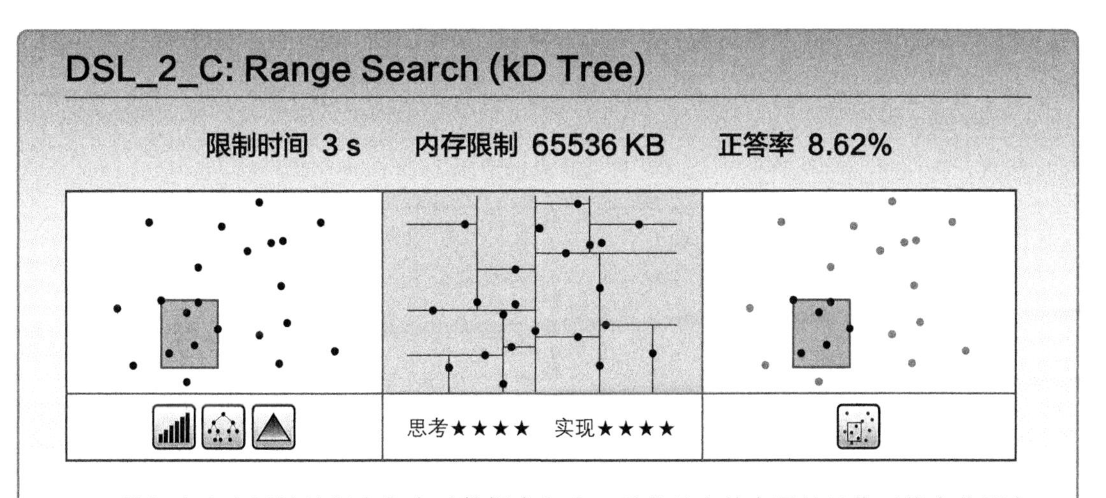

DSL_2_C: Range Search (kD Tree)
限制时间 3 s 内存限制 65536 KB 正答率 8.62%
思考★★★★ 实现★★★★

从拥有多个属性的报表集合（数据库）中，寻找具有特定属性且位于指定范围内的元素，这类问题称为范围搜索。

请编写一个程序，对于某个二维平面上点的集合，列举出给定范围内的点。另外，给定的点集合无法进行点的添加和删除操作。

输入 n

$x_0 y_0$

$x_1 y_1$

…

$x_{n-1}\ y_{n-1}$

q

$sx_0\ tx_0\ sy_0\ ty_0$

$sx_1\ tx_1\ sy_1\ ty_1$

…

$sx_{q-1}\ tx_{q-1}\ sy_{q-1}\ ty_{q-1}$

其中第 1 行的 n 表示集合里点的数量。接下来的 n 行输入第 i 个点的 2 个整数坐标 x_i、y_i。

接下来 1 行输入区域数 q。再接下来 q 行各输入 4 个整数 sx_i、tx_i、sy_i、ty_i 来代表各个区域。

输出 对于每个区域，按编号升序输出点集合中满足 $sx_i \leqslant x \leqslant tx_i$ 且 $sy_i \leqslant y \leqslant ty_i$ 的点的编号，每个编号占 1 行，每个区域输出完毕后空 1 行（不存在满足条件的点时仅输出 1 个空行）。

限制 $0 \leqslant n \leqslant 500\,000$

$0 \leqslant q \leqslant 20\,000$

$-1\,000\,000\,000 \leqslant x, y, sx, tx, sy, ty \leqslant 1\,000\,000\,000$

$sx \leqslant tx$

$sy \leqslant ty$

各区域范围内的点不超过 100 个。

输入示例

```
6
2 1
2 2
4 2
6 2
3 3
5 4
2
2 4 0 4
4 10 2 5
```

输出示例

```
0
1
2
4

2
3
5
```

答案不正确时的注意点

- 使用 C++ 语言时请选择较高速的输入输出函数，比如用 scanf 替代 cin。

讲解

本题在输入点集合之后不再进行插入和删除操作，也就是说，在进行查询之前我们已经获得了静态数据集合。一般说来，这类算法需要考虑插入与删除等操作，但本题仅是一个简易的范围搜索问题。

首先我们将问题简化，把点集合从二维空间缩小到一维的 x 轴上，考虑如何列举出 x 轴上给定区域（范围）内的点，即一维的范围搜索。

首先通过下述算法将给定点集合制成二叉树。

Program 14.1 1D Tree——Make

```
1   np = 0                               // 初始化结点编号
2   make1DTree(0, n)
3
4   make1DTree(l, r)
5     if !(l < r)
6       return NIL
7
8     以 x 坐标为基准将 P 中从 l 到 r 的点（不包含 r）按升序排序
9
10    mid = (l + r ) / 2
11
12    t = np++                           // 设置二叉树的结点编号
13    T[t].location = mid                // P 中的位置
14    T[t].l = make1DTree(l, mid)        // 前半部分生成子树
15    T[t].r = make1DTree(mid + 1, r)    // 后半部分生成子树
16
17    return t
```

上述算法基于递归函数 make1DTree(l, r)，可以用点集合 P 中从 l 到 r（不包含 r）的元素生成子树。算法最初调用 make1DTree(0, n) 意在将整个点集合作为对象生成二叉树。

make1DTree(l, r) 用于确定二叉树的 1 个结点并返回该结点的编号 t。首先我们以 x 为基准将指定范围内的点按升序排序，然后计算序列中央元素的下标 mid，以 mid 为界将范围内的点集合一分为二。这个 mid 的值就是结点 t 在 P 内的位置。

接下来递归调用 make1DTree(l, mid) 和 make1DTree(mid+1, r)，分别生成结点 t 的左子树和右子树，这两个函数的返回值就是结点 t 的左子结点 l 和右子结点 r。

举个例子，我们现在用 make1DTree 将 x 值为 $\{1, 3, 5, 6, 10, 13, 14, 16, 19, 21\}$ 的点集合制成二叉树，其结果如图 14.6 所示。

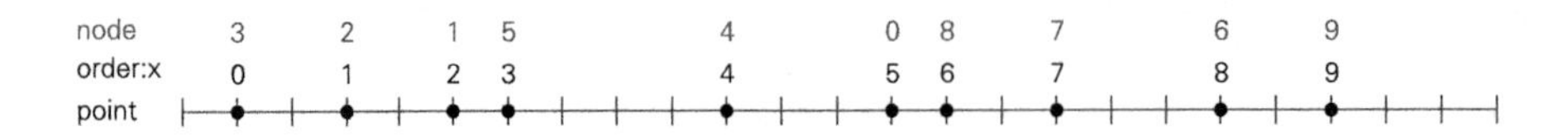

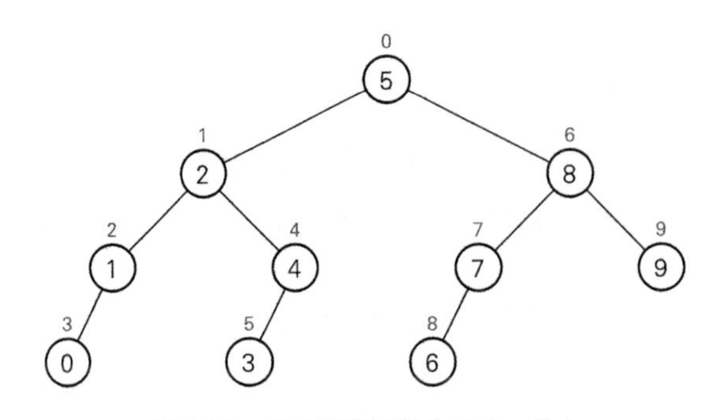

图 14.6 二叉搜索树的生成（一维）

图 14.6 中，黑色数字表示以 x 为基准的顺序，灰色数字表示二叉搜索树的结点编号。二者的顺序分别为中序遍历和前序遍历。

要列举出指定范围内的点，只需对上述二叉搜索树应用如下算法。

Program 14.2 1D Tree（Find）

```
1   find(v, sx, tx)
2     x = P[T[v].location].x
3     if sx <= x && x <= tx
4       print P[T[v].location]
5
6     if T[v].l != NIL && sx <= x
7       find(T[v].l, sx, tx)
8
9     if T[v].r != NIL && x <= tx
10      find(T[v].r, sx, tx)
```

搜索从二叉搜索树的根节点开始，检查当前结点所代表的点是否包含于指定范围（sx 与 tx 之间），如果包含则输出该点（结点编号或坐标）。此外，如果该点大于等于下限 sx 则递归搜索左子树，小于等于上限 tx 则递归搜索右子树。下面让我们以图 14.6 中的二叉搜索树为例，搜索 x 在 6 到 15 之间的点（图 14.7）。

这个算法可以扩展至 k 维空间。我们只需要构建名为"kD 树"的数据结构，就可以搜索指定区域内的点了。那么接下来，就让我们看看在二维平面对点集合进行范围搜索的算法。

kD 树的生成方法多种多样，这里要介绍的是针对二维平面的基本方法。k 维算法的基本思路与一维算法的一样，都是需对点进行排序，然后取中间值作为根节点来构建树。只不过，k 维算法的排序基准会根据树的深度不同而变化。

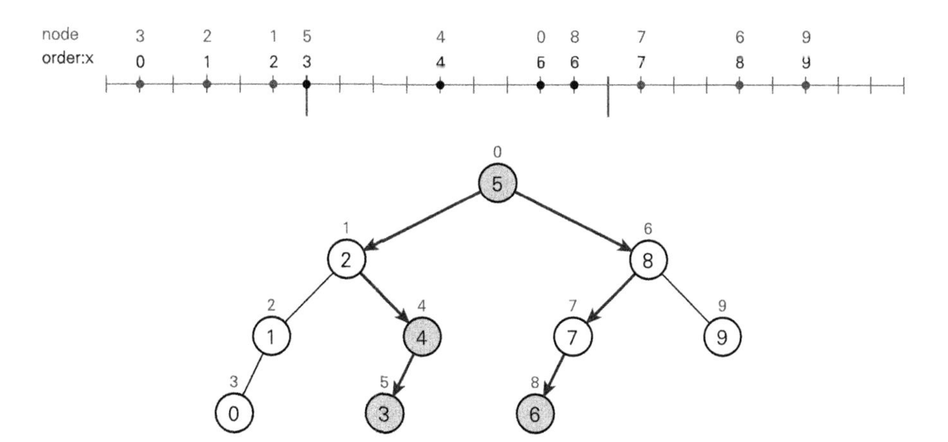

图 14.7 通过二叉搜索树搜索点（一维）

前面处理一维（x 轴上的点）的问题时，我们只以 x 的值为基准进行了排序，但点分布到二维空间后，我们就需要对 x 轴和 y 轴分别排序。至于排序要以哪个轴为基准，则是按照树的深度进行循环。比如深度为偶数时以 x 轴为基准，为奇数时以 y 轴为基准，二者交替出现。

下面是用这一方法生成二叉搜索树并进行范围搜索的算法。

Program 14.3 2D Tree（Make & Find）

```
1  make2DTree(l, r, depth)
2    if !(l < r)
3      return NIL
4
5    mid = ( l + r ) / 2
6    t = np++
7
8    if depth % 2 == 0
9      以 x 坐标为基准，将 P 中从 l 至 r（不包含 r）的点进行升序排列
10   else
11     以 y 坐标为基准，将 P 中从 l 至 r（不包含 r）的点进行升序排列
12
13   T[t].location = mid
14   T[t].l = make2DTree(l, mid, depth + 1)
15   T[t].r = make2DTree(mid+1, r, depth + 1)
16
17   return t
18
19
20 find(v, sx, tx, sy, ty, depth)
21   x = P[T[v].location].x;
22   y = P[T[v].location].y;
23
24   if sx <= x && x <= tx && sy <= y && y <= ty
```

```
25      print P[T[v].location]
26
27    if depth % 2 == 0
28      if T[v].l != NIL && sx <= x
29        find(T[v].l, sx, tx, sy, ty, depth + 1)
30      if T[v].r != NIL && x <= tx
31        find(T[v].r, sx, tx, sy, ty, depth + 1)
32    else
33      if T[v].l != NIL && sy <= y
34        find(T[v].l, sx, tx, sy, ty, depth + 1)
35      if T[v].r != NIL && y <= ty
36        find(T[v].r, sx, tx, sy, ty, depth + 1)
```

make2DTree 是 make1DTree 的扩展，在访问结点时多检查了结点的深度 depth，根据深度的奇偶来变更排序基准（x、y 轴）。find 函数也同样根据 depth 来区分两种情况进行搜索。

下面我们来看一个根据二维平面上的点生成二叉搜索树的例子。

图 14.8 中结点内的黑色数字表示该结点以坐标为基准的序号，结点上方灰色数字表示其在二叉搜索树中的结点编号。

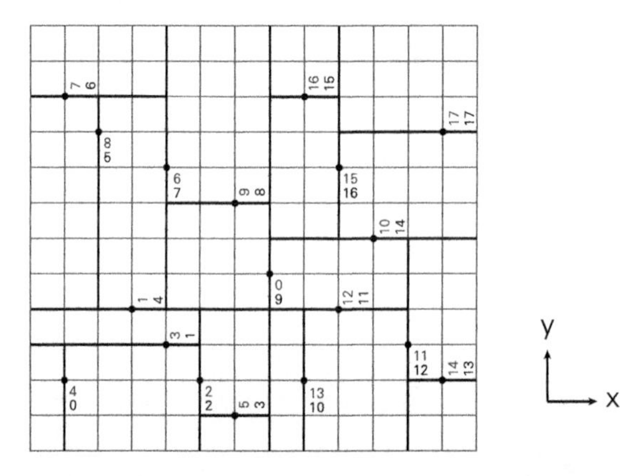

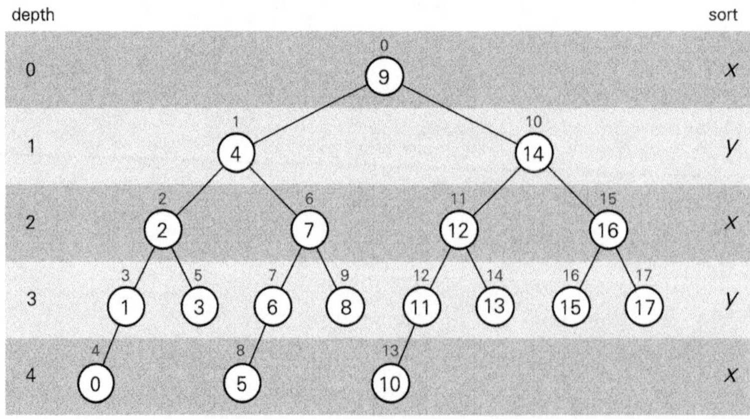

图 14.8　二叉搜索树的生成（二维）

首先由 `make2DTree(0, n)` 确定根结点 0，然后将所有点以 x 为基准排序，选出位于正中央的点（由通过灰色数字 0 的纵线来分割）与根结点关联。接下来将对象缩小至结点 0 左侧（x 轴负方向）的点集合。这次我们以 y 为基准进行排序，选出正中央的点设为结点 1，以该点（由横线分割）作为分割点将区域分为上下两部分，再对这两部分分别递归调用 `make2DTree`。

接下来，在图 14.9 的例子中，我们对既有二叉搜索树进行指定范围的搜索（x 从 2 到 8，y 从 2 到 7）。

基本原理与一维时的相同。搜索函数根据 `make2DTree` 中的算法搜索二叉树，在深度为偶数时比较 x 轴，为奇数时比较 y 轴。

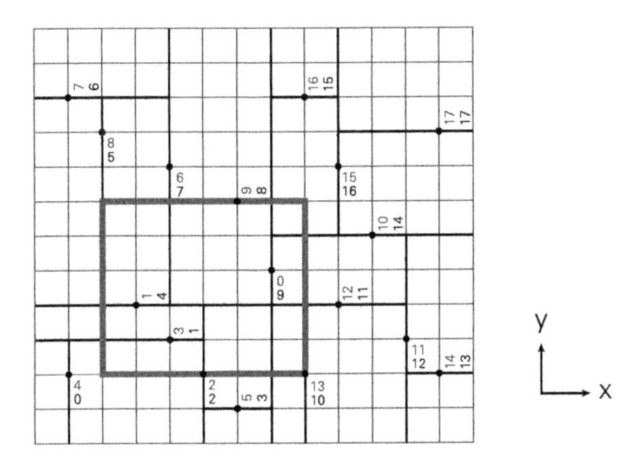

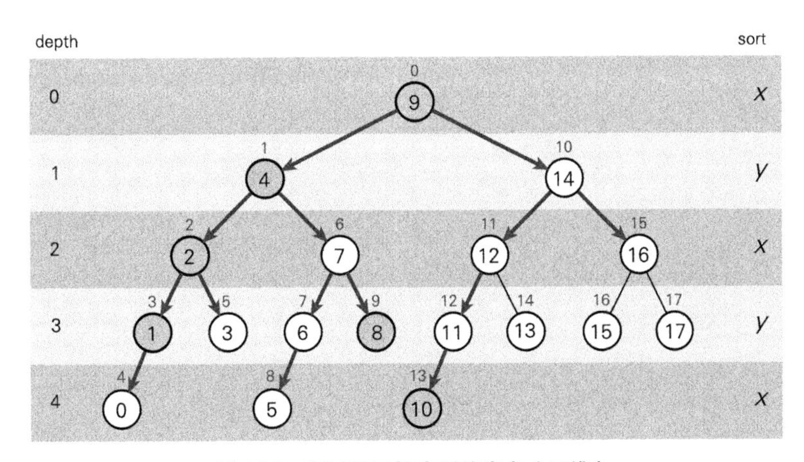

图 14.9 通过二叉搜索树搜索点（二维）

考察

设点的数量为 n，算法在构建树结构时需要进行 $\log n$（树的高）次 $O(n\log n)$ 的排序，因此复杂度为 $O(n\log^2 n)$。

另外，设指定范围内点的数量为 k，kD 树的维度为 d，那么范围搜索的算法复杂度为 $O(n^{1-\frac{1}{d}}+k)$。

参考答案

C++

```
#include<cstdio>
#include<algorithm>
#include<vector>
using namespace std;

class Node {
public:
  int location;
  int p, l, r;
  Node() {}
};

class Point {
public:
  int id, x, y;
  Point() {}
  Point(int id, int x, int y): id(id), x(x), y(y) {}
  bool operator < ( const Point &p) const {
    return id < p.id;
  }

  void print() {
    printf("%d\n", id); // 使用比 cout 更快的 printf 函数
  }
};

static const int MAX = 1000000;
static const int NIL = -1;

int N;
Point P[MAX];
Node T[MAX];
int np;

bool lessX(const Point &p1, const Point &p2) { return p1.x < p2.x; }
bool lessY(const Point &p1, const Point &p2) { return p1.y < p2.y; }

int makeKDTree(int l, int r, int depth) {
```

```
39    if ( !(l < r) ) return NIL;
40    int mid = ( l + r ) / 2;
41    int t = np++;
42    if ( depth % 2 == 0 ){
43      sort(P + l, P + r, lessX);
44    } else {
45      sort(P + l, P + r, lessY);
46    }
47    T[t].location = mid;
48    T[t].l = makeKDTree(l, mid, depth + 1);
49    T[t].r = makeKDTree(mid + 1, r, depth + 1);
50
51    return t;
52  }
53
54  void find(int v, int sx, int tx, int sy, int ty, int depth, vector<Point> &ans ) {
55    int x = P[T[v].location].x;
56    int y = P[T[v].location].y;
57
58    if ( sx <= x && x <= tx && sy <= y && y <= ty ) {
59      ans.push_back(P[T[v].location]);
60    }
61
62    if ( depth % 2 == 0 ) {
63      if ( T[v].l != NIL ) {
64        if ( sx <= x ) find(T[v].l, sx, tx, sy, ty, depth + 1, ans);
65      }
66      if ( T[v].r != NIL ) {
67        if ( x <= tx ) find(T[v].r, sx, tx, sy, ty, depth + 1, ans);
68      }
69    } else {
70      if ( T[v].l != NIL ) {
71        if ( sy <= y) find(T[v].l, sx, tx, sy, ty, depth + 1, ans);
72      }
73      if ( T[v].r != NIL ) {
74        if ( y <= ty) find(T[v].r, sx, tx, sy, ty, depth + 1, ans);
75      }
76    }
77  }
78
79  int main() {
80    int x, y;
81    scanf("%d", &N);
82    for ( int i = 0; i < N; i++ ) {
83      scanf("%d %d", &x, &y); // 使用比 cin 更快的 scanf 函数
84      P[i] = Point(i, x, y);
85      T[i].l = T[i].r = T[i].p = NIL;
```

```
86    }
87
88    np = 0;
89
90    int root = makeKDTree(0, N, 0);
91
92    int q;
93    scanf("%d", &q);
94    int sx, tx, sy, ty;
95    vector<Point> ans;
96    for ( int i = 0; i < q; i++ ) {
97      scanf("%d %d %d %d", &sx, &tx, &sy, &ty);
98      ans.clear();
99      find(root, sx, tx, sy, ty, 0, ans);
100     sort(ans.begin(), ans.end());
101     for ( int j = 0; j < ans.size(); j++ ) {
102       ans[j].print();
103     }
104     printf("\n");
105   }
106
107   return 0;
108 }
```

14.3 其他问题

这里向各位介绍几个本书没有拿来细讲的高等数据结构的问题。

► DSL_2_A: Range Minimum Query

在元素值动态变化的数列中，快速求出指定范围内的最小元素。需要应用一种名为“线段树”（segment tree）的数据结构。

► DSL_2_B: Range Sum Query

在元素值动态变化的数列中，快速求出指定范围内所有元素的和，也需要应用线段树数据结构。

第 15 章
高等图算法

本章我们将用之前所学的算法与数据结构的知识，一起研究几道与高等图算法有关的问题。

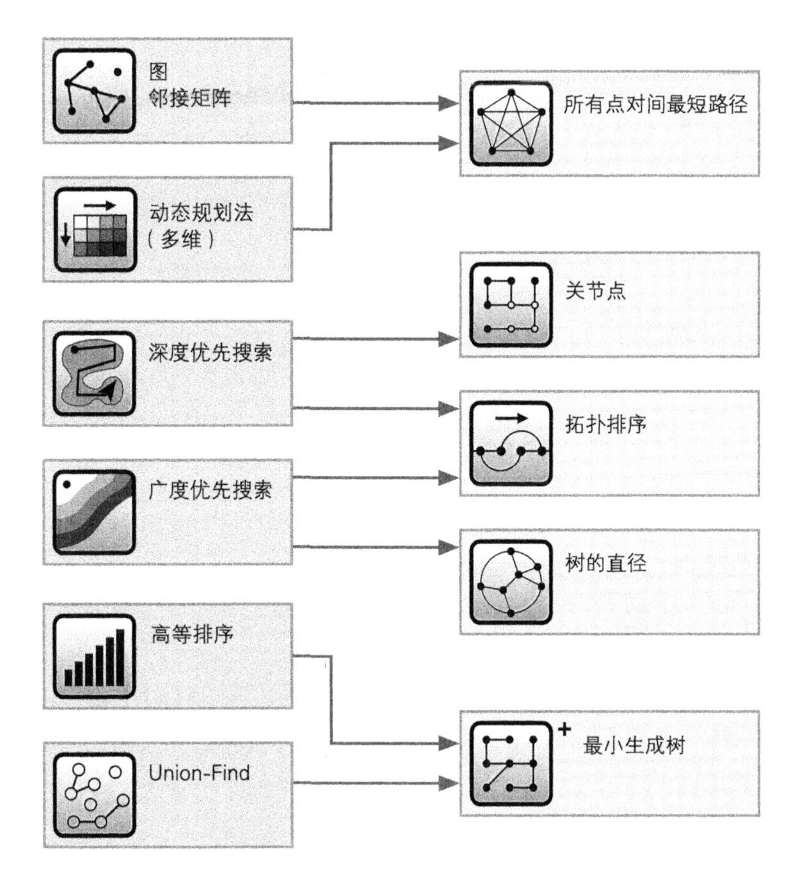

接触本章的问题之前，各位需要先具备图的表示、图的搜索算法、Union-Find 的相关知识以及实现它们的编程技能。

15.1 所有点对间最短路径

GRL_1_C: All Pairs Shortest Path

限制时间 1 s　　内存限制 65536 KB　　正答率 25.69%

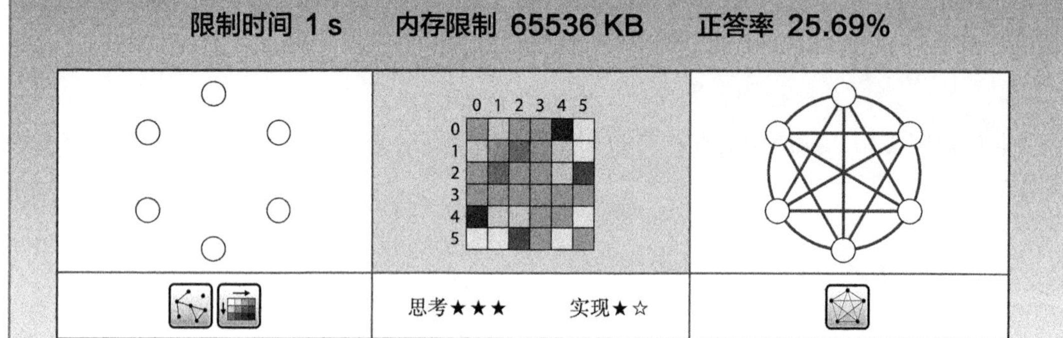

请列举出加权有向图 $G = (V, E)$ 中每两点之间的最短路径的长度。

输入 输入按照以下形式给出。

$|V|\,|E|$

$s_0\ t_0\ d_0$

$s_1\ t_1\ d_1$

…

$s_{|E|-1}\ t_{|E|-1}\ d_{|E|-1}$

其中 $|V|$、$|E|$ 分别代表图 G 的顶点数和边数。图 G 的各顶点编号分别为 0, 1, …, $|V|-1$。

s_i、t_i、d_i 分别表示图 G 第 i 条边（有向）连接的 2 个顶点的编号以及该边的权值。

输出 如果图 G 包含负环（各边权值总和为负数的环），则在 1 行中输出如下内容。

NEGATIVE CYCLE

否则按照以下格式输出路径长度。

$D_{0,0}\ D_{0,1} \cdots D_{0,|V|-1}$

$D_{1,0}\ D_{1,1} \cdots D_{1,|V|-1}$

…

$D_{|V|-1,0}\ D_{|V|-1,1} \cdots D_{|V|-1,|V|-1}$

输出 总共占 $|V|$ 行。在第 i 行中按顺序输出顶点 i 到各顶点 j 之间最短路径的长度。i 到 j 之间不存在路径时输出 INF。相邻数值之间用 1 个空格隔开。

限制 $1 \leqslant |V| \leqslant 100$

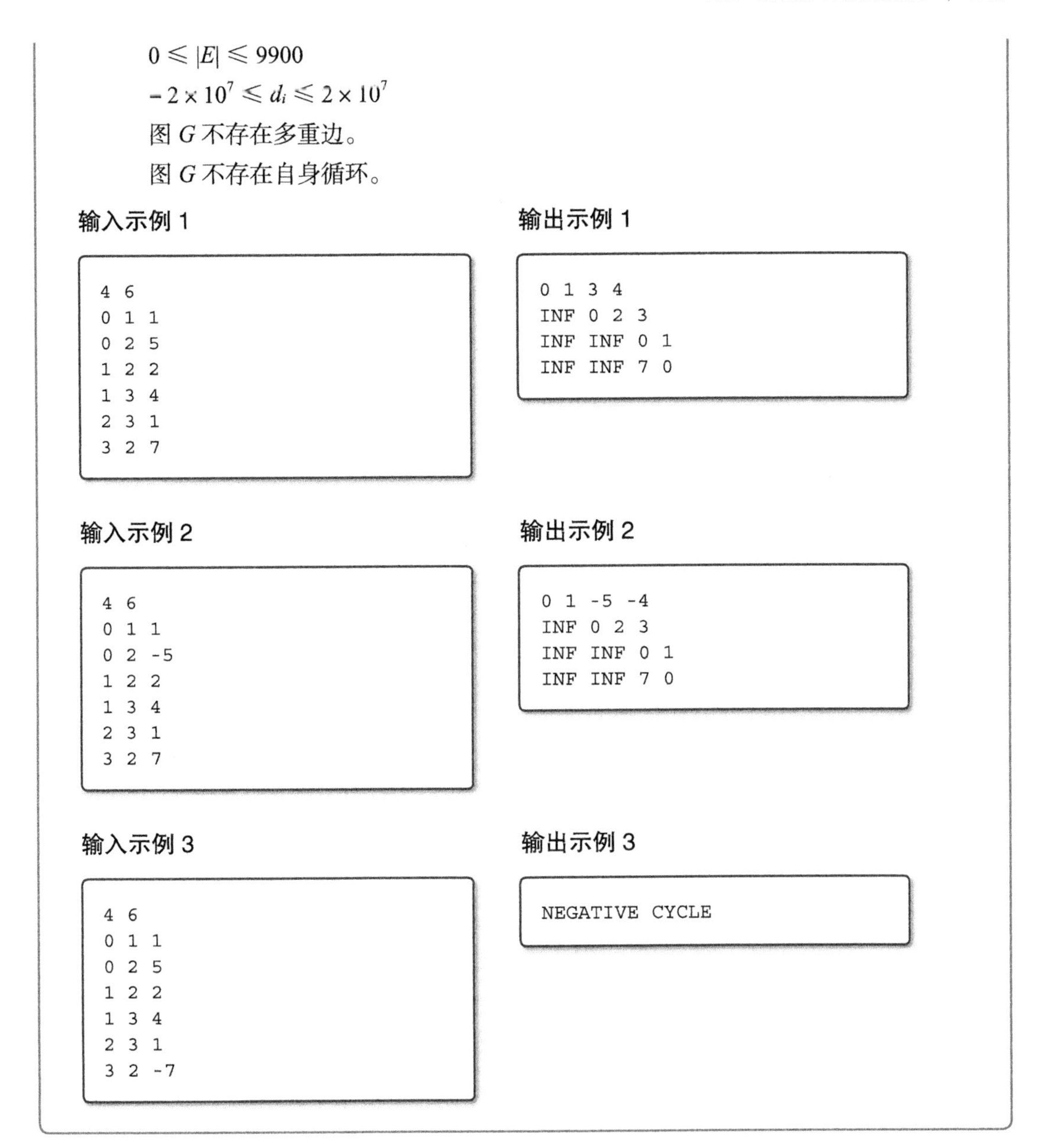

$0 \leqslant |E| \leqslant 9900$

$-2 \times 10^7 \leqslant d_i \leqslant 2 \times 10^7$

图 G 不存在多重边。

图 G 不存在自身循环。

输入示例 1

```
4 6
0 1 1
0 2 5
1 2 2
1 3 4
2 3 1
3 2 7
```

输出示例 1

```
0 1 3 4
INF 0 2 3
INF INF 0 1
INF INF 7 0
```

输入示例 2

```
4 6
0 1 1
0 2 -5
1 2 2
1 3 4
2 3 1
3 2 7
```

输出示例 2

```
0 1 -5 -4
INF 0 2 3
INF INF 0 1
INF INF 7 0
```

输入示例 3

```
4 6
0 1 1
0 2 5
1 2 2
1 3 4
2 3 1
3 2 -7
```

输出示例 3

```
NEGATIVE CYCLE
```

讲解

所有点对间最短路径问题（All Pairs Shortest Path，APSP）是指以图 $G=(V, E)$ 为对象，求 G 中每两点之间的最短路径（距离）的问题。如果 G 中不存在权值为负的边，我们可以将各个顶点作为起点执行 $|V|$ 次狄克斯特拉算法来求解这类问题。这样做的算法复杂度为 $O(|V|^3)$，用优先级队列实现的话可以简化至 $O(|V|(|E|+|V|)\log|V|)$。

在解决 APSP 问题上，复杂度为 $O(|V|^3)$ 的弗洛伊德算法（Warshall-Floyd's Algorithm）广为人知。而且弗洛伊德算法不需要 G 的所有边均非负，只要 G 不包含负环即可正常执行。负环指所有边的权值之和为负的环。这种环可以让两点间的成本无限缩小，因此无法定义最短路径。

弗洛伊德算法的另一个功能就是判断 G 中是否存在负环。算法执行结束时，如果 G 的某顶点 v 到顶点 v（其自身）的最短距离为负，就证明 G 中存在负环。

弗洛伊德算法让图中各组顶点 $[i, j]$ 之间的最短路径成本与二维数组元素 $A[i, j]$ 相对应，然后用动态规划法进行求解。为方便说明，我们设 $G = (V, E)$ 的顶点为 $\{1, 2, 3, \cdots |V|\}$。

设从顶点 i 出发，仅经由顶点 $V^k = \{1, 2, 3, \cdots k\}$ 抵达顶点 j 的最短路径成本为 $A^k[i, j]$，$P^k[i, j]$ 为此过程的路径之一。弗洛伊德算法就是依次对 $k = \{1, 2, 3, \cdots |V|\}$ 分别递归地计算 A^k（即通过 A^{k-1} 计算 A^k），从而最终确定 $A^{|V|}$，也就是 $A[i, j]$。

首先，$A^0[i, j]$ 表示从 i 到 j 不经由其他任何顶点，所以其值就等于连接 i 与 j 的边的权值。也就是说，$A[i, j]$ 与图的邻接矩阵相对应，从 i 到 j 存在权值为 d 的边时 $A[i, j] = d$，不存在边时 $A[i, j] = \infty$。此外，我们设 $A[i, i] = 0$。显而易见，此时 $A^0[i, j]$ 就是 i 到 j 的最短路径成本。

接下来是 k 为 $1, 2, 3, \cdots |V|$ 的情况，我们要通过 A^{k-1} 来计算 A^k。这里我们要分别考虑 $P^k[i, j]$“经过点 k”与“不经过点 k”两种情况。

如果 $P^k[i, j]$ 不经过顶点 k，那就意味着 $P^k[i, j]$ 只经过端点 i、j 以及属于 $V^{k-1} = \{1, 2, 3, \cdots k-1\}$ 的顶点，所以此时的 $P^k[i, j]$ 就相当于 $P^{k-1}[i, j]$。于是这种情况下的 $A^k[i, j] = A^{k-1}[i, j]$。

如果 $P^k[i, j]$ 经过顶点 k，则 $P^k[i, j]$ 会被 k 分为 $i \rightarrow k$ 和 $k \rightarrow j$ 两个子路径，且这两个子路径全都只经过 $V^{k-1} = \{1, 2, 3, \cdots k-1\}$ 中的顶点。因此经过 k 的最短路径的子路径为 $P^{k-1}[i, k]$ 和 $P^{k-1}[k, j]$。也就是说，$A^k[i, j] = A^{k-1}[i, k] + A^{k-1}[k, j]$。

综合以上两种情况可知，下面的式子对所有 i、j 均成立。

$$A^k[i, j] = \min(A^{k-1}[i, j],\ A^{k-1}[i, k] + A^{k-1}[k, j])$$

这个算法在求 $A^k[i, j]$ 时看似需要占用 $A[i, j, k]$ 大小的内存空间（$O(|V|^3)$）。或许各位认为在计算 $A^k[i, j]$ 的过程中 $A^{k-1}[i, j]$ 的值会发生变化，但实际上由 $A^k[k, k] = 0$ 可知

$$A^k[i, k] = \min(A^{k-1}[i, k],\ A^{k-1}[i, k] + A^{k-1}[k, k]) = A^{k-1}[i, k]$$

$$A^k[k, j] = \min(A^{k-1}[k, j],\ A^{k-1}[k, k] + A^{k-1}[k, j]) = A^{k-1}[k, j]$$

因此每一组顶点 $[i, j]$ 的 $A^k[i, j]$ 均可以用 $A^{k-1}[i, j]$ 覆盖，$A^k[i, j]$ 保存在二维数组中不会影响运算结果。

弗洛伊德算法可通过下述方法实现。

Program 15.1 弗洛伊德算法

```
1  warshallFloyd() // 1起点数组
2    for k = 1 to |V|
3      for i = 1 to |V|
4        for j = 1 to |V|
5          A[i][j] = min( A[i][j], A[i][k] + A[k][j])
```

考察

该算法在实现时需要注意 A 的初始值以及 $A[i][k]+A[k][j]$ 的溢出问题。因为是 $|V|$ 的 3 重循环，所以弗洛伊德算法的复杂度为 $O(|V|^3)$。

参考答案

C++

```
1  #include<iostream>
2  #include<algorithm>
3  #include<vector>
4  #include<climits>
5  using namespace std;
6
7  static const int MAX = 100;
8  static const long long INFTY = (1LL<<32);
9
10 int n;
11 long long d[MAX][MAX];
12
13 void floyd() {
14   for ( int k = 0; k < n; k++ ) {
15     for ( int i = 0; i < n; i++ ) {
16       if ( d[i][k] == INFTY ) continue;
17       for ( int j = 0; j < n; j++ ) {
18         if ( d[k][j] == INFTY ) continue;
19         d[i][j] = min(d[i][j], d[i][k] + d[k][j]);
20       }
21     }
22   }
23 }
24
25 int main() {
26   int e, u, v, c;
27   cin >> n >> e;
28
29   for ( int i = 0; i < n; i++ ) {
30     for( int j = 0; j < n; j++ ) {
31       d[i][j] = ( (i == j) ? 0 : INFTY );
32     }
33   }
34
35   for ( int i = 0; i < e; i++ ) {
```

```
36      cin >> u >> v >> c;
37      d[u][v] = c;
38    }
39
40    floyd();
41
42    bool negative = false;
43    for ( int i = 0; i < n; i++ ) if ( d[i][i] < 0 ) negative = true;
44
45    if ( negative ) {
46      cout << "NEGATIVE CYCLE" << endl;
47    } else {
48      for ( int i = 0; i < n; i++ ) {
49        for ( int j = 0; j < n; j++ ) {
50          if ( j ) cout << " ";
51          if ( d[i][j] == INFTY ) cout << "INF";
52          else cout << d[i][j];
53        }
54        cout << endl;
55      }
56    }
57
58    return 0;
59  }
```

15.2 拓扑排序

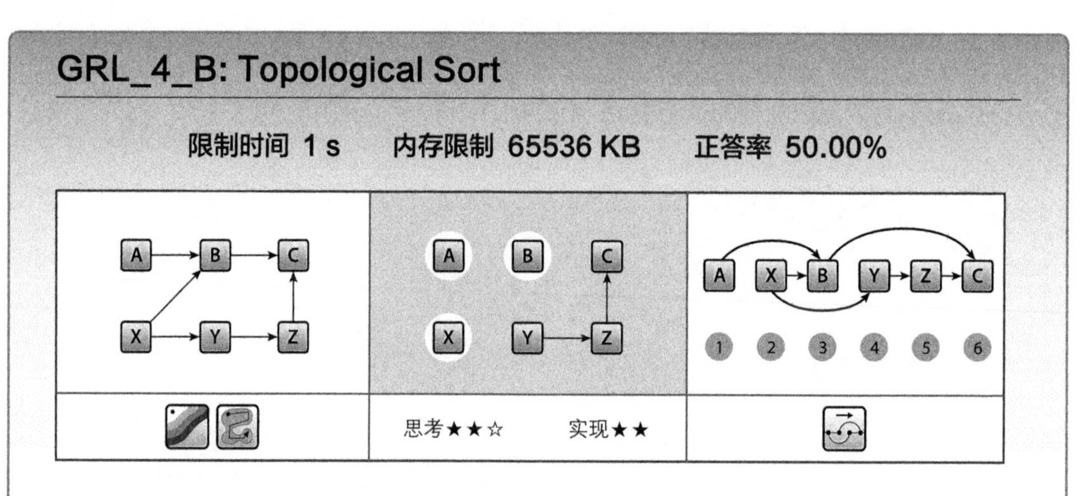

有向无环图 DAG 可用来表示各种事物的顺序。比如以各项工作为顶点，用有向边来表示工作顺序。上图中我们着手处理工作 B 之前需要先处理完工作 A 和工作 X。

如果对这种表示顺序关系的 DAG 进行拓扑排序，我们便能得到一个恰当的工作顺序。对于一个有向无环图 DAG，只要存在边 (u, v)，就让 u 在线性序列中位于 v 之前，这就是拓扑排序。

请编写一个程序，输出对给定 DAG G 进行拓扑排序后的顶点顺序。

输入 输入按照以下形式给出。

$|V|\,|E|$

$s_0\ t_0$

$s_1\ t_1$

…

$s_{|E|-1}\ t_{|E|-1}$

其中 $|V|$、$|E|$ 分别代表图 G 的顶点数和边数。图 G 的各顶点编号分别为 0, 1, …, $|V|-1$。

s_i、t_i 表示图 G 第 i 条有向边连接的 2 个顶点的编号。

输出 按拓扑排序后的顺序输出图 G 的顶点编号。每个顶点编号占 1 行。

本题对单一输入的答案不唯一，所有满足条件的答案均视为正确。

限制 $1 \leqslant |V| \leqslant 10\,000$

$0 \leqslant |E| \leqslant 100\,000$

图 G 为 DAG。

图 G 不存在多重边。

图 G 不存在自身循环。

输入示例

```
6 6
0 1
1 2
3 1
3 4
4 5
5 2
```

输出示例

```
0
3
1
4
5
2
```

讲解

所谓图的拓扑排序，就是让图中全部有向边都由左指向右，同时将所有顶点排列在一条水平线上。以题目中的图为例，我们可以将第一张图中的 DAG 排列成一条直线，变成第三张图那个样子。这样只要从左向右按顺序执行工作，就能保证执行当前工作时已完成所有准备工作了（如果准备工作存在）。

应用深度优先搜索或广度优先搜索能较简单地实现拓扑排序。

下面是用广度优先搜索实现拓扑排序的算法。

Program 15.2 广度优先搜索实现的拓扑排序

```
1  topologicalSort(){
2    将所有结点的 color[u] 设置为 WHITE
3    设置所有结点 u 的入度 indeg[u]
4
5    for u 从 0 至 |V| - 1
6      if indeg[u] == 0 && color[u] == WHITE
7        bfs(u)
8
9  bfs(ints)
10   Q.push(s)
11   color[s] = GRAY
12   while Q 不为空
13     u = Q.dequeue()
14
15     out.push_back(u) // 将度为 0 的顶点加入链表
16
17     for 与 u 相邻的结点 v
18       indeg[v]--
19       if indeg[v] == 0 && color[v] == WHITE
20         color[v] = GRAY
21         Q.enqueue(v)
```

上述算法根据广度优先搜索的顺序依次访问入度为 0 的顶点，并将访问过的顶点添加至链表末尾。

该算法将访问过的顶点 u 视为“已结束”，同时将下一顶点 v（从 u 出发的边指向的顶点）的入度减 1。这一操作相当于删除边。不断地删除边可以使 v 的入度逐渐降为 0，此时我们便可以访问顶点 v，然后将 v 加入链表。

下面是用递归思想和深度优先搜索实现拓扑排序的算法。

Program 15.3 深度优先搜索实现的拓扑排序

```
1  topologicalSort()
2    将所有结点的 color[u] 设置为 WHITE
3
4    for s 从 0 至 |V| - 1
5      if color[s] == WHITE
6        dfs(s)
7
8  dfs(u)
9    color[u] = GRAY
```

```
10   for 与u相邻的结点 v
11     if color[v] == WHITE
12       dfs(v)
13
14   out.push_front(u) // 将访问结束的顶点逆向添加至链表
```

上述算法通过深度优先搜索访问顶点，并把访问完的顶点添加至链表开头。这里要注意，由于深度优先搜索是逆向确定各顶点的拓扑顺序，因此顶点是添加至链表“开头”的。

考察

用深度优先搜索和广度优先搜索实现的拓扑排序算法复杂度同为 $O(|V|+|E|)$。考虑到大规模图容易引起栈溢出，因此不涉及递归的广度优先搜索更为合适。

参考答案

C++（广度优先搜索实现的拓扑排序）

```
1  #include<iostream>
2  #include<vector>
3  #include<algorithm>
4  #include<queue>
5  #include<list>
6  using namespace std;
7  static const int MAX = 100000;
8  static const int INFTY = (1<<29);
9
10 vector<int> G[MAX];
11 list<int> out;
12 bool V[MAX];
13 int N;
14 int indeg[MAX];
15
16 void bfs(int s) {
17   queue<int> q;
18   q.push(s);
19   V[s] = true;
20   while ( !q.empty() ) {
21     int u = q.front(); q.pop();
22     out.push_back(u);
23     for ( int i = 0; i < G[u].size(); i++ ) {
24       int v = G[u][i];
25       indeg[v]--;
```

```
26       if ( indeg[v] == 0 && !V[v]) {
27         V[v] = true;
28         q.push(v);
29       }
30     }
31   }
32 }
33 
34 void tsort() {
35   for ( int i = 0; i < N; i++ ) {
36     indeg[i] = 0;
37   }
38 
39   for ( int u = 0; u < N; u++ ) {
40     for ( int i = 0; i < G[u].size(); i++ ) {
41       int v = G[u][i];
42       indeg[v]++;
43     }
44   }
45 
46   for ( int u = 0; u < N; u++ )
47     if ( indeg[u] == 0 && !V[u] ) bfs(u);
48 
49   for ( list<int>::iterator it = out.begin(); it != out.end(); it++ ) {
50     cout << *it << endl;
51   }
52 }
53 
54 int main() {
55   int s, t, M;
56 
57   cin >> N >> M;
58 
59   for ( int i = 0; i < N; i++ ) V[i] = false;
60 
61   for ( int i = 0; i < M; i++ ) {
62     cin >> s >> t;
63     G[s].push_back(t);
64   }
65 
66   tsort();
67 
68   return 0;
69 }
```

C++（深度优先搜索实现的拓扑排序）

```
#include<iostream>
#include<vector>
#include<algorithm>
#include<list>
using namespace std;
static const int MAX = 100000;

vector<int> G[MAX];
list<int> out;
bool V[MAX];
int N;

void dfs(int u) {
  V[u] = true;
  for ( int i = 0; i < G[u].size(); i++ ) {
    int v = G[u][i];
    if ( !V[v] ) dfs(v);
  }
  out.push_front(u);
}

int main() {
  int s, t, M;

  cin >> N >> M;

  for ( int i = 0; i < N; i++ ) V[i] = false;

  for ( int i = 0; i < M; i++ ) {
    cin >> s >> t;
    G[s].push_back(t);
  }

  for ( int i = 0; i < N; i++ ) {
    if ( !V[i] ) dfs(i);
  }

  for ( list<int>::iterator it = out.begin(); it != out.end(); it++ )
    cout << *it << endl;

  return 0;
}
```

15.3 关节点

GRL_3_A: Articulation Point

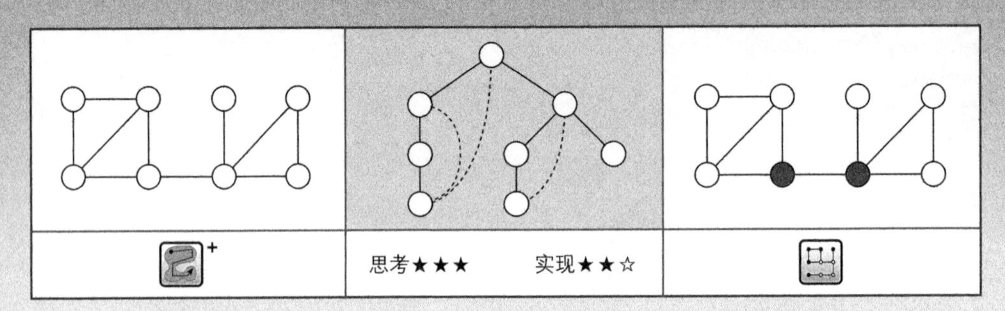

请列举出无向图 $G = (V, E)$ 的关节点。

在连通图 G 中，如果删除顶点 u 及从 u 出发的所有边后所得的子图不连通，我们就称顶点 u 为图 G 的关节点（Articulation Point）或连接点。举个例子，上图中灰色的顶点就是图的关节点。

输入 输入按照以下形式给出。

$|V|\,|E|$

$s_0\ t_0$

$s_1\ t_1$

…

$s_{|E|-1}\ t_{|E|-1}$

其中 $|V|$、$|E|$ 分别代表图 G 的顶点数和边数。图 G 的各顶点编号分别为 0, 1, …, $|V| - 1$。

s_i、t_i 表示图 G 第 i 条边（无向）连接的 2 个顶点的编号。

输出 按照升序依次输出图 G 的关节点的顶点编号。每个顶点编号占 1 行。

限制 $1 \leqslant |V| \leqslant 100\,000$

$0 \leqslant |E| \leqslant 100\,000$

图 G 连通。

图 G 不存在多重边。

图 G 不存在自身循环。

输入示例

```
4 4
0 1
0 2
1 2
2 3
```

输出示例

```
2
```

讲解

要解决这道题，我们可以检查图在单独删除各顶点之后的连通性，但这个算法要对每个顶点执行一次深度优先搜索（DFS），效率实在不高。

不过，只要我们如下将深度优先搜索加以应用，就可以有效地找出图 G 中所有的关节点了。

在一次深度优先搜索中求以下变量值。

- ▶ *prenum*[*u*]：以 G 的任意顶点作为起点进行 DFS，将各顶点 u 的访问（发现）顺序记录在 *prenum*[*u*] 中
- ▶ *parent*[*u*]：通过 DFS 生成一棵树（DFS Tree），将其中结点 u 的父结点记录在 *parent*[*u*] 中。这里将 DFS Tree 记作 T
- ▶ *lowest*[*u*]：对于各顶点 u，计算下列情况中的最小值并记入 *lowest*[*u*]

1. *prenum*[*u*]。
2. 存在 G 的 *Backedge*(u, v) 时，顶点 v 的 *prenum*[*v*]（*Backedge*(u, v) 表示图 G 内“从顶点 u 出发指向 T 内的顶点 v”且“不属于 T”的边）。
3. T 内顶点 u 的所有子结点 x 的 *lowest*[*x*]。

有了这些变量，我们便可以通过下述方法确定关节点。

1. T 的根结点 r 拥有 2 个以上子结点时（充分必要条件），r 为关节点。
2. 对于各顶点 u，设 u 的父结点 *parent*[*u*] 为 p，如果 *prenum*[*p*] $\leqslant$ *lowest*[*u*]（充分必要条件），则 p 为关节点（p 为根结点时则套用 1）。这表明顶点 u 及 u 在 T 中的子孙均不具备与 p 的祖先相连的边。

下面来看看具体例子。

Example 1

如图 15.1 所示，G 代表图 G，T 代表以顶点 0 为起点对 G 执行 DFS 后得到的 DFS Tree。T 的 Back edges 用虚线标出，各顶点 u 的左侧数字为 *prenum*[*u*] : *lowest*[*u*]。*prenum*[*u*] 为 DFS 中各顶点 u 的被访问顺序（preorder）：按照 $0\to1\to2\to3\to4\to5\to6\to7$ 的顺序记录。

lowest[*u*] 是 DFS 过程中各顶点 *u* 访问结束的顺序（postorder）：按照 4 → 7 → 6 → 5 → 3 → 2 → 1 → 0 的顺序算出。

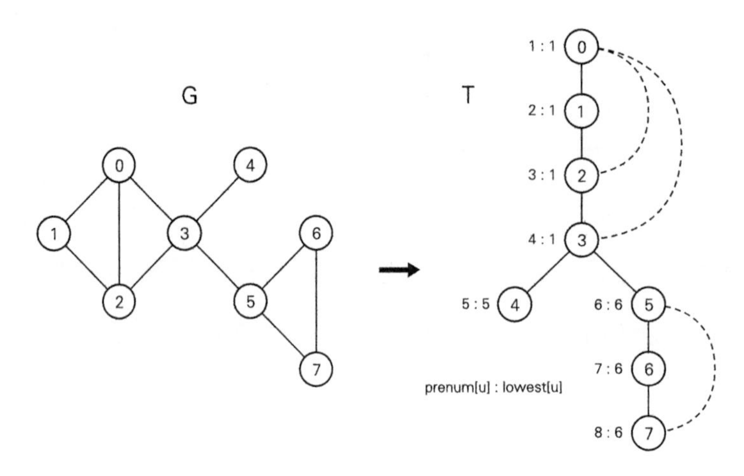

图 15.1 通过 DFS 筛选关节点（1）

由前面的步骤 1 可知，由于 *T* 的根结点 0 只有 1 个子结点，所以顶点 0 不是关节点。

然后验证步骤 2，设各顶点 *u* 的父结点为 *p*，检查是否满足 *prenum*[*p*] ≤ *lowest*[*u*]。

case 1. 注意顶点 5（父结点为顶点 3）

由于满足 *prenum*[3] ≤ *lowest*[5]（4 < 6），因此顶点 3 为关节点。这表明顶点 5 及其在 *T* 中的所有子孙都不具备与顶点 3 的祖先相连的边。

case 2. 注意顶点 2（父结点为顶点 1）

由于不满足 *prenum*[1] ≤ *lowest*[2]，因此顶点 1 不是关节点。这表明顶点 2 或其在 *T* 中的某个子孙具备与顶点 *1* 的祖先相连的边。

在进入下一题之前，我们先用图 15.2 的这个例子实践一下筛选关节点的算法。

Example 2

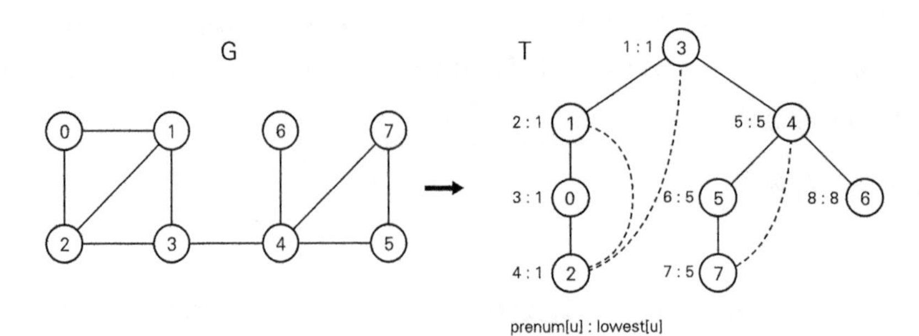

图 15.2 通过 DFS 筛选关节点（2）

参考答案

C++

```
#include<iostream>
#include<vector>
#include<set>
using namespace std;

#define MAX 100000

vector<int> G[MAX];
int N;
bool visited[MAX];
int prenum[MAX], parent[MAX], lowest[MAX], timer;

void dfs( int current, int prev ) {
  // 访问结点 current 之后立刻执行的处理
  prenum[current] = lowest[current] = timer;
  timer++;

  visited[current] = true;

  int next;

  for ( int i = 0; i < G[current].size(); i++ ) {
    next = G[current][i];
    if ( !visited[next] ) {
      // 即将通过结点 current 访问结点 next 时执行的处理
      parent[next] = current;

      dfs( next, current );

      // 结点 next 搜索完毕之后立刻执行的处理
      lowest[current] = min( lowest[current], lowest[next] );
    } else if ( next != prev ) {
      // 边 current --> next 为 Back-edge 时的处理
      lowest[current] = min( lowest[current], prenum[next] );
    }
  }
  // 结点 current 搜索完毕之后立刻执行的处理
}

void art_points() {
  for ( int i = 0; i < N; i++ ) visited[i] = false;
  timer = 1;
  // 计算 lowest
```

```
44   dfs(0, -1); // 0 == root
45 
46   set<int> ap;
47   int np = 0;
48   for ( int i = 1; i < N; i++ ) {
49     int p = parent[i];
50     if ( p == 0 ) np++;
51     else if ( prenum[p] <= lowest[i] ) ap.insert(p);
52   }
53   if ( np > 1 ) ap.insert(0);
54   for ( set<int>::iterator it = ap.begin(); it != ap.end(); it++ )
55     cout << *it << endl;
56 }
57 
58 int main() {
59   int m;
60   cin >> N >> m;
61 
62   for ( int i = 0; i < m; i++ ) {
63     int s, t;
64     cin >> s >> t;
65     G[s].push_back(t);
66     G[t].push_back(s);
67   }
68   art_points();
69 
70   return 0;
71 }
```

15.4 树的直径

GRL_5_A: Diameter of a Tree

限制时间 1 s　内存限制 65536 KB　正答率 64.80%

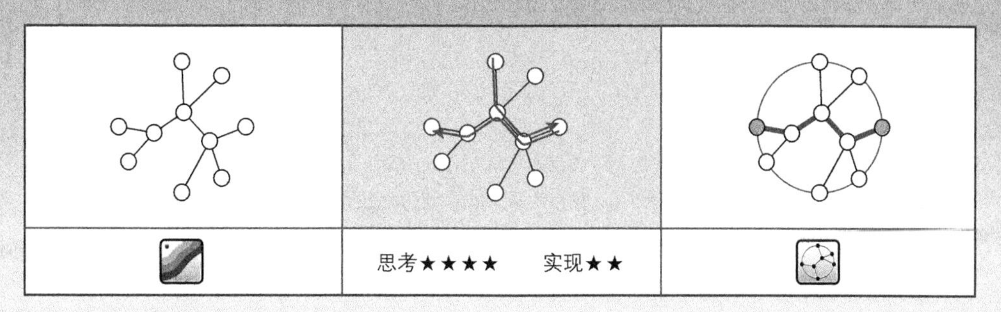

请求出权值非负的无向树 T 的直径。我们将树的最远结点间的距离称为树的直径。

输入　输入按照以下形式给出。

n

$s_1\ t_1\ w_1$

$s_2\ t_2\ w_2$

…

$s_{n-1}\ t_{n-1}\ w_{n-1}$

第 1 行输入表示树结点数的整数 n。树的各结点编号分别为 0 到 $n-1$。

接下来 $n-1$ 行输入树的边。s_i、t_i 表示第 i 条边的两个端点，w_i 表示第 i 条边的权值（距离）。

输出　输出直径，占 1 行。

限制　$1 \leqslant n \leqslant 100\,000$

$0 \leqslant w_i \leqslant 1000$

输入示例 1

```
4
0 1 2
1 2 1
1 3 3
```

输出示例 1

```
5
```

输入示例 2

```
4
0 1 1
1 2 2
2 3 4
```

输出示例 2

```
7
```

通过下述算法可以相对简单地求解树的直径。

1. 任选一结点 s，求到 s 最远的结点 x。
2. 求到 x 最远的结点 y。
3. 报告结点 x 与结点 y 的距离，即树的直径。

那么这个算法是否正确呢？该算法的严密证明过于繁琐，所以这里只介绍一种方法来验证其合理性。设结点 a 到结点 b 的距离为 $d(a, b)$。

首先，根据树的性质可知如下内容。

- ▶ x、y 均为叶结点。如果两个结点的距离是直径，那么它们必然都是叶结点
- ▶ 两个不同结点之间仅存在一条路径
- ▶ 各边权值非负

现假设另外两个结点 u、v 的距离 $d(u, v)$ 为树的直径，而上面算法得出的直径仍为 $d(x, y)$。

首先，u、v、s、x、y 的位置关系总共有如图 15.3 所示的几种情况。这里的 w 和 z 分别为 u、v 和 x、y 的中途分歧点，且有可能出现 $s = w$、$s = z$ 甚至 $s = w = z$ 的情况。

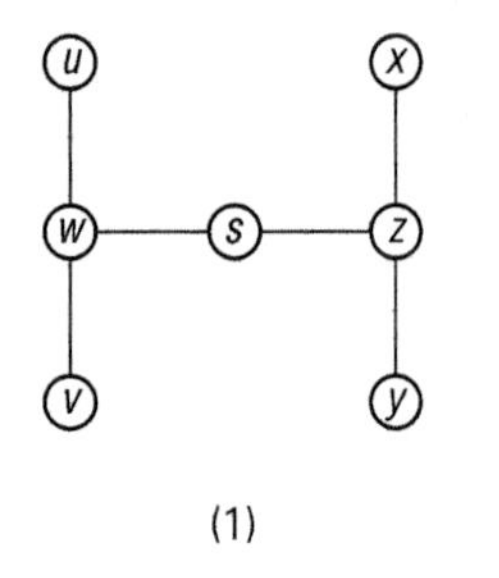

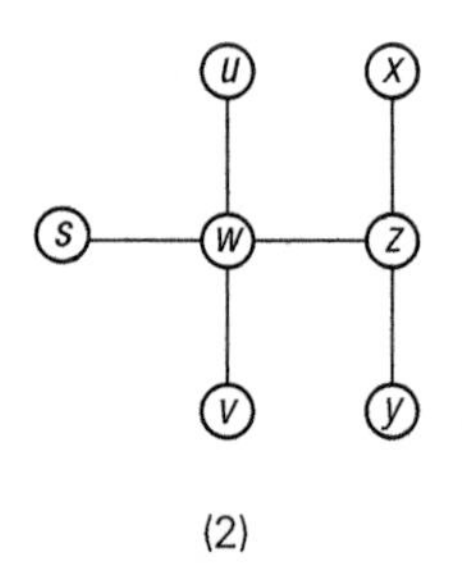

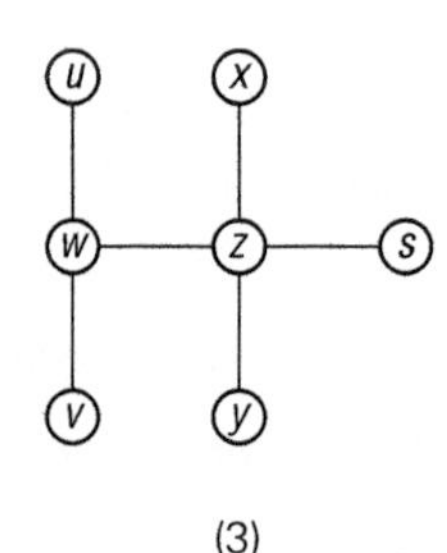

图 15.3 树的直径——结点的位置关系

这里我们仅验证情况 (1) 的合理性。其他位置关系同理。

由以下式子可推导出 $d(u, v) = d(x, y)$。

1. 根据假设，因为 $d(u, v)$ 为树的直径，所以 $d(v, u) \geqslant d(v, x)$，即 $d(w, u) \geqslant d(w, x)$。
2. 根据假设，因为 $d(u, v)$ 为树的直径，所以 $d(u, v) \geqslant d(u, y)$，即 $d(w, v) \geqslant d(w, y)$。
3. 因为结点 x 由算法的步骤 1 选出，所以 $d(s, z) + d(z, x) \geqslant d(s, w) + d(w, u)$。

4. 因为结点 y 由算法的步骤 2 选出，所以 $d(z, y) \geqslant d(v, w) + d(w, z)$。

由步骤 1 和步骤 2 可得

$d(u, v) = d(w, u) + d(w, v) \geqslant d(w, x) + d(w, y) = 2d(w, z) + d(x, y) \geqslant d(x, y)$

$d(u, v) \geqslant d(x, y) \qquad (1)$

由步骤 3 和步骤 4 可得

$d(s, z) + d(z, x) + d(z, y) \geqslant d(s, w) + d(w, u) + d(v, w) + d(w, z)$

两边同时减去 $d(s, z)$，得

$d(z, x) + d(z, y) \geqslant 2d(s, w) + d(w, u) + d(v, w)$

$d(x, y) = d(z, x) + d(z, y) \geqslant 2\,d(s, w) + d(u, v) \geqslant d(u, v)$

$d(x, y) \geqslant d(u, v) \qquad (2)$

(1)(2) 联立，得

$d(u, v) \geqslant d(x, y)$ 且 $d(x, y) \geqslant d(u, v)$，所以 $d(u, v) = d(x, y)$。

参考答案

C++

```
1  #include<iostream>
2  #include<queue>
3  #include<vector>
4  using namespace std;
5  #define MAX 100000
6  #define INFTY (1 << 30)
7
8  class Edge {
9  public:
10   int t, w;
11   Edge(){}
12   Edge(int t, int w): t(t), w(w) {}
13 };
14
15 vector<Edge> G[MAX];
16 int n, d[MAX];
17
18 bool vis[MAX];
19 int cnt;
20
21 void bfs(int s) {
22   for ( int i = 0; i < n; i++ ) d[i] = INFTY;
23   queue<int> Q;
24   Q.push(s);
```

```
25   d[s] = 0;
26   int u;
27   while ( !Q.empty() ) {
28     u = Q.front(); Q.pop();
29     for ( int i = 0; i < G[u].size(); i++ ) {
30       Edge e = G[u][i];
31       if ( d[e.t] == INFTY ) {
32         d[e.t] = d[u] + e.w;
33         Q.push(e.t);
34       }
35     }
36   }
37 }
38
39 void solve() {
40   // 从任选的结点 s 出发，选择距离 s 最远的结点 tgt
41   bfs(0);
42   int maxv = 0;
43   int tgt = 0;
44   for ( int i = 0; i < n; i++ ) {
45     if ( d[i] == INFTY ) continue;
46     if ( maxv < d[i] ) {
47       maxv = d[i];
48       tgt = i;
49     }
50   }
51
52   // 从 tgt 出发，求结点 tgt 到最远节点的距离 maxv
53   bfs(tgt);
54   maxv = 0;
55   for ( int i = 0; i < n; i++ ) {
56     if ( d[i] == INFTY ) continue;
57     maxv = max(maxv, d[i]);
58   }
59
60   cout << maxv << endl;
61 }
62
63 main() {
64   int s, t, w;
65   cin >> n;
66
67   for ( int i = 0; i < n-1; i++ ) {
68     cin >> s >> t >> w;
69
70     G[s].push_back(Edge(t, w));
71     G[t].push_back(Edge(s, w));
```

```
72    }
73    solve();
74  }
```

15.5 最小生成树

GRL_2_A: Minimum Spanning Tree

限制时间 1 s　　内存限制 65536KB　　正答率 52.21%

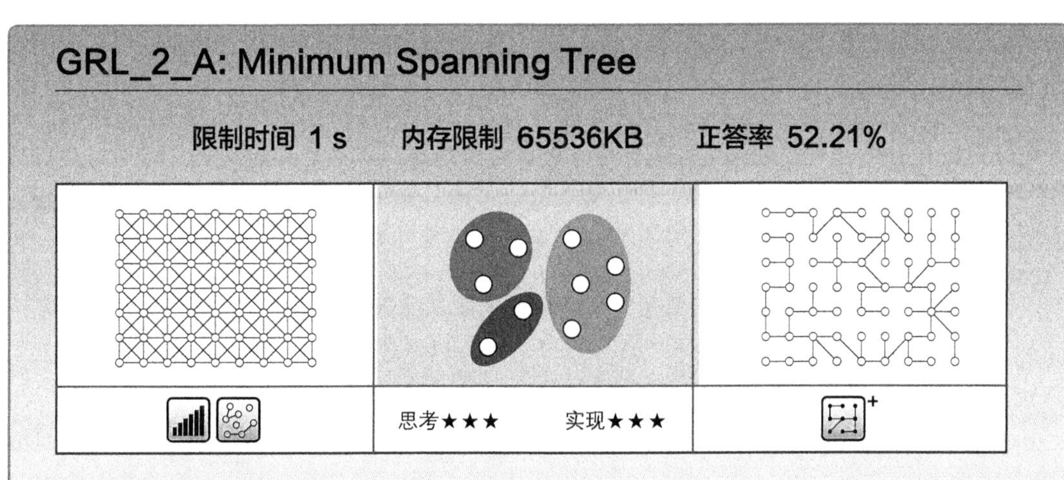

请编写一个程序，对于给定的加权图 $G = (V, E)$，输出其最小生成树的各边权值总和。

输入 $|V||E|$

$s_0\ t_0\ w_0$

$s_1\ t_1\ w_1$

…

$s_{|E|-1}\ t_{|E|-1}\ w_{|E|-1}$

其中 $|V|$、$|E|$ 分别代表图 G 的顶点数和边数。图 G 的各顶点编号分别为 0, 1, …, $|V|-1$。

s_i、t_i 表示图 G 第 i 条边（无向）连接的 2 个顶点的编号。w_i 表示第 i 条边的权值。

输出 输出最小生成树的各边权值总和，占 1 行。

限制 $1 \leqslant |V| \leqslant 10\,000$

$0 \leqslant |E| \leqslant 100\,000$

$0 \leqslant w_i \leqslant 10\,000$

图 G 连通。

图 G 不存在多重边。

图 G 不存在自身循环。

输入示例

```
6 9
0 1 1
0 2 3
1 2 1
1 3 7
2 4 1
1 4 3
3 4 1
3 5 1
4 5 6
```

输出示例

```
5
```

讲解

我们在第 13 章中利用普里姆算法求解了最小生成树的各边权值总和。当时我们用了复杂度为 $O(|V|^2)$ 的实现方法，但实际上，普里姆算法也可以像狄克斯特拉算法一样，利用优先级队列来管理最小权值，再配合使用邻接表，将算法复杂度降低至 $O(|E|\log|V|)$。

本题中我们将介绍另一种求解最小生成树问题的算法，其应用的数据结构也与普里姆算法不同。

图的最小生成树可通过下述克鲁斯卡尔算法（Kruskal's Algorithm）求出。

克鲁斯卡尔算法

1. 将图 $G = (V, E)$ 的边 e_i 按权值升序（非减序）排列。
2. 设最小生成树的边的集合为 K，并将其初始化为空。
3. 在保证 $K \cup \{e_i\}$ 不出现环的前提下，按 $i = 1, 2, \cdots, |E|$ 的顺序将 e_i 添加至 K，直至 $|K| = |V| - 1$。

既要避免环，又要有效地添加边，我们可以应用互质集合（Union-Find）的相关知识。于是，克鲁斯卡尔算法可用下述方法实现。

Program 15.5 克鲁斯卡尔算法

```
1  kruskal(V, E){
2    给 E 的元素排序 // e1,e2,...
3    生成与 V 互质的集合 S
4    将边的集合 K 置为空
5
```

```
6   for i = 1 to |E|
7     if S.findSet( e[i].source ) != S.findSet( e[i].target ) // not same(a, b)
8       S.unite( e[i].source, e[i].target )
9       K.push(e[i])
10
11  return K
```

克鲁斯卡尔算法只会添加连通两棵树的边，因此 K 中不会出现环。另外，该算法把 E 中所有的边均列入候选，并且将所有满足“能连通 K 的两个部分”的边全部添加至 K，因此 K 必然连通。由此可见，K 为 G 的生成树。

接下来检查 K 是否为最小生成树。这里我们用反证法来证明其合理性（图 15.5）。设克鲁斯卡尔算法得到的生成树的边集合为 K，其中元素按添加顺序分别为 $\{e_1, e_2, \cdots, e_{|V|-1}\}$。另外，设 G 的最小生成树可能存在多个，这些树的边集合中与 K 含有相同元素最多的边集合为 M_0，且 $K \neq M_0$。

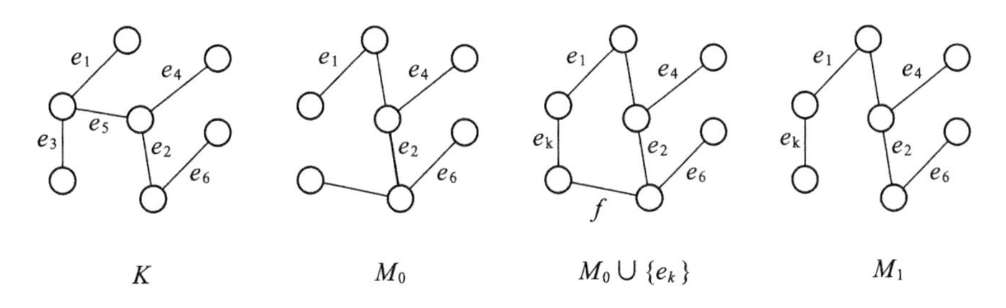

图 15.4　克鲁斯卡尔算法的合理性

设 $\{e_1, e_2, \cdots, e_{|V|-1}\}$ 中第一条不属于 M_0 的边为 e_k。此时如果将 e_k 添加至 M_0，那么 $M_0 \cup \{e_k\}$ 会出现环。由于 K 是一棵树，所以这个环中至少有一条边不属于 K。我们在这些边中任选一条边设为 f。

由于克鲁斯卡尔算法每次都会选择权值最小的边，加之 $\{e_1, e_2, \cdots, e_{k-1}\} \cup f$ 不存在环，所以可以推出 $w(e_k) \leqslant w(f)$。

设 $M_1 = M_0 \cup \{e_k\} - \{f\}$。因为 M_1 具有 $|V| - 1$ 条边，且 $w(e_k) \leqslant w(f)$，所以 M_1 也是 G 的最小生成树。但是，M_1 和 K 的相同元素比 M_0 还要多出 1 个，与之前 M_0 的定义矛盾。因此 $K = M_0$，K 为最小生成树。

考察

克鲁斯卡尔算法中最消耗时间的部分是给边排序，因此复杂度为 $O(|E|\log|E|)$。

参考答案

C++

```
1  #include<iostream>
2  #include<algorithm>
3  #include<vector>
4  
5  using namespace std;
6  
7  #define MAX 10000
8  #define INFTY (1 << 29)
9  
10 class DisjointSet {
11   // 请参考 DSL_1_A 的参考答案。
12 };
13 
14 class Edge {
15   public:
16   int source, target, cost;
17   Edge(int source = 0, int target = 0, int cost = 0):
18   source(source), target(target), cost(cost) {}
19   bool operator < ( const Edge &e ) const {
20     return cost < e.cost;
21   }
22 };
23 
24 int kruskal(int N, vector<Edge> edges) {
25   int totalCost = 0;
26   sort(edges.begin(), edges.end());
27 
28   DisjointSet dset = DisjointSet(N + 1);
29 
30   for ( int i = 0; i < N; i++ ) dset.makeSet(i);
31 
32   int source, target;
33   for ( int i = 0; i < edges.size(); i++ ) {
34     Edge e = edges[i];
35     if ( !dset.same( e.source, e.target ) ) {
36       //MST.push_back( e );
37       totalCost += e.cost;
38       dset.unite( e.source, e.target );
39     }
40   }
41   return totalCost;
42 }
```

```
43
44
45 int main() {
46   int N, M, cost;
47   int source, target;
48
49   cin >> N >> M;
50
51   vector<Edge> edges;
52   for ( int i = 0; i < M; i++ ) {
53     cin >> source >> target >> cost;
54     edges.push_back(Edge(source, target, cost));
55   }
56
57   cout << kruskal(N, edges) << endl;
58
59   return 0;
60 }
```

15.6 其他问题

这里向各位介绍几个本书中没有细讲的图的相关问题。

▶ GRL_1_B: Single Source Shortest Path (Negative Edges)

这是一个求解加权图单源最短路径的问题。但是，由于图中包含负权值，因此不能套用狄克斯特拉算法。本题可以用贝尔曼－福特算法求解，这个算法能够以 $O(|V||E|)$ 求出包含负权值的图的最短路径。

▶ GRL_3_B: Bridge

与关节点的定义类似，我们将删除之后会导致图失去连通性的边称为 Bridge（桥）。这种边可以和关节点一样通过深度优先搜索筛选出来。

▶ GRL_3_C: Strongly Connected Components

在有向图中，如果某个连通分量满足"对任意两个顶点 u、v，都有从 u 出发能到达 v 且从 v 出发能到达 u"，那么这个连通分量就称为强连通分量。有向图的强连通分量可通过深度优先搜索生成。

▶ GRL_2_B: Minimum-Cost Arborescence

对给定的加权有向图，求以指定顶点为根的最小有向树。求解这类问题的算法通常应用强连通分量来分析。

▶ GRL_6_A: Maximum Flow

流网络是一种有流通过的有向图，图中各边都设置了容量。在流网络中，求从起点流向终点的最大流量的问题称为最大流问题。这类问题可通过 Edmonds-Karp 算法以及 Dinic 算法求解。

▶ GRL_7_A: Bipartite Matching

对于图 $G = (V, E)$，如果 M 是 E 的子集，且 M 的任意两条边都没有共通的端点，那么我们称 M 是 G 的匹配。其中边数最多的匹配称为最大匹配(Maximum Matching)。最大匹配可以应用最大流的算法求出。

第 16 章
计算几何学

为了让计算机也能求解几何问题，人们提出了计算几何学来研究高效的算法与数据结构。计算几何学的应用领域涵盖计算机制图、地理信息系统等，涉及范围极广。其在程序设计竞赛中也是重要的出题类型之一。

本章将介绍计算几何学中一些基础“零件”的制作方法，并应用它们去求解典型例题。另外，本章将以 C++ 程序为例，向各位介绍计算几何学相关算法的一些组成部分。

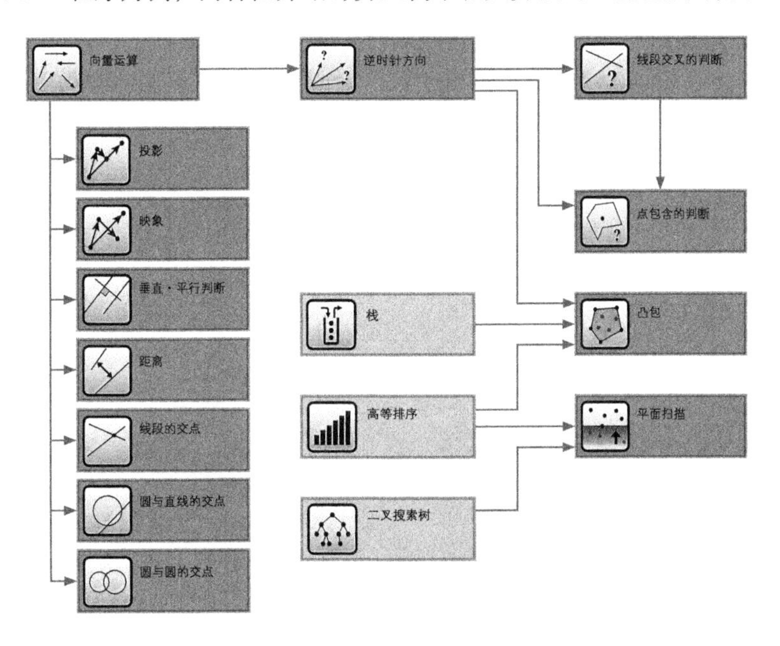

本章我们将先学习向量运算的相关知识。各位最好先对三角函数等基础数学知识有所了解。另外，求解本书后半部分的问题时，需要各位具备应用栈、排序算法、二叉搜索树的编程技能。

16.1 几何对象的基本元素与表现

要想以程序的形式实现几何学算法，数学知识必不可少。特别是通过编程求解平面几何的相关问题时，我们必然会用到图形、向量、三角函数等高中数学知识。

实现解题所需的算法之前，我们先要准备一个库，里面装有对几何对象（点、线段等）进行基本操作时所需的各种“零件”。本章就将向各位介绍一些可用作“零件”的基本元素。

16.1.1 点与向量

用程序求解几何问题，先要想办法用编程中的数据结构来表示几何对象。这里，使用向量就是解决办法之一。

我们将既有大小又有方向的量称为“向量”。相对地，只有大小没有方向的量称为“标量”。为了用数据结构来表示向量，需要如图 16.1 所示，将向量考虑成从原点 $O(0, 0)$ 指向对象点 $P(x, y)$ 的有向线段。

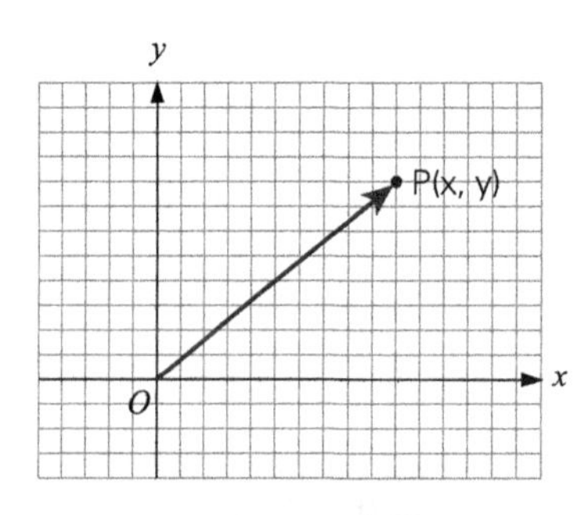

图 16.1 向量

向量落实在纸面上容易给人带来一种误解，觉得向量可以表示平面上的线段。但实际上，向量只具有大小和方向，而线段（Segment）却要由两个端点确定，因此用向量表示线段时还需要另外规定一个起点。

平面几何中最简单的元素是点 (x, y)，我们可以如下所示用结构体或类来实现。

Program 16.1 表示点的结构体

```
1  struct Point { double x, y; };
```

由于向量也可以仅用一个点来定义，所以我们如下所示，用和点完全相同的数据结构来表示向量。这里的 typedef 是 C\C++ 语言中的关键字，用来给已有数据类型创建新的名称。这样一来，Point 和 Vector 虽然表示同一个数据结构，却可以视情况分开使用，避免混淆（用于不同意义的函数、变量等）。

Program 16.2 表示向量的结构体

```
1  typedef Point Vector;
```

16.1.2 线段与直线

如下所示，我们可以用包含两个点（起点 $p1$ 和终点 $p2$）的结构体或类来表示线段。

Program 16.3 表示线段的结构体

```
1  struct Segment {
2    Point p1, p2;
3  };
```

这里要注意区分线段与直线。如图 16.2 所示，线段是由两个端点以及其间距离定义的具有一定长度的线，而直线是通过两个点且长度无限的线。也就是说，直线由两个不相同的点定义，并不具有端点。

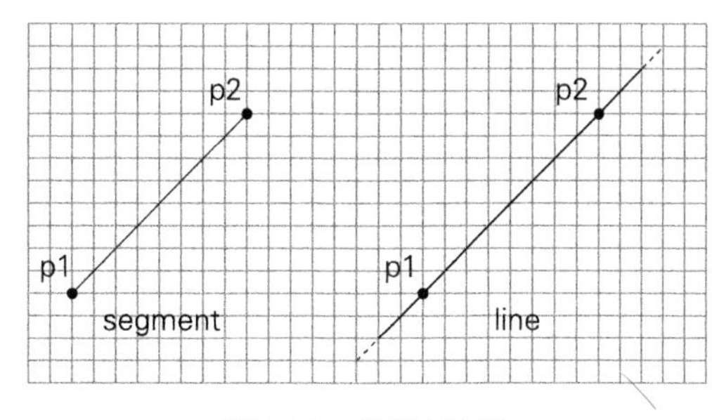

图 16.2 线段与直线

直线和线段可以用相同的方法实现。如下所示，我们用与线段相同的数据结构来表示直线。

Program 16.4 表示直线的结构体

```
1  typedef Segment Line;
```

16.1.3 圆

如下所示，圆可以用包含圆心 c 和半径 r 的结构体或类来表示。

Program 16.5 表示圆的类

```
1  class Circle {
2  public:
```

```
3     Point c;
4     double r;
5     Circle(Point c = Point(), double r = 0.0): c(c), r(r) {}
6   };
```

16.1.4 多边形

如下所示，多边形可以用点的序列来表示。

Program 16.6 多边形的表示

```
typedef vector<Point> Polygon;
```

16.1.5 向量的基本运算

下面我们来看看向量的几种基本运算。两个向量的和（sum）$a+b$，两个向量的差（difference）$a-b$，一个向量的标量倍（scalar multiplication）ka 的定义分别如图 16.3 所示。

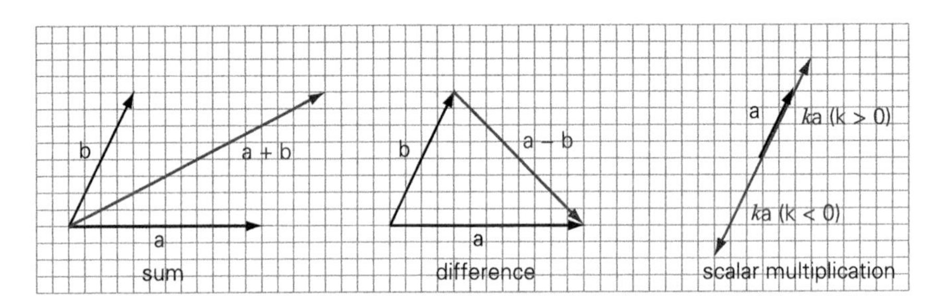

图 16.3 向量的基本运算

与向量 a 方向相同且大小比例为 k 的向量记作 ka，称为向量 a 的标量倍。

向量运算可以定义为函数。不过在这里，我们为了更直观地对点对象进行操作，选择将点的结构体或类之间的运算定义为运算符。C++ 允许我们对运算符进行定义，比如像下面这样。

Program 16.7 定义点/向量间的运算符

```
1   double x, y;
2   Point operator + ( Point &p ) {
3     return Point(x + p.x, y + p.y);
4   }
5
6   Point operator - ( Point &p ) {
7     return Point(x - p.x, y - p.y);
8   }
9
```

```
10 Point operator * ( double k ) {
11   return Point(x * k, y * k);
12 }
```

x、y 表示相应类中的点，p 表示对象点。

定义运算符之后，向量间的运算便可以用下面的方式描述了。

Program 16.8 **向量间的运算示例**

```
1 Vector a, b, c, d;
2 c = a - b;     // 向量的差
3 d = a * 2.0;   // 向量的标量倍
```

16.1.6 向量的大小

向量 $a = (a_x, a_y)$ 的大小 $|a|$（absolute，a 的绝对值）就是原点到表示向量的点的距离。除此之外，还有表示向量大小的平方的概念，称为范数（norm）。

我们可以这样实现一个以向量为参数，返回该向量大小及范数的函数。

Program 16.9 **向量的范数及大小**

```
1 double norm(Vector a) {
2   return a.x * a.x + a.y * a.y;
3 }
4
5 double abs(Vector a) {
6   return sqrt(norm(a));
7 }
```

请注意，本书将表示向量大小的函数名定义为 abs，但其与 C/C++ 中的 abs 函数（用于返回给定数值的绝对值）不同。二者由引用的参数区分。

另外，我们还可以视情况将 abs、norm 等向量间的基本运算以类的成员函数形式来实现。

16.1.7 Point/Vector类

下述程序是实现 Point 类（Vector 类）的例子，其中包含了我们前面讲到的运算符等内容。

Program 16.10 Point类

```
1 #define EPS (1e - 10)
2 #define equals(a, b) (fabs((a) - (b)) < EPS )
```

```
3
4  class Point {
5    public:
6    double x, y;
7
8    Point(double x = 0, double y = 0): x(x), y(y) {}
9
10   Point operator + (Point p) { return Point(x + p.x, y + p.y); }
11   Point operator - (Point p) { return Point(x - p.x, y - p.y); }
12   Point operator * (double a) { return Point(a * x, a * y); }
13   Point operator / (double a) { return Point(x / a, y / a); }
14
15   double abs() { return sqrt(norm());}
16   double norm() { return x * x + y * y; }
17
18   bool operator < (const Point &p) const {
19     return x != p.x ? x < p.x : y < p.y;
20   }
21
22   bool operator == (const Point &p) const {
23     return fabs(x - p.x) < EPS && fabs(y - p.y) < EPS;
24   }
25 };
26
27 typedef Point Vector;
```

为方便比较点的大小关系，我们同时定义了关系运算符“<”和等价运算符“==”。但这里要注意浮点小数间的比较运算。浮点小数在计算机中只是一个近似值，因此将其运算结果用于其他运算时（允许误差的情况下）虽然可以保持精度，但用于比较运算判断真伪时就要格外小心了。举个例子，在检查 x 与 $p.x$ 是否相等时，如果执行严格的等价运算 `x == p.x`，那么原本相等的两个值也可能由于误差而被判断为不相等。为避免这一问题，我们规定等价运算中两个值的差的绝对值只要不小于一个极小值ESP，就判定为二者相等。另外，通用的 `equals(a,b)` 函数也定义为 `fabs((a) - (b)) < ESP`。

16.1.8 向量的内积

利用向量内积/外积的几何性质，我们可以创建许多“零件”（程序）来求解计算几何学的相关问题。

设向量 a、b 的夹角为 θ（$0 \leqslant \theta \leqslant 180$），那么 a、b 的内积（dot product）$a \cdot b = |a||b|\cos\theta$（图16.4）。

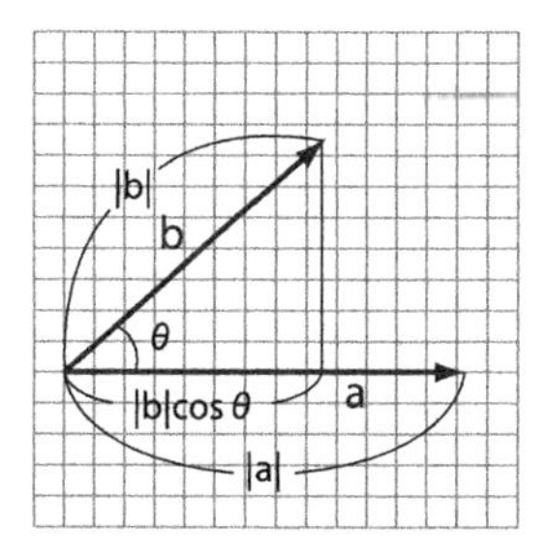

图 16.4　向量的内积

用 $a=(a_x, a_y)$，$b=(b_x, b_y)$ 的形式表示两个向量，根据余弦定理

$\cos\theta=\dfrac{|a|^2+|b|^2-|b-a|^2}{2|a||b|}$ 可知

$$a\cdot b=\frac{|a|^2+|b|^2-|b-a|^2}{2}=a_x\times b_x+a_y\times b_y$$

也就是说，二维平面上 2 个向量 a、b 的内积可以表示为

$$a\cdot b=|a||b|\cos\theta=a_x\times b_x+a_y\times b_y$$

下面是一个求向量 a、b 内积的程序。内积 dot( ) 的返回值为实数。

Program 16.11　向量 *a* 和 *b* 的内积

```
1  double dot(Vector a, Vector b) {
2    return a.x * b.x + a.y * b.y;
3  }
```

16.1.9　向量的外积

设向量 a、b 的夹角为 θ，那么 a、b 的外积（cross product）$|a\times b|=|a||b|\sin\theta$（图 16.5）。

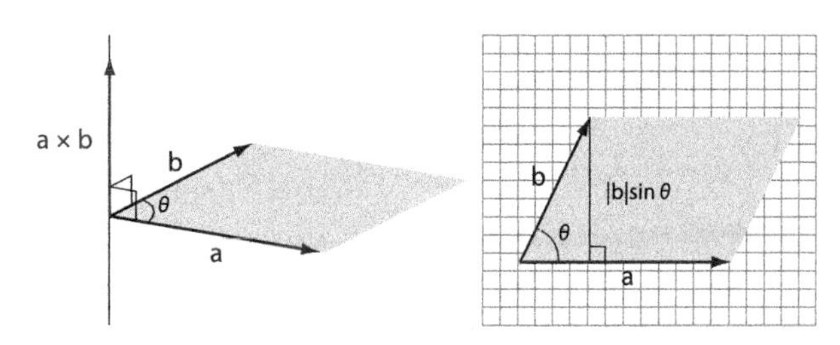

图 16.5　向量的外积

两个向量 a、b 的外积是一个具有大小和方向的向量。如上图所示，外积的方向与 a、b 所在的平面垂直，且满足右手螺旋定则。以 a 为起始边向 b 旋转角度 θ 与 b 重合，此时伸出右手，

四指握拳指向 a 的旋转方向，大拇指所指方向即为外积的方向。另外，外积的大小等于两个向量构成的平行四边形的面积。

用 $a=(a_x, a_y, a_z)$，$b=(b_x, b_y, b_z)$ 的形式表示两个向量，则 a 与 b 的外积为

$|a\times b|=\left(a_y\times b_z-a_z\times b_y,\ a_z\times b_x-a_x\times b_z, a_x\times b_y-a_y\times b_x\right)$。（可通过矩阵导出）

将 0 代入 z 轴的值，则二维平面上两个向量 a、b 的外积大小为

$|a\times b|=|a||b|\sin\theta=a_x\times b_y-a_y\times b_x$。

下面是一个求向量 a、b 外积的程序。外积 cross（ ）的返回值为表示向量大小的实数。

Program 16.12 向量 a 与 b 的外积

```
1 double cross(Vector a, Vector b) {
2   return a.x*b.y - a.y*b.x;
3 }
```

16.2 直线的正交 / 平行判定

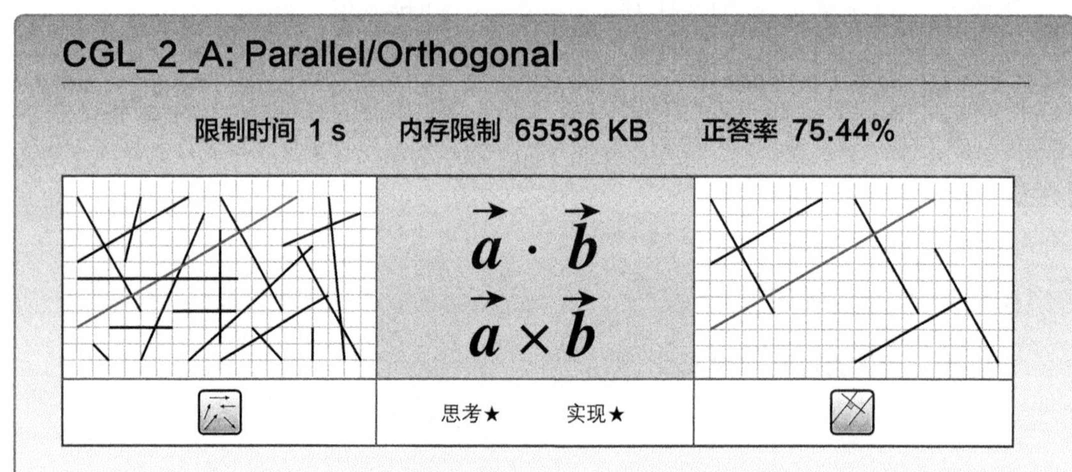

CGL_2_A: Parallel/Orthogonal
限制时间 1 s
内存限制 65536 KB
正答率 75.44%
$\vec{a}\cdot\vec{b}$
$\vec{a}\times\vec{b}$
思考★
实现★

对于直线 $s1$、$s2$，当二者平行时输出“2”，正交时输出“1”。$s1$ 通过点 $p0$、$p1$，$s2$ 通过点 $p2$、$p3$。

输入 第 1 行输入问题数 q。接下来 q 行给出 q 个问题。各问题的点 $p0$、$p1$、$p2$、$p3$ 的坐标按照以下格式给出。

$x_{p0}\ y_{p0}\ x_{p1}\ y_{p1}\ x_{p2}\ y_{p2}\ x_{p3}\ y_{p3}$

输出 对各问题输出“2”“1”或者“0”，每个问题占 1 行。

限制 $1\leqslant q\leqslant 1000$

$p0$、$p1$ 不是同一个点。

$-10\ 000 \leqslant x_{pi}, y_{pi} \leqslant 10\ 000$

$p2$、$p3$ 不是同一个点。

输入示例

```
3
0 0 3 0 0 2 3 2
0 0 3 0 1 1 1 4
0 0 3 0 1 1 2 2
```

输出示例

```
2
1
0
```

讲解

我们来看一看向量内积的几何学意义。由于 $\cos\theta$ 在为 90 度和 -90 度时等于 0，所以

两个向量 a、b 正交⇔向量 a、b 的内积为 0

也就是说，内积可以用来判断两个向量是否正交。其示例程序如下。

Program 16.13 判断向量 a 和 b 是否正交

```
1  bool isOrthogonal(Vector a, Vector b) {
2    return equals(dot(a, b), 0.0);
3  }
4
5  bool isOrthogonal(Point a1, Point a2, Point b1, Point b2) {
6    return isOrthogonal(a1 - a2, b1 - b2);
7  }
8
9  bool isOrthogonal(Segment s1, Segment s2) {
10   return equals(dot(s1.p2 - s1.p1, s2.p2 - s2.p1), 0.0);
11 }
```

接下来我们看看向量外积的几何学意义。由于 $\sin\theta$ 在 θ 为 0 度和 180 度时等于 0，所以

两个向量 a、b 平行⇔向量 a、b 的外积大小为 0

也就是说，外积可以用来判断两个向量是否平行。其示例程序如下。

Program 16.14 判断向量 a 和 b 是否平行

```
1  bool isParallel(Vector a, Vector b) {
2    return equals(cross(a, b), 0.0);
3  }
4
5  bool isParallel(Point a1, Point a2, Point b1, Point b2) {
```

```
6    return isParallel(a1 - a2, b1 - b2);
7  }
8
9  bool isParallel(Segment s1, Segment s2) {
10   return equals(cross(s1.p2 - s1.p1, s2.p2 - s2.p1), 0.0);
11 }
```

16.3　投影

CGL_1_A: Projection

限制时间 1 s　内存限制 65536 KB　正答率 59.14%

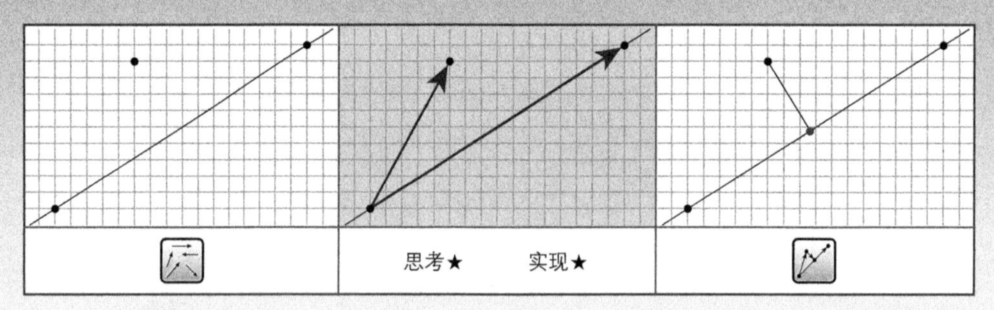

对于给定的三个点 $p1$、$p2$、p，从点 p 向通过 $p1$、$p2$ 的直线引一条垂线，求垂足 x 的坐标。（点 p 在直线 $p1p2$ 上的投影）

输入　输入按照以下格式给出。

$x_{p1}\ y_{p1}\ x_{p2}\ y_{p2}$

q

$x_{p_0}\ y_{p_0}$

$x_{p_1}\ y_{p_1}$

…

$x_{p_{q-1}}\ y_{p_{q-1}}$

第 1 行给出 $p1$、$p2$ 的坐标。接下来给出 q 个 p 的坐标用作问题。

输出　根据各问题输出垂足 x 的坐标，每个问题占 1 行。输出允许误差不超过 0.000 000 01。

限制　$1 \leqslant q \leqslant 1000$

$-10\,000 \leqslant x_i, y_i \leqslant 10\,000$

$p1$、$p2$ 不是同一个点。

输入示例

```
0 0 3 4
1
2 5
```

输出示例

```
3.1200000000 4.1600000000
```

讲解

从点 p 向线段（或直线）$s = p1p2$ 引 1 条垂线，交点设为 x。这个 x 就叫作点 p 的投影（projection）。

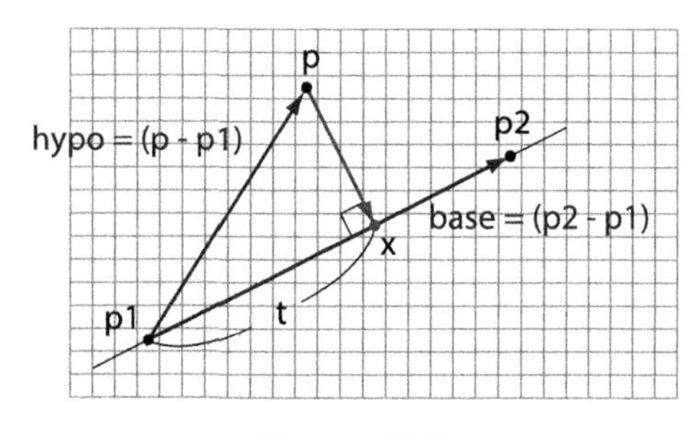

图 16.6 投影

如图 16.6 所示，设 $s.p2 - s.p1$ 为向量 $base$，$p - s.p1$ 为向量 $hypo$，点 $s.p1$ 与点 x 的距离为 t，$hypo$ 与 $base$ 的夹角为 θ，则有

$t = |hypo|\cos\theta$，$hypo \cdot base = |hypo||base|\cos\theta$

于是有 $t = \frac{hypo \cdot base}{|base|}$。根据 t 与 $|base|$ 的比例 $r = \frac{t}{|base|}$ 可得

$$x = s.p1 + base\frac{t}{|base|} = s.p1 + base\frac{hypo \cdot base}{|base|^2}$$

于是来看看如何用程序求点 p 在线段（直线）s 上的投影。

Program 16.15 点 p 在线段 s 上的投影

```
1  Point project(Segment s, Point p) {
2    Vector base = s.p2 - s.p1;
3    double r = dot(p - s.p1, base) / norm(base);
4    return s.p1 + base * r;
5  }
```

16.4 映象

CGL_1_B: Reflection

限制时间 1 s　　内存限制 65536 KB　　正答率 87.04%

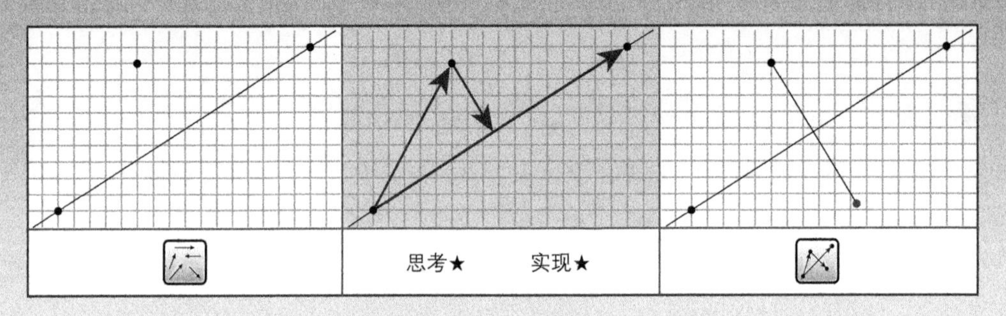

对于三个点 $p1$、$p2$、p，设以通过 $p1$、$p2$ 的直线为对称轴与点 p 成线对称的点为 x，求点 x 的坐标（点 p 对于直线 $p1p2$ 的映象）。

输入 输入按照以下格式给出。

$x_{p1}\ y_{p1}\ x_{p2}\ y_{p2}$

q

$x_{p_0}\ y_{p_0}$

$x_{p_1}\ y_{p_1}$

…

$x_{p_{q-1}}\ y_{p_{q-1}}$

第 1 行给出 $p1$、$p2$ 的坐标。接下来给出 q 个 p 的坐标用作问题。

输出 根据各个问题输出点 x 的坐标，每个问题占 1 行。输出允许误差不超过 0.000 000 01。

限制 $1 \leqslant q \leqslant 1000$

$-10\ 000 \leqslant x_i, y_i \leqslant 10\ 000$

$p1$、$p2$ 不是同一个点。

输入示例

```
0 0 3 4
3
2 5
1 4
0 3
```

输出示例

```
4.2400000000 3.3200000000
3.5600000000 2.0800000000
2.8800000000 0.8400000000
```

讲解

如图 16.7 所示，设以线段（或直线）$s = p1p2$ 为对称轴与点 p 成线对称的点为 x，这个点 x 就称为 p 的映象（reflection）。

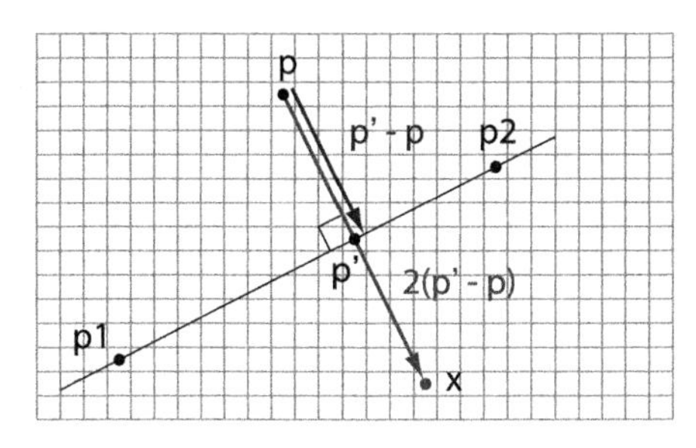

图 16.7 映象

首先求点 p 到线段 $p1p2$ 的投影点 p'。然后将 p 到 p' 的向量（$p'-p$）扩大至标量 2 倍。最后给起点 p 加上这个向量，得出 x 的坐标。

下面我们来看看如何用程序求以线段 s 为对称轴与点 p 成线对称的点 x。

Program 16.16 以线段 s 为对称轴与点 p 成线对称的点

```
1 Point reflect(Segment s, Point p) {
2   return p + (project(s, p) - p) * 2.0;
3 }
```

16.5 距离

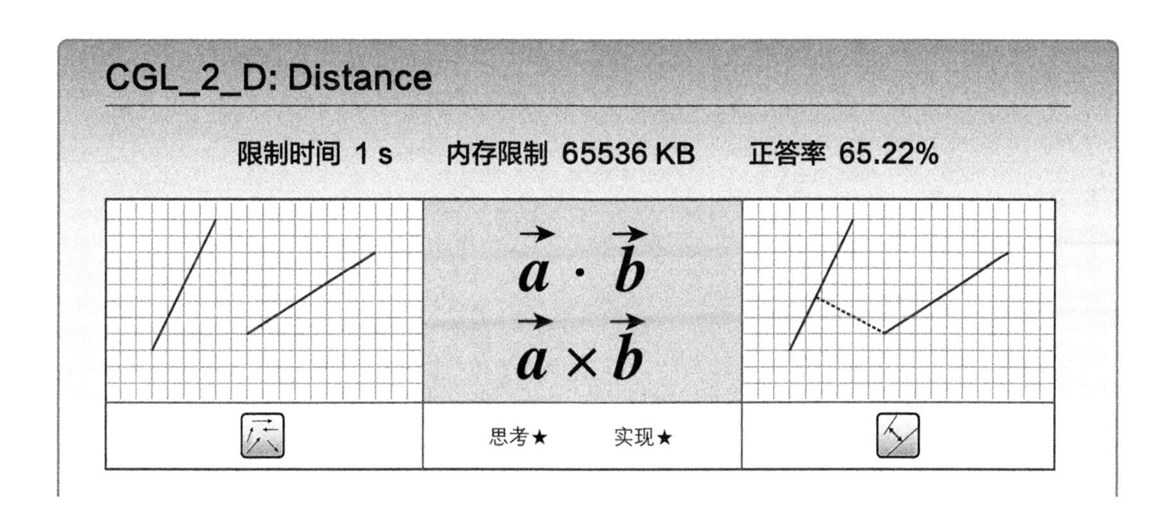

输出 线段 $s1$、$s2$ 之间的距离。设 $s1$ 的端点为 $p0$、$p1$，$s2$ 的端点为 $p2$、$p3$。

输入 第 1 行输入问题数 q。接下来 q 行给出 q 个问题。各问题线段 $s1$、$s2$ 的坐标按照以下格式给出。

$x_{p0}\ y_{p0}\ x_{p1}\ y_{p1}\ x_{p2}\ y_{p2}\ x_{p3}\ y_{p3}$

输出 根据各个问题输出距离，每个问题占 1 行。输出允许误差不超过 0.000 000 01。

限制 $1 \leqslant q \leqslant 1000$

$-10\ 000 \leqslant x_{p_i}, y_{p_i} \leqslant 10\ 000$

$p0$、$p1$ 不是同一个点。

$p2$、$p3$ 不是同一个点。

输入示例

```
3
0 0 1 0 0 1 1 1
0 0 1 0 2 1 1 2
-1 0 1 0 0 1 0 -1
```

输出示例

```
1.0000000000
1.4142135624
0.0000000000
```

讲解

这里我们不针对本题内容，而是对点、线段的相关距离进行讲解。

16.5.1 两点间的距离

点 a 与点 b 之间的距离等于向量 $a-b$ 或 $b-a$ 的绝对值。我们可以像下面这样设计程序来求点 a 和点 b 的距离。

Program 16.17 点 a 和点 b 的距离

```
1  double getDistance(Point a, Point b) {
2    return abs(a - b);
3  }
```

16.5.2 点与直线的距离

设直线 $p1p2$ 上的向量为 $a=p2-p1$，p 与 $p1$ 构成的向量为 $b=p-p1$，则点 p 与直线 $p1p2$ 的距离 d 就等于 a、b 构成的平行四边形的高。用 a 与 b 外积的大小（平行四边形的面积）除以 a 的大小 $|a|$ 即可求出高 d，于是有

$$d = \frac{|a \times b|}{|a|} = \frac{|(p2 - p1) \times (p - p1)|}{|p2 - p1|}$$

我们可以这样设计程序来求直线 l 和点 p 的距离。

Program 16.18 **直线 l 和点 p 的距离**

```
double getDistanceLP(Line l, Point p) {
  return abs(cross(l.p2 - l.p1, p - l.p1) / abs(l.p2 - l.p1));
}
```

16.5.3 点与线段的距离

请看图 16.8，求点 p 与线段 $p1p2$ 的距离时，需要分以下几种情况讨论。

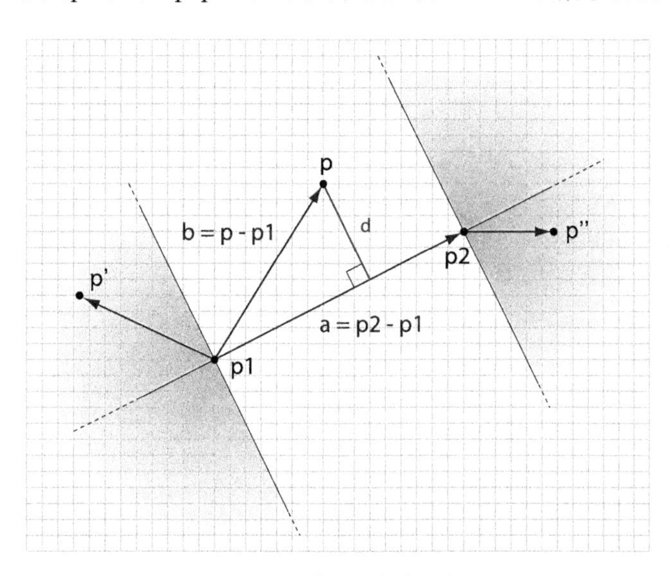

图 16.8 点与线段的距离

1. 向量 $p2-p1$ 与向量 $p-p1$ 的夹角 θ 大于 90 度（或小于 -90 度）时，d 为点 p 到点 $p1$ 的距离（图中的点 p'）。
2. 向量 $p1-p2$ 与向量 $p-p2$ 的夹角 θ 大于 90 度（或小于 -90 度）时，d 为点 p 到点 $p2$ 的距离（图中的点 p''）。
3. 除上述两种情况外，d 为点 p 到直线 $p1p2$ 的距离。

由于 θ 大于 90 度时 $\cos\theta < 0$，所以可以通过 2 个向量的内积是否为负来判断第 1、2 种情况。我们可以这样设计程序来求线段 s 与点 p 的距离。

Program 16.19 线段 s 与点 p 的距离

```
double getDistanceSP(Segment s, Point p) {
  if ( dot(s.p2 - s.p1, p - s.p1) < 0.0 ) return abs(p - s.p1);
  if ( dot(s.p1 - s.p2, p - s.p2) < 0.0 ) return abs(p - s.p2);
  return getDistanceLP(s, p);
}
```

16.5.4 线段与线段的距离

线段 $s1$ 与线段 $s2$ 的距离为以下四个距离中最小的一个。

1. 线段 $s1$ 与线段 $s2$ 的端点 $s2.p1$ 的距离。
2. 线段 $s1$ 与线段 $s2$ 的端点 $s2.p2$ 的距离。
3. 线段 $s2$ 与线段 $s1$ 的端点 $s1.p1$ 的距离。
4. 线段 $s2$ 与线段 $s1$ 的端点 $s1.p2$ 的距离。

此外，如果两条线段相交，则它们的距离为 0。

我们可以这样设计程序来求线段 $s1$ 与线段 $s2$ 的距离。

Program 16.20 线段 $s1$ 与线段 $s2$ 的距离

```
double getDistance(Segment s1, Segment s2) {
  if ( intersect(s1, s2) ) return 0.0;
  return min(min(getDistanceSP(s1, s2.p1), getDistanceSP(s1, s2.p2)),
             min(getDistanceSP(s2, s1.p1), getDistanceSP(s2, s1.p2)));
}
```

上面程序中的 `intersect` 函数用于判断两条线段是否相交，我们将在 16.7 节向各位详细介绍。

16.6 逆时针方向

CGL_1_C: Counter-Clockwise

限制时间 1 s 内存限制 65536 KB 正答率 55.56%

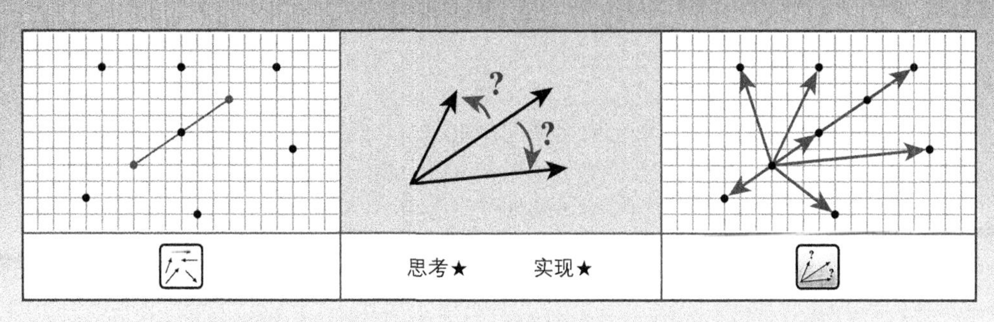

对于三个点 $p0$、$p1$、$p2$，请按照下列情况进行输出。

$p0$、$p1$、$p2$ 成逆时针方向 (1)	COUNTER_CLOCKWISE
$p0$、$p1$、$p2$ 成顺时针方向 (2)	CLOCKWISE
$p2$、$p0$、$p1$ 依次排列在同一直线上 (3)	ONLINE_BACK
$p0$、$p1$、$p2$ 依次排列在同一直线上 (4)	ONLINE_FRONT
$p2$ 在线段 $p0p1$ 上 (5)	ON_SEGMENT

输入 $x_{p0}\ y_{p0}\ x_{p1}\ y_{p1}$

q

$x_{p2_0}\ y_{p2_0}$

$x_{p2_1}\ y_{p2_1}$

…

$x_{p2_{q-1}}\ y_{p2_{q-1}}$

第 1 行输入 $p0$、$p1$ 的坐标。接下来给出 q 个 $p2$ 的坐标用作问题。

输出 根据各问题输出上述状态之一，每个问题占 1 行。

限制 $1 \leqslant q \leqslant 1000$

$-10\,000 \leqslant x_i, y_i \leqslant 10\,000$

$p0$、$p1$ 不是同一个点。

输入示例

```
0 0 2 0
5
-1 1
-1 -1
-1 0
0 0
3 0
```

输出示例

```
COUNTER_CLOCKWISE
CLOCKWISE
ONLINE_BACK
ON_SEGMENT
ONLINE_FRONT
```

讲解

向量 a、b 外积的方向与 a、b 所在平面垂直且满足右手螺旋定则，因此我们可以根据外积的方向判断向量 a、b 的位置关系。

点 $p2$ 对于线段 $p0p1$ 的位置可分为以下几类（图 16.9）。

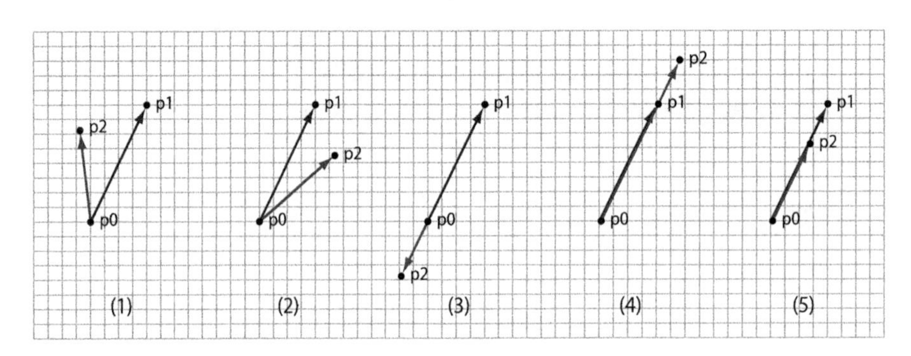

图 16.9 向量与点的位置关系

(1) $p2$ 位于 $p0 \to p1$ 的逆时针方向

(2) $p2$ 位于 $p0 \to p1$ 的顺时针方向

(3) $p2$ 位于直线 $p0p1$ 上，且顺序为 $p2 \to p0 \to p1$

(4) $p2$ 位于直线 $p0p1$ 上，且顺序为 $p0 \to p1 \to p2$

(5) $p2$ 位于线段 $p0p1$ 上，顺序为 $p0 \to p2 \to p1$

设 $p0$ 到 $p1$ 的向量为 a，$p0$ 到 $p2$ 的向量为 b，则各种情况的判断方法如下。

(1) 外积的大小 $cross(a, b)$ 为正时，可确定 b 在 a 的逆时针位置。

(2) 外积的大小 $cross(a, b)$ 为负时，可确定 b 在 a 的顺时针位置。

(3) (1)(2) 都不符合时，表示 $p2$ 位于直线 $p0p1$ 上（不一定在线段 $p0p1$ 上）。$\cos\theta$ 在 θ 大于 90 度或小于 -90 度时为负，因此 a 与 b 的内积 $dot(a, b)$ 为负时，可确定 $p2$ 位于线

段 $p0p1$ 后方，即顺序为 $p2 \to p0 \to p1$。

(4) 不符合 (3) 时，$p2$ 的位置为 $p0 \to p1 \to p2$ 或 $p0 \to p2 \to p1$。因此，如果 b 的大小大于 a 的，则可确定 $p2$ 的位置为 $p0 \to p1 \to p2$。

(5) 不符合 (4) 时，可确定 $p2$ 位于线段 $p0p1$ 上。

下面的程序将三个点 $p0$、$p1$、$p2$ 作为参数，返回点 $p2$ 与向量 $p0 \to p1$ 的位置关系。位置分类如图 16.9 所示。

Program 16.21 逆时针方向 CCW

```
1  static const int COUNTER_CLOCKWISE = 1;
2  static const int CLOCKWISE = -1;
3  static const int ONLINE_BACK = 2;
4  static const int ONLINE_FRONT = -2;
5  static const int ON_SEGMENT = 0;
6
7  int ccw(Point p0, Point p1, Point p2) {
8    Vector a = p1 - p0;
9    Vector b = p2 - p0;
10   if ( cross(a, b) > EPS ) return COUNTER_CLOCKWISE;
11   if ( cross(a, b) < -EPS ) return CLOCKWISE;
12   if ( dot(a, b) < -EPS ) return ONLINE_BACK;
13   if ( a.norm() < b.norm() ) return ONLINE_FRONT;
14
15   return ON_SEGMENT;
16 }
```

16.7 判断线段相交

CGL_2_B: Intersection

限制时间 1 s 内存限制 65536 KB 正答率 38.89%

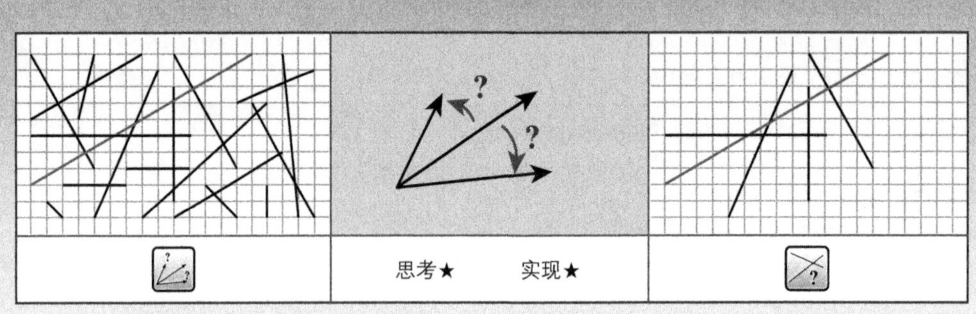

对于线段 $s1$、$s2$，如果相交则输出“1”，否则输出“0”。

设 $s1$ 的端点为 $p0$、$p1$，$s2$ 的端点为 $p2$、$p3$。

输入 第 1 行输入问题数 q。接下来 q 行给出 q 个问题。各问题线段 $s1$、$s2$ 的坐标按照以下格式给出。

$x_{p0}\ y_{p0}\ x_{p1}\ y_{p1}\ x_{p2}\ y_{p2}\ x_{p3}\ y_{p3}$

输出 根据各问题输出“1”或“0”，每个问题占 1 行。

限制 $1 \leqslant q \leqslant 1000$

$-10\,000 \leqslant x_{p_i}, y_{p_i} \leqslant 10\,000$

$p0$、$p1$ 不是同一个点。

$p2$、$p3$ 不是同一个点。

输入示例

```
3
0 0 3 0 1 1 2 -1
0 0 3 0 3 1 3 -1
0 0 3 0 3 -2 5 0
```

输出示例

```
1
1
0
```

讲解

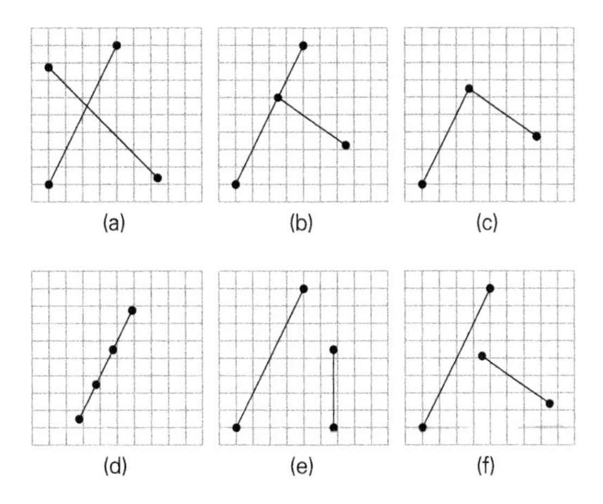

图 16.10 判断线段相交

图 16.10 的 (a)(b)(c)(d) 是两条线段相交的例子，(b) 中一条线段的端点位于另一条线段上，(c) 中两条线段共用一个端点，(d) 中两条线段平行重合，这些情况均视为相交。(e)(f) 则是两条线段不相交的例子。

前面讲的 ccw 用于检查点线间的位置关系，只要对其加以应用，我们就能轻松判断出两条线段是否相交。

分别检查两条线段，如果双方都符合“另一条线段的两个端点分别位于当前线段的顺时针方向和逆时针方向”，则两条线段相交。例如如图 16.11 所示，点 $p3$、$p4$ 位于线段 $p1p2$ 的两侧，同时点 $p1$、$p2$ 位于线段 $p3p4$ 的两侧，所以可确定线段 $p1p2$ 与线段 $p3p4$ 相交。

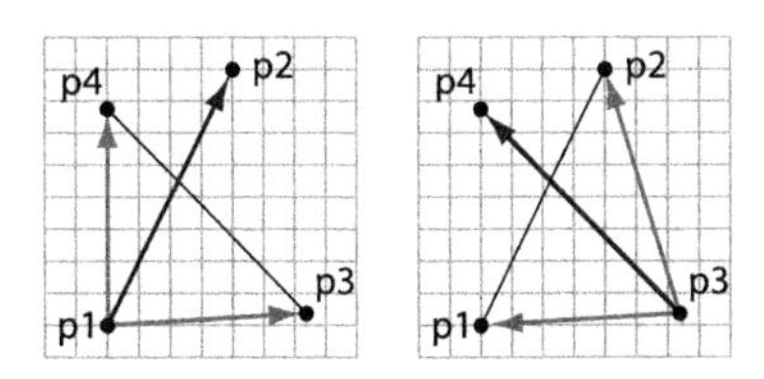

图 16.11 线段相交的条件

判断线段 $p1p2$ 与线段 $p3p4$ 是否相交的程序可以像下面这样写。

Program 16.22 判断线段 $p1p2$ 和线段 $p3p4$ 是否相交

```
1  bool intersect(Point p1, Point p2, Point p3, Point p4) {
2    return ( ccw(p1, p2, p3) * ccw(p1, p2, p4) <= 0 &&
3             ccw(p3, p4, p1) * ccw(p3, p4, p2) <= 0 );
4  }
5
```

```
6  bool intersect(Segment s1, Segment s2) {
7    return intersect(s1.p1, s1.p2, s2.p1, s2.p2);
8  }
```

上述程序以四个点 $p1$、$p2$、$p3$、$p4$ 为参数，判断线段 $p1p2$ 与线段 $p3p4$ 是否相交，若相交则返回 true。

`ccw(p1, p2, p3) * ccw(p1, p2, p4)` 用来分别检查 $p3$、$p4$ 相对于线段 $p1p2$ 的位置，然后求出结果的积。只要事先将 ccw 的返回值定义为

```
COUNTER_CLOCKWISE = -1;
CLOCKWISE = 1;
ON_SEGMENT = 0;
```

`ccw(p1, p2, p3) * ccw(p1, p2, p4)` 在 $p3$、$p4$ 位于不同侧时就会得出 −1，$p3$ 或 $p4$ 位于线段 $p1p2$ 上时得出 0。点 $p1$、$p2$ 相对于线段 $p3p4$ 的位置也是同理。接下来，只要线段 $p1p2$、$p3p4$ 的判断均小于等于 0，即可确定它们相交。

16.8　线段的交点

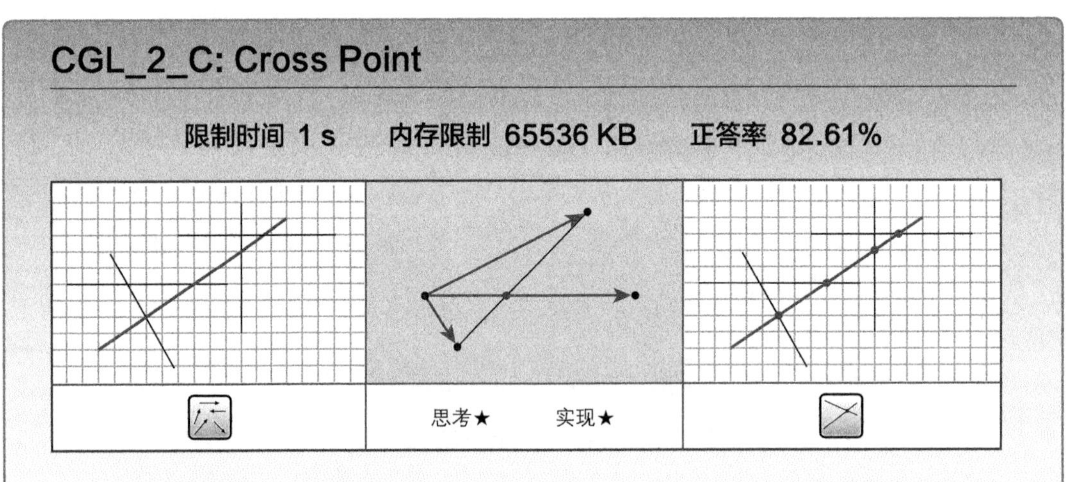

输出线段 $s1$、$s2$ 交点的坐标。

设 $s1$ 的端点为 $p0$、$p1$，$s2$ 的端点为 $p2$、$p3$。

输入　第 1 行输入问题数 q。接下来 q 行给出 q 个问题。各问题线段 $s1$、$s2$ 的坐标按照以下格式给出。

x_{p0} y_{p0} x_{p1} y_{p1} x_{p2} y_{p2} x_{p3} y_{p3}

输出　根据各问题输出交点坐标 (x, y)，每个问题占 1 行。输出允许误差不超过

0.000 000 01。

限制 $1 \leqslant q \leqslant 1000$

$-10\ 000 \leqslant x_{p_i}, y_{p_i} \leqslant 10\ 000$

$p0$、$p1$ 不是同一个点。

$p2$、$p3$ 不是同一个点。

$s1$、$s2$ 有交点，且两线段不重叠

输入示例

```
3
0 0 2 0 1 1 1 -1
0 0 1 1 0 1 1 0
0 0 1 1 1 0 0 1
```

输出示例

```
1.0000000000 0.0000000000
0.5000000000 0.5000000000
0.5000000000 0.5000000000
```

讲解

两条线段 $s1$、$s2$ 的交点坐标可以通过外积的大小求得。

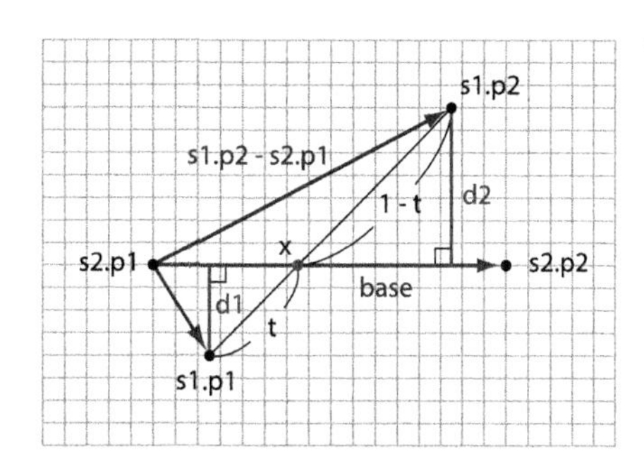

图 16.12 线段的交点

如图 16.12 所示，我们用向量 $s2.p2 - s2.p1 = base$ 来表示线段 $s2$。接下来，分别求通过 $s2.p1$ 和 $s2.p2$ 的直线与线段 $s1$ 两端点的距离 $d1$、$d2$。举个例子，设 $s1.p1 - s2.p1$ 为向量 $hypo$，那么 $base$ 与 $hypo$ 构成的平行四边形的面积就是外积 $base \times hypo$ 的大小。这样一来，只要用面积除以 $base$ 的大小即可求出 $d1$。

$$d1 = \frac{|base \times hypo|}{|base|}$$

$d2$ 同理。

$$d1 = \frac{|base \times (s1.p1 - s2.p1)|}{|base|}$$

$$d2 = \frac{|base \times (s1.p2 - s2.p1)|}{|base|}$$

然后，设线段 $s1$ 的长度与点 $s1.p1$ 到交点 x 的距离之比为 t，则有

$d1 : d2 = t : (1 - t)$

由此可得

$t = d1/(d1 + d2)$

所以交点 x 为

$x = s1.p1 + (s1.p2 - s1.p1) \times t$。

求线段 $s1$ 与线段 $s2$ 交点的程序可以像下面这样写。

Program 16.23　线段 $s1$ 与线段 $s2$ 的交点

```
1  Point getCrossPoint(Segment s1, Segment s2) {
2    Vector base = s2.p2 - s2.p1;
3    double d1 = abs(cross(base, s1.p1 - s2.p1));
4    double d2 = abs(cross(base, s1.p2 - s2.p1));
5    double t = d1 / (d1 + d2);
6    return s1.p1 + (s1.p2 - s1.p1) * t;
7  }
```

上述程序在计算 $d1$、$d2$ 的过程中会用到 $|base|$，但这个数会在计算 t 时被约分消去。

16.9　圆与直线的交点

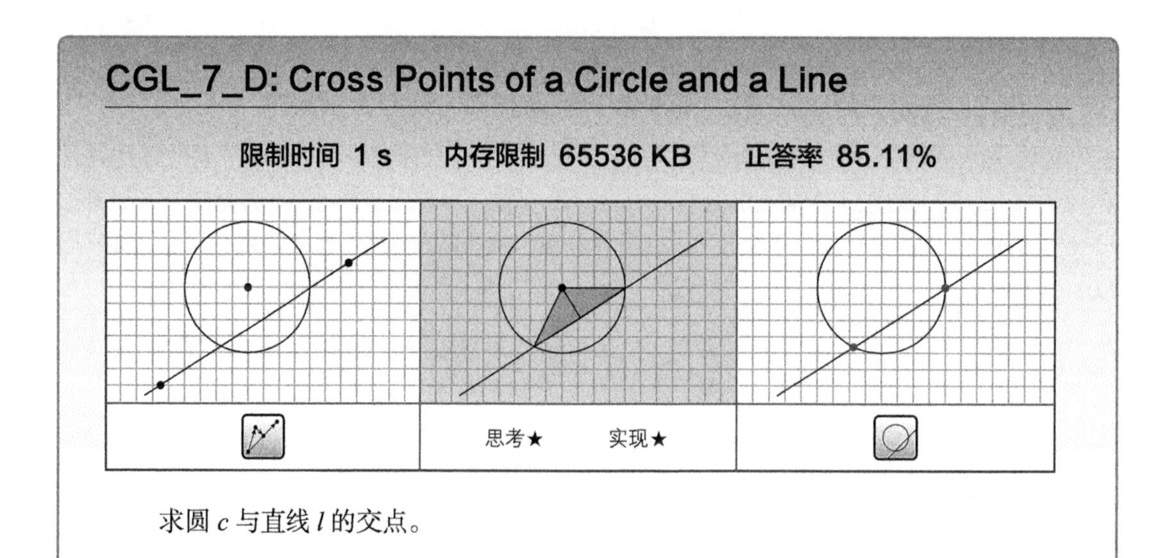

求圆 c 与直线 l 的交点。

输入 输入按照下述格式给出。

$cx\ cy\ r$

q

$Line_1$

$Line_2$

…

$Line_q$

第 1 行输入圆心坐标 cx，cy 以及半径 r。第 2 行输入问题数 q。

接下来 q 行按照下述格式输入 q 个直线 $Line_i$ 作为问题。

$x_1\ y_1\ x_2\ y_2$

各直线由其通过的 2 个点 $p1$、$p2$ 表示，x_1、y_1 是 $p1$ 的坐标，x_2、y_2 是 $p2$ 的坐标。以上输入均为整数。

输出 根据各个问题输出交点坐标。

请按照下述规则输出 2 个交点的坐标，相邻数值用空格隔开。

▶ 只有 1 个交点时输出 2 个相同的坐标

▶ 先输出 x 坐标较小的点。x 坐标相同时先输出 y 坐标较小的点

输出 允许误差不超过 0.000 001。

限制 $p1$、$p2$ 不是同一个点。

圆与直线必然存在交点。

$1 \leqslant q \leqslant 1000$

$-10\,000 \leqslant cx, cy, x_1, y_1, x_2, y_2 \leqslant 10\,000$

$1 \leqslant r \leqslant 10\,000$

输入示例

```
2 1 1
2
0 1 4 1
3 0 3 3
```

输出示例

```
1.000000 1.000000 3.000000 1.000000
3.000000 1.000000 3.000000 1.000000
```

讲解

首先我们来考虑题目限制中“圆与直线存在交点”这一条件。实际上，只要检查圆心与直线的距离是否大于 r，我们就能判断圆与直线是否存在交点（本题不需要用到这一步，但可以用作前置处理来保证输入的合理性）。

圆与直线的交点有许多方法。这里我们介绍图 16.13 所示的方法，用向量来求解。

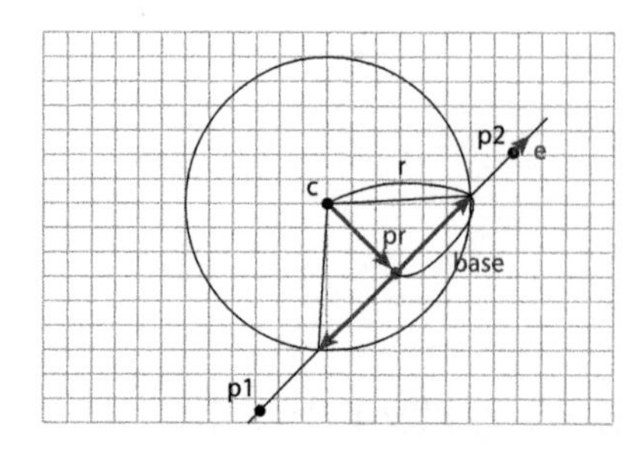

图 16.13 圆与直线的交点

首先求圆心 c 在直线 l 上的投影点 pr。接下来，求直线 l 上的单位向量（大小为 1 的向量）e。如下所示，e 可以用向量除以其大小求出。

$$e=\frac{(p2-p1)}{|p2-p1|}$$

再接下来，根据半径 r 和向量 pr 的长度计算出圆内线段部分的一半 $base$。然后把刚才求出的单位向量 e 乘以大小 $base$，即可得出直线 l 上与 $base$ 同样大小（长度）的向量。最后，以投影点 pr 为起点，向正 / 负方向加上该向量，我们就得到圆与直线的交点（的坐标）了。

求圆 c 与直线 l 交点的程序如下所示。

Program 16.24 圆 c 与直线 l 的交点

```
pair<Point, Point> getCrossPoints(Circle c, Line l) {
  assert(intersect(c, l));
  Vector pr = project(l, c.c);
  Vector e = (l.p2 - l.p1) / abs(l.p2 - l.p1);
  double base = sqrt(c.r * c.r - norm(pr - c.c));
  return make_pair(pr + e * base, pr - e * base);
}
```

16.10 圆与圆的交点

CGL_7_E: Cross Points of Circles

限制时间 1 s　内存限制 65536 KB　正答率 50.00%

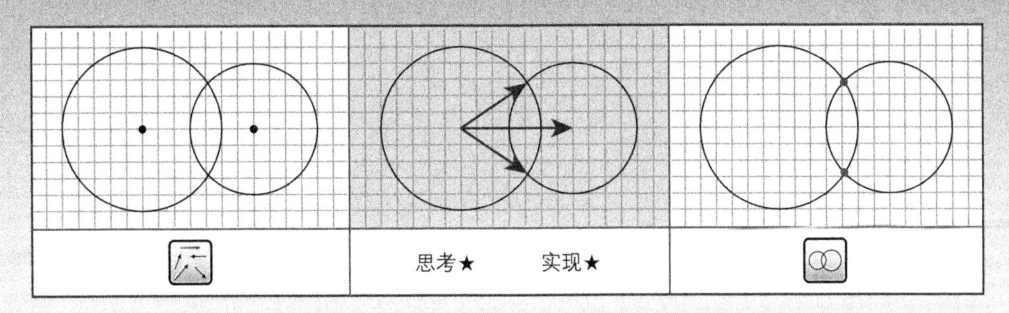

求 2 个圆 $c1$、$c2$ 的交点。

输入　输入按照下述格式给出。

$c1x$ $c1y$ $c1r$

$c2x$ $c2y$ $c2r$

$c1x$、$c1y$、$c1r$ 分别表示第 1 个圆的圆心 x 坐标、y 坐标以及半径。同理，$c2x$、$c2y$、$c2r$ 表示第 2 个圆的坐标与半径。上述输入均为整数。

输出　按下述规则输出交点 $p1$、$p2$ 的坐标 $(x1, y1)$、$(x2, y2)$，相邻数据之间用空格隔开。

▶ 只有 1 个交点时输出 2 个相同的坐标

▶ 先输出 x 坐标较小的点。x 坐标相同时先输出 y 坐标较小的点

输出　允许误差不超过 0.000 001。

限制　2 个圆存在交点且圆心不同。

$-10\,000 \leqslant c1x, c1y, c2x, c2y \leqslant 10\,000$

$1 \leqslant c1r, c2r \leqslant 10\,000$

输入示例

```
0 0 2
2 0 2
```

输出示例

```
1.0000000 -1.7320508 1.0000000 1.7320508
```

讲解

求两个圆交点的方法有很多，这里我们学习的算法使用了向量运算和余弦定理。首先如下图所示，求出两个圆的圆心距 d。这个圆心距就是 $c1.c$ 到 $c2.c$ 的向量（反过来亦可）的大小。

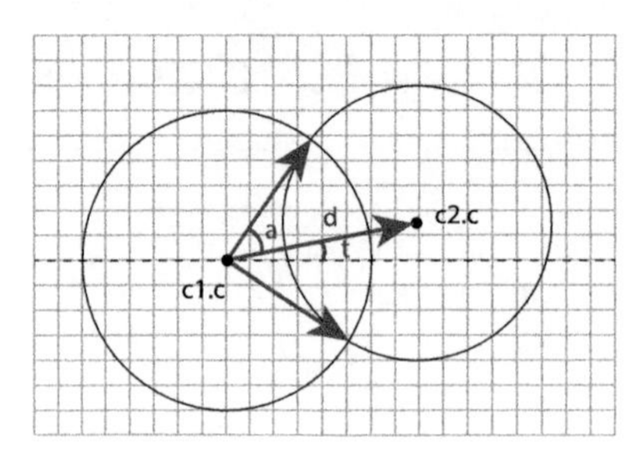

图 16.14　圆与圆的交点

至此，由两圆圆心以及其中一个交点所组成的三角形的三条边分别为 $c1.r$、$c2.r$、d，根据余弦定理可以求出向量 $c2.c - c1.c$ 与 $c1.c$ 到某交点的向量的夹角 a。然后我们再求出 $c2.c - c1.c$ 与 x 轴的夹角 t 备用。

这样一来，我们所求的交点就是以圆心 $c1.c$ 为起点，大小为 $c1.r$，角度为 $t + a$ 和 $t - a$ 的两个向量。

求圆 $c1$ 与圆 $c2$ 交点的程序可以像下面这样写。

Program 16.25　圆 $c1$ 与圆 $c2$ 的交点

```
1  double arg(Vector p) { return atan2(p.y, p.x); }
2  Vector polar(double a, double r) { return Point(cos(r) * a, sin(r) * a); }
3  
4  pair<Point, Point> getCrossPoints(Circle c1, Circle c2) {
5    assert(intersect(c1, c2));
6    double d = abs(c1.c - c2.c);
7    double a = acos((c1.r * c1.r + d * d - c2.r * c2.r) / (2 * c1.r * d));
8    double t = arg(c2.c - c1.c);
9    return make_pair(c1.c + polar(c1.r, t + a), c1.c + polar(c1.r, t - a));
10 }
```

16.11 点的内包

CGL_3_C: Polygon-Point Containment

限制时间 1 s　　内存限制 65536 KB　　正答率 43.75%

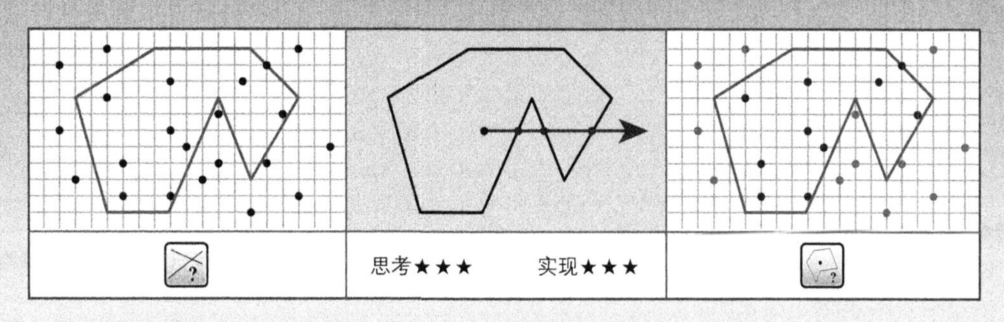

对于多边形 g 与点 p，p 位于 g 内时输出“2”，p 位于 g 的边上时输出“1”，其余情况输出“0”。

多边形 g 由其顶点的序列 $p_1, p_2, \cdots, p_n$ 表示，相邻两点 p_i、p_{i+1}（$1 \leqslant i \leqslant n-1$）相连构成 g 的边。另外，点 p_n 和 p_1 相连的线也是 g 的边。

请注意，g 不一定是凸多边形。

输入 输入按照以下格式给出。

g（构成多边形的点的序列）

q（问题数）

1st query

2nd query

…

qth query

g 为点的序列 $p_1, \cdots, p_n$，按照以下格式给出。

n

$x_1\ y_1$

$x_2\ y_2$

…

$x_n\ y_n$

第 1 行的 n 表示点的数量。点 p_i 的坐标以 2 个整数 x_i、y_i 的形式给出。各点按照逆时针访问多边形相邻顶点的顺序排列。

输出 根据各问题输出“2”、“1”或“0”，每个问题占 1 行。

限制　$3 \leqslant n \leqslant 100$

$1 \leqslant q \leqslant 1000$

$-10\,000 \leqslant x_i, y_i, x, y \leqslant 10\,000$

多边形各顶点坐标均不相同。

多边形各边只在公共端点处相交。

输入示例

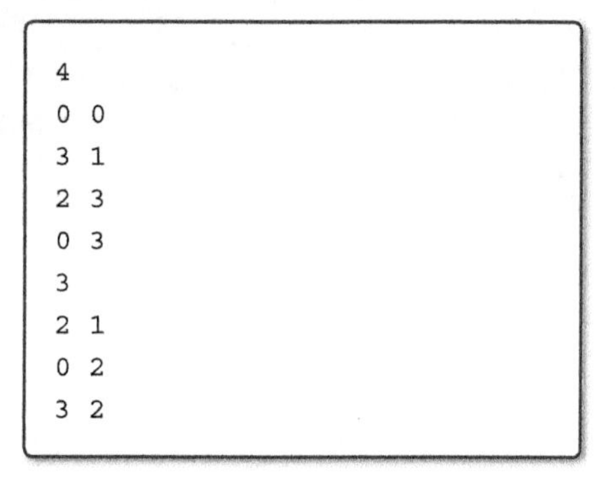

```
4
0 0
3 1
2 3
0 3
3
2 1
0 2
3 2
```

输出示例

```
2
1
0
```

讲解

只要检查以 p 为端点且平行于 x 轴的射线与多边形 g 的边的相交次数，我们就能判断出给定点 p 是否内包于多边形 g。而且这条射线不必实际生成，只需要通过下面的算法即可完成判断。

对于构成多边形各边的线段 g_ig_{i+1}，设 $g_i - p$ 与 $g_{i+1} - p$ 分别为向量 a 和向量 b。点 p 是否位于 g_ig_{i+1} 上可通过类似 ccw 的方法检查，即检查 a 和 b 是否在同一直线且方向相反。如果 a 和 b 外积大小为 0 且内积小于等于 0，则点 p 位于 g_ig_{i+1} 上。

至于射线与线段 g_ig_{i+1} 是否相交（是否能更新内包状态），可以通过 a、b 构成的平行四边形的面积正负，即 a、b 外积的大小来判断。首先我们调整向量 a、b，重新将 y 值较小的向量定为 a。在这个状态下，如果 a 和 b 的外积大小为正（a 到 b 为逆时针）且 a、b（的终点）位于射线两侧，则可确定射线与边交叉。这里要注意设置边界条件，避免射线与 g_ig_{i+1} 端点相交时对结果造成影响。

相交次数为奇数时表示“内包”，为偶数时表示“不内包”。此外，在判断射线与各线段是否相交时，一旦发现点 p 位于线段上，需要立刻返回“在线段上”。

判断多边形与点的内包关系的程序如下所示。

Program 16.26　点的内包

```
1  /*
2    IN 2
```

```
  ON 1
  OUT 0
  */
int contains(Polygon g, Point p) {
  int n = g.size();
  bool x = false;
  for ( int i = 0; i < n; i++ ) {
    Point a = g[i] - p, b = g[(i + 1) % n] - p;
    if ( abs(cross(a, b)) < EPS && dot(a, b) < EPS ) return 1;
    if ( a.y > b.y ) swap(a, b);
    if ( a.y < EPS && EPS < b.y && cross(a, b) > EPS ) x = !x;
  }
  return ( x ? 2 : 0 );
}
```

16.12 凸包

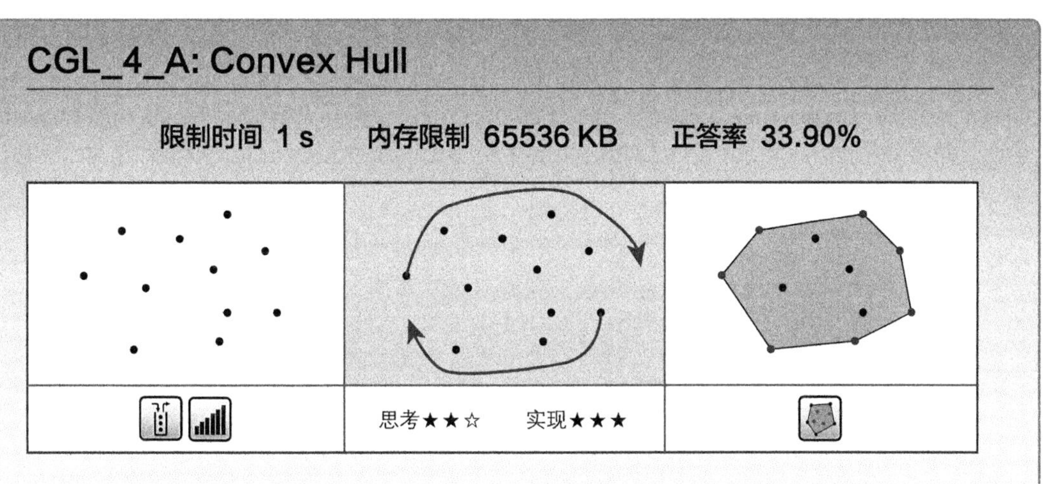

CGL_4_A: Convex Hull
限制时间 1 s
内存限制 65536 KB
正答率 33.90%
思考★★☆
实现★★★

求二维平面上的点集合 P 的凸包（Convex Hull）。凸包是指包含点集合 P 中所有点的最小凸多边形。请列举出该多边形的边及顶点上的所有点。

输入 第 1 行输入点的数量 n。接下来 n 行输入第 i 个点 p_i 的坐标，坐标以 2 个整数 x_i、y_i 的形式给出。

输出 第 1 行输出表示凸包的凸多边形的顶点数。接下来的几行输出凸多边形各个顶点的坐标 (x, y)。输出时以凸多边形最下端最左侧的顶点为起点，按逆时针方向依次输出坐标。

限制 $3 \leqslant n \leqslant 100\ 000$

$-10\,000 \leqslant x_i, y_i \leqslant 10\,000$

所有点的坐标均不相同。

输入示例 1

```
7
2 1
0 0
1 2
2 2
4 2
1 3
3 3
```

输出示例 1

```
5
0 0
2 1
4 2
3 3
1 3
```

讲解

凸包可以理解为在木板上钉了许多钉子，然后用一根橡皮筋框住所有钉子时所得到的多边形。在计算几何学领域中，人们已经研究出了数个求凸包的算法。这里我们将要学习的是相对容易掌握的安德鲁算法（Andrew's Algorithm）。

安德鲁算法

1. 将给定集合的点按 x 坐标升序排列。x 相同的按 y 坐标升序排列。
2. 按下述流程创建凸包的上部。
   ▶ 将排序后的点按照 x 坐标从小到大的顺序加入凸包 U。如果新加入的点使得 U 不再是凸多边形，则逆序删除之前加入 U 的点，直至 U 重新成为凸多边形为止
3. 按下述流程创建凸包的下部。
   ▶ 将排序后的点按照 x 坐标从大到小的顺序加入凸包 L。如果新加入的点使得 L 不再是凸多边形，则逆序删除之前加入 L 的点，直至 L 重新成为凸多边形为止

图 16.15 模拟了安德鲁算法求凸包上部的各计算步骤。各点旁边标出了排序后的下标。

这里我们设输入的给定点集合为 S，S 的第 i 个点为 S_i，凸包上部的点集合为 U。U 所代表的凸包在图中用粗线表示。

第 1 步，将最开始的 2 个点加入凸包。我们把将点加入当前凸包的操作称为 push_back。从第 2 步起，按照下标顺序将 S 中的点依次 push_back 到凸包 U 中。不过，在将 S_i 加入凸包之前，要先进行下述循环处理。

▶ 对于当前的凸包 U，只要点 S_i（即将加入 U 的点）位于倒数第二个点和倒数第一个点所构

成的向量的逆时针位置，就从凸包 U 中删除倒数第一个点。这里我们将删除点的操作称为 pop_back

来看一下图 16.15 的第 8、9、10 步。算法在第 8 步时准备将 S_6 加入凸包 U，但 S_6 位于 S_3、S_5（凸包 U 中最后两个点）所构成的向量的逆时针方向，因此需要从 U 中删除 S_5。我们用正方形表示要被删除的点。接下来在第 9 步时，还需要从 U 中删除 S_3。第 10 步满足了凸包的条件，所以不进行删除操作。

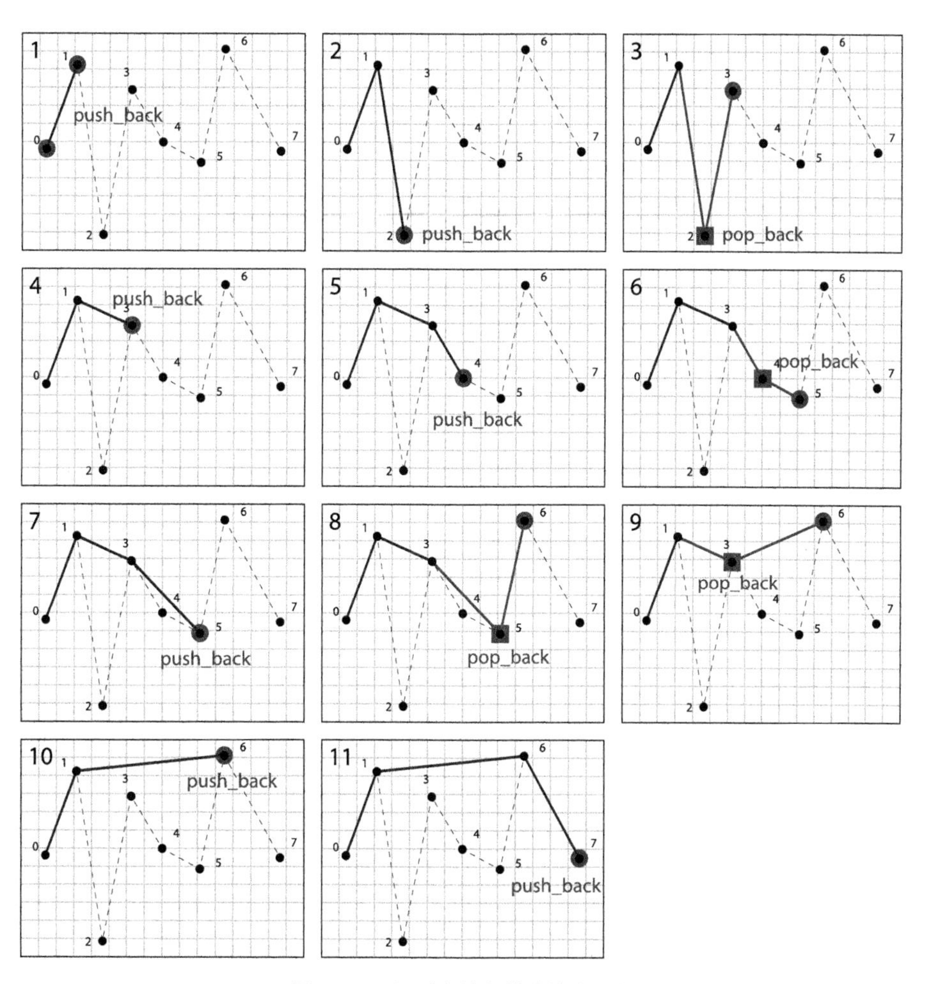

图 16.15　通过安德鲁算法构建凸包

考察

安德鲁算法借助栈操作构建凸包，这个操作的复杂度为 $O(n)$。但实际上，整个算法中最消耗时间的是给点集合 S 排序，因此安德鲁算法整体的复杂度为 $O(n\log n)$。

参考答案

这是一个由 C++ 实现的安德鲁算法。

Program 16.27 安德鲁算法

```
1  Polygon andrewScan( Polygon s ) {
2    Polygon u, l;
3    if ( s.size() < 3 ) return s;
4    sort(s.begin(), s.end()); // 以x、y为基准升序排序
5    // 将x值最小的2个点添加至u
6    u.push_back(s[0]);
7    u.push_back(s[1]);
8    // 将x值最大的2个点添加至u
9    l.push_back(s[s.size() - 1]);
10   l.push_back(s[s.size() - 2]);
11
12   // 构建凸包上部
13   for ( int i = 2; i < s.size(); i++ ) {
14     for ( int n = u.size(); n >= 2 && ccw(u[n-2], u[n-1], s[i]) != CLOCKWISE; n--) {
15       u.pop_back();
16     }
17     u.push_back(s[i]);
18   }
19
20   // 构建凸包下部
21   for ( int i = s.size() - 3; i >= 0; i-- ) {
22     for ( int n = l.size(); n >= 2 && ccw(l[n-2], l[n-1], s[i]) != CLOCKWISE; n--) {
23       l.pop_back();
24     }
25     l.push_back(s[i]);
26   }
27
28   // 按顺时针方向生成凸包的点的序列
29   reverse(l.begin(), l.end());
30   for ( int i = u.size() - 2; i >= 1; i-- ) l.push_back(u[i]);
31
32   return l;
33 }
```

16.13　线段相交问题

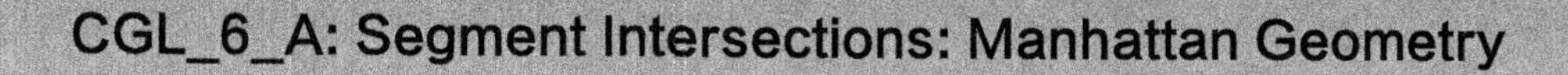

CGL_6_A: Segment Intersections: Manhattan Geometry

限制时间 1 s　　内存限制 65536 KB　　正答率 33.90%

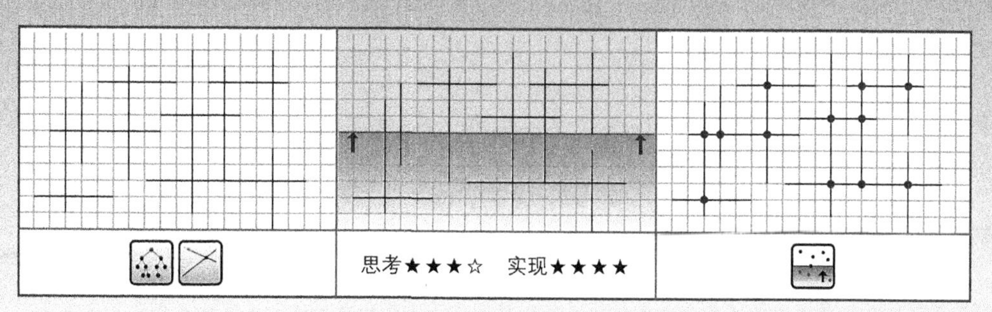

现给出 n 条平行于 x 轴或 y 轴的线段，请输出其交点数。

输入　第 1 行输入线段数 n。接下来 n 行输入 n 条线段。每条线段按照下述格式给出。

$x_1\ y_1\ x_2\ y_2$

上面分别为线段两端点的坐标。各输入数据均为整数。

输出　输出交点的总数，占 1 行。

限制　$1 \leqslant n \leqslant 100\,000$

互相平行的 2 条或更多线段之间不存在重叠的点或线段。

交点数不超过 1 000 000。

输入示例

```
6
2 2 2 5
1 3 5 3
4 1 4 4
5 2 7 2
6 1 6 3
6 5 6 7
```

输出示例

```
3
```

讲解

求 n 条线段的交点，可以用抽选配对的方法遍历所有可能的线段对，将交点一一列举（计数）。但是这种算法的复杂度为 $O(n^2)$，当 n 值较大时无法在限制时间内完成处理。

与轴平行的线段相交问题（曼哈顿几何）可以通过平面扫描（sweep）高效地求解。平面扫描算法的思路是将一条与 x 轴（或 y 轴）平行的直线向上（向右）平行移动，在移动过程中寻找交点。这条直线称为扫描线。

扫描线并不是按照固定的间隔逐行扫描，而是在每次遇到平面上线段的端点时停止移动，然后检查该位置上的线段交点。为了进行上述处理，我们需要先将输入的线段端点按照 y 值排序，让扫描线向 y 轴正方向移动。

在扫描线移动的过程中，算法会将扫描线穿过的垂直线段（与 y 轴平行）临时记录下来，等到扫描线与水平线段（与 x 轴平行）重叠时，检查水平线段的范围内是否存在垂直线段上的点，然后将这些点作为交点输出。为提高处理效率，我们可以应用二叉搜索树来保存扫描线穿过的垂直线段。线段相交问题的平面扫描算法具体如下。

平面扫描

1. 将已输入线段的端点按 y 坐标升序排列，添加至表 EP。
2. 将二叉搜索树 T 置为空。
3. 按顺序取出 EP 的端点（相当于让扫描线自下而上移动），进行以下处理。
   - 如果取出的端点为垂直线段的上端点，则从 T 中删除该线段的 x 坐标
   - 如果取出的端点为垂直线段的下端点，则将该线段的 x 坐标插入 T
   - 如果取出的端点为水平线段的左端点（扫描线与水平线段重合时），将该水平线段的两端点作为搜索范围，输出 T 中包含的值（即垂直线段的 x 坐标）

例如图 16.16，我们对七条线段 a、b、c、d、e、f、g 进行平面扫描，其过程如图所示。扫描线以线段 a 的下端点为起点向上移动。

1. 最开始，扫描线遇到 a 的下端点，a 的 x 坐标被插入二叉搜索树 T（可视为线段 a 被插入二叉树）。
2. 接下来扫描线与线段 b 重合。此时以线段 b 的两端点为搜索范围，在二叉搜索树 T 中搜索合适的值。这里我们会搜索到线段 b 与垂直线段 a 的交点。

3.～5. 接下来的 3 步中，扫描线顺次遇到线段 c 的下端点、线段 d 的下端点、线段 e 的下端点，它们的 x 坐标依次被插入二叉搜索树 T。

6. 然后扫描线与线段 f 重合。此时以线段 f 的两端点为搜索范围，在二叉搜索树 T 中搜索合适的值。这里我们会搜索到线段 f 与垂直线段 a、e、c 的交点。

7. 紧接着扫描线遇到线段 a 的上端点，算法从二叉搜索树 T 中删除线段 a 的 x 坐标值。

之后同理，直至扫描结束。

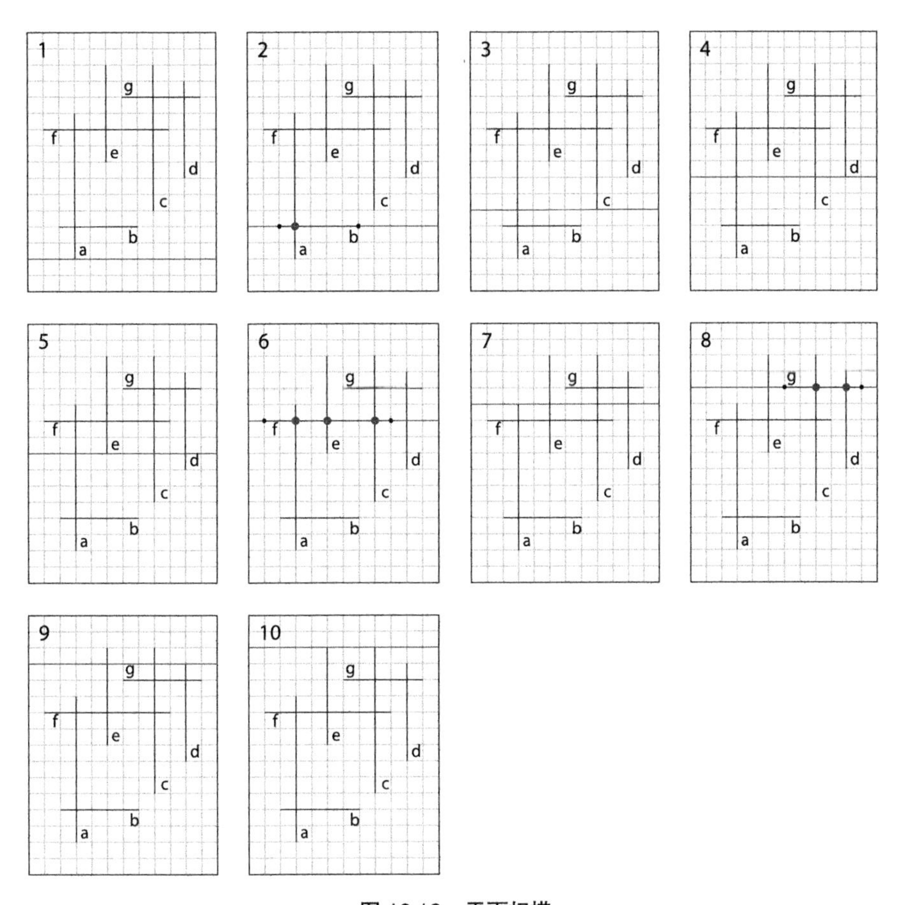

图 16.16　平面扫描

考察

使用平衡的二叉搜索树之后，1 次搜索操作的复杂度为 $O(\log n)$，由于这个值小于 $2n$，所以二叉树带来的复杂度为 $O(n\log n)$。算法整体的复杂度还与交点数 k 有关，因此本题中介绍的平面扫描算法的复杂度为 $O(n\log n + k)$。

另外，这个问题还可以应用区间树（segment tree）高效求解。

参考答案

用平面搜索检测线段交点的程序可以像下面这样写。

Program 16.28 平面搜索

```
// 端点的种类
#define BOTTOM 0
#define LEFT 1
#define RIGHT 2
#define TOP 3

class EndPoint {
public:
  Point p;
  int seg, st; // 输入线段的 ID，端点的种类
  EndPoint() {}
  EndPoint(Point p, int seg, int st): p(p), seg(seg), st(st) {}

  bool operator < (const EndPoint &ep) const {
    // 按 y 坐标升序排序
    if ( p.y == ep.p.y ) {
      return st < ep.st; // y 相同时，按照下端点、左端点、右端点、上端点的顺序排列
    } else return p.y < ep.p.y;
  }
};

EndPoint EP[2 * 100000]; // 端点列表

// 线段相交问题：曼哈顿几何
int manhattanIntersection(vector&lt;Segment&gt; S) {
  int n = S.size();

  for ( int i = 0, k = 0; i < n; i++ ) {
    // 调整端点 p1、p2，保证左小右大
    if ( S[i].p1.y == S[i].p2.y ) {
      if ( S[i].p1.x > S[i].p2.x ) swap(S[i].p1, S[i].p2);
    } else if ( S[i].p1.y > S[i].p2.y ) swap(S[i].p1, S[i].p2);

    if ( S[i].p1.y == S[i].p2.y ) { // 将水平线段添加至端点列表
      EP[k++] = EndPoint(S[i].p1, i, LEFT);
      EP[k++] = EndPoint(S[i].p2, i, RIGHT);
    } else {                          // 将垂直线段添加至端点列表
      EP[k++] = EndPoint(S[i].p1, i, BOTTOM);
      EP[k++] = EndPoint(S[i].p2, i, TOP);
    }
  }
```

```
42
43    sort(EP, EP + (2 * n)); // 按端点的y坐标升序排列
44
45    set<int> BT;              // 二叉搜索树
46    BT.insert(1000000001);   // 设置标记
47    int cnt = 0;
48
49    for ( int i = 0; i < 2 * n; i++ ) {
50      if ( EP[i].st == TOP ) {
51        BT.erase(EP[i].p.x);  // 删除上端点
52      } else if ( EP[i].st == BOTTOM ) {
53        BT.insert(EP[i].p.x); // 添加下端点
54      } else if ( EP[i].st == LEFT ) {
55        set<int>::iterator b = BT.lower_bound(S[EP[i].seg].p1.x); // O(log n)
56        set<int>::iterator e = BT.upper_bound(S[EP[i].seg].p2.x); // O(log n)
57        cnt += distance(b, e); // 加上b和e的距离(点数), O(k)
58      }
59    }
60
61    return cnt;
62  }
```

实现上述平面扫描算法时要注意各种处理的顺序，以免在一条扫描线上同时进行多个处理时遗漏交点。上述算法在一条扫描线上同时进行线段（x 坐标的值）的删除、插入、搜索时，会按照下端点、左端点、右端点、上端点的顺序排列端点，从而避免这一问题。

16.14 其他问题

这里向各位介绍几道本书未做详细讲解的计算几何学相关问题。

▶ CGL_5_A: Closest Pair

对于平面上的 n 个点，求其中最近两个点的距离。应用分治法可以快速求解这个题目。

▶ CGL_4_B: Diameter of a Convex Polygon

求凸多边形直径的问题。凸多边形的直径是指其最远顶点对之间的距离。这类问题可以利用旋转卡壳算法快速求解。

▶ CGL_4_C: Convex Cut

用给定直线切割凸多边形的问题。应用 ccw（逆时针顺序）或直线交点检测等可以相对简单地求解这类题目。

第 17 章

动态规划法

在第 11 章中我们学习了动态规划法的基本思路，同时求解了几道代表性的例题。动态规划法并不是一种针对特定问题的算法，而是一种通用性的编程技巧（设计技巧），因此程序设计竞赛常常变着各种花样出此类题目。本章就将带领各位求解一些动态规划法相关的典型问题。

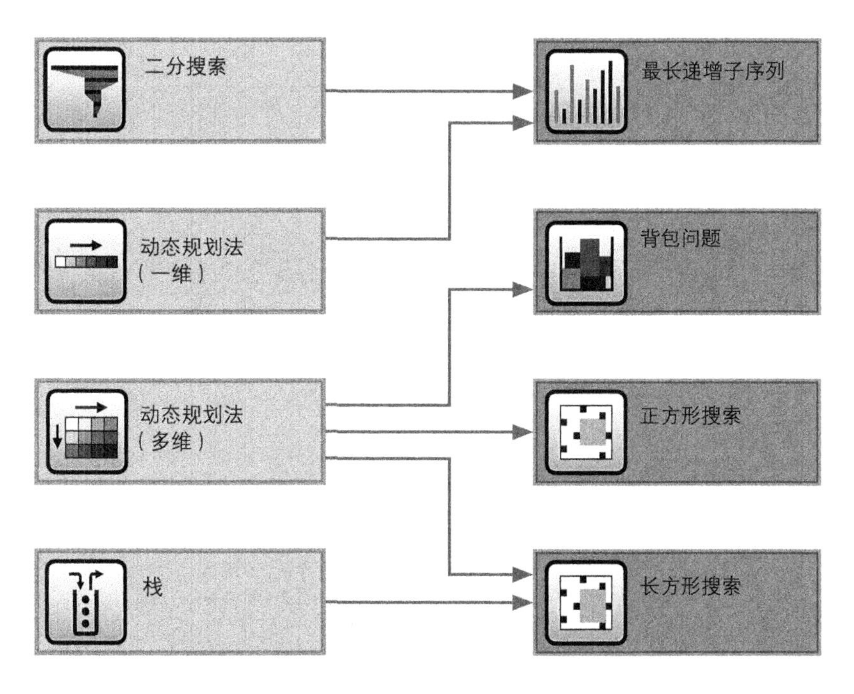

接触本章的问题之前，各位需要先掌握动态规划法的基本理念，同时要具备应用二分搜索、栈等算法与数据结构的编程技能。

17.1 硬币问题

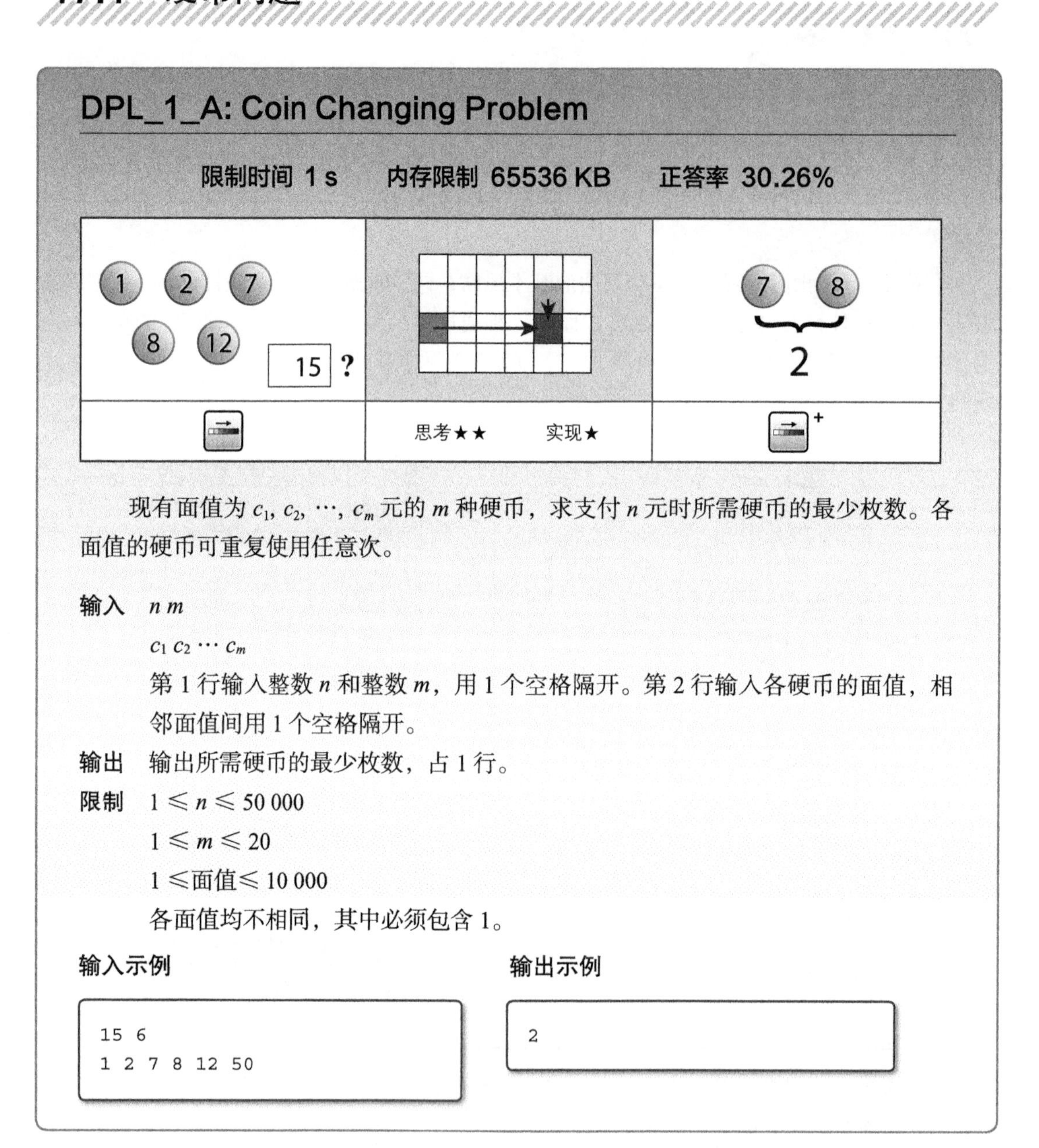

DPL_1_A: Coin Changing Problem

限制时间 1 s　　内存限制 65536 KB　　正答率 30.26%

现有面值为 $c_1, c_2, \cdots, c_m$ 元的 m 种硬币，求支付 n 元时所需硬币的最少枚数。各面值的硬币可重复使用任意次。

输入 $n\ m$

$c_1\ c_2 \cdots c_m$

第 1 行输入整数 n 和整数 m，用 1 个空格隔开。第 2 行输入各硬币的面值，相邻面值间用 1 个空格隔开。

输出 输出所需硬币的最少枚数，占 1 行。

限制 $1 \leqslant n \leqslant 50\,000$

$1 \leqslant m \leqslant 20$

$1 \leqslant$ 面值 $\leqslant 10\,000$

各面值均不相同，其中必须包含 1。

输入示例

```
15 6
1 2 7 8 12 50
```

输出示例

```
2
```

讲解

假设硬币面值为 1、5、10、50、100、500 元，当我们需要支付 n 元时，只要从面值最大的开始减（除）起，就可以求出最少的枚数了。这种选取当前最优解（方法）的算法被称为贪心法（greedy method）。

但是在一般的硬币问题当中，某些特殊的面值组合无法用贪心法得到正确解。举个例子，当前可用面值为 1、2、7、8、12、50，而我们需要支付 15 元，此时用贪心法得到的答案是 12、2、1 总共 3 枚，但最优解却是 8、7 总共 2 枚。

这个问题可以通过动态规划法来求最优解。首先我们准备下列变量。

$C[m]$	一维数组，$C[i]$ 表示第 i 种硬币的面值
$T[m][n+1]$	二维数组，$T[i][j]$ 表示使用第 0 至第 i 种硬币支付 j 元时的最少硬币枚数

i 表示将第 0 到第 i 种硬币纳入考量，我们逐渐增加各个 i 的需支付金额 j，一步步更新 $T[i][j]$。$T[i][j]$ 只有"使用第 i 种硬币"和"不使用第 i 种硬币"两种情况，因此只需对这两种情况下使用的硬币数进行比较，选取其中较小的即可。我们可以用下面的递归式求解 $T[i][j]$。

$$T[i][j] = \min(T[i-1][j], T[i][j-C[i]] + 1)$$

如果不使用第 i 种硬币，则此处的解就是前面支付 j 元时的最优解 $T[i-1][j]$。如果使用第 i 种硬币，则此处的解为支付 $j - C[i]$ 元时的最优解再加 1。

现在来看个具体例子。设 $C = \{1, 2, 7, 8, 12\}$，$n = 15$，则 $T[i][j]$ 如下。

i	C	T \ j: 0	1	2	3	4	5	6	7	8	9	10	11	12	13	14	15
		0	INF	INF	INF	INF	INF	INF	INF	INF	INF	INF	INF	INF	INF	INF	INF
0	1	0	1	2	3	4	5	6	7	8	9	10	11	12	13	14	15
1	2	0	1	1	2	2	3	3	4	4	5	5	6	6	7	7	8
2	7	0	1	1	2	2	3	3	1	2	2	3	3	4	4	2	3
3	8	0	1	1	2	2	3	3	1	1	2	2	3	3	4	2	2
4	12	0	1	1	2	2	3	3	1	1	2	2	3	1	2	2	2

比如使用第 0 至第 3 种硬币（面值 8）支付 15 元时，最优解为 $\min(T[2][15], T[3][15-8]+1) =$ 2 枚。也就是使用第 3 种硬币，将支付 7 元时的最优解加 1（枚）。

从上面的表中可以看出，我们没有必要给每一种面值都记录最优枚数，因此支付 j 元时的最少枚数可以作为一维数组元素 $T[j]$，由下面的式子求得。

$$T[j] = \min(T[j], T[j-C[i]] + 1)$$

用动态规划法求解硬币问题的算法如下。

Program 17.1 用动态规划法求解硬币问题

```
1  getTheNumberOfCoin()
2    for j = 0 to n
3      T[j] = INF
4    T[0] = 0
5
6    for i = 0 to m
```

```
7       for j = C[i] to n
8         T[j] = min(T[j], T[j - C[i]] + 1)
9
10    return T[n]
```

考察

用动态规划法求解硬币问题的算法主要由二重循环构成，很容易得出其复杂度为 $O(nm)$。

参考答案

C++

```
1  #include<iostream>
2  #include<algorithm>
3
4  using namespace std;
5
6  static const int MMAX = 20;
7  static const int NMAX = 50000;
8  static const int INFTY = (1 << 29);
9
10 main() {
11   int n, m;
12   int C[21];
13   int T[NMAX + 1];
14
15   cin >> n >> m;
16
17   for ( int i = 1; i <= m; i++ ) {
18     cin >> C[i];
19   }
20
21   for ( int i = 0; i <= NMAX; i++ ) T[i] = INFTY;
22   T[0] = 0;
23   for ( int i = 1; i <= m; i++ ) {
24     for ( int j = 0; j + C[i] <= n; j++ ) {
25       T[j + C[i]] = min(T[j + C[i]], T[j] + 1 );
26     }
27   }
28
29   cout << T[n] << endl;
30
31   return 0;
32 }
```

17.2 背包问题

DPL_1_B: 0-1 Knapsack Problem

限制时间 1 s　内存限制 65536 KB　正答率 48.98%

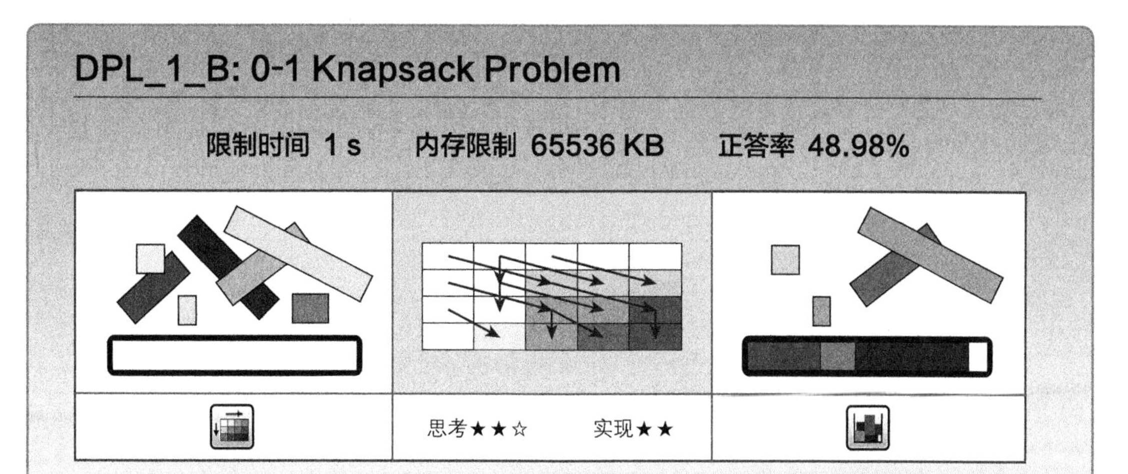

现有价值为 v_i、重量为 w_i 的 N 个物品以及容量为 W 的背包。请根据下述条件选择物品装入背包。

▶ 所选物品的总价值尽可能高

▶ 所选物品的总重量不超过 W

输入 第 1 行输入 2 个整数 N、W，用空格隔开。接下来 N 行输入第 i 个物品的价值 v_i 与重量 w_i，每个物品占 1 行，相邻数值之间用空格隔开。

输出 输出总价值的最大值，占 1 行。

限制 $1 \leqslant N \leqslant 100$

$1 \leqslant v_i \leqslant 1000$

$1 \leqslant w_i \leqslant 1000$

$1 \leqslant W \leqslant 10\ 000$

输入示例

```
4 5
4 2
5 2
2 1
8 3
```

输出示例

```
13
```

讲解

这道题就是各个物品“选”与“不选”的组合，因此被称为 0-1 背包问题。如果检查 N 个物品所有“选”与“不选”的组合，算法复杂率为 $O(2^N)$。

如果物品的大小 w 以及背包大小 W 均为整数，则 0-1 背包问题可以用动态规划法以 $O(NW)$ 的效率求出严密解。

我们先准备下列变量。

items [*N*+1]	一维数组，*item*[*i*].*v*、*item*[*i*].*w* 分别记录第 *i* 个物品的价值和重量
C [*N* + 1][*W* + 1]	二维数组，*C*[*i*][*w*] 表示前 *i* 个物品装入容量为 *w* 的背包时总价值的最大值

i 表示将前 i 个物品纳入考量范围，我们逐渐增加各个 i 对应的背包重量 w，一步步更新 $C[i][w]$。$C[i][w]$ 的值为下述二者中较大的一个。

1. $C[i-1][w-$ 物品 i 的重量 $]+$ 物品 i 的价值
2. $C[i-1][w]$

其中第 1 个表示当前选择物品 i 的情况，第 2 个表示当前不选择物品 i 的情况。另外，第 1 个的前提是物品 i 的重量不超过 w。

我们来看看输入示例的具体处理流程。

背包大小 w 为 0，或者物品数 i 为 0 时，价值的总和为 0，因此 C 中 $w=0$ 和 $i=0$ 所对应的元素要全部初始化为 0。

item[N+1]

	v	w
0	╳	╳
1	4	2
2	5	2
3	2	1
4	8	3

C[N+1][W+1]

	0	1	2	3	4	5
0	0	0	0	0	0	0
1	0					
2	0					
3	0					
4	0					

背包大小为 1 时，物品 1 无法放入背包，因此 $C[1][1]$ 为 0。背包大小为 2 时则可以容纳物品 1。此时如果选择物品 1，则总价值 $0+4=4$（跨度为 $w=2$ 的斜箭头），不选则总价值为 0（纵向箭头），因此我们将较大的 4 记录在 $C[1][2]$ 中。大小为 3、4、5 时同理。

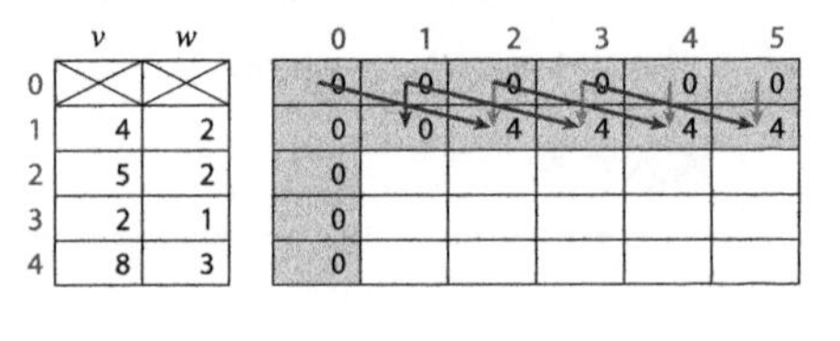

背包大小为 1 时，物品 2 无法放入背包，因此 $C[2][1]$ 为 0。背包大小为 2、3、4、5 时，物品 2 可以放入背包。$C[2][4]$ 要选择 $C[1][2]+$ 物品 $2(=4+5)$ 与 $C[1][4](=4)$ 中较大的一个。

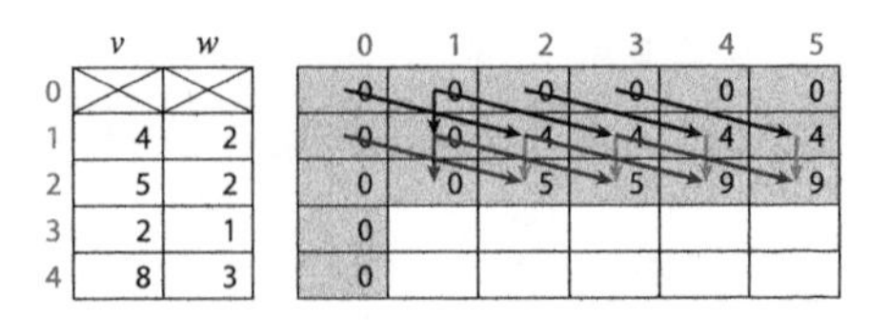

背包大小为 1 至 5 时，物品 3 可以放入背包。与前面同理，每个元素都要在“选”与“不选”中选用最优解。

背包大小为 1、2 时，物品 4 无法放入背包。超过容量上限相当于斜箭头超出数组范围。背包大小为 3、4、5 时，物品 4 可以放入背包，选择最优解的方法同上。

最后 $C[N][W]$ 就是总价值的最大值。此时只需沿箭头逆向查找，我们就能确定该选哪些物品。斜向箭头表示了“物品被选择”。

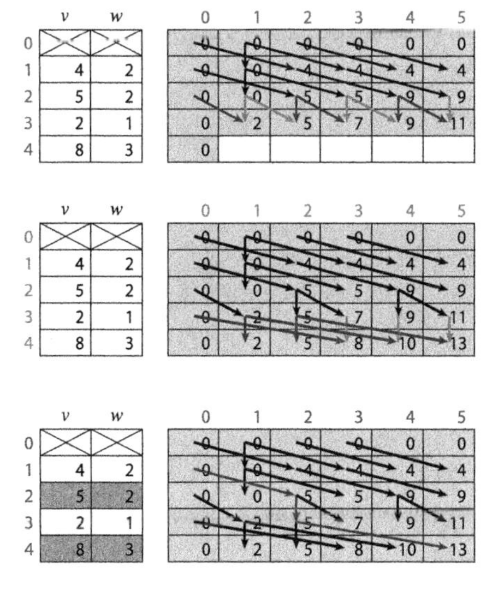

只要将物品的选择情况记录在数组 $G[i][w]$ 中，我们便可以还原最优解的物品组合了。举个例子，当物品 i 被选择时，我们在 $G[i][w]$ 中记录 DIAGONAL，未被选择则记录 TOP，这样一来我们就能沿着箭头寻找所选物品了。

用动态规划法求解背包问题的算法如下。

Program 17.2 **用动态规划法求解 0-1 背包问题**

```
1   knapsack()
2     // 初始化 C 和 G

3     for i = 1 to N
4       for w = 1 to W
5         if items[i].w <= w
6           if items[i].v + C[i-1][w - items[i].w] > C[i-1][w]
7               C[i][w] = items[i].v + C[i-1][w - items[i].w]
8               G[i][w] = DIAGONAL    // 选择物品 i
9           else
10            C[i][w] = C[i-1][w]
11            G[i][w] = TOP         // 不选择物品 i
12        else
13          C[i][w] = C[i-1][w]
14          G[i][w] = TOP     // 不能选择物品
```

参考答案

C++

```
1  #include<iostream>
2  #include<vector>
3  #include<algorithm>
4  #define NMAX 105
5  #define WMAX 10005
6  #define DIAGONAL 1
7  #define TOP 0
8
9  using namespace std;
10
11 struct Item {
12   int value, weight;
13 };
14
15 int N, W;
16 Item items[NMAX + 1];
17 int C[NMAX + 1][WMAX + 1], G[NMAX + 1][WMAX + 1];
18
19 void compute(int &maxValue, vector<int> &selection) {
20   for ( int w = 0; w <= W; w++ ) {
21     C[0][w] = 0;
22     G[0][w] = DIAGONAL;
23   }
24
25   for ( int i = 1; i <= N; i++ ) C[i][0] = 0;
26
27   for ( int i = 1; i <= N; i++ ) {
28     for ( int w = 1; w <= W; w++ ) {
29       C[i][w] = C[i - 1][w];
30       G[i][w] = TOP;
31       if ( items[i].weight > w ) continue;
32       if ( items[i].value + C[i - 1][w - items[i].weight] > C[i - 1][w] ) {
33         C[i][w] = items[i].value + C[i - 1][w - items[i].weight];
34         G[i][w] = DIAGONAL;
35       }
36     }
37   }
38
39   maxValue = C[N][W];
40   selection.clear();
41   for ( int i = N, w = W; i >=1; i-- ) {
42     if ( G[i][w] == DIAGONAL ) {
43       selection.push_back(i);
```

```
44        w -= items[i].weight;
45      }
46    }
47
48    reverse(selection.begin(), selection.end());
49  }
50
51  void input() {
52    cin >> N >> W;
53    for ( int i = 1; i <= N; i++ ) {
54      cin >> items[i].value >> items[i].weight;
55    }
56  }
57
58  int main() {
59    int maxValue;
60    vector<int> selection;
61    input();
62    compute(maxValue, selection);
63
64    cout << maxValue << endl;
65
66    return 0;
67  }
```

17.3 最长递增子序列

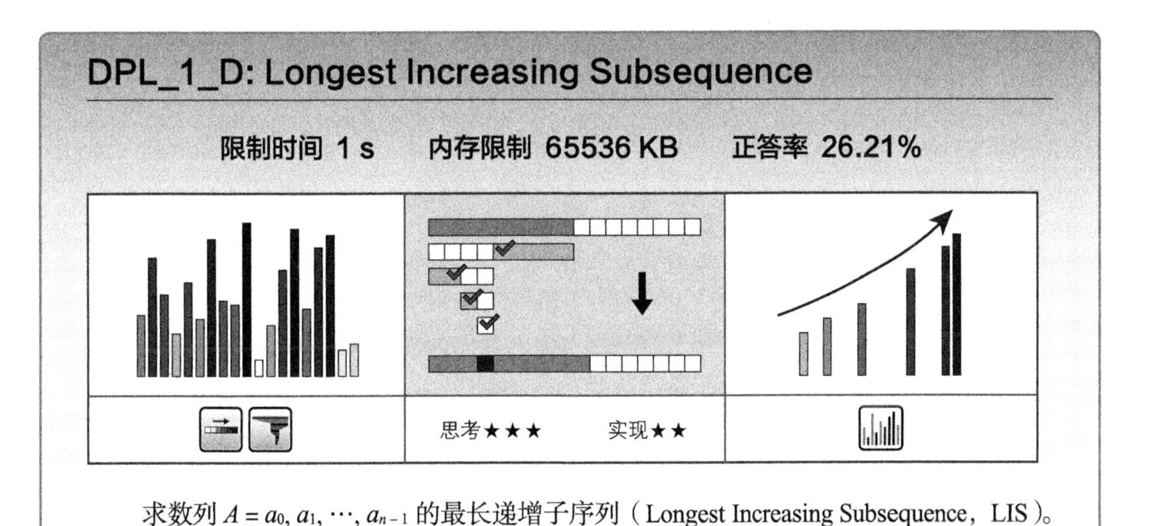

DPL_1_D: Longest Increasing Subsequence
限制时间 1 s
内存限制 65536 KB
正答率 26.21%
思考★★★
实现★★

求数列 $A = a_0, a_1, \cdots, a_{n-1}$ 的最长递增子序列（Longest Increasing Subsequence，LIS）。如果数列 A 的子序列 $a_{i_0}, a_{i_1}, \cdots, a_{i_k}$ 满足 $0 \leqslant i_0 \leqslant i_1 \leqslant \cdots \leqslant i_k \leqslant n$ 且 $a_{i_0} \leqslant a_{i_1} \leqslant \cdots \leqslant a_{i_k}$，则称该子

序列为数列 A 的递增子序列。其中 k 值最大的子序列称为最长递增子序列。

输入 第 1 行输入表示数列 A 长度的整数 n。接下来 n 行输入数列各元素 a_i。

输出 输出最长递增子序列的长度，占 1 行。

限制 $1 \leqslant n \leqslant 100\,000$

$0 \leqslant a_i \leqslant 10^9$

输入示例

```
5
5
1
3
2
4
```

输出示例

```
3
```

讲解

长度为 n 的数列 A 有多达 2^n 个子序列，但我们应用动态规划法仍可以很高效地求出最长递增子序列（LIS）。这里向各位介绍两个算法。

先考虑用下列变量设计动态规划的算法。这里设输入数列的第一个元素为 $A[1]$。

$L[n+1]$	一维数组，$L[i]$ 为由 $A[1]$ 到 $A[i]$ 中的部分元素构成且最后选择了 $A[i]$ 的 LIS 的长度
$P[n+1]$	一维数组，$P[i]$ 为由 $A[1]$ 到 $A[i]$ 中的部分元素构成且最后选择了 $A[i]$ 的 LIS 的倒数第二个元素的位置（记录当前已得出的最长递增子序列中，各元素前面一个元素的位置）

有了这些变量，动态规划法求 LIS 的算法便可以这样实现。

Program 17.3 动态规划法求最长递增子序列的算法

```
1  LIS()
2    L[0] = 0
3    A[0] = 0     // 选择小于 A[1] 到 A[n] 中任意一个数的值进行初始化
4    P[0] = -1
5    for i = 1 to n
6      k = 0
7      for j = 0 to i - 1
8        if A[j] < A[i] && L[j] > L[k]
9          k = j
10     L[i] = L[k] + 1  // 满足 A[j] < A[i] 且 L[j] 最大的 j 即为 k
11     P[i] = k         // LIS 中 A[i] 的前一个元素为 A[k]
```

举个例子，输入 $A = \{4, 1, 6, 2, 8, 5, 7, 3\}$，其 L 的值如下。

	0	1	2	3	4	5	6	7	8
A	–1	4	1	6	2	8	5	7	3
L	0	1	1	2	2	3	3	4	3
P	–1	0	0	1	2	3	4	6	4

以 $L[6]$ 为例，$A[j]$（$j = 1, 2, \cdots, 5$）中满足 $A[j] < A[6]$（$= 5$）的 $L[j]$ 的最大值为 $L[4]$（$= 2$），所以 $L[6] = L[4] + 1 = 3$。这表示当 LIS 包含 $A[6]$（$= 5$）时，该 *LIS* 中元素 5 前面的元素为 $A[4] = 2$。为方便将来生成 LIS，我们将该元素的位置 4 记录在 $P[6]$ 中。

上述动态规划法的复杂度为 $O(n^2)$，无法在限制时间内解开 $n = 100\ 000$ 的问题。因此我们需要考虑效率更高的解法。

实际上，只要把动态规划法与二分搜索结合起来，就能进一步提高求解最长递增子序列的效率。这种算法要用到下列变量。

$L[n]$	一维数组，$L[i]$ 表示长度为 $i + 1$ 的递增子序列的末尾元素最小值
$length_i$	整数，表示前 i 个元素构成的最长递增子序列的长度

仍然以输入 $A = \{4, 1, 6, 2, 8, 5, 7, 3\}$ 为例，其 L 如下所示（请注意，这里 A 的第一个元素为 $A[0]$）。

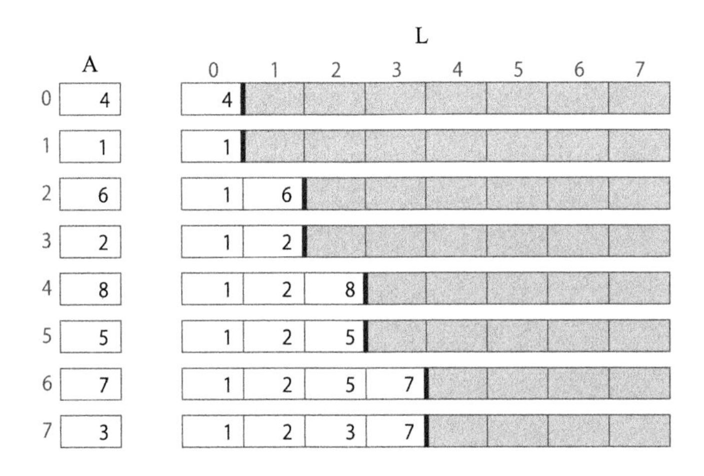

只考虑第一个元素 $A[0]$（$= 4$）时，LIS 的长度为 1，$L[0]$ 的值为 4。接下来考虑 $A[1]$（$= 1$），*LIS* 的长度仍然为 1，但 $A[1]$（$= 1$）比之前的末尾元素 $A[0]$（$= 4$）更小，因此要将末尾元素更新为 1。

下一个元素为 $A[2]$（$= 6$），它比当前 LIS 的末尾元素要大，因此将 LIS 的末尾元素更新为 $A[2]$（$= 6$），同时将长度 length 加 1。

最终 length 的值就是最长递增子序列的长度。由于我们是按照升序记录的 $L[j]$，因此可以通过二分搜索来求 $L[j]$（$j = 0$ 到 $length - 1$）中第一个大于等于 $A[i]$ 的元素的下标 j。这个兼用了二分搜索和动态规划的算法复杂度为 $O(n\log n)$，其实现如下。

Program 17.4 兼用动态规划法和二分搜索求最长递增子序列

```
1  LIS()
2    L[0] = A[0]
3    length = 1
4    for i = 1 to n-1
5      if L[length] < A[i]
6        L[length++] = A[i]
7      else
8        L[j] (j = 0,1,⋯,length-1) 中第一个大于等于 A[i] 的元素 = A[i]
```

参考答案

C++

```
1  #include<iostream>
2  #include<algorithm>
3  #define MAX 100000
4  using namespace std;
5
6  int n, A[MAX+1], L[MAX];
7
8  int lis() {
9    L[0] = A[0];
10   int length = 1;
11
12   for ( int i = 1; i < n; i++ ) {
13     if ( L[length-1] < A[i] ) {
14       L[length++] = A[i];
15     } else {
16       *lower_bound(L, L + length, A[i]) = A[i];
17     }
18   }
19
20   return length;
21 }
22
23 int main() {
24   cin >> n;
25   for ( int i = 0; i < n; i++ ) {
26     cin >> A[i];
27   }
28
29   cout << lis() << endl;
```

```
30
31    return 0;
32  }
```

17.4 最大正方形

DPL_3_A: Largest Square

限制时间 1 s　　内存限制 65536 KB　　正答率 50.00%

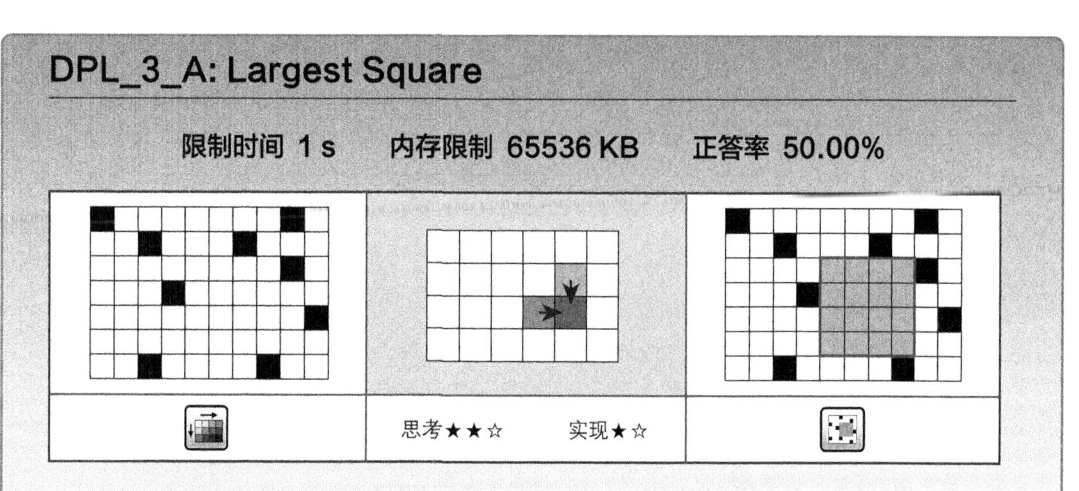

如图所示，现有 $H \times W$ 个边长为 1cm 的正方形瓷砖排列在一起，其中有一部分瓷砖沾有污迹。

求仅由干净瓷砖构成的最大正方形的面积。

输入 H W

$c_{1,1}$ $c_{1,2}$ …, $c_{1,W}$

$c_{2,1}$ $c_{2,2}$ …, $c_{2,W}$

…

$c_{H,1}$ $c_{H,2}$ …, $c_{H,W}$

第 1 行输入 2 个整数 H、W，用空格隔开。接下来 H 行输入 $H \times W$ 个代表瓷砖的整数 c_{ij}。为 1 表示瓷砖沾有污渍，为 0 表示干净。

输出 输出面积的最大值，占 1 行。

限制 $1 \leqslant H, W \leqslant 1400$

输入示例

```
4 5
0 0 1 0 0
1 0 0 0 0
0 0 0 1 0
0 0 0 1 0
```

输出示例

```
4
```

讲解

首先，本题最容易想到的方法就是检查所有正方形内是否包含 1。举个例子，我们先确定正方形的左上角（$O(HW)$），然后将边长从 1 逐渐增大至最长，同时检查所有正方形内部是否含有 1。这个算法的复杂度为 $O(HW \times \min(H, W)^3)$。

实际上，如果用动态规划法求解本题，可以将算法复杂度控制在 $O(HW)$。设存储小规模局部问题的内存空间（变量）为 $dp[H][W]$，$dp[i][j]$ 中存储着从瓷砖 (i,j) 向左上方扩展可形成的最大正方形的边长（瓷砖数）。我们以图 17.1 所示的情况为例进行分析。

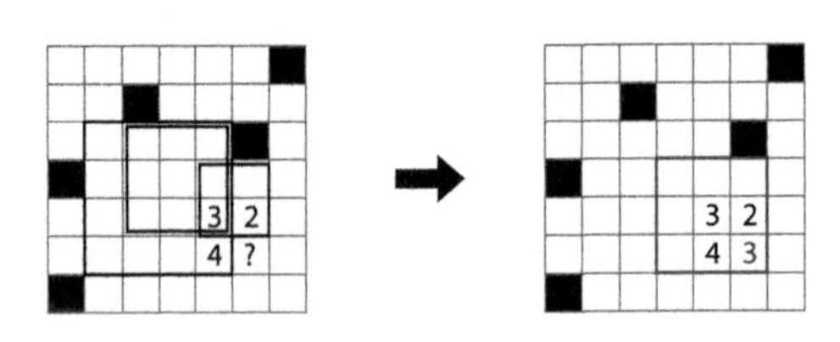

图 17.1 检测最大正方形

当前我们已发现边长分别为 3、2、4 的正方形并记录在 dp 中。接下来需要用这些记录求“?”处的值。

$dp[i][j]$ 的值等于其左上、上方、左侧元素中最小的值加 1。以上图为例，以当前位置 (i,j) 为右下角的正方形的边长显然无法超过 $2+1$。

从下面的伪代码中可以看出，各行的处理从左侧向右进行，整体如同自上而下的逐行扫描。这样一来，下面一行在计算 $dp[i][j]$ 时，其左上、上方、左侧的元素值都已经计算完毕，可以直接拿来利用。

Program 17.5 用动态规划法求最大正方形

```
1  for i = 1 to H-1
2    for j = 1 to W-1
3    如果 G[i][j] 沾有污渍
4      dp[i][j] = 0
5    else
6      dp[i][j] = min(dp[i-1][j-1], min(dp[i-1][j], dp[i][j-1])) + 1
7      maxWidth = max( maxWidth, dp[i][j] )
```

参考答案

C++

```
#include<cstdio>
#include<algorithm>
using namespace std;
#define MAX 1400

int dp[MAX][MAX], G[MAX][MAX];

int getLargestSquare( int H, int W ) {
  int maxWidth = 0;
  for ( int i = 0; i < H; i++ ) {
    for ( int j = 0; j < W; j++ ) {
      dp[i][j] = (G[i][j] + 1) % 2;
      maxWidth |= dp[i][j];
    }
  }

  for ( int i = 1; i < H; i++ ) {
    for ( int j = 1; j < W; j++ ) {
      if ( G[i][j] ) {
        dp[i][j] = 0;
      } else {
        dp[i][j] = min(dp[i - 1][j - 1], min(dp[i - 1][j], dp[i][j - 1])) + 1;
        maxWidth = max(maxWidth, dp[i][j]);
      }
    }
  }

  return maxWidth * maxWidth;
}

int main(void) {
  int H, W;
  scanf("%d %d", &H, &W);

  for ( int i = 0; i < H; i++ ) {
    for ( int j = 0; j < W; j++ ) scanf("%d", &G[i][j]);
  }

  printf("%d\n", getLargestSquare(H, W));

  return 0;

```

17.5 最大长方形

DPL_3_B: Largest Rectangle

限制时间 1 s　　内存限制 65536 KB　　正答率 50.00%

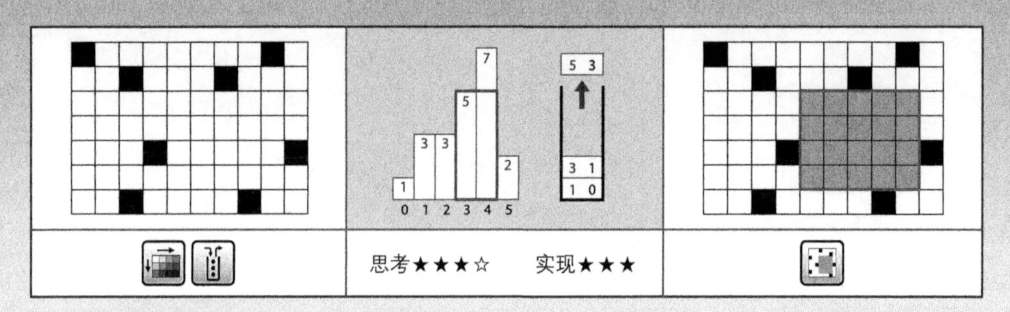

如图所示，现有 $H \times W$ 个边长为 1cm 的正方形瓷砖排列在一起，其中有一部分瓷砖沾有污迹。

求仅由干净瓷砖构成的最大长方形的面积。

输入 $H\ W$

$c_{1,1}\ \ c_{1,2}\ \dots,\ c_{1,W}$

$c_{2,1}\ \ c_{2,2}\ \dots,\ c_{2,W}$

…

$c_{H,1}\ \ c_{H,2}\ \dots,\ c_{H,W}$

第 1 行输入 2 个整数 H、W，用空格隔开。接下来 H 行输入 $H \times W$ 个代表瓷砖的整数 c_{ij}。c_{ij} 为 1 表示瓷砖沾有污渍，为 0 表示干净。

输出 输出面积的最大值，占 1 行。

限制 $1 \leqslant H, W \leqslant 1400$

输入示例

```
4 5
0 0 1 0 0
1 0 0 0 0
0 0 0 1 0
0 0 0 1 0
```

输出示例

```
6
```

讲解

题中的限制尺寸 H、W 都很大，因此很难在规定时间内用穷举法求出答案。另外，我们求解正方形时所用的算法在这道题中并不适用，因此需要另辟蹊径。

首先如图 17.2 所示，在表 T 中记录各元素向上存在多少个连续的干净瓷砖。对各列使用动态规划法可以很轻松地求出 T。

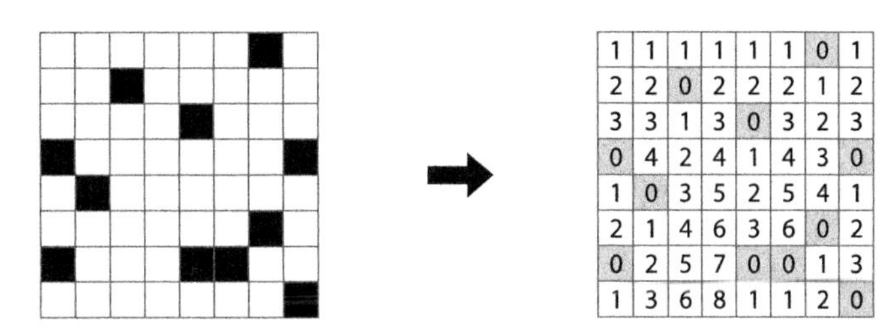

图 17.2 检测最大长方形——准备工作

我们把表 T 的每行都看成一个直方图，本题就成了求直方图内最大长方形的问题。于是我们转为考虑求直方图中最大长方形的面积。这里最容易想到的仍然是穷举法，我们可以列出直方图的所有端点，求出各个范围内的最大长方形的面积（以该范围内最小值为高的长方形的面积），然后取其中最大值。但是，这个算法套用到原题中的话，整体的复杂度仍高达 $O(HW^2)$ 或 $O(H^2W)$，因此还需要再花些心思。

其实在解这个问题的时候，只要用栈替代数组记录局部问题的解，就能大幅提高求最优解的效率①。栈中记录“仍有可能扩张的长方形的信息（记为 rect）”。rect 内含有两个信息，一个是长方形的高 height，另一个是其左端的位置 pos。首先我们将栈置为空，接下来对于直方图的各个值 H_i（$i = 0, 1, \cdots, W-1$），创建以 H_i 为高，以其下标 i 为左端位置的长方形 rect，然后进行以下处理。

1. 如果栈为空。
   将 rect 压入栈
2. 如果栈顶长方形的高小于 rect 的高。
   将 rect 压入栈
3. 如果栈顶长方形的高等于 rect 的高。
   不作处理
4. 如果栈顶长方形的高大于 rect 的高。
   - ▶ 只要栈不为空，且栈顶长方形的高大于等于 rect 的高，就从栈中取出长方形，同时计算其面积并更新最大值。长方形的长等于“当前位置 i”与之前记录的“左端位置 pos”的差值

① 本章的主题虽然是动态规划法，但关于这一点，“数据结构的应用”相对重要一些。

▶ 将 rect 压入栈。另外，这个 rect 的左端位置 pos 为最后从栈中取出的长方形的 pos 值

举个例子，直方图 {1, 3, 3, 5, 7, 2} 的处理过程如图 17.3 所示。

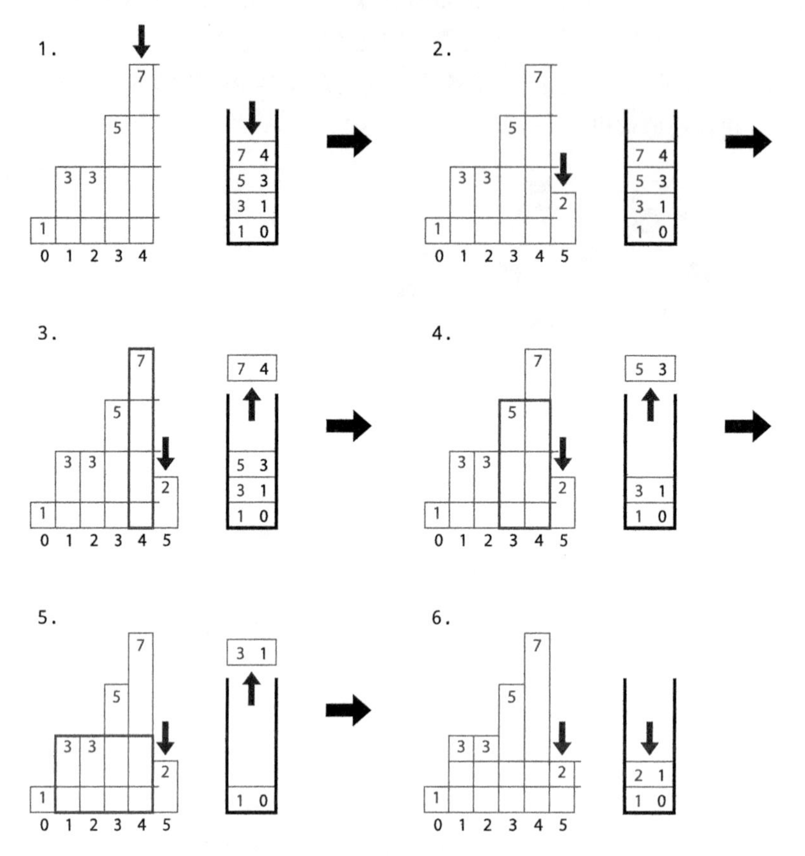

图 17.3 借助栈检测最大长方形

如步骤 1 所示，算法检查直方图第 0～4 个数据后，总共形成了 4 个长方形（rect），并全部压入了栈。当前这些（未确定的）长方形的高和左端位置都记录在栈中，右端位置为 $i = 4$。

接下来是步骤 2，算法检测第 5 个数据（$i = 5$）后要添加高度为 2 的长方形，此时会导致几个长方形被“确定”。接下来从步骤 3 到步骤 5，算法依次从栈中取出比 2 高的长方形并计算面积。最后一个被取出的长方形（栈中最后一个高度为 3 的长方形）的左端位置为 1，因此当前待添加的高度为 2 长方形的左端位置 pos = 1。此时栈中记录着高度为 1 和 2 的未确定长方形。

考察

处理各直方图时，向栈添加或删除长方形的操作需要消耗 $O(W)$。搜索长方形的问题要对每一行执行一次这种处理，所以算法复杂度为 $O(HW)$。

参考答案

C++

```
#include<stdio.h>
#include<iostream>
#include<stack>
#include<algorithm>
#define MAX 1400

using namespace std;

struct Rectangle { int height; int pos; };

int getLargestRectangle(int size, int buffer[]) {
  stack<Rectangle> S;
  int maxv = 0;
  buffer[size] = 0;

  for ( int i = 0; i <= size; i++ ) {
    Rectangle rect;
    rect.height = buffer[i];
    rect.pos = i;
    if ( S.empty() ) {
      S.push(rect);
    } else {
      if ( S.top().height < rect.height ) {
        S.push(rect);
      } else if ( S.top().height > rect.height ) {
        int target = i;
        while ( !S.empty() && S.top().height >= rect.height ) {
          Rectangle pre = S.top(); S.pop();
          int area = pre.height * (i - pre.pos);
          maxv = max(maxv, area);
          target = pre.pos;
        }
        rect.pos = target;
        S.push(rect);
      }
    }
  }
  return maxv;
}

int H, W;
int buffer[MAX][MAX];
int T[MAX][MAX];

```

```
45 int getLargestRectangle() {
46   for ( int j = 0; j < W; j++ ) {
47     for ( int i = 0; i < H; i++ ) {
48       if ( buffer[i][j] ) {
49         T[i][j] = 0;
50       } else {
51         T[i][j] = (i > 0) ? T[i - 1][j] + 1 : 1;
52       }
53     }
54   }
55 
56   int maxv = 0;
57   for ( int i = 0; i < H; i++ ) {
58     maxv = max(maxv, getLargestRectangle(W, T[i]));
59   }
60 
61   return maxv;
62 }
63 
64 int main() {
65   scanf("%d %d", &H, &W);
66   for ( int i = 0; i < H; i++ ) {
67     for ( int j = 0; j < W; j++ ) {
68       scanf("%d", &buffer[i][j]);
69     }
70   }
71   cout << getLargestRectangle() << endl;
72 
73   return 0;
74 }
```

17.6 其他问题

这里向各位介绍几道本书未做详细讲解的动态规划法相关问题。

▶ DPL_1_C: Knapsack Problem

Knapsack Problem 是各物品“选”与“不选”的组合，而这个背包问题中的物品可以重复选任意次。

▶ DPL_1_E: Edit Distance（Levenshtein Distance）

求两个字符串的编辑距离。用动态规划法求将一个字符串变换为另一个字符串所需的最小操作次数，这里插入、删除或置换一个字符为一次操作。

▶ DPL_2_A: Traveling Salesman Problem

著名的旅行商问题。旅行商从加权图的某顶点出发，恰好经过每个顶点各一次，最后又回到出发点，求满足此条件且距离最短的环。本题的顶点数较少，可以利用动态规划配合 bit masking 的技巧求解。

► DPL_2_B: Chinese Postman Problem

著名的中国邮路问题。邮递员从加权图的某顶点出发，每条边至少都走过一次，最后又回到出发点，求满足此条件且距离最短的环。本题的顶点数较少，可以联合使用弗洛伊德算法、动态规划以及 bit masking 求解。

第 18 章

数论

研究整数性质的数学领域称为数论。数论在信息加密等方面具有举足轻重的作用，为此，人们开发了大量与整数相关的算法。

本章将带领各位求解一系列与整数相关的例题。

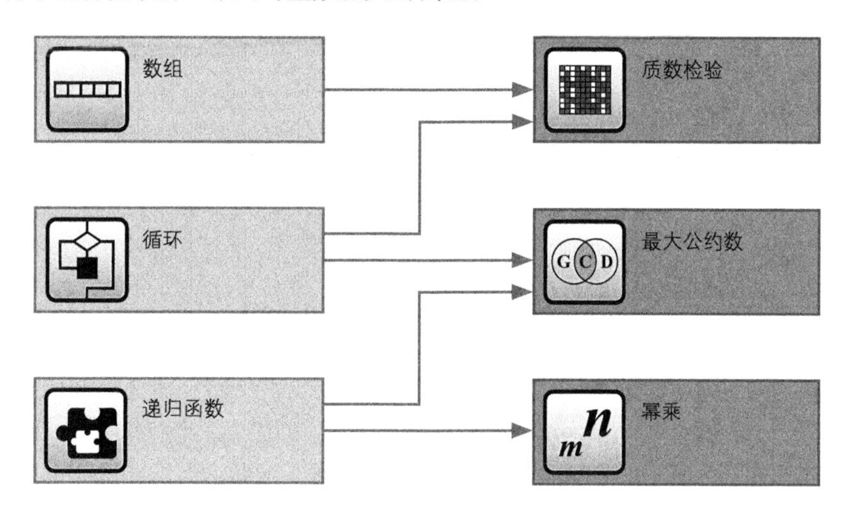

接触本章的问题之前，各位需要先具备数组、循环处理、递归函数等基本编程技能。算法与数据结构方面则不需要任何前提知识。

18.1 质数检验

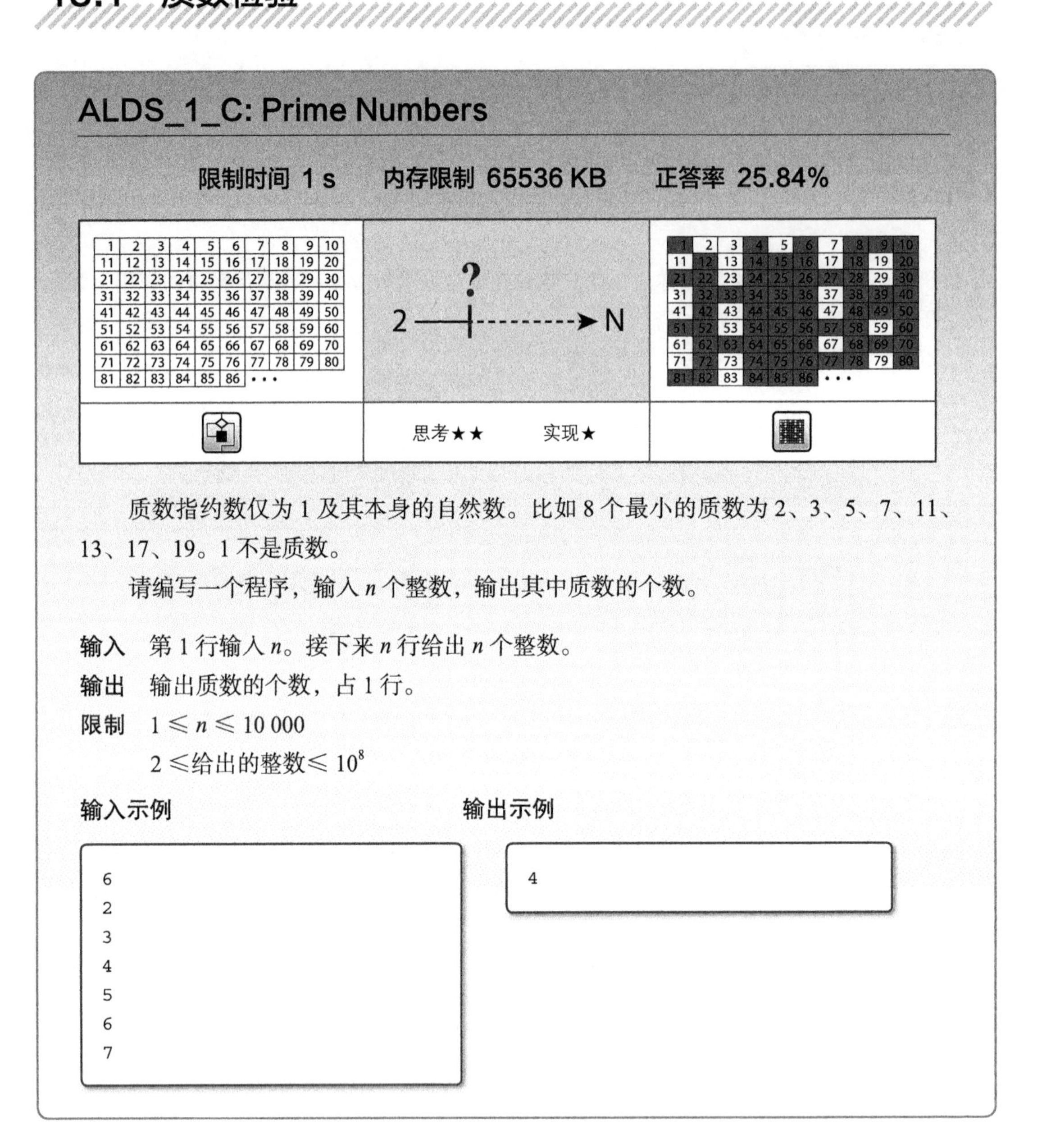

ALDS_1_C: Prime Numbers

限制时间 1 s　　内存限制 65536 KB　　正答率 25.84%

质数指约数仅为 1 及其本身的自然数。比如 8 个最小的质数为 2、3、5、7、11、13、17、19。1 不是质数。

请编写一个程序，输入 n 个整数，输出其中质数的个数。

输入 第 1 行输入 n。接下来 n 行给出 n 个整数。

输出 输出质数的个数，占 1 行。

限制 $1 \leqslant n \leqslant 10\,000$

$2 \leqslant$ 给出的整数 $\leqslant 10^8$

输入示例

```
6
2
3
4
5
6
7
```

输出示例

```
4
```

讲解

下面是检验整数 x 是否为质数的简单算法。

Program 18.1 检验质数的简单算法

```
1  isPrime( x )
2    if x <= 1
3      return false
4
5    for i = 2 to x-1
6      if x % i == 0
7        return false
8
9    return true
```

这个算法会检查给定整数 x 能否被 2 到 $x-1$ 的整数整除，因此对于单一数据其复杂度为 $O(x)$，算法整体的复杂度与 x_i（$i=1,2,\cdots,n$）的总和成正比，显然无法在限制时间内输出答案。因此我们需要考虑一个更高效的方法。

首先，除 2 以外所有的偶数都不是质数，这样就能将复杂度减少一半，然后在检查 x 时，由于 x 不可能被大于 $x/2$ 的整数整除，这就又减少了一半复杂度。但这些小技巧并不能撼动该算法复杂度为 $O(x)$ 的本质。

在检验质数的时候，我们可以利用"合数[①] x 拥有满足 $p \leqslant \sqrt{x}$ 的质因数 p"这一性质。举个例子，检验 31 是否为质数时，只需要看 31 能否被 2 到 6 的整数整除即可。如果 7 到 30 中存在能整除 31 的整数，那么 2 到 6 中必然也存在能整除 31 的整数，所以检查大于 6 的整数只是浪费资源。

利用这一性质，我们可以将检验范围从 2 到 $x-1$ 缩小至 2 到 $\sqrt{x}$，算法的复杂度也就改良到了 $O(\sqrt{x})$。比如 $x=1\ 000\ 000$ 时 $\sqrt{x}=1000$，此时该算法比简单算法快了远远不止一半，而是 1000 倍。

检验质数的算法可以像下面这样实现。

Program 18.2 检验质数的算法

```
1  isprime(x)
2    if x == 2
3      return true
4
5    if x < 2 或 x 为偶数
6      return false
7
8    i = 3
9    while i <= x 的平方根
10     if x 能被 i 整除
11       return false
12     i = i + 2
13
14   return true
```

① 不是质数的数。

有些时候，除了检验给定整数 x 是否为质数的函数之外，如果能事先准备出质数数列或质数表，就可以帮助我们更有效地求解质数的相关问题。

埃拉托色尼筛选法（The Sieve of Eratosthenes）可以快速列举出给定范围内的所有质数，这个算法会按下述步骤生成质数表。

埃拉托色尼筛选法

1. 列举大于等于 2 的整数。
2. 留下最小的整数 2，删除所有 2 的倍数。
3. 在剩下的整数中留下最小的 3，删除所有 3 的倍数。
4. 在剩下的整数中留下最小的 5，删除所有 5 的倍数。
5. 以下同理，留下仍未被删除的最小整数，删除该整数的倍数，一直循环到结束。

以最小的 4 个质数为例，其求解过程如图 18.1 所示。

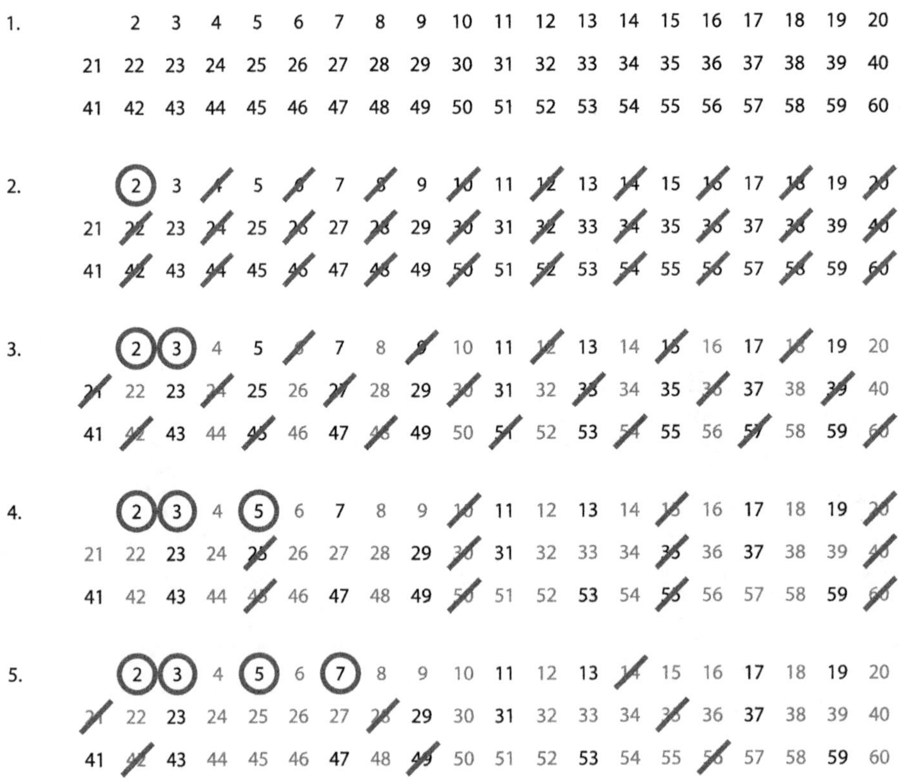

1.
2 3 4 5 6 7 8 9 10 11 12 13 14 15 16 17 18 19 20
21 22 23 24 25 26 27 28 29 30 31 32 33 34 35 36 37 38 39 40
41 42 43 44 45 46 47 48 49 50 51 52 53 54 55 56 57 58 59 60

2.
2 3 4 5 6 7 8 9 10 11 12 13 14 15 16 17 18 19 20
21 22 23 24 25 26 27 28 29 30 31 32 33 34 35 36 37 38 39 40
41 42 43 44 45 46 47 48 49 50 51 52 53 54 55 56 57 58 59 60

3.
2 3 4 5 6 7 8 9 10 11 12 13 14 15 16 17 18 19 20
21 22 23 24 25 26 27 28 29 30 31 32 33 34 35 36 37 38 39 40
41 42 43 44 45 46 47 48 49 50 51 52 53 54 55 56 57 58 59 60

4.
2 3 4 5 6 7 8 9 10 11 12 13 14 15 16 17 18 19 20
21 22 23 24 25 26 27 28 29 30 31 32 33 34 35 36 37 38 39 40
41 42 43 44 45 46 47 48 49 50 51 52 53 54 55 56 57 58 59 60

5.
2 3 4 5 6 7 8 9 10 11 12 13 14 15 16 17 18 19 20
21 22 23 24 25 26 27 28 29 30 31 32 33 34 35 36 37 38 39 40
41 42 43 44 45 46 47 48 49 50 51 52 53 54 55 56 57 58 59 60

图 18.1 埃拉托色尼筛选法

埃拉托色尼筛选法可用下述方法实现。

Program 18.3 埃拉托色尼筛选法

```
void eratos(n)
  // 列举整数作为候选的质数
  for i = 0 to n
    isprime[i] = true
  // 删除 0 和 1
  isprime[0] = isprime[1] = false
  // 留下 i，删除 i 的倍数
  for i = 2 to n 的平方根
    if isprime[i]
      j = i + i
      while j <= n
        isprime[j] = false
        j = j + i
```

bool 型数组 *isprime* 表示质数表，*isprime*[*x*] 为 true 表示 x 是质数，为 false 表示 x 是合数。

考察

使用高效的质数检测函数可以将问题 ALDS1_1_C 的复杂度控制在 $O(\sum_{i=1}^{n}\sqrt{x_i})$。

埃拉托色尼筛选法需要占用一部分内存空间（与待检验整数的最大值 N 成正比），但其复杂度只有 $O(N \log \log N)$。

参考答案

C

```c
#include<stdio.h>
/* 质数检验 */
int isPrime(int x) {
  int i;
  if ( x < 2 ) return 0;
  else if ( x == 2 ) return 1; /* 2 是质数 */
  if ( x % 2 == 0 ) return 0; /* 偶数不是质数 */
  for ( i = 3; i*i <= x; i+=2 ) { /* i 小于等于 x 的平方根时 */
    if ( x % i == 0 ) return 0;
  }
  return 1;
}

int main() {
  int n, x, i;
```

```
  int cnt = 0;
  scanf("%d", &n);
  for ( i = 0; i < n; i++ ) {
    scanf("%d", &x);
    if ( isPrime(x) ) cnt++;
  }
  printf("%d\n", cnt);

  return 0;
}
```

18.2 最大公约数

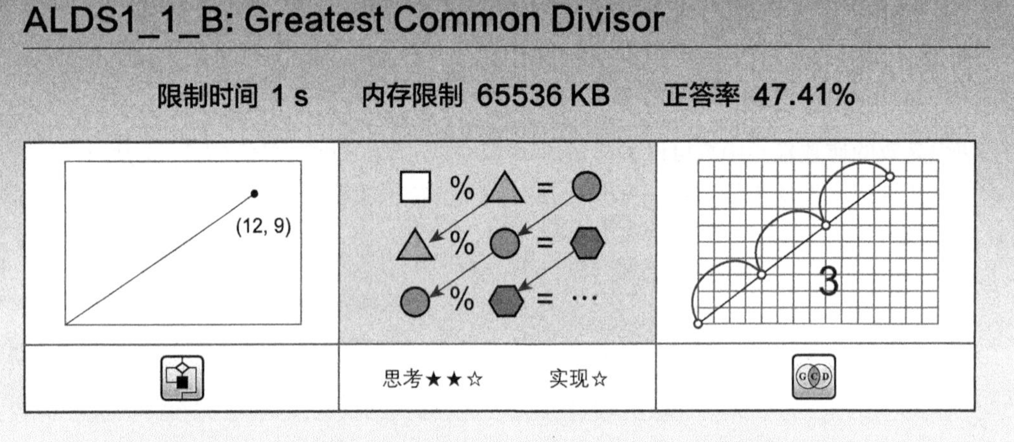

请编写一个程序，输入两个自然数 x、y，求它们的最大公约数。

对于两个整数 x 和 y，如果 $x \div d$ 和 $y \div d$ 余数都为 0，则 d 称为 x 和 y 的公约数，其中最大的称为 x 和 y 的最大公约数（Greatest Common Divisor）。举个例子，35 和 14 的最大公约数 $gcd(35, 14)$ 为 7。因为 35 的约数为 $\{1, 5, 7, 35\}$，14 的约数为 $\{1, 2, 7, 14\}$，二者的公约数 $\{1, 7\}$ 中最大的是 7。

输入 输入 x、y，用 1 个空格隔开，占 1 行。

输出 输出最大公约数，占 1 行。

限制 $1 \leqslant x, y \leqslant 10^9$

提示 对于整数 x、y，如果 $x \geqslant y$，则 x 与 y 的最大公约数等于 y 与 $x\%y$ 的最大公约数。这里 $x\%y$ 表示 x 除以 y 之后的余数。

输入示例

```
147 105
```

输出示例

```
21
```

求最大公约数的简单算法如下。

Program 18.4 求最大公约数的简单算法

```
1  gcd(x, y)
2    n = (x与y中较小的一个)
3    for d从n到1
4      if d是x和y的约数
5        return d
```

该算法将 x 和 y 中较小的一方用作 n，让 d 从 n 自减至 1，检查其是否能同时整除 x 和 y，如果能则返回当时的 d。

这个算法虽然能正确地输出结果，但最坏情况下要进行 n 次除法，无法在规定时间内处理完较大的输入数据。

欧几里得算法（Euclidean algorithm，又称辗转相除法）利用了“当 $x \geqslant y$ 时，$gcd(x, y)$ 等于 $gcd(y, x$ 除以 y 之后的余数)”这条定理，是一种快速求解 x 与 y 最大公约数的算法。

举个例子，74 与 54 的最大公约数可以用下述方法求出。

$$
\begin{aligned}
& gcd(74, 54) \\
&= gcd(54, 74\%54) = gcd(54, 20) \\
&= gcd(20, 54\%20) = gcd(20, 14) \\
&= gcd(14, 20\%14) = gcd(14, 6) \\
&= gcd(6, 14\%6) = gcd(6, 2) \\
&= gcd(2, 6\%2) = gcd(2, 0) \\
&= 2
\end{aligned}
$$

对于 $gcd(a, b)$，当 b 等于 0 时，a 就是给定的整数 x 与 y 的最大公约数。

这里我们通过证明 a 和 b 的公约数与 b 和 $r(a\%b)$ 的公约数相等，来证明该算法的正确性。设 d 为 a 和 b 的公约数，则有 $a = ld, b = md$（l 和 m 为自然数）。将 $a = ld$ 代入 $a = bq + r$ 可得 $ld = bq + r$。再将 $b = md$ 代入，有 $ld = mdq + r$，整理可得 $r = (l - mq)d$。这个式子证明 d 为 r 的约数。另外，由于 d 可以整除 b，所以 d 为 b 和 r 的公约数。同理，我们可以证明如果 d' 是 b 和 r 的公约数，那么 d' 也是 a 和 b 的公约数。因此 a 和 b 的公约数集合等于 b 和 r 的公约数集合，二者的最大公约数自然也相等。

欧几里得算法可以用下面的方法实现。

Program 18.5 欧几里得算法

```
1  gcd(x, y)
2    if x < y
3      交换 x 和 y 使 x >= y
4
5    while y > 0
6      r = x % y        // x 除以 y 之后的余数
7      x = y
8      y = r
9
10   return x
```

考察

让我们估算一下欧几里得算法的复杂度。举个例子，对 74 和 54 套用 *gcd*，则 $a = bq + r$ 为

$74 = 54 \times 1 + 20(= r_1)$
$54 = 20 \times 2 + 14(= r_2)$
$20 = 14 \times 1 + 6(= r_3)$
$14 = 6 \times 2 + 2(= r_4)$
$6 = 2 \times 3 + 0(= r_5)$
…

然后我们分析套用 *gcd* 后所得的数列 $b = r_1, r_2, r_3, \cdots$ 的递减规律。设 $a = bq + r$（$0 < r < b$），则由 $r < \frac{a}{2}$ 可知，$r_{i+2} < \frac{r_i}{2}$ 成立。由此可见，欧几里得算法消耗的时间最多不超过 $2\log_2(b)$，所以复杂度大致为 $O(\log b)$。

参考答案

C

```
1  #include<stdio.h>
2
3  /* 用递归函数求最大公约数 */
4  int gcd(int x, int y) {
5    return y ? gcd(y, x % y) : x;
6  }
7
```

```
8   int main() {
9     int a, b;
10    scanf("%d %d", &a, &b);
11    printf("%d\n", gcd(a, b));
12
13    return 0;
14  }
```

C++

```
1   #include<iostream>
2   #include<algorithm>
3   using namespace std;
4
5   // 用循环求最大公约数
6   int gcd(int x, int y) {
7     int r;
8     if ( x < y ) swap (x, y); // 保证y < x
9
10    while( y > 0 ) {
11      r = x % y;
12      x = y;
13      y = r;
14    }
15    return x;
16  }
17
18  int main() {
19    int a, b;
20    cin >> a >> b;
21    cout << gcd(a, b) << endl;
22
23    return 0;
24  }
```

18.3 幂乘

NTL_1_B: Power

限制时间 1 s 内存限制 65536 KB 正答率 38.53%

m^n	m^1 n; m^2 n/2; m^4 n/4; m^8 n/8	m^n % C
	思考★★ 实现★	

现有两个整数 m、n，求 m^n 除以 1 000 000 007 之后的余数。

输入 输入整数 m、n，用 1 个空格隔开，占 1 行。

输出 输出 m^n 除以 1 000 000 007 之后的余数，占 1 行。

限制 $1 \leqslant m \leqslant 100$

$1 \leqslant n \leqslant 10^9$

输入示例

```
5 8
```

输出示例

```
390625
```

讲解

如果用最直接的方法求 x^n，我们需要进行 $n-1$ 次乘法运算，算法复杂度为 $O(n)$。不过，x 的幂乘可以利用 $x^n=(x^2)^{\frac{n}{2}}$ 的性质，用反复平方法快速求出。该算法可以通过下面的递归函数实现。

$$pow(x,n)=\begin{cases}1 & (n=0\text{时})\\ pow\,(x^2,n/2) & (n\text{为偶数时})\\ pow\,(x^2,n/2)\times x & (n\text{为奇数时})\end{cases}$$

举个例子，3^{21} 展开之后如下所示。

$$3^{21} = (3 \times 3)^{10} \times 3$$
$$9^{10} = (9 \times 9)^{5}$$
$$81^{5} = (81 \times 81)^{2} \times 81$$
$$6561^{2} = (6561 \times 6561)^{1}$$

这样一来，乘法运算的次数就从 20 次减少到了 6 次。

用反复平方法求 x 的 n 次方的程序可以像下面这样实现。

Program 18.6 反复平方法

```
1  pos(x, n)
2    if n == 0
3      return 1
4    res = pow(x * x % M, n / 2)
5    if n 是奇数
6      res = res * x % M
7    return res
```

在遇到“求某计算结果除以 M（本题中是 1 000 000 007）之后的余数”这类题时，可以按下述方法计算（这里 a 除以 b 之后的余数记作 $a\%b$）。

- 计算加法时，每相加一次执行一次 $\%M$
- 计算减法时，给被减数加上 M 之后先算减法后算 $\%M$
- 计算乘法时，每相乘一次执行一次 $\%M$。这样做的理由如下所示

设 a 除以 M 的余数和商分别为 ar、aq，

b 除以 M 的余数和商分别为 br、bq，则有

$$\begin{aligned} a \times b &= (aq \times M + ar) \times (bq \times M + br) \\ &= aq \times bq \times M^2 + ar \times bq \times M + aq \times br \times M + ar \times br \\ &= (aq \times bq \times M + ar \times bq + aq \times br) \times M + ar \times br \end{aligned}$$

即

$$\begin{aligned} (a \times b)\%M &= ar \times br \\ &= a\%M \times b\%M \end{aligned}$$

- 除法更加复杂一些，这里不再详细说明。具体可以通过费马小定理（质数性质相关的定理）求解

考察

反复平方法中，递归函数的参数 n 逐次减半，因此算法复杂度为 $O(\log n)$。

参考答案

C++

```
#include<iostream>
#include<cstdlib>
#include<cmath>
using namespace std;
typedef long long llong;
typedef unsigned long long ullong;

llong mod_pow(ullong x, ullong n, ullong mod){
  ullong res = 1;
  while( n > 0 ) {
    if ( n & 1 ) res = res * x % mod;
    x = x * x % mod;
    n >>= 1;
  }
  return res;
}

int main(void){
  ullong m, n;
  cin >> m >> n;
  cout << mod_pow(m, n, 1000000007) << endl;

  return 0;
}
```

18.4 其他问题

这里向各位介绍几道本书中没有详细讲解的数论的相关问题。

► NTL_1_A: Prime Factorize

将给定整数 n 进行质因数分解的问题。这道题不必制作质数表，用质数检验的方法就能有效地完成质因数分解。

▶ NTL_1_C: Least Common Multiple

求给定 n 个整数的最小公倍数（Least Common Multiple，LCM）。这里可以先用欧几里得算法求出最大公约数，然后用最大公约数求出两个数的最小公倍数。

▶ NTL_1_D: Euler's Phi Function

对于正整数 n，求 1 到 n 的自然数中有多少个数与 n 互质。需要各位编写欧拉函数。

▶ NTL_1_E: Extended Euclid Algorithm

对于给定的两个整数 a、b，求 $ax + by = gcd(a, b)$ 的解 (x, y)。应用欧几里得算法可以解开本题。

第 19 章
启发式搜索

当我们难以通过分析解决给定问题，或者找不到一个能有效解决问题的算法时，就不得不依靠反复试错来寻求问题的答案了。但很多情况下，进行试错时需要搜索的范围都十分庞大，而我们并不知道通过何种途径才能准确地找出答案。这种时候就需要多花些心思，考虑如何避开无用的搜索，尽量快速地解开问题。

本章将带领各位解答一些经典的拼图问题，同时介绍一些系统搜索状态空间的算法。

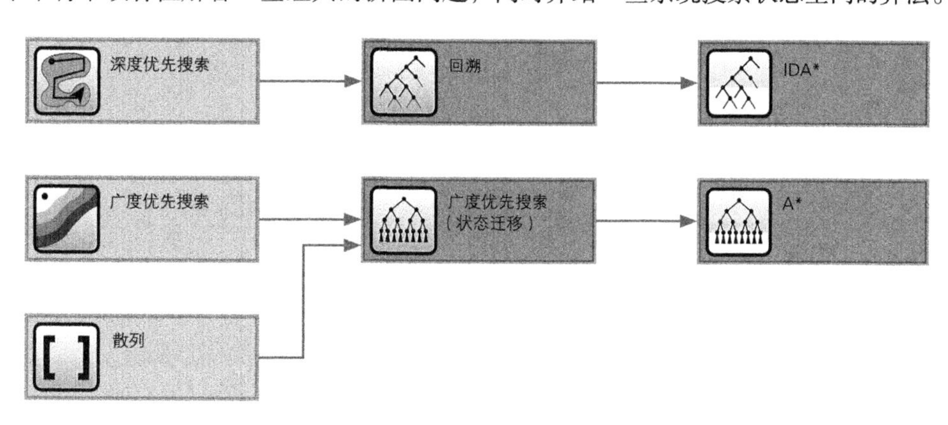

接触本章的问题之前，各位需要先掌握深度优先搜索与广度优先搜索的相关知识。另外，还需要具备应用散列法和二叉搜索树的编程技能。

19.1 八皇后问题

ALDS1_13_A: 8 Queens Problem

限制时间 3 s　　内存限制 65536 KB　　正答率 50.00%

思考★★★　　实现★★★

所谓八皇后问题，是指在 8×8 的国际象棋棋盘上放置 8 个皇后，保证任意 2 个皇后都无法互相攻击的问题。如图 19.1 所示，国际象棋中的皇后可以向 8 个方向移动任意格。

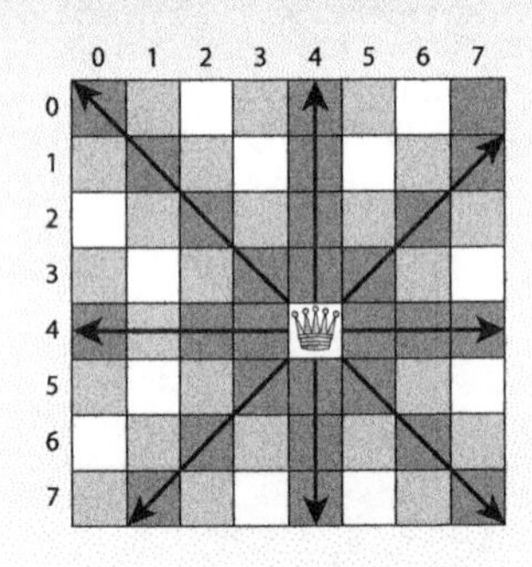

图 19.1　皇后的攻击范围

现已在棋盘上摆放了 k 个皇后，且这 k 个格子的位置已给出。请编写一个程序，根据给出的 k 个有皇后的格子，输出已摆放 8 个皇后的国际象棋棋盘。

输入　第 1 行输入整数 k。接下来 k 行输入已放有皇后的格子，每个格子用 2 个整数 r、c 表示。r、c 分别为从 0 开始的国际象棋棋盘的行、列编号。

输出　输出表示 8×8 国际象棋棋盘的字符串，放有皇后的格子用“Q”表示，其他用“.”表示。

限制　每个输入有唯一解。

输入示例

```
2
2 2
5 3
```

输出示例

```
......Q.
Q.......
..Q.....
.......Q
.....Q..
...Q....
.Q......
....Q...
```

讲解

要求解这一问题，最直接的方法就是穷举出 8 个皇后的所有摆放方法，然后依次检查其是否满足题中条件。棋盘共有 $8\times8=64$ 格，每次要选择 8 个格放皇后，因此总共有 $c_{64}^{8}=4\ 426\ 165\ 368$ 种组合。就算考虑到 2 个皇后无法同时出现在 1 行，即每行只能有 1 个皇后，那也有 $8^8=16\ 777\ 216$ 种组合。再加上 2 个皇后无法同时出现在 1 列，于是有 $8!=40\ 320$ 种组合。

相对地，使用下面所讲的回溯法求解八皇后问题，要远比遍历上述所有组合快得多。

- ▶ 在第 1 行的任意位置摆放皇后
- ▶ 在第 2 行中，选择不会被第 1 行皇后攻击的格子摆放第 2 个皇后
- ▶ …
- ▶ 前 i 行放好 i 个皇后且保证它们不会互相攻击后，在第 $(i+1)$ 行寻找不会被任意一个皇后攻击的格子，摆放第 $(i+1)$ 个皇后
  - ○ 如果不存在满足上述条件的格子，则返回第 i 行继续寻找下一个不会被攻击的格子。如果不存在满足该条件的格子，则继续返回 $(i-1)$ 行

像这样，系统地尝试所有可能得出正确解的状态，当发现当前状态得不到解时中断搜索并返回（以当时中断的位置为起点）上一状态继续搜索，这样的手法称为回溯。图的深度优先搜索就是基于回溯的算法。

在八皇后问题中，为记录格子 (i, j) 是否会被其他皇后攻击，我们需要准备下列数组变量。这里的 $N=8$。

变量	对应的状态
row[*N*]	如果 *row*[*x*] 为 NOT_FREE，则 *x* 行受到攻击
col[*N*]	如果 *col*[*x*] 为 NOT_FREE，则 *x* 列受到攻击
dpos[2*N*-1]	如果 *dpos*[*x*] 为 NOT_FREE，则斜向左下的 *x* 列受到攻击
dneg[2*N*-1]	如果 *dneg*[*x*] 为 NOT_FREE，则斜向右下的 *x* 列受到攻击

这里，各变量中 (i,j) 与 x 的对应关系如图 19.2 所示。

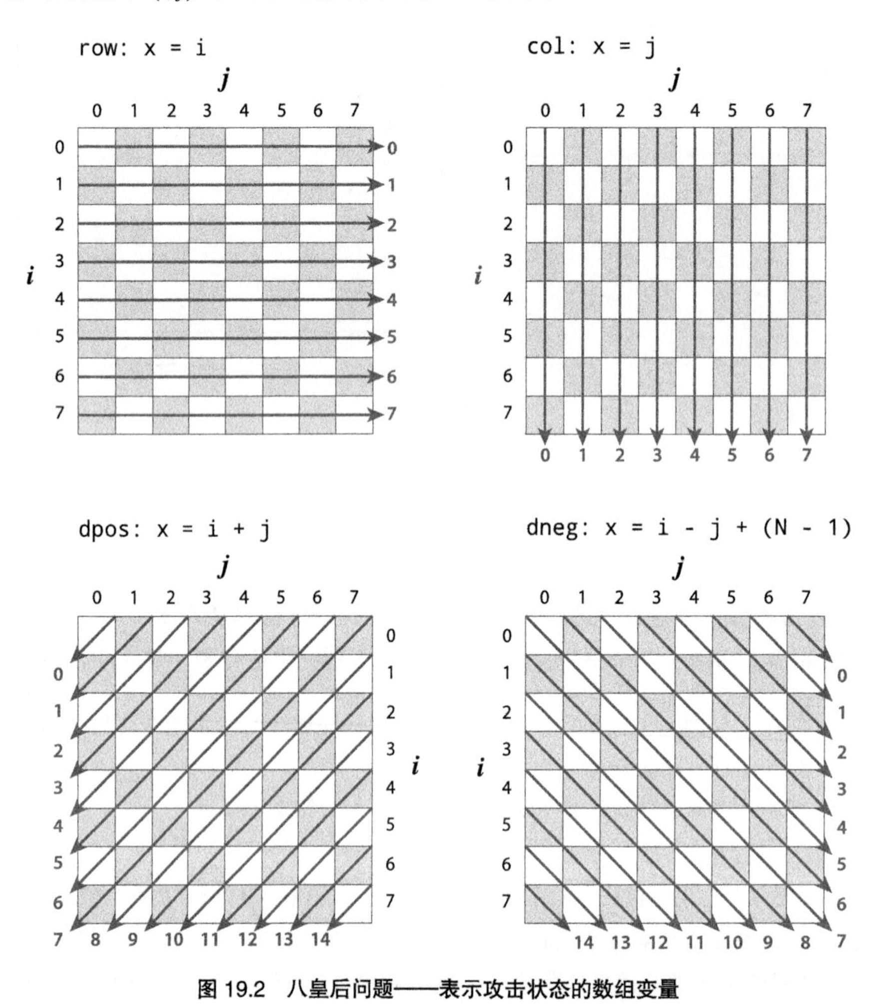

图 19.2 八皇后问题——表示攻击状态的数组变量

只要 $row[i]$、$col[i]$、$dpos[i+j]$、$dneg[i-j+N-1]$ 中有任意一个是 NOT_FREE，格子 (i,j) 就会受到攻击。也就是说，当 $row[i]$、$col[i]$、$dpos[i+j]$、$dneg[i-j+N-1]$ 全都为 FREE 时，皇后可以放置在该格子中。

参考答案

C++

```
1  #include<iostream>
2  #include<cassert>
3  using namespace std;
```

```
4
5  #define N 8
6  #define FREE -1
7  #define NOT_FREE 1
8
9  int row[N], col[N], dpos[2 * N - 1], dneg[2 * N - 1];
10
11 bool X[N][N];
12
13 void initialize() {
14   for ( int i = 0; i < N; i++ ) { row[i] = FREE, col[i] = FREE; }
15   for ( int i = 0; i < 2 * N - 1; i++ ) { dpos[i] = FREE; dneg[i] = FREE; }
16 }
17
18 void printBoard() {
19   for ( int i = 0; i < N; i++ ) {
20     for ( int j = 0; j < N; j++ ) {
21       if ( X[i][j] ) {
22         if ( row[i] != j ) return;
23       }
24     }
25   }
26   for ( int i = 0; i < N; i++ ) {
27     for ( int j = 0; j < N; j++ ) {
28       cout << ( ( row[i] == j ) ? "Q" : "." );
29     }
30     cout << endl;
31   }
32 }
33
34 void recursive(int i) {
35   if ( i == N ) { // 成功放置皇后
36     printBoard(); return;
37   }
38
39   for ( int j = 0; j < N; j++ ) {
40     // 如果(i,j)受到其他皇后攻击，则忽略该格子
41     if ( NOT_FREE == col[j] ||
42          NOT_FREE == dpos[i + j] ||
43          NOT_FREE == dneg[i - j + N - 1] ) continue;
44     // 在(i,j)放置皇后
45     row[i] = j; col[j] = dpos[i + j] = dneg[i - j + N - 1] = NOT_FREE;
46     // 尝试下一行
47     recursive(i + 1);
48     // (i, j) 拿掉摆放在(i,j)的皇后
49     row[i] = col[j] = dpos[i + j] = dneg[i - j + N - 1] = FREE;
50   }
```

```
51   // 皇后放置失败
52 }
53
54 int main() {
55   initialize();
56
57   for ( int i = 0; i < N; i++)
58     for ( int j = 0; j < N; j++ ) X[i][j] = false;
59
60   int k; cin >> k;
61   for ( int i = 0; i < k; i++ ) {
62     int r, c; cin >> r >> c;
63     X[r][c] = true;
64   }
65
66   recursive(0);
67
68   return 0;
69 }
```

19.2 九宫格拼图

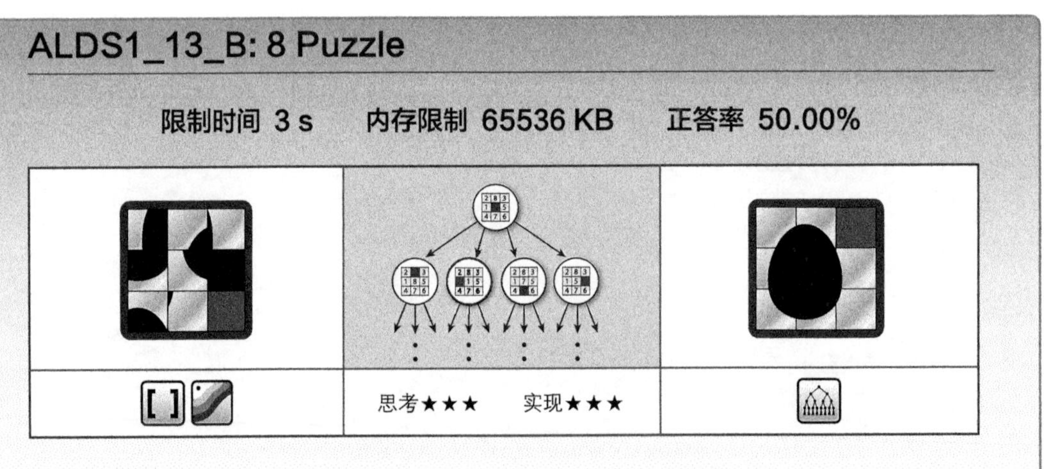

ALDS1_13_B: 8 Puzzle
限制时间 3 s
内存限制 65536 KB
正答率 50.00%
思考★★★
实现★★★

如图所示，九宫格拼图就是在 3×3 的格子上摆放 8 块拼图，空出 1 个格子，玩家要借助这 1 个空格上下左右滑动拼图，最终完成整幅图画。

本题中，我们像下面这样将空格定为 0，然后给 8 块拼图分别标上 1 到 8 号。

```
1 3 0
4 2 5
7 8 6
```

1 次操作可以将 1 块拼图移向空格，当 8 块拼图全部与下述位置吻合时完成游戏。

```
1 2 3
4 5 6
7 8 0
```

现给定九宫格拼图的初始状态，请编写一个程序，求出完成该九宫格拼图最少需要移动多少次。

输入　输入表示拼图块或空格的 3 × 3 个整数。每 3 个整数占 1 行，总计 3 行，相邻数据间用空格隔开。

输出　输出最少移动次数，占 1 行。

限制　给定拼图必然有解。

输入示例

```
1 3 0
4 2 5
7 8 6
```

输出示例

```
4
```

讲解

搜索算法可以通过重复进行“状态迁移”来寻求拼图的解法，也就是说，我们可以利用搜索算法求解这类拼图问题。一般说来，搜索算法会生成一个从初始状态到最终状态（完成状态）的状态变化序列。而在九宫格拼图问题中，我们还需要从所有可能的序列中选择最短的一条。

为避免重复生成相同的状态，大部分搜索算法的搜索空间都为树结构。图 19.3 所示的树（或图）的结点表示状态，边表示状态迁移。

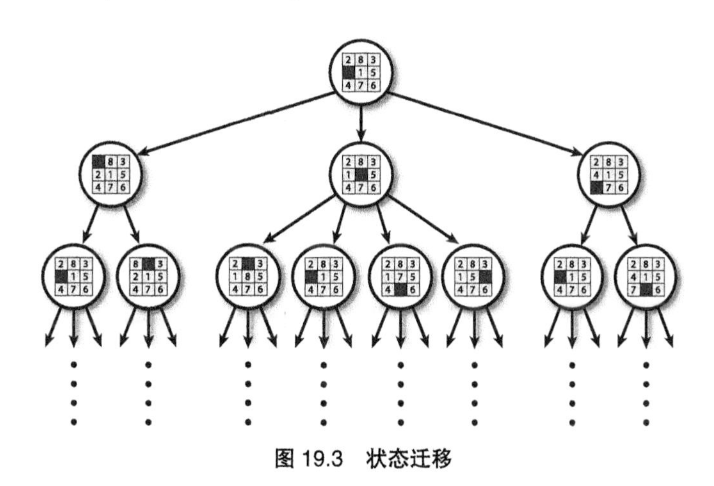

图 19.3　状态迁移

九宫格拼图中，各拼图块和空格的位置就是"状态"，上下左右移动拼图块相当于"状态迁移"。要想有效管理各个状态（拼图格局）的生成情况，需要应用散列法或二叉搜索树。

像九宫格拼图这种状态总数不多的问题，我们完全可以用深度优先搜索或广度优先搜索来求解。

深度优先搜索

这里的深度优先搜索与图的深度优先搜索原理相同，从初始状态出发，尽可能深入地进行状态迁移，直至抵达最终状态为止。不过，一旦搜索遇到类似于下面这样的情况，就中断当前搜索并返回上一状态。

- 当前状态无法再进行状态迁移时
- 状态迁移生成了曾经生成过的状态时
- 根据问题性质可断定继续搜索无法找到答案时

说白了就是进行回溯。这种打断搜索的处理还可以形象地称为"剪枝"。

有限制的深度优先搜索称为深度受限搜索。如图 19.4 所示，该算法会在搜索深度（树的深度）达到某个既定值 limit 时中断搜索。也就是说，如果能根据问题的性质限制搜索深度，我们就能进一步提高搜索的效率。

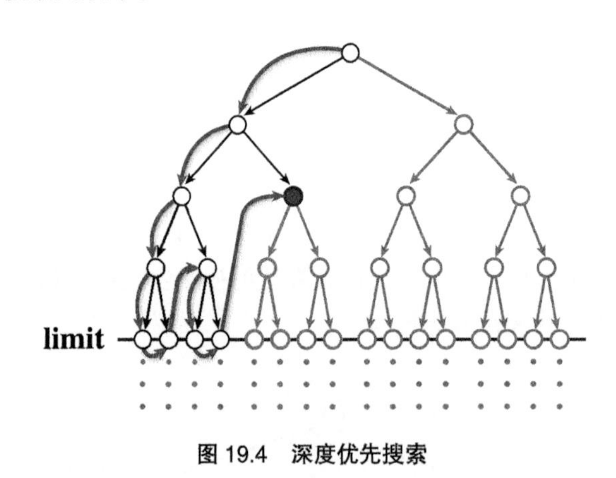

图 19.4 深度优先搜索

单纯的深度优先搜索算法具有下列特征。

- 求出来的不一定是最短解
- 可能因为部分无用的探索导致复杂度上升
- 如果不进行剪枝，在最坏情况下（无解等情况）会变成穷举搜索

广度优先搜索

这里的广度优先搜索与图的广度优先搜索原理相同，如图 19.5 所示，算法会尽可能广地进行状态迁移。

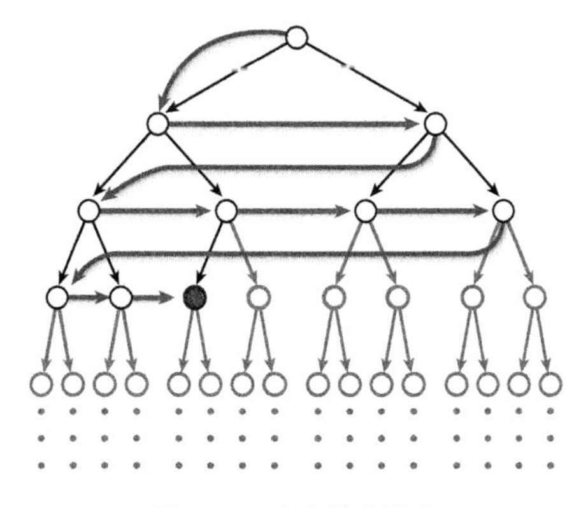

图 19.5 广度优先搜索

从当前状态出发，进行所有有可能的状态迁移并得到新状态。为能够系统地进行搜索，我们需要将状态迁移后生成的新状态添加至队列，同时从队列开头的状态开始进一步进行状态迁移，使得搜索不断展开。为防止生成已有的状态，我们还需要将已生成状态记录在内存中。

广度优先搜索需要占用大量内存，但只要问题有解，就可以相对简单地搜索到初始状态到最终状态的最短路径。

参考答案

C++

```
1  #include<iostream>
2  #include<cmath>
3  #include<string>
4  #include<map>
5  #include<queue>
6  using namespace std;
7  #define N 3
8  #define N2 9
9
10 struct Puzzle {
11   int f[N2];
12   int space;
13   string path;
14
15   bool operator < ( const Puzzle &p ) const {
16     for ( int i = 0; i < N2; i++ ) {
17       if ( f[i] == p.f[i] ) continue;
18       return f[i] > p.f[i];
19     }
20     return false;
```

```
21   }
22 };
23
24 static const int dx[4] = {-1, 0, 1, 0};
25 static const int dy[4] = {0, -1, 0, 1};
26 static const char dir[4] = {'u', 'l', 'd', 'r'};
27
28 bool isTarget(Puzzle p) {
29   for ( int i = 0; i < N2; i++ )
30     if ( p.f[i] != (i + 1) ) return false;
31   return true;
32 }
33
34 string bfs(Puzzle s) {
35   queue<Puzzle> Q;
36   map<Puzzle, bool> V;
37   Puzzle u, v;
38   s.path = "";
39   Q.push(s);
40   V[s] = true;
41
42   while ( !Q.empty() ) {
43     u = Q.front(); Q.pop();
44     if ( isTarget(u) ) return u.path;
45     int sx = u.space / N;
46     int sy = u.space % N;
47     for ( int r = 0; r < 4; r++ ) {
48       int tx = sx + dx[r];
49       int ty = sy + dy[r];
50       if ( tx < 0 || ty < 0 || tx >= N || ty >= N ) continue;
51       v = u;
52       swap(v.f[u.space], v.f[tx * N + ty]);
53       v.space = tx * N + ty;
54       if ( !V[v] ) {
55         V[v] = true;
56         v.path += dir[r];
57         Q.push(v);
58       }
59     }
60   }
61
62   return "unsolvable";
63 }
64
65 int main() {
66   Puzzle in;
67
68   for ( int i = 0; i < N2; i++ ) {
```

```
    cin >> in.f[i];
    if ( in.f[i] == 0 ) {
      in.f[i] = N2; // set space
      in.space = i;
    }
  }
  string ans = bfs(in);
  cout << ans.size() << endl;

  return 0;
}
```

19.3 十六格拼图

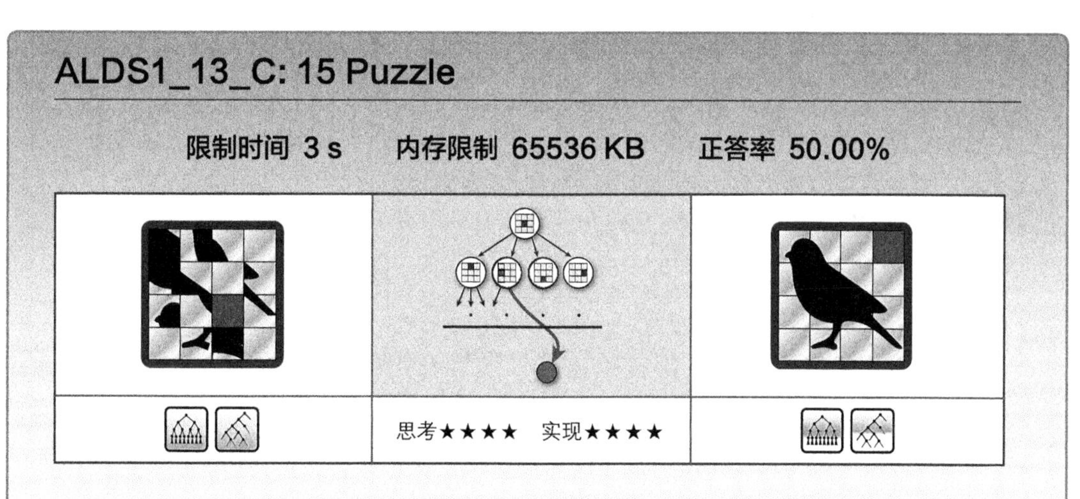

ALDS1_13_C: 15 Puzzle
限制时间 3 s
内存限制 65536 KB
正答率 50.00%
思考★★★★
实现★★★★

如图所示，十六格拼图就是在 4 × 4 的格子上摆放 15 块拼图，空出 1 个格子，玩家要借助这 1 个空格上下左右滑动拼图，最终完成整幅图画。

本题中，我们像下面这样将空格定为 0，然后给 15 块拼图分别标上 1 到 15 号。

```
1  2  3  4
6  7  8  0
5 10 11 12
9 13 14 15
```

1 次操作可以将 1 块拼图移向空格，当 15 块拼图全部与下述位置吻合时完成游戏。

```
1  2  3  4
5  6  7  8
9  10 11 12
13 14 15  0
```

现给定十六格拼图的初始状态，请编写一个程序，求出完成该十六格拼图至少需要移动多少次。

输入 输入表示拼图块或空格的 4 × 4 个整数。每 4 个整数占 1 行，总计 4 行，相邻数据间用空格隔开。

输出 输出最少移动次数，占 1 行。

限制 给定拼图可以在 45 步之内解开。

输入示例

```
1 2 3 4
6 7 8 0
5 10 11 12
9 13 14 15
```

输出示例

```
8
```

讲解

本题的状态数极为庞大，因此不能像九宫格拼图一样用单纯的深度优先搜索或广度优先搜索求解。这里我们给各位介绍几种高等搜索算法，它们可以解开十六格拼图这类状态数量庞大的问题。

迭代加深

通过单纯的深度优先搜索无法找出初始状态到最终状态的最短路径，但是重复进行限制最大深度的深度优先搜索（深度受限搜索）却可以做到。简单说来，就是在循环执行深度受限搜索的过程中逐步增加限制值 limit，直至找到解为止（图 19.6）。这种算法称为迭代加深（Iterative Deepening）。

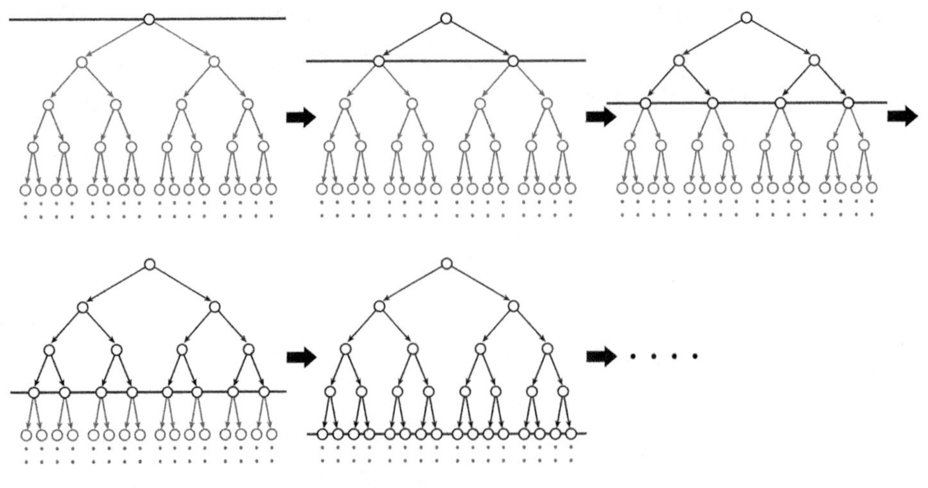

图 19.6 迭代加深

一般情况下，为了提高搜索速度，迭代加深不会记录已搜索过的状态。但与此同时，迭代加深也需要做一些适当调整，从而避免出现需要回溯到上一状态的情况。

IDA*

在迭代加深中，通过推测值进行剪枝处理的算法称为迭代加深 A* 或者 IDA*。这里的推测值又称为启发，通常可以取完成目标所需的下限值。

对于十六格拼图而言，如果能预估出当前状态到最终状态的最小成本 h，我们就可以对搜索范围进行剪枝了。也就是说，如果当前状态的深度 g 加上最小成本 h（即“从这里开始至少还需要 h 次状态迁移”）超过了限制深度 d，就可以直接中断搜索（图 19.7）。

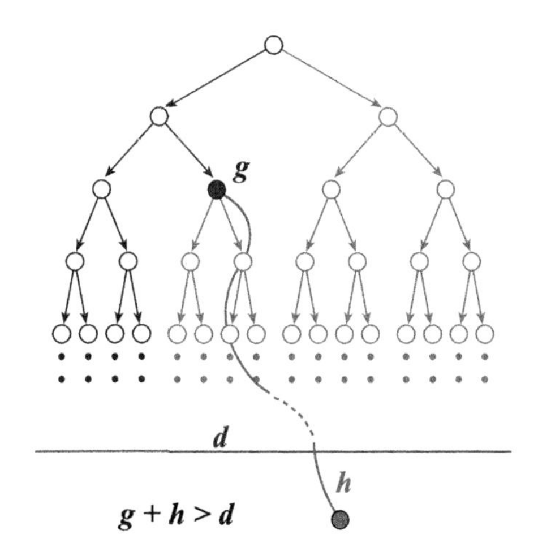

图 19.7 利用启发进行剪枝

这里的 h 是一个预估值，不需要十分精确。另外要注意，虽然增大 h 的值能提高搜索速度，但预估得太大会导致找不到解。

我们来看看九宫格拼图的推测值（十六格拼图同理）。

候选 1：设不在最终位置的拼图块数为推测值 $h1$。

举个例子，图 19.8 的状态中有 7 块拼图不在最终状态的位置。

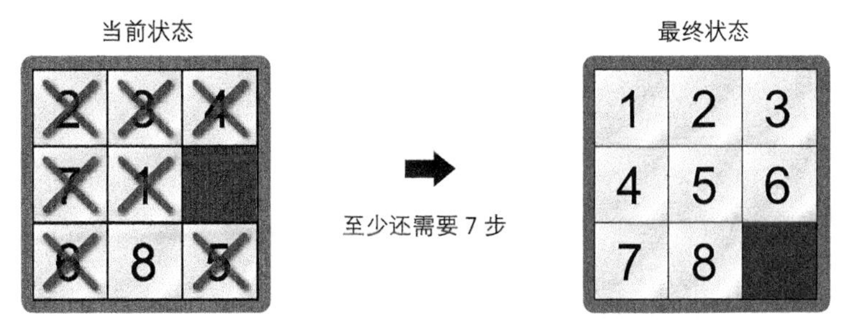

图 19.8 九宫格拼图的推测值（1）

候选 2：设各拼图块到最终状态之间的曼哈顿距离总和为推测值 $h2$。

曼哈顿距离指“不进行任何斜向移动，仅进行上下左右移动时所测出的 2 点之间的总距离”。我们以图 19.9 的状态为例进行分析。

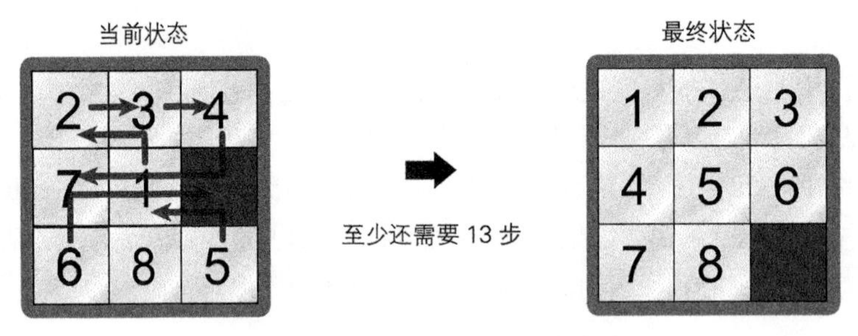

图 19.9　九宫格拼图的推测值（2）

对于各拼图块 1, 2, ⋯, 8，它们与最终状态之间的曼哈顿距离分别为 2, 1, 1, 3, 2, 3, 1, 0，总和为 13。

这里的 *h*1 和 *h*2 都可以用作推测值（下限值），但 *h*2 比 *h*1 更大，所以更有优势。

A*

前面讲到迭代加深 A* 中用到了推测值，实际上，这个值同样适用于以含有优先级队列的狄克斯特拉算法（或广度优先搜索）为基础的搜索算法。这类算法称为 A* 算法，它用优先级队列管理状态，优先对“起点到当前位置的成本 + 当前位置到目标状态的推测值”最小的状态进行状态迁移，因此可以更快找到解。

参考答案

C++（用 IDA* 实现搜索）

```
1  // Iterative Deepening
2  #include<stdio.h>
3  #include<iostream>
4  #include<cmath>
5  #include<string>
6  #include<cassert>
7  using namespace std;
8  #define N 4
9  #define N2 16
10 #define LIMIT 100
11
12 static const int dx[4] = {0, -1, 0, 1};
13 static const int dy[4] = {1, 0, -1, 0};
14 static const char dir[4] = {'r','u','l','d'};
15 int MDT[N2][N2];
```

```
16
17 struct Puzzle { int f[N2], space, MD; };
18
19 Puzzle state;
20 int limit; /* 深度限制 */
21 int path[LIMIT];
22
23 int getAllMD(Puzzle pz) {
24   int sum = 0;
25   for ( int i = 0; i < N2; i++ ) {
26     if ( pz.f[i] == N2 ) continue;
27     sum += MDT[i][pz.f[i] - 1];
28   }
29   return sum;
30 }
31
32 bool isSolved() {
33   for ( int i = 0; i < N2; i++ ) if ( state.f[i] != i + 1 ) return false;
34   return true;
35 }
36
37
38 bool dfs(int depth, int prev) {
39   if ( state.MD == 0 ) return true;
40   /* 如果当前深度加上启发超过了限制，则进行剪枝 */
41   if ( depth + state.MD > limit ) return false;
42
43   int sx = state.space / N;
44   int sy = state.space % N;
45   Puzzle tmp;
46
47   for ( int r = 0; r < 4; r++ ) {
48     int tx = sx + dx[r];
49     int ty = sy + dy[r];
50     if ( tx < 0 || ty < 0 || tx >= N || ty >= N ) continue;
51     if ( max(prev, r)-min(prev, r) == 2 ) continue;
52     tmp = state;
53     /* 计算曼哈顿距离的差值，同时交换拼图块 */
54     state.MD -= MDT[tx * N + ty][state.f[tx * N + ty] - 1];
55     state.MD += MDT[sx * N + sy][state.f[tx * N + ty] - 1];
56     swap(state.f[tx * N + ty], state.f[sx * N + sy]);
57     state.space = tx * N + ty;
58     if ( dfs(depth + 1, r) ) { path[depth] = r; return true; }
59     state = tmp;
60   }
61
62   return false;
63 }
64
```

```
65  /* 迭代加深 */
66  string iterative_deepening(Puzzle in) {
67    in.MD = getAllMD(in); /* 初始状态的曼哈顿距离 */
68
69    for ( limit = in.MD; limit <= LIMIT; limit++ ) {
70      state = in;
71      if ( dfs(0, -100) ) {
72        string ans = "";
73        for ( int i = 0; i < limit; i++ ) ans += dir[path[i]];
74        return ans;
75      }
76    }
77
78    return "unsolvable";
79  }
80
81  int main() {
82    for ( int i = 0; i < N2; i++ )
83      for ( int j = 0; j < N2; j++ )
84        MDT[i][j] = abs(i / N - j / N ) + abs(i % N - j % N);
85
86    Puzzle in;
87
88    for ( int i = 0; i < N2; i++ ) {
89      cin >> in.f[i];
90      if ( in.f[i] == 0 ) {
91        in.f[i] = N2;
92        in.space = i;
93      }
94    }
95    string ans = iterative_deepening(in);
96    cout << ans.size() << endl;
97
98    return 0;
99  }
```

C++（用 A* 实现搜索）

```
1   #include<cstdio>
2   #include<iostream>
3   #include<cmath>
4   #include<map>
5   #include<queue>
6
7   using namespace std;
8   #define N 4
9   #define N2 16
10
```

```
11 static const int dx[4] = {0, -1, 0, 1};
12 static const int dy[4] = {1, 0, -1, 0};
13 static const char dir[4] = {'r','u','l','d'};
14 int MDT[N2][N2];
15
16 struct Puzzle {
17   int f[N2], space, MD;
18   int cost;
19
20   bool operator < ( const Puzzle &p ) const {
21     for ( int i = 0; i < N2; i++ ) {
22       if ( f[i] == p.f[i] ) continue;
23       return f[i] < p.f[i];
24     }
25     return false;
26   }
27 };
28
29 struct State {
30   Puzzle puzzle;
31   int estimated;
32   bool operator < (const State &s) const {
33     return estimated > s.estimated;
34   }
35 };
36
37 int getAllMD(Puzzle pz) {
38   int sum = 0;
39   for ( int i = 0; i < N2; i++ ) {
40     if ( pz.f[i] == N2 ) continue;
41     sum += MDT[i][pz.f[i] - 1];
42   }
43   return sum;
44 }
45
46 int astar(Puzzle s) {
47   priority_queue<State> PQ;
48   s.MD = getAllMD(s);
49   s.cost = 0;
50   map<Puzzle, bool> V;
51   Puzzle u, v;
52   State initial;
53   initial.puzzle = s;
54   initial.estimated = getAllMD(s);
55   PQ.push(initial);
56
57   while ( !PQ.empty() ) {
58     State st = PQ.top(); PQ.pop();
59     u = st.puzzle;
```

```
60
61     if ( u.MD == 0 ) return u.cost;
62     V[u] = true;
63
64     int sx = u.space / N;
65     int sy = u.space % N;
66
67     for ( int r = 0; r < 4; r++ ) {
68       int tx = sx + dx[r];
69       int ty = sy + dy[r];
70       if ( tx < 0 || ty < 0 || tx >= N || ty >= N ) continue;
71       v = u;
72
73       v.MD -= MDT[tx * N + ty][v.f[tx * N + ty] - 1];
74       v.MD += MDT[sx * N + sy][v.f[tx * N + ty] - 1];
75
76       swap(v.f[sx * N + sy], v.f[tx * N + ty]);
77       v.space = tx * N + ty;
78       if ( !V[v] ) {
79         v.cost++;
80         State news;
81         news.puzzle = v;
82         news.estimated = v.cost + v.MD;
83         PQ.push(news);
84       }
85     }
86   }
87   return -1;
88 }
89
90 int main() {
91   for ( int i = 0; i < N2; i++ )
92     for ( int j = 0; j < N2; j++ )
93       MDT[i][j] =  abs(i / N - j / N) + abs(i % N - j % N);
94
95   Puzzle in;
96
97   for ( int i = 0; i < N2; i++ ) {
98     cin >> in.f[i];
99     if ( in.f[i] == 0 ) {
100      in.f[i] = N2;
101      in.space = i;
102    }
103  }
104  cout << astar(in) << endl;
105
106  return 0;
107 }
```

附录

通过本书可以获得的技能

初等排序
线形搜索
二分搜索
栈
队列
表
散列
递归函数
高等排序
分治法
分割
树结构
树的遍历
二叉树
二叉搜索树
完全二叉树
堆
优先级队列
动态规划法（一维）
动态规划法（多维）
TCGAGA
TCACA
最长公共子序列
M M M M
矩阵链乘法
最长递增子序列
正方形搜索
长方形搜索
背包问题
Union-Find
质数检验
G C D
最大公约数
幂乘
范围搜索
回溯
广度优先搜索
A*
迭代加深 A*

这里列出的卡片全都是通过本书例题可以学到的编程技能，使用的图标也都与算法、数据结构、典型问题相关。

挑战以往的程序设计竞赛真题！

各位不妨使用本书中学到的技能，挑战一下以往的程序设计真题。表中项目从左到右依次为 Aizu Online Judge 的问题 ID、问题标题、相关技能、难度。难度共分 5 大档，相邻难度间的跨度为 0.5 档（★为 1 档，☆为 0.5 档）。

排序 / 搜索

1187	ICPC Ranking	排序	★
2104	Country Road	排序	★☆
0529	Darts	二分搜索	★★
0539	Pizza	二分搜索	★★

数据结构

1173	The Balance of the World	栈	★
0558	Cheese	队列	★★
0301	Baton Relay Game	表	★★☆
0282	Programming Contest	优先级队列	★★★
2170	Marked Ancestor	Union-Find	★★★☆
1330	Never Wait for Weights	Union-Find	★★★☆

递归 / 分治

0507	Square	递归	★★☆
0525	Osenbei	穷举	★★☆
2057	The Closest Circle	分治	★★★★

图

0508	String With Rings	深度优先搜索	★★
1166	Amazing Mazes	广度优先搜索	★★
2511	Sinking island	最小生成树	★★★
0519	Worst Sportswriter	拓扑排序	★★☆
0526	Boat Travel	单源最短路径	★★☆
1182	Railway Connection	所有点对间最短路径	★★★
1162	Discrete Speed	单源最短路径	★★★☆
1196	Bridge Removal	树的直径	★★★☆
2224	Save your cat	最小生成树	★★★☆

动态规划法

2272	Cicada	二维动态规划法	★☆
1167	Pollock's conjecture	硬币问题	★★
2090	Repeated Subsequences	最长公共子序列	★★☆
0561	Books	背包问题	★★☆
2431	House Moving	最长递增子序列	★★★
0310	Frame	二维动态规划法	★★★☆

计算几何学

1053	Accelerated Railgan	逆时针	★★☆
2003	Railroad Conflict	交叉判断・交点	★★☆
1157	Roll-A-Big-Ball	距离	★★★
1298	Separate points	凸包	★★★
1047	Crop Circle	圆与圆的交点	★★★☆
1247	Monster Trap	多边形的点的包含	★★★★☆

整数

1257	Sum of Consecutive Prime Numbers	质数检验	★★
0211	Jogging	最大公约数	★★☆
1327	One-Dimensional Cellular Automaton	反复平方法	★★★

搜索（状态迁移）

1116	Jigsaw Puzzles for Computers	回溯	★★☆
2157	Dial Lock	DFS	★★★
2297	Rectangular Stamps	BFS	★★★
1281	The Morning after Halloween	A*	★★★☆
1128	Square Carpets	IDA*	★★★★☆

综合问题

1189	Prime Caves	数论、动态规划法	★★★
0520	Lightest Mobile	数论、树	★★★
1301	Malfatti Circles	搜索、计算几何学	★★★
1183	Chain-Confined Path	计算几何学、图	★★★★
2173	Wind Passages	计算几何学、图	★★★★
0284	Happy End Problem	计算几何学、动态规划法	★★★★☆

参考文献

■ Algorithms in C, Parts 1-4: Fundamentals, Data Structures, Sorting, Searching,

Robert Sedgewick, Addison-Wesley.

■ Algorithms in C, Part 5: Graph Algorithms,

Robert Sedgewick, Addison-Wesley.

■ The C++ Standard Literary A Tutainal and Relerence,

Nikolai M. Josuttis, ASCII, 2001.

■ C言語によるプログラミング[基礎編],

内田智史, Ohmsha, 1999.

■ Introduction to Algorithms,

Thomas H. Cormen, Charles E. Leiserson, Ronald L. Rivest, Cliford Stein, Second Edition, The MIT Press.

■ アルゴリズムイントロダクション第1巻,

T. コルメン, C. ライザーソン, R. リベスト, C. シュタイン, 近代科学社, 2013.

■ アルゴリズムイントロダクション第2巻,

T. コルメン, C. ライザーソン, R. リベスト, C. シュタイン, 近代科学社, 2013.

■ Algorithm Design,

Jon Kleinberg, Eva Tardos, Pearson Education Limited, 2013.

■ Fundamentals of Algorithmics,

Gilles Brassard /, Paul Bratley, Prentice Hall, 1995.

■ 計算幾何学入門,

譚学厚,平田富夫,森北出版株式会社, 2003.

■ Computational Geometry: Algorithms and Applications,

Mark de Berg, Otfried Cheong, Marc van Kreveld, Mark Overmars, Springer, 2008.

■ A Friendly Introduction to Number Theory,

Joseph H. Silverman, Pearson.

■ 最強最速アルゴリズマー養成講座,

高橋直大, SBクリエイティブ.

■ 挑战程序设计竞赛(第2版),

秋叶拓哉、岩田阳一、北川宜稔(著), 巫泽俊、庄俊元、李津羽(译), 人民邮电出版社, 2013.